空天前沿技术丛书

# 非对称层合结构设计

李道奎　崔　达　张鸣昊　李　谨　著

科学出版社

北　京

## 内 容 简 介

复合材料层合板因具有优良的性能而得到了广泛应用。非对称层合板相较于对称层合板具有更宽的设计域和更丰富的耦合特性，在飞机机翼、风力机叶片等结构的设计中具有重要的应用前景和发展潜力。本书系统介绍非对称层合结构的设计方法，主要内容包括非对称层合板的湿热稳定机理研究、铺层优化设计、数值仿真验证与鲁棒性分析，基于非对称层合板的弯扭耦合盒型结构设计与优化，层合结构耦合特性的试验测量，以及湿热稳定层间混杂纤维层合板的优化设计等。本书内容形成了较为完整的非对称层合结构设计方法体系，较好地回答了“如何得到无湿热翘曲层合板”“如何设计非对称层合板”“如何构造耦合结构”等科学问题。本书内容可用于指导具有自适应变形能力的机翼、叶片等耦合结构设计。

本书紧扣实际应用背景，理论、仿真与试验相结合，以确保理论体系的完整性、科学性和实用性。本书可供从事复合材料结构力学、结构分析与优化设计等方向的科研人员和工程技术人员阅读，也可作为相关专业本科生和研究生的参考用书。

**图书在版编目（CIP）数据**

非对称层合结构设计 / 李道奎等著. -- 北京 : 科学出版社, 2025.4. -- (空天前沿技术丛书). -- ISBN 978-7-03-079240-2

Ⅰ. TB33

中国国家版本馆 CIP 数据核字第 2024GF6582 号

责任编辑：张艳芬　徐京瑶 / 责任校对：崔向琳

责任印制：师艳茹 / 封面设计：无极书装

科学出版社 出版

北京东黄城根北街 16 号

邮政编码：100717

http://www.sciencep.com

北京富资园科技发展有限公司印刷

科学出版社发行　各地新华书店经销

*

2025 年 4 月第　一　版　开本：720×1000　1/16

2025 年 4 月第一次印刷　印张：17 3/4

字数：358 000

**定价：150.00 元**

（如有印装质量问题，我社负责调换）

# “空天前沿技术丛书”编委会

**顾　问**：包为民　陈小前　邓小刚　李东旭
刘永坚　宋君强　唐志共　王振国
于起峰　周建平　朱广生　祝学军
邹汝平

**主　编**：吴建军

**副主编**：易仕和　刘卫东　罗亚中

**秘书长**：崔　达　魏英杰

**编　委**：程海峰　程玉强　范才智　冯　坚
侯中喜　雷勇军　李道奎　李海阳
李清廉　梁剑寒　梁彦刚　刘海韬
孙明波　汤国建　田　彪　夏智勋
杨乐平　张士峰　赵　勇　赵玉新
郑　伟

# “空天前沿技术丛书”序一

探索浩瀚宇宙，发展航天事业，建设航天强国，是我们不懈追求的航天梦。现代空天技术已经发展和应用了一百多年，一直是科学技术的前沿领域，大大增强了人类理解、进入和利用空间的能力，引领着科学技术的发展和工业技术的进步。今天，无论是国家安全、经济发展，还是我们的日常生活，无不处处有空天技术的作用和影响。空天技术目前仍然是一门不断发展进步和创造奇迹的学科。新概念、新方法、新技术、新疆界等不断激励着空天技术领域的科学家和工程师去挑战极限、开辟新战场，赋能各行各业。

“空天前沿技术丛书”是在国防科技大学建校 70 周年之际，空天科学学院与科学出版社精细论证后组织出版的系列图书。国防科技大学空天科学学院源自“哈军工”(中国人民解放军军事工程学院)的导弹工程系，是由钱学森先生倡导创建的。该院六十多年来一直致力于航天学科的建设和发展，拥有先进的教学理念、雄厚的师资力量、优良的传统和学风，为我国航天领域培养和造就了大批高水平人才，取得了众多蜚声海内外的成果。

这套丛书旨在集中传播空天技术领域的前沿技术，展示空天飞行器、新型推进技术、微纳集群卫星、航天动力学、计算力学、复合材料等领域的基础理论创新成果，介绍国防科技大学在高超声速、载人航天、深空探测、在轨服务等国家重大工程中的科研攻关探索实践。丛书编写人员大多是奋战在祖国科研一线的青年才俊，他们在各自的专业领域埋头耕耘，理论功底扎实，实践经验丰富。

相信这套丛书的出版，将为发展我国空天领域的前沿科技、促进研究和探索相关重大理论和实践问题带来一些启迪和帮助。一代代科研人员在空天前沿科技领域的深入耕耘和刻苦攻关，必将推动新时代空天科技创新发展，为科技强军和航天强国做出新的更大贡献。

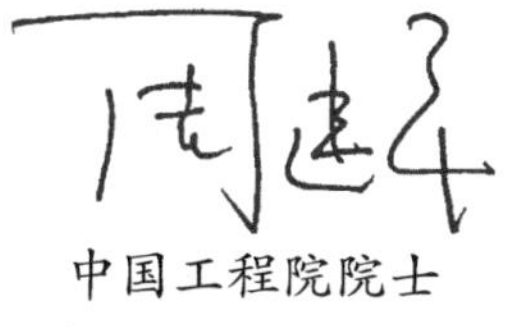

中国工程院院士

中国载人航天工程总设计师

# “空天前沿技术丛书”序二

当今，世界正经历百年未有之大变局，新一轮科技革命和产业变革蓬勃兴起。空天技术是发展最迅速、最活跃、最有影响力的领域之一，其发展水平体现了一个国家的科技、经济和军事等综合实力。

空天技术实现了人类憧憬数千年走出地球的梦想，改变了人类文明进程，带动了国家经济发展，提升了人民生活水平。从第一架飞机起飞、第一颗人造卫星进入太空，到构建全球卫星导航系统，再到今天的快速发射、可重复使用、临近空间高超声速飞行等尖端科技领域的快速发展，空天领域的竞争与合作深刻影响着国家间的力量格局。

空天技术是跨学科、跨领域、跨行业的综合性科技。近年来，国防科技大学空天科学学院紧贴制衡强敌、制胜空天的战略需求，以国家重大工程为牵引，大力推动核心科技自主可控、技术与军事深度融合、空天与智能跨域交叉，产出了一大批高水平成果。

我的父亲毕业于“哈军工”，也就是国防科技大学的前身，他身上的“哈军工”精神一直感染着我。作为国防科技大学空天科学学院的一员，我既是学院一系列空天科技创新的参与者，又是学院奋进一流的见证者，倍感荣幸和自豪。

“空天前沿技术丛书”是国防科技大学空天科学学院与科学出版社深入细致论证后组织出版的系列图书。丛书集中展示了力学、航空宇航科学与技术和材料科学与技术领域的众多科研历程，凝结了数十年攻关的累累硕果。丛书内容全面、紧贴前沿、引领性强。相信本套丛书的出版对于围绕国家战略需求推动科技前沿探索，尤其是航空航天领域的创新研究和重大科技攻关，将产生重要推动作用。

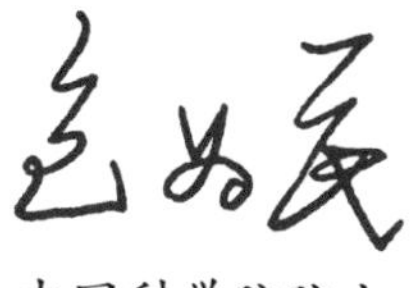

中国科学院院士

航天科技集团科技委主任

# 前　言

纤维增强复合材料具有比模量高、比强度高、可设计性强等优点，在航空航天、土木工程、水利工程、船舶与海洋工程等领域得到了广泛应用。目前主要采用对称铺层以避免耦合效应和固化降温中的各种翘曲变形，而在飞机机翼、风力机叶片等对自适应性能需求较高的结构设计中，需要利用其耦合性能。这就对复合材料结构设计提出了新的需求,利用非对称层合结构可以很好地满足这一需求。本书研究内容正是在这一需求的牵引下展开，本书内容源自作者团队在该方向十多年来的研究成果。

本书所说的非对称层合结构是非对称复合材料层合结构的简称，主要指非对称层合板，以及由多个非对称层合板组成的盒型结构。与对称层合板相比，非对称层合板采取更为自由的铺层形式，可拓宽纤维铺设角度的设计域，提供更加丰富的耦合特性。然而，非对称层合板在固化成型的过程中容易产生固化翘曲变形，这会严重降低结构件的外形精度。因此，本书以非对称层合结构为研究对象，重点解决固化变形、结构设计、性能验证等问题，形成湿热稳定非对称层合结构的设计方法体系，为非对称层合结构走向实际应用奠定理论基础。

全书共 11 章。第 1～3 章为本书基本理论部分。第 1 章介绍非对称层合结构的基本概念、研究进展和应用前景；第 2 章介绍经典层合理论，包括单层板和层合板的宏观力学分析方法、层合板的几何因子与材料常量、非对称层合板分类与标识方法；第 3 章介绍层合板的湿热效应，包括单层板的湿热变形、考虑湿热变形的层合板刚度关系，并介绍层合板湿热剪切变形和湿热翘曲变形的计算方法。第 4～7 章为非对称层合板设计理论，分别介绍单种纤维的拉剪耦合、拉扭耦合、拉剪多耦合、拉扭多耦合效应层合板的设计方法，包括湿热稳定条件的推导、铺层优化设计、数值仿真验证和鲁棒性分析；第 8 章、第 9 章分别介绍基于非对称拉剪耦合层合板和拉扭耦合层合板的弯扭耦合盒型结构设计方法，包括盒型结构设计原理介绍、等截面和变截面盒型结构的刚度方程推导、盒型结构的铺层优化设计，以及数值仿真验证和鲁棒性分析。第 10 章为耦合效应实验验证，介绍层合结构拉剪耦合效应、拉扭耦合效应和弯扭耦合效应的实验测量方法。第 11 章为层间混杂层合板设计理论专题，介绍层间混杂拉剪多耦合、拉扭多耦合效应层合板的设计方法。

本书由李道奎负责策划。第 1 章、第 2 章由李道奎撰写，第 3 章由张鸣昊撰写，第 4 章、第 5 章由李谨撰写，第 6 章、第 7 章、第 10 章、第 11 章由崔达撰写，第 8 章、第 9 章由崔达、李谨撰写，最后由李道奎对全书进行统稿。

限于作者水平，本书中难免存在不妥之处，恳请读者与同行专家批评指正。

作　者

2024 年 8 月

# 目　　录

# 第1章 绪 论

## 1.1 引 言

纤维增强复合材料按其构造形式，可以分为单层复合材料(又称单层板)和叠层复合材料(又称层合板)两种类型[1]。层合板依据其结构是否对称，可以分为对称层合板和非对称层合板两类，如图 1.1(a)和图 1.1(b)所示。为方便表述，非对称

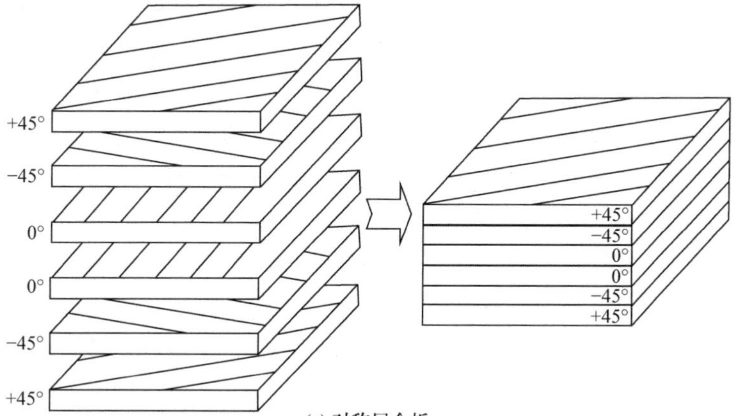


(a) 对称层合板

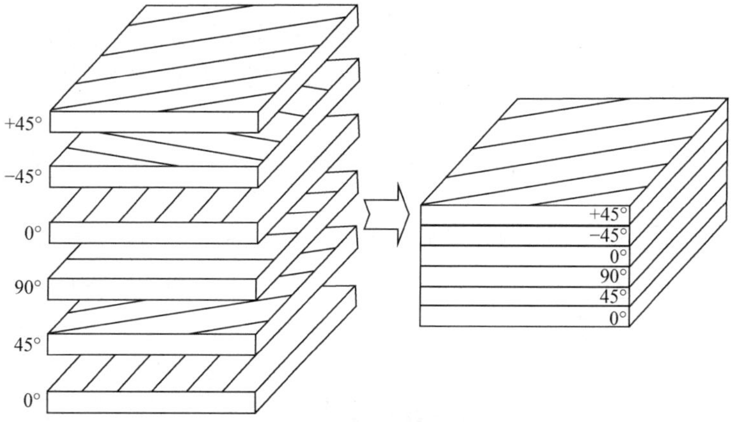


(b) 非对称层合板

图 1.1 层合板的类型

复合材料层合结构在本书中简称为非对称层合结构，主要包括非对称层合板，以及由多个非对称层合板组成的空间结构。

利用复合材料层合板可以设计出多种具有不同耦合效应的自适应结构，如弯曲-扭转(简称弯扭)耦合自适应结构、拉伸-扭转(简称拉扭)耦合自适应结构等。其中，弯扭耦合自适应结构在飞机机翼、风机叶片等结构设计中拥有广泛的应用前景和发展潜力。例如，利用复合材料拉伸-剪切(简称拉剪)耦合层合板设计弯扭耦合自适应机翼结构，能够解决前掠翼飞机机翼由气动弹性发散引起的临界速度迅速下降和易弯曲折断等问题，达到控制机翼气动弹性变形、提高飞机性能的目的。利用复合材料拉扭耦合层合板设计弯扭耦合风机叶片自适应结构，能够解决变桨控制技术调节响应速度慢和过度激励等问题，使叶片可以根据风速或转速改变自身的气动扭角，对叶片上的载荷进行重新分配，提高叶片的可靠性与抗疲劳特性，改善叶片功率输出的稳定性，拓宽叶片的运行风速范围。

层合板的耦合效应可由众多物理参数决定，主要包括单层板的材料属性、单层板厚度、纤维铺设角度等。其中，在不改变材料和单层板厚度的条件下，各单层板的铺层角度是影响层合板耦合效应、屈曲强度等力学性能的重要设计变量。在现有弯扭耦合结构的理论研究中，主要采用对称铺层形式进行层合板的设计，然而对称层合板设计域窄、耦合效应不够强、耦合效应类型不够丰富，导致由其构造的结构自适应效果受限。

相比之下，非对称层合板采取自由铺层形式，可以极大地提升铺层角度的设计域，具备显著提升层合板力学性能的潜力。然而，在固化成型过程中，非对称层合板由于具有多种耦合效应，其面内和面外之间存在耦合变形，容易发生湿热剪切和翘曲变形，进而引发一系列负面影响。因此，如何合理地设计湿热稳定的非对称层合结构，是亟待解决的重要问题。

本书系统介绍非对称层合结构设计的理论体系，解决非对称层合结构设计的基础理论问题，为非对称层合结构走向工程应用奠定理论基础。

## 1.2　非对称层合结构研究进展

确保层合板不发生固化翘曲变形，是设计非对称层合结构的重要前提。相比对称层合板，非对称层合板更容易产生固化变形，导致结构件的外形精度降低，进而对结构件间的连接匹配产生不利影响。同时，采取自由铺层的非对称层合板可能同时具有多种类型的耦合效应，而由多耦合效应层合板(同时具有两种及以上能够单独存在的耦合效应的层合板)构成的弯扭耦合结构的耦合变形机理更为复杂。因此，本节首先介绍非对称复合材料固化变形的研究进展，然后从多耦合效应层合板和弯扭耦合盒型结构两个方面对现有的层合结构研究现状进行介绍。

此外，由于最终要实现非对称层合结构的设计，并进行力学性能的试验验证，因此还将对层合结构的优化设计方法及试验研究展开调研。综上，本节分别从非对称层合板固化变形、复合材料多耦合效应层合板、复合材料弯扭耦合盒型结构和层合结构优化设计及试验研究四个方面进行综述。

### 1.2.1 非对称复合材料固化变形的研究进展

目前针对非对称复合材料固化变形的研究主要体现在非对称复合材料固化变形的预测、非对称复合材料固化变形的应用及非对称复合材料固化变形的控制三个方面。下面对这三个方面的研究进展进行综述。

1. 非对称复合材料固化变形的预测

20 世纪 80 年代初，Hyer[2]研究发现，经典层合板理论不再适用于非对称正交铺设复合材料层合板的固化变形预测。之后，Hyer[3,4]基于实验测量结果，先后建立了 4 参数和 6 参数的正交铺设非对称复合材料层合板的构型预测理论模型，结果表明这两种构型预测理论模型的预测结果并无显著区别。Harper[5]基于 Hyer 建立的 4 参数正交铺设非对称复合材料层合板的构型预测理论模型，分析树脂基体的吸湿效应对正交铺设非对称复合材料层合板构型的影响。Akira 等[6]基于 4 参数构型预测理论模型，研究了铺层为[0°/0°/0°/0°/90°/90°/90°/90°]的正交铺设非对称复合材料层合板固化后的构型，发现 4 参数非对称复合材料层合板的构型预测理论模型在温度分叉点附近与实验结果之间的误差较大。20 世纪 90 年代初，Jun 等[7,8]将面内剪应变引入 4 参数构型预测理论模型，建立了新的正交铺设非对称复合材料层合板构型预测理论模型，之后又将此模型扩展至适任意铺层角的非对称复合材料层合板的构型预测。任立波等[9]基于里兹法，建立考虑几何非线性的非对称正交层合薄壳结构的构型预测理论模型，并采用试验的方法对理论模型进行验证。Peeters 等[10]研究发现，构型预测理论模型中使用高阶位移函数并不会提升非对称复合材料层合板固化离面变形的预测精度。Dano 等[11]建立了 14 参数非对称复合材料层合板的构型预测理论模型，并通过试验证明该构型预测理论模型能精确预测非对称复合材料层合板固化后的稳定构型。Cho 等[12,13]引入沿板厚方向的横向剪切应力，模拟固化过程中金属模具对复合材料的作用力，并在此基础上建立了非对称复合材料层合板的构型预测理论模型。Aimmanee 等[14]建立了 23 参数非对称复合材料层合板的构型预测理论模型，结果表明该模型能够准确预测长宽比对非对称复合材料层合板分叉行为的影响。Mattioni 等[15]建立了适用于分段铺层非对称复合材料层合板的 33 参数构型预测理论模型。Pirrera 等[16,17]考虑非对称复合材料层合板的初始弯曲曲率，建立了层合板的高阶构型预测理论模型。Gigliotti 等[18]建立了 12 参数非对称复合材料层合板构型预测理论模型，并通过对比计算证明该模型的预测结果与 23 参数构型预测理论模型基本相同，但是计算效率大幅提升。吴和龙[19]基于经典层合板理论和最小势能原理建立反对称层合圆柱壳结构的双稳态理论模型，并对模型的预测精度进行验证。Cantera 等[20]引入数学曲率和机械曲率公式，并考虑层合板厚度方向的应变，建立非对称复合材料层合板的构型预测理论模型，试验结果表明该模型的预测结果更加精确。李昊[21]通过改进构型预测理论模型，提出基于薄膜应变的非对称双稳定层合板的构型预测理论模型，提高非对称复合材料层合板的构型预报精度。

相比构建理论预测模型，有限元数值模拟不但可以提供一定的求解精度，而且能求解具有复杂几何形状，以及边界条件的模型。戴福洪等[22]研究发现，对于大尺寸非对称正交铺设复合材料层合板，构型预测理论模型的预测精度相比小尺寸层合板将下降。因此，也有学者采用有限元法预测非对称复合材料层合板固化后的构型。Schlecht 等[23]首次采用有限元法预测非对称复合材料层合板的构型，并与理论模型的预测结果进行对比，结果表明采用有限元法可以精确预测非对称复合材料层合板的稳定构型。之后，Schlecht 等[24]采用有限元仿真的方法预测了非对称复合材料层合板的分叉现象和稳定构型。Gigliotti[25]、Mattioni 等[26,27]基于有限元软件 Abaqus 分析了非对称复合材料层合板的构型。

2. 非对称复合材料固化变形的应用

部分非对称复合材料层合板固化后存在突弹跳变(snap-through)现象，在一定外力作用下可以从一种稳定构型变为另一种稳定构型，成为双稳定结构。非对称复合材料构成的双稳定结构可以应用于自适应结构，使自适应结构不需要任何外力就可以维持其稳定的构型。1996 年，Dano 等[28]基于 Rayleigh-Litz 法第一次研究了正交铺设非对称复合材料层合板的 snap-through 现象。此后，有学者采用理论预测模型[11,29-34]、有限元仿真[19,26,35-43]、试验[30,36-38,44-46]等方式对非对称复合材料层合板的 snap-through 现象进行研究，并提出多种双稳定层合板的跳变驱动方案，包括形状记忆合金驱动[28,47,48]、宏纤维复合材料(macro-fiber composite，MFC)驱动[49-68]等。

非对称复合材料层合板的双稳态特性可用于设计多种可变形结构。Schultz[69]提出可以利用双稳定非对称层合板设计可变截面管道，控制管道内的流量。Mattioni 等[70]提出基于双稳定非对称层合板的可变形机翼概念。Diaconu 等[71]基于双稳定非对称层合板设计三种可变形机翼。Daynes 等[72,73]采用双稳定层合板设计了双稳定襟翼，并通过试验证实了其可以有效提升结构气动性能。陆泽琦[74]和 Shaw 等[75]将具有双稳定特性的非对称复合材料层合板用于结构的减振隔振设计。

3. 非对称复合材料固化变形的控制

鉴于非对称复合材料的优越性，为了能将其应用于实际结构的设计，许多学者都致力于通过不同的方法来减小或消除非对称复合材料的固化翘曲变形。主要方法如下。

(1) 设计非对称复合材料。该方法通过设计非对称复合材料的尺寸、铺层顺序等参数，控制其固化翘曲变形。李敏[76]采用数值仿真和试验相结合的方法研究非对称复合材料层合板的尺寸、厚度、铺层顺序对其固化翘曲变形的影响。Gigliotti[25]对非对称复合材料层合板的铺层厚度比、板长宽比等参数对其固化变形的影响进行系统的研究。

(2) 改变工艺参数。该方法通过改变工艺参数，控制非对称复合材料的固化翘曲变形。White 等[77]通过优化固化温度、固化时间、固化压力、降温速率等工艺参数减小非对称复合材料的固化翘曲变形。

(3) 设计合理结构。该方法通过设计特殊的结构，消除非对称复合材料的固化翘曲变形。庞杰等[78]采用在非对称复合材料蒙皮上加筋条的方式，通过铺层设计使蒙皮的固化翘曲变形与筋条的固化翘曲变形相互抵消，设计出非对称复合材料壁板结构。许德伟[79]、修英姝等[80-82]提出将非对称复合材料以对称的方式分别布置在蜂窝夹芯的上、下表面的方法。这样虽然结构上、下面板的复合材料为非对称铺设，但是整个蜂窝夹芯结构是对称的，从而上、下面板的非对称复合材料的固化翘曲变形可以相互抵消，避免结构在固化过程中发生翘曲变形。

综上所述，在现有非对称复合材料固化变形的相关研究中，研究人员主要针对特定的实际背景和问题，总结出预测、应用和控制复合材料固化变形的研究方法，而没有提出系统性解决非对称层合板固化变形问题的一般理论。因此，本书将研究复合材料层合板的湿热稳定机理，从理论设计层面解决非对称层合结构的固化变形问题。

### 1.2.2 复合材料多耦合效应层合板的研究进展

在国内外现有研究中，弯扭耦合结构的设计主要是利用层合板的特殊耦合效应来实现，包括层合板的拉剪、拉扭和弯扭耦合效应。然而，若利用层合板的弯扭耦合效应设计弯扭耦合结构，其耦合效应有限且会对层合板的屈曲强度产生不利影响[83]。因此，本节对拉剪多耦合效应层合板(指具有拉剪耦合效应的多耦合效应层合板)和拉扭多耦合效应层合板(指具有拉扭耦合效应的多耦合效应层合板)的设计和力学性能分析的研究现状展开调研。

另外，考虑航空航天领域常用的碳纤维复合材料(如 T700、T800、IM7 等系列碳纤维)成本十分昂贵，采用混杂纤维复合材料(如玻/碳混杂纤维)可以有效降低成本，并具有改善材料力学性能的潜力，同时混杂纤维复合材料还能给层合板提供更大的设计空间，因此有必要对混杂纤维层合板开展研究。下面分别对拉剪多耦合效应层合板、拉扭多耦合效应层合板和混杂纤维层合板三部分的研究进展进行综述。

1. 拉剪多耦合效应层合板

在国外，Fowser 等[84]最早通过拉伸实验的方法发现了铺层为$[45°]_n$的层合板具有拉剪耦合效应，并探究了拉剪耦合刚度系数影响层合板在拉力作用下剪切变形的机理。这种对称铺层和单向铺层层合板不仅具有拉剪耦合效应，还具有弯扭耦合效应。之后，众多学者针对类似的拉剪-弯扭耦合对称层合板开展力学性能研究[85-90]。例如，Turvey[85]基于高阶剪切变形板理论与层合板层间剪切破坏准则，描述对称正交铺设层合简支板的初始弯曲破坏现象。Whitney[86]在对称层合板的屈曲数值分析时发现，曲率项对所研究层合板的临界屈曲载荷影响不大，横向剪切变形的影响取决于边界约束程度、层合板几何形状和面内载荷比。Reddy 等[87]基于横向剪切应力的先验假设斜率，提出一种新的层合板剪切变形模型。

考虑对称层合板铺层的局限性，York[91]在 2015 年设计了最多 21 层的标准铺层(铺层角为 0°、±45°和 90°)非对称拉剪耦合层合板，通过提供包括层压参数在内的无量纲参数，可以方便地计算拉伸和弯曲刚度项，同时介绍了拉剪耦合层合板在弯扭耦合结构设计中的应用潜力。在此基础上，York[92]针对标准铺层拉剪-弯扭耦合层合板的铺层设计及屈曲等力学性能分析开展了大量研究，设计了 16 层及以下的锥形标准铺层弯扭耦合层合板及拉剪-弯扭耦合层合板。这些层合板能够满足无湿热翘曲的条件，同时对比分析了两类层合板刚度系数的分布规律。之后，York 等[93,94]实现了标准铺层拉剪-弯扭耦合层合板的铺层设计，并进行弯扭耦合效应对屈曲强度的影响分析，结果表明利用弯扭耦合效应可以实现自适应柔性机翼盒结构的剪切屈曲强度最大化。之后，York 等[95,96]针对标准铺层拉剪-弯扭耦合层合板，描述了压缩和剪切屈曲的闭式多项式方程，评估弯扭耦合效应对具有简支边缘的无限长层合板的影响。此外，还有部分学者围绕对称铺层拉剪-弯扭耦合层合板开展了不同方向的力学性能探究。例如，Bahmanzad 等[97]考察了三层中间层为不同纤维取向(30°、45°、60°和 90°)对板材剪切性能的影响，包括剪切强度和剪切变形，结果表明当中间层的纤维取向从 90°改变为 30°时，长轴弯曲和剪切性能都有增加的趋势。

国内关于拉剪耦合层合板的设计和理论研究起步较晚且研究较少。洪岩[98]最早利用层合板拉剪耦合效应实现飞行器静气动弹性分析于 2011 年采用拉剪-弯扭耦合的周向非对称刚度铺层(circumferential asymmetric stiffness，CAS)层合板，实现了不同铺层角度对层合薄板结构的力学性能影响规律分析，并研究了铺层角度与机翼发散速度之间的关系。2014 年，袁坚锋等[99]针对 9 种不同长宽比的拉剪-弯扭耦合层合板，分别对比分析了其临界屈曲载荷，发现长宽比越小越不容易发生屈曲。2015 年，Li 等[100]分别采用非对称的铺层形式，设计了能够抵抗湿热剪切变形(hygro-thermal shearing distortion，HTSD)的拉剪耦合层合板，通过研究证明了不存在能够抵抗湿热剪切变形的标准铺层拉剪耦合层合板，通过优化设计的方法实现了 8～14 层湿热剪切稳定拉剪耦合层合板的非对称铺层设计，并验证了层合板的湿热性能和屈曲强度。

此外，步鹏飞等[101]以 15°为间隔，将 0°～90°的单向铺层层合板(拉剪-弯扭耦合)作为研究对象，分析了等效刚度随着铺层角变化而变化的规律，并指出通过合理的铺层设计可以实现复合材料结构的法向刚度及面内剪切刚度的提升。宁坤奇等[102]对比分析了 10°、45°、90°碳纤维/环氧树脂单向层合板在不同拉伸应变率下的动态响应数据，其中 10°和 45°单向层合板具有拉剪和弯扭耦合效应。陈栋栋等[103]根据 Ritz 法和最小势能原理，针对不同长宽比的 15°、30°、45°、60°、75°共 5 种具有拉剪-弯扭耦合的单向铺层层合板进行弯曲问题求解。年春波等[104]基于 ABAQUS 软件针对一系列具有对称铺层的变角度拉剪-弯扭耦合层合板进行一阶屈曲分析。Bennaceur 等[105]采用自然单元法，结合无网格法和有限元法的优点，确定了铺层为$[0°/\theta/0°]$的层合板(拉剪-弯扭耦合)的临界屈曲载荷和固有频率。

2. 拉扭多耦合效应层合板

在国外，Chen[106]早在 2003 年的第 44 届国际结构动力学和材料大会上就公开定义了湿热各向同性复合材料，以拉扭耦合效应最大为目标对湿热各向同性层合板的铺层进行优化设计，得到的层合板同时具有拉扭和拉弯耦合效应。在 Chen 的研究基础上，Cross[107]及其研究团队设计了无湿热翘曲变形非对称复合材料，推导了正交异性材料层合板的湿热稳定性与材料无关的充要条件，获得了非对称湿热稳定堆叠序列所需的最小层数为 5 层，并确定了 6 层、7 层和 8 层的稳定层板族。基于 Cross 推导的无湿热翘曲变形的充要条件，Haynes 等[108,109]分别对具有拉扭耦合效应和弯扭耦合效应的无湿热翘曲变形复合材料进行铺层优化设计，以确定产生最大拉伸扭转耦合效应的叠层序列，构造并测试了这些优化层合板的代表性样品，证明耦合性能比之前已知的最佳值有显著改善。

York[110]在 2011 年设计了 16 层和 18 层标准铺层准均匀正交各向异性拉扭多耦合效应层合板，提出无量纲参数，并利用无量纲参数判断这些层合板是否满足湿热稳定性。在此基础上，Baker 等[111]针对完全正交各向异性反对称或非对称层压板的压缩强度开展研究。York[112]针对湿热翘曲稳定(hygro-thermally curvature-stable，HTCS)层合板展开研究，发现只有 8、12、16 和 20 层合板中存在 HTCS 标准铺层(铺层角为 0°、±45°、90°)层合板，同时还分析了非标准铺层(铺层角为 0°、±60°、90°)层合板，并给出 10 层及以上铺层设计结果，为铺层端接和锥形 HTCS 层压板设计提供了可能性。在此期间，他们围绕这些研究基础开展了大量研究，并多次相继参与各国举办的复合材料国际学术会议[113-118]。近些年，York 等[119]对三类具有拉扭耦合效应的 HTCS 层合板进行实验验证研究。这些设计在拉伸和弯曲方面也具有正交各向异性刚度，可以研究拉剪和弯扭耦合效应对轴向拉伸载荷作用下拉扭耦合设计性能的影响。2021 年，针对正交各向异性层合板，York[120]提出一种裁剪双角层合板弯曲刚度特性的算法，通过对典型的飞机部件进行演示，验证了确实能够改进屈曲性能。

在国内，对于拉扭耦合层合板的初期研究主要体现在反对称铺层形式，例如，尤风翔等[121]采用样条配点法，针对反对称铺层层合板进行力学建模，并求解随机参数对其位移、速度和加速度的响应。王云飞等[122]通过推导反对称层合板承受面内双向压缩约束时的屈曲方程，实现了临界载荷的解析计算，发现铺层角对临界应力影响较大。随后的几年内，关于层合板拉扭耦合效应的设计和应用等研究并没有广泛地引起国内学者的关注。直到 2014 年，Li 等[123]针对 6～14 层拉扭耦合 HTCS 反对称层合板进行多目标优化设计，利用加权函数法建立了一个新的目标函数，期望层合板的拉扭耦合效应和屈曲强度同时达到最大，才使国内关于拉扭耦合层合板的设计研究与国外该领域研究正式接轨，并将同期国外设计的标准铺层设计拓展至反对称的自由铺层设计。2015 年，Li 和 York 进行合作研究，分别求解了拉扭(剪弯)耦合矩形层合板[124]和拉弯耦合矩形层合板[125]的固有频率界限。

此外，付为刚等[126]高效求解了各向异性层合板的屈曲失稳问题，证明了反对称角铺设层合板(具有拉扭耦合效应)相较于对称角铺设层合板(不具有拉扭耦合效应)具有更强的屈曲承载能力。王伟等[127]针对 T700 碳纤维/环氧树脂 $[90°_2/\pm28°]_3$ 层合板(同时具有拉扭、拉弯、剪扭和弯扭耦合效应)，以层合板质量为优化目标，实现了层合板铺层厚度为变量的优化设计和强度校核。同时，胡筠晔[128]针对 $[\theta_2/(\theta+90)_2]$ 和 $[\theta_2/(90-\theta)_2]$ 的非对称铺层层合板进行双稳态铺层设计研究。这两类层合板同时具有拉剪、拉弯、剪扭、拉扭和弯扭耦合效应。之后，部分学者对非对称铺层层合板[129]和反对称铺层层合板[130]的双稳态特性进行研究。Mahdy 等[131]采用线性屈曲交互曲线法，对两种不同铺层[0°/±19°/±37°/±45°/±51°]和[±30°/±90°/±22°/±38°/±53°]的层合板(均为拉扭、拉弯、剪扭、弯扭耦合)进行失效分析和参数研究，并揭示了失效模式。同期，部分学者[132-137]还对变刚度、变角度纤维层合板的屈曲问题展开研究。

3. 混杂纤维层合板

相比于单种纤维层合板，混杂纤维层合板的相关研究深度和广度都略显不足，尤其在耦合刚度的静力学特性方面。Sugiman 等[138]对混杂纤维-金属(铝合金Glare)层合板进行实验和数值研究，以求解其在拉伸载荷下的静态响应。其中，试样的纤维方向有两种，一种为与加载方向平行(沿翼展方向)，另一种为垂直于加载方向(弦向)。之后，Sugiman 等[139]研究了混杂纤维-金属层合板在拉伸载荷下的静态和疲劳响应，并在静态载荷和疲劳载荷下进行渐进损伤建模，包括黏合线、对接、金属和纤维的损伤。Mania 等[140]考虑了纤维-金属层合板在静态轴向压缩载荷作用下的屈曲响应和承载能力。此外，众多学者对双稳态混杂层合板的力学性能开展了大量研究[141-143]。

在国内，李玉龙[144]早在 1992 年就采用有限元法，分析了铺层角度对碳/玻璃混杂纤维复合材料的破坏影响。之后，何小兵等[145]针对不同混杂比和层间混杂方式的玻璃纤维/碳纤维层间混杂复合材料进行单向拉伸试验，发现当碳纤维体积分数在 0.29～0.45 范围内时复合材料具有较好的变形和强度特性。徐欢欢[146]提出多向标准铺层角度的玻/碳层间混杂纤维层合板的拉伸强度分析方法，并研究了不同的铺层角度混杂比例对层合板拉伸力学性能的影响规律。紧接着，马腾等[147]在何小兵的基础上，研究不同混杂结构和混杂比对玻/碳纤维混杂层合板 0°拉伸破坏模式的影响，发现玻/碳混杂纤维比例控制在 2∶3 附近时会获得较好的拉伸性能。此后，众多学者对玻/碳混杂纤维层合板的拉伸力学性能[148-151]、冲击损伤性能[152-154]和振动特性[155]开展了大量研究。Amos[156]针对±45°的连续单向碳纤维和玻璃纤维层合板进行拉伸测试，揭示了不同混杂材料在拉伸载荷下的损伤机理。

综上所述，目前国内外学者对复合材料多耦合效应层合板已经展开了一定程度的研究，然而还存在以下不足。

(1) 多数研究采用对称铺层等特殊铺层形式设计层合板，导致层合板的设计域受限。

(2) 仅有少部分研究考虑层合板的固化变形问题，大部分研究都忽略了固化变形对层合板刚度、强度等力学性能的影响。

(3) 层合板的多耦合效应类型尚未系统性开发，并没有真正有效地设计和利用层合板的多耦合效应。

(4) 混杂纤维层合板耦合力学行为的研究基础十分薄弱，目前已发表的研究并没有实现层合板混杂纤维与多耦合效应的有效结合。

因此，有必要开展自由铺层形式的多耦合效应层合板设计研究，探究湿热稳定机理及其对力学性能的影响规律。

### 1.2.3　复合材料弯扭耦合盒型结构的研究进展

在现有的研究中，国内外学者主要从弯扭耦合盒型结构的理论模型、结构设计现状与应用两个方面对复合材料弯扭耦合盒型结构开展研究。

1. 弯扭耦合盒型结构理论模型

在国外，Housner 等[157]基于经典层合板理论，利用层合板模型对弯扭耦合机翼结构进行力学特性分析。Weisshaar 等[158]利用板模型分析了铺层角对翼盒刚度性能的影响。之后，Giles[159]实现翼盒结构的等效板分析。Karpouzian[160-162]利用一阶剪切板理论开展了弯扭耦合机翼的颤振分析。Kapania[163,164]采用一阶剪切板理论实现了弯扭耦合机翼盒段结构的静力和振动分析。Hwu 等[165]提出弯扭耦合机翼结构的夹芯板等效模型。Hwu 等[166]对机翼的结构振动问题展开研究。Jung[167-169]基于 Timoshenko 理论实现了复合材料薄壁梁建模。在此基础上，多位学者[170-173]将 Timoshenko 梁与变分法相结合，以实现考虑复杂截面形状的弯扭耦合结构模型分析。Kheladi 等[174]基于 Timoshenko 梁理论给出了等效单层理论，利用哈密尔顿原理推导控制拉伸、剪切、弯曲和扭转组合梁动力学的运动微分方程，同时考虑横向剪切变形、转动惯量的影响，以及复合材料铺层角度变化引起的耦合效应。York[91]提出利用拉剪耦合的标准铺层层合板设计弯扭耦合翼盒结构的方法。基于标准铺层拉剪耦合层合板的弯扭耦合盒型悬臂梁结构如图 1.2 所示。

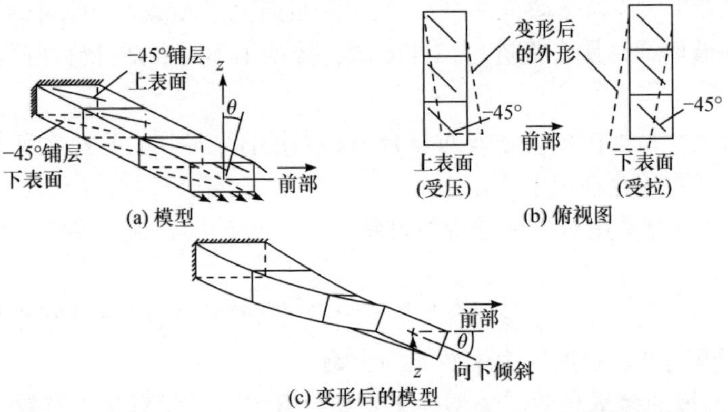


图 1.2　基于标准铺层拉剪耦合层合板的弯扭耦合盒型悬臂梁结构[91]

在国内，Dai 等[175]对复合材料层合板的楔形界面过渡层铺层模型进行研究，为解决复合材料层合板中裂纹扩展方向的复杂问题提供了一种高效的方法。Yoon 等[176]分析了基于铝合金和复合材料的单室盒型梁翼结构的静态气动弹性规律，发现通过改变铺层角度提升结构抗扭刚度的同时，会降低截面的抗弯刚度。

姜志平等[177-179]采用二维板模型和薄壁梁模型(图 1.3)分析弯扭耦合机翼结构的力学特性，建立弯扭耦合机翼结构的优化设计策略，对比分析剪裁方法的优缺点。许晶等[180]建立了考虑截面翘曲变形的弯扭杆件位移控制方程。高伟等[181]设计了一种包含壁板、翼梁和翼肋等结构的复合材料盒段试验件。

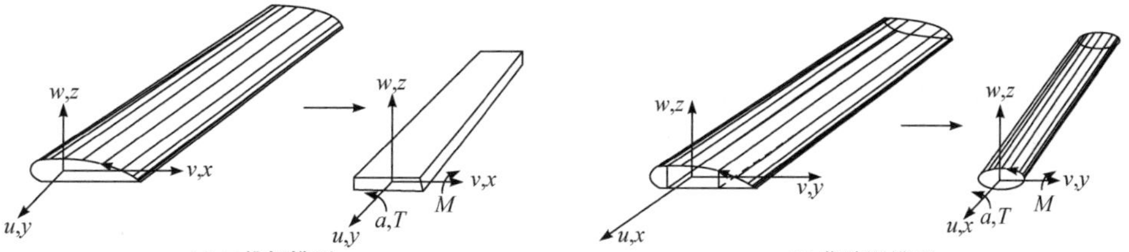

(a) 二维板模型 (b) 薄壁梁模型

图 1.3 弯扭耦合机翼结构的理论简化模型[177]

2. 弯扭耦合结构设计现状与应用

目前，国内外关于弯扭耦合结构设计与应用主要集中在弯扭耦合机翼和弯扭耦合风机叶片等结构上。在弯扭耦合机翼的相关研究中，Krone[182]在 1975 年发现层合复合材料凭借其刚度方向的可设计性，能够克服机翼的弯扭发散现象，随即气动弹性剪裁的概念公之于众。1984 年 4 月，美国空军与格鲁门公司合作制造的 X-29 技术验证机完成首飞。该飞机复合材料占比高达 10%～15%，并采用碳纤维/环氧树脂复合材料设计弯扭耦合前掠翼。2002 年，俄罗斯空军和苏霍伊航空集团研制的 Su-47(前身为 S-37)前掠翼战斗机，充分利用复合材料的弯扭耦合特性实现了亚音速和超音速飞行。Tischer 等[183]研究发现，各单层的铺设角度是复合材料机翼重要的设计参数。Patil[184]分析了复合材料不同铺层角对机翼气动弹性特性的影响规律。Guo[185]以颤振速度为目标函数，对机翼的复合材料铺层角度进行优化。

在复合材料风机叶片的设计方面，Ong 等[186]研究了可以使叶片结构获得最大弯扭耦合效应的单向铺层角度。在此基础上，Lobitz 等[187]使用气动弹性剪裁设计风机叶片，使叶片在气动载荷作用下同时产生弯曲和扭转变形，使得 AWT-26 型风机的疲劳载荷降低超过 20%，并发现弯扭耦合效应的存在能增加叶片的年输出能量。Locke 等[188]以 NIPS-100 型叶片为基准，发现当偏轴角为 20°时，碳纤维叶片可得最佳的弯扭耦合特性。2007 年，Berry 等[189]研究发现，与不具有任何耦合效应的风机叶片结构相比，弯扭耦合风机叶片结构在强风下的可靠性能够明显提升；他们同时加工了 TX-100 型复合材料风机叶片蒙皮。Rehfield 等[190]提出弯扭耦合机翼气动弹性剪裁的一些基本策略，但是未考虑热变形问题。

在国内，在弯扭耦合机翼的现有研究中，张桂江等[191]建立了弯扭耦合翼盒的刚度方程并提出其优化方法。董永朋等[192]实现了考虑稳定性的机翼盒段结构优化设计。梁路等[193]针对不同铺层比例如何影响机翼蒙皮刚度的问题开展研究。姜志平[178]基于等效板模型建立弯扭耦合机翼的分析模型，求解分析模型的控制方程。张晓东等[194]进行基于蜂窝夹芯结构的弯扭耦合机翼结构设计分析。王旭[195]和王韬[196]分别研究了机翼的弯扭耦合效应对前掠翼飞机气动弹性特性的影响规律。郑欣等[197]检验了基于弯扭耦合理论的颤振频率预算结果。2021 年，王天怡[198]发现弯扭耦合效应的提升有利于提高机翼颤振边界，而且提升±45°铺层的比例有利于增强弯扭耦合效应。

国内对弯扭耦合风机叶片结构的研究仍处于理论研究阶段，李晓拓等[199]较为全面地总结了气动弹性剪裁技术在风机叶片结构设计和制造工艺等方面的研究进展。龚佳兴[200]发现，单向复合材料的偏轴角度能够对风机叶片的耦合效应和刚度产生显著影响。在此基础上，刘旺玉等[201]发现，将单向复合材料铺设在蒙皮上(相比铺设在梁帽上)可使叶片获得更大的耦合变形。周邢银等先后研究了截面翘曲对大型风机叶片弯扭耦合特性的影响[202]，以及耦合区域对叶片弯扭耦合效应的影响[203]。王子文等[204]分析弯扭耦合叶片在气动载荷作用下的变形情况，实现了基于 ANSYS 的 10MW 复合材料风力机叶片弯扭耦合特性研究。葛臣忠[205]阐述了弯扭耦合叶片的作用机理及其应用前景。孙鹏文等[206]利用层合板的有效弹性常数等效方法，针对 1.5MW 风机叶片的根部进行性能等效并实现强度分析。刘叶垚[207]在 2018 年讨论了不同混杂比例和混杂方式下的玻/碳混杂纤维层合板的拉伸和扭转性能，指出在标准铺层层合板设计中，±45°铺层比例的提高有利于提升风力机叶片的扭转性能。之后，还有部分学者针对三维弯扭叶片[208]、复合材料机翼结构[209]、弯扭耦合螺旋桨[210]分别开展了力学性能分析。

综上所述，国内外针对弯扭耦合结构的理论模型研究，大多采用等截面盒型梁模型模拟其主承力结构，而真实叶片或机翼结构沿展弦方向的横截面积是逐渐减小的，现有的模型不能准确反映结构的构型，以及面板和腹板间的相互作用力，缺少变截面结构模型的研究及其在弯扭耦合结构中的应用。对于弯扭耦合机翼或风机叶片结构的设计，普遍利用单向铺层或标准铺层复合材料，少数非对称铺层设计也没有考虑固化过程引起的湿热变形问题，分析力学性能和优化设计的方法多依靠数值仿真软件求解和实现。因此，有必要对变截面弯扭耦合盒型结构的解析模型和设计方法展开深入研究。

### 1.2.4 复合材料层合结构优化设计及试验研究进展

复合材料的可设计性是其相较于传统金属材料的一大优势。在不改变材料属性的前提下，复合材料层合结构可以通过优化各层纤维的铺设角度，达到提升结构力学性能的目的，即层合结构的铺层优化设计。此外，非对称层合结构的耦合效应类型多样、变形行为复杂，准确地测量非对称层合板及弯扭耦合盒型结构的耦合变形大小，是验证非对称层合结构设计理论正确性的重要手段。因此，本节对复合材料层合结构的铺层优化设计方法和试验研究展开调研。

1. 铺层优化设计方法

目前，国内外优化复合材料结构已经采用的算法主要有如下几种。在国外，Chen[106]利用序列二次规划(sequential quadratic program，SQP)算法实现了湿热各向同性层合板的铺层设计。之后，Cross 等[107]采用直接求解方程组和编程搜索的方法设计了 HTCS 层合板。考虑 SQP 算法的局限性，Apte 等[211]基于蚁群优化(ant colony optimization，ACO)算法对具有拉扭耦合效应的 HTCS 层合板进行铺层设计。Haynes 等[108,109]采用 SQP 算法和 ACO 算法分别对具有拉扭耦合效应和弯扭耦合效应的 HTCS 层合板进行铺层优化，并对比分析了两种优化方法的全局最优性。Luo 等[212]采用离散材料优化(discrete material optimization，DMO)方法对正交各向异性标准铺层层合板进行铺层优化，将离散问题转化为连续公式，为每个候选方向引入设计变量，然后使用局部约束和惩罚策略确保在最终解决方案中为每个子域分配一个方向。Moradi 等[213]提出一种基于粒子群优化(particle swarm optimization，PSO)和遗传算法(genetic algorithm，GA)的混合算法，以找到复合材料层合板的最佳纤维取向，达到其最大屈曲载荷。Keshtegar 等[214]通过将 A-Kriging(adaptive Kriging)算法与改进的部分群优化(improved partial swarm optimization，IPSO)算法相结合，提出一种有效的混合优化方法，以最大化层合板在单轴和双轴压缩下的屈曲载荷。Coskun 等[215]使用基于代理的多目标非支配排序遗传算法(non-dominated sorting genetic algorithm，NSGA-II)对最大屈曲载荷和刚度进行优化设计。

在国内，修英姝等[80-82]在 2004～2005 年提出采用神经网络和 GA 优化设计了层合板。之后，众多学者分别采用不同优化算法和优化策略对层合板铺层进行设计。穆朋刚等[216]采用变异的蚁群算法实现了对称层合板的铺层优化设计。洪厚全等[217]对采用改进的模拟退火算法实现了层合板屈曲的全局优化设计。罗利龙等[218]改进了遗传优化算法，得到层合板实现最大特征值的优化铺层顺序。Su 等[219]利用梯度下降算法搜索得到层合板孔形状的最优解。在此期间，李谨[220]利用 SQP 算法得到拉剪耦合层合板的铺层优化结果。孙士平等[221]采用一种改进的直接搜索模拟退火算法，对不同铺层角度变化、铺层数量、长宽比和载荷比的层合板进行铺层优化设计，得到最大的临界屈曲载荷。在此基础上，李根[222]基于模拟退火算法系统地开展了层合板屈曲优化设计研究。为了避免算法陷入局部最优解，韩启超等[223]采用 Tsai-Wu 强度准则，以强度最大为目标对层合板进行铺层优化设计。

2. 耦合效应的试验测量

目前，已有部分学者开展了复合材料层合结构耦合效应的试验研究。在国外，

Shamsudin 等[224-227]采用如图 1.4(a)所示的拉扭耦合试验机，验证标准铺层层合板的拉扭耦合效应。Haynes 等[109]采用如图 1.4(b)所示的装置进行层合板弯扭耦合的试验测量，通过测量层合板加载端的两侧挠度差计算扭转变形。Reveillon 等[228]对各向异性层合板进行三维形状采集和光学显微镜观察，将层合板拉扭耦合效应的实验结果与经典层合理论进行比较以便了解该板的耦合力学行为。Beter 等[229]采用一种新型测试装置来测试层合板的拉扭耦合效应。该测试装置包括一个改进的夹持系统，结果表明[30°/60°]的非对称层合板具有明显的拉扭耦合效应。

在国内，李谨[220]基于二维数字图像相关(digital image correlation，DIC)方法，设计了一套如图 1.4(c)所示的弯扭耦合效应试验测量系统。周邢银[230]考虑接触式位移传感器和摄影法的不足，采用悬线测量法对层合板各截面两端点的变形进行测量(图 1.4(d))，得到层合板各截面的弯曲和扭转变形。Carvalho 等[231]使用 DIC 方法测量层合板分层迁移试样的挠度以观察整体层合板破坏形态，并与数值结果进行比较。梁言等[232]针对 T300/AG80 复合材料[±45°/0°/90°/0°]s 层合板开展屈曲实验，采用 DIC 方法进行失效形貌的全场测量。贺体人等[233]将 DIC 方

(a) 拉扭耦合试验机[224]

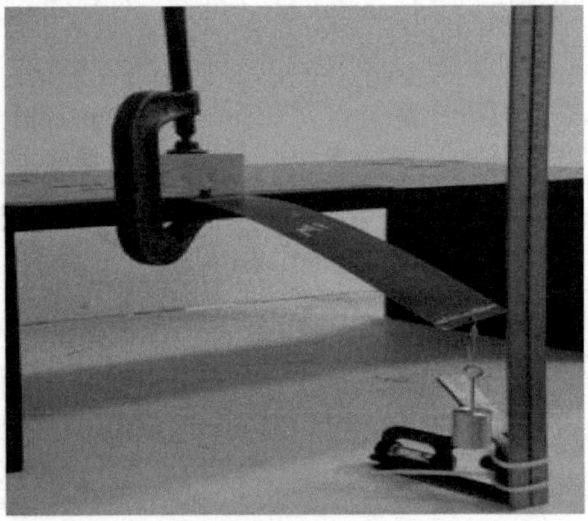

(b) 弯扭耦合变形试验[109]

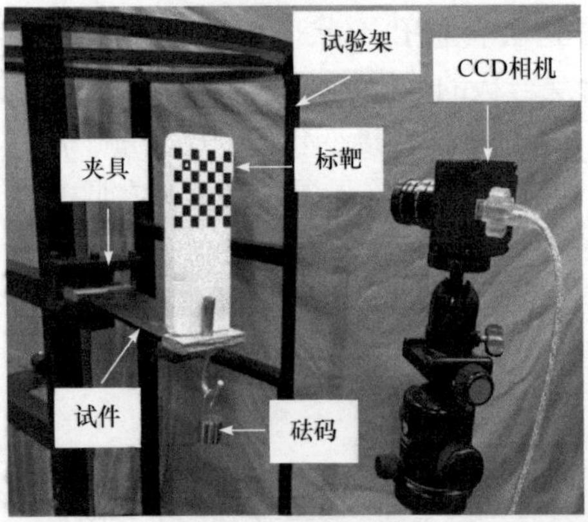


(c) 弯扭耦合效应光测法[220]

(d) 悬线测量法[230]

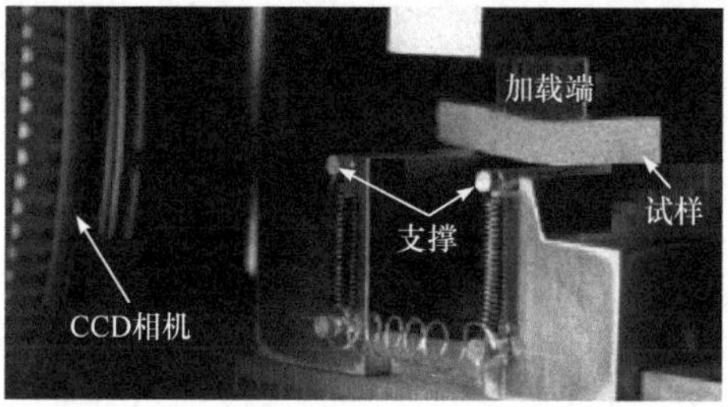


(e) 层合板应变光测法[233]

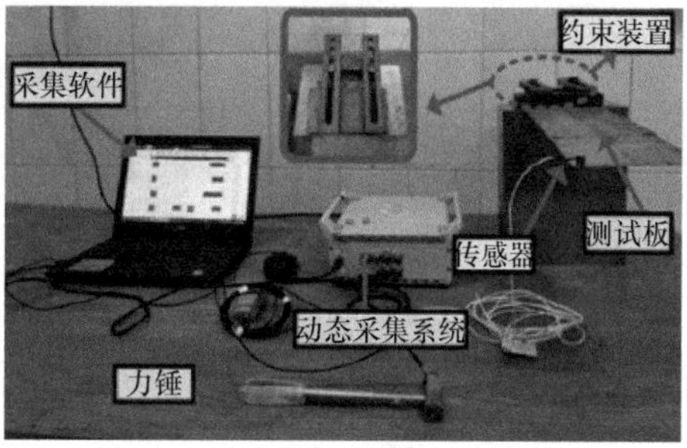


(f) 传感器法[235]

图 1.4　复合材料试件耦合变形测量试验

法与有限元模型修正技术相结合，采用如图 1.4(e)所示的装置对 IM7/8552 型碳纤维/环氧树脂复合材料单向铺层层合板的厚度方向应变进行测量，建立了压缩本构关系。石建军等[234]设计了一种层合板夹持组件测试其力学性能。张颖等采用图 1.4(f)所示的装置对弯扭耦合层合板开展振动模态特性研究[235]，并将固有频率和振型参数与数值仿真结果进行对比分析[236]。

综上所述，在复合材料结构的优化设计中，众多学者采用 SQP 算法求解湿热稳定性的问题，解决由湿热效应导致的非线性等式强约束问题。该方法虽能较好地满足约束条件，但是获得全局最优解的耗时较长，因此有必要探索高效的优化方法。在复合材料结构耦合效应的试验研究方面，传统的接触测试方法不能准确测量多耦合效应引入的离面变形，并且接触测试方法会引起附加约束。目前的 DIC 方法比较适合本书的验证工作，但是二维图像测试技术不能准确测量多耦合效应引入的离面变形。因此，有必要研究能够精确测量弯扭耦合结构离面位移的三维图像测量方法，并探索如何处理离面变形相互耦合等相关问题。

## 1.3　非对称层合结构的应用前景

具有特殊耦合效应的非对称层合结构，凭借其优异的自适应能力在未来航空航天和风电等领域中将扮演重要的角色。弯扭耦合自适应结构作为非对称层合结构的典型代表，在飞机机翼和风机叶片等结构设计中拥有十分广泛的应用前景和发展潜力。本节分别介绍非对称层合结构在前掠翼机翼结构设计、倾转旋翼结构设计，以及风机叶片结构设计中的应用前景。

### 1.3.1　非对称层合结构在前掠翼机翼结构设计中的应用

弯扭耦合自适应结构最早出现在飞机机翼的气动弹性剪裁中。相比后掠翼飞机，前掠翼飞机具有更好的气动性能、更短的起飞距离、更高的可靠性，但前掠翼机翼的气动弹性发散问题制约了其广泛的应用，直到复合材料机翼结构的应用才使前掠翼的发展柳暗花明。1974 年，Krone[182]首次提出气动弹性剪裁的概念，他指出利用层合复合材料刚度的方向性设计具有弯扭耦合效应的机翼，能够解决气动弹性发散引起的临界速度迅速下降和易弯曲折断等问题，达到控制机翼气动弹性变形、提高飞机性能的目的。美国空军与格鲁门公司合作制造的 X-29 技术验证机完成首飞(图 1.5(a))；俄罗斯空军和苏霍伊航空集团研制的 Su-47(前身为 S-37)前掠翼战斗机(图 1.5(b))，充分利用复合材料的弯扭耦合特性实现了亚音速和超音速飞行。

(a) X-29战机

(b) Su-47战机

图 1.5　使用弯扭耦合前掠翼的战机

此外，真实机翼结构沿展弦方向的横截面积是逐渐减小的，非平直翼的零轴方向与机身的夹角也是可变的。其主承力结构示意图如图 1.6 所示。在现有针对弯扭耦合机翼的研究中，大多采用的是等截面盒型梁模型或蜂窝夹芯翼盒模型来模拟其主承力结构，不能准确反映结构的构型，以及面板和腹板间的相互作用力。因此，在弯扭耦合盒型结构设计的过程中，需要进一步考虑面板和腹板的截面尺寸、倾角等结构几何参数变化的影响。

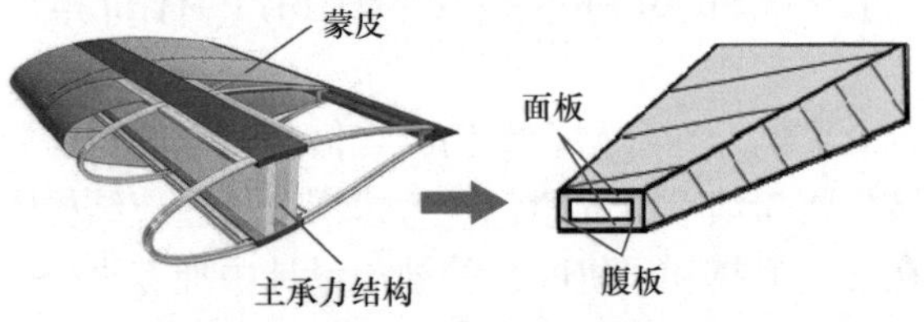


图 1.6　主承力结构示意图

### 1.3.2　非对称层合结构在倾转旋翼结构设计中的应用

倾转旋翼机融合了直升机与固定翼飞机的优点，具备直升机的垂直升降能力及固定翼螺旋桨飞机飞行速度高、航程远及耗油量低的优点。世界各国竞相在这方面加强研究，目前只有美国实现了倾转旋翼机的制造和量产。例如，1955 年，美国 XV-3 机型以 291km/h 首飞成功(图 1.7(a))，在倾转旋翼机发展史上具有里程碑意义；1989 年，美国 V-22“鱼鹰”倾转旋翼飞机已完成起飞着陆转换试飞、机翼失速试飞、单发试飞，以及飞行速度高达 647km/h 的试飞(图 1.7(b))；2019 年，美国 V-280“勇士”第三代倾转旋翼机诞生(图 1.7(c))，速度为 556km/h，最大航程可达 3890km。然而，我国的倾转旋翼机仍处于理论设计阶段(图 1.7(d))。

(a) XV-3　(b) V-22“鱼鹰”

(c) V-280“勇士”　(d) “蓝鲸”倾转旋翼机模型

图 1.7　倾转旋翼机型号

如何提高旋翼效率和稳定性是限制倾转旋翼机技术进一步发展应用的一项关键技术难题。与直升机旋翼相比，螺旋桨旋翼的扭转角比较大，这对于确保桨叶根部能够在前飞状态下产生较大的拉力是十分必要的，但是在悬停状态时，采用大扭转角设计螺旋桨旋翼，其工作效率会大大降低，这将导致发动机输送的可用功率产生无用损耗。

倾转旋翼机叶片的扭转分布直接影响两种飞行模式下的气动效率，如图 1.8 所示。在直升机飞行模式下，为了提高悬停效率，需要减小叶片的扭转角；在固定翼飞机飞行模式下，为提高巡航推进效率，需要增加叶片的扭转角。由于两种飞行模式下，螺旋桨的转速不同，因此叶片受到的离心力不同。利用这一特点，采用非对称复合材料设计具有拉扭耦合效应的变形自适应叶片，使其可以根据螺旋桨的转速自发地改变扭转角，提高巡航与推进效率。

### 1.3.3　非对称层合结构在风机叶片结构设计中的应用

在现有风机叶片结构相关研究中，取得应用的仅为金属材料和单向铺层复合

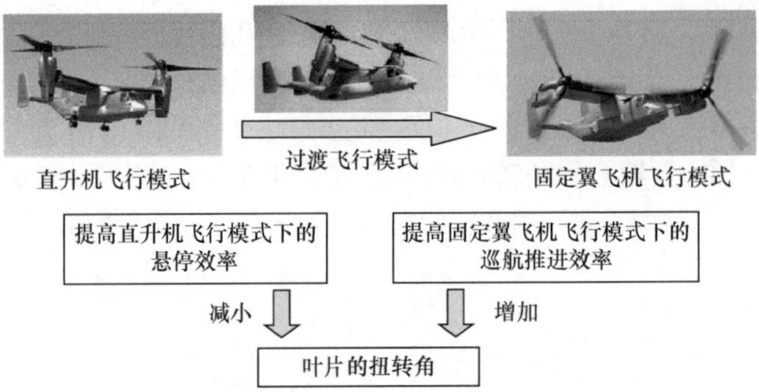


图 1.8　倾转旋翼机飞行模式与叶片扭转角的关系

材料，这样虽然能提高结构刚度，但是无法有效解决上述问题。在近些年的理论研究中，人们采用单耦合效应层合板构造了弯扭耦合自适应结构，但是单耦合效应层合板设计域窄、耦合效应不够强，导致其构造的结构自适应效果受限。同时，层合板的单耦合效应会对弯扭耦合结构的力学性能产生负面效应。

将弯扭耦合自适应结构应用到风力发电机叶片上，可以设计出具有弯扭耦合效应的自适应风机叶片，使叶片可以根据风速自发地改变自身的气动扭角，对叶片上的载荷进行重新分配，提高叶片的可靠性与抗疲劳特性，改善叶片功率输出的稳定性，拓宽叶片的运行风速范围，进而解决变桨控制技术调节响应速度慢和过度激励等问题。因此，将非对称层合结构应用到风机叶片的结构设计中，可以增强叶片结构的自适应能力，提升风力发电机的发电效率。

Lobitz 等[187]基于气动弹性剪裁原理设计了风机叶片，并在 AWT-26 型风机(图 1.9(a))上进行验证。结果表明，风机的疲劳载荷降低超过 20%，并且发现弯扭耦合效应的存在能增加叶片的年输出能量。如图 1.9(b)所示，Berry 等[189]加工了 TX-100 型复合材料风机叶片蒙皮，并通过研究发现弯扭耦合风机叶片结构在强风下的可靠性能够明显提升。

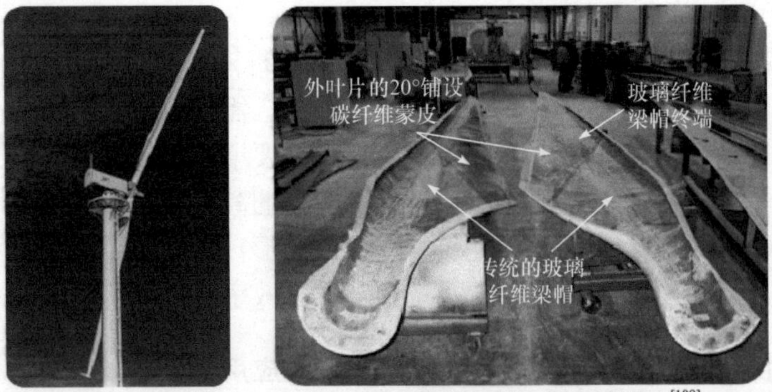


(a) AWT-26型风机[187]　　(b) TX-100型弯扭耦合风机叶片蒙皮[189]

图 1.9　应用弯扭耦合结构的风机叶片

## 1.4　本书的组织架构

本书基于理论推导、数值仿真和试验验证相结合的方式，提出湿热稳定的非对称层合结构设计方法，主要内容包括四类非对称层合板(拉剪耦合层合板、拉扭耦合层合板、拉剪多耦合效应层合板和拉扭多耦合效应层合板)的湿热稳定机理研究和铺层优化设计方法、基于上述层合板的弯扭耦合盒型结构的设计优化方法、层合板和弯扭耦合盒型结构耦合效应的试验测量方法，以及湿热稳定层间混杂层合板的铺层优化设计方法。全书章节的组织架构如图 1.10 所示。

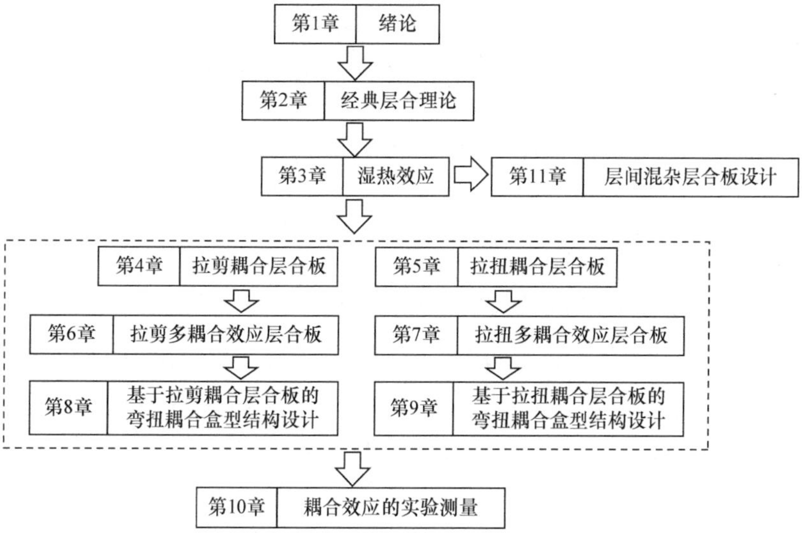


图 1.10　全书章节的组织架构

# 第 2 章　经典层合理论

## 2.1　引　　言

经典层合理论的基本方程是基于基尔霍夫假设的薄板中面变形方程，它是研究复合材料非对称层合结构设计的重要基础。本章介绍经典层合理论的主要内容，包括单层板和层合板的宏观力学分析。同时，为了便于实现层合板的铺层设计，还引入几何因子和材料常量的概念，介绍非对称层合板的分类和标识方法。

## 2.2　单层板的宏观力学分析

### 2.2.1　复合材料单层板的应力-应变关系

各向异性弹性体应力-应变关系为[1]

$$\begin{Bmatrix} \varepsilon_1 \\ \varepsilon_2 \\ \varepsilon_3 \\ \gamma_{23} \\ \gamma_{13} \\ \gamma_{12} \end{Bmatrix} = \hat{\boldsymbol{S}} \begin{Bmatrix} \sigma_1 \\ \sigma_2 \\ \sigma_3 \\ \tau_{23} \\ \tau_{13} \\ \tau_{12} \end{Bmatrix} = \begin{bmatrix} S_{11} & S_{12} & S_{13} & S_{14} & S_{15} & S_{16} \\ S_{21} & S_{22} & S_{23} & S_{24} & S_{25} & S_{26} \\ S_{31} & S_{32} & S_{33} & S_{34} & S_{35} & S_{36} \\ S_{41} & S_{42} & S_{43} & S_{44} & S_{45} & S_{46} \\ S_{51} & S_{52} & S_{53} & S_{54} & S_{55} & S_{56} \\ S_{61} & S_{62} & S_{63} & S_{64} & S_{65} & S_{66} \end{bmatrix} \begin{Bmatrix} \sigma_1 \\ \sigma_2 \\ \sigma_3 \\ \tau_{23} \\ \tau_{13} \\ \tau_{12} \end{Bmatrix} \tag{2.1}$$

其中，$\hat{\boldsymbol{S}}$ 为三维柔度矩阵；$S_{ij}\,(i, j = 1, 2, \cdots, 6)$为柔度系数。

如果弹性体互相垂直的 3 个平面中有 2 个是弹性对称面，那么独立的柔度系数只有 9 个，此时的材料称为正交各向异性材料。其应力-应变关系可以简化为

$$\begin{Bmatrix} \varepsilon_1 \\ \varepsilon_2 \\ \varepsilon_3 \\ \gamma_{23} \\ \gamma_{13} \\ \gamma_{12} \end{Bmatrix} = \begin{bmatrix} S_{11} & S_{12} & S_{13} & 0 & 0 & 0 \\ S_{21} & S_{22} & S_{23} & 0 & 0 & 0 \\ S_{31} & S_{32} & S_{33} & 0 & 0 & 0 \\ 0 & 0 & 0 & S_{44} & 0 & 0 \\ 0 & 0 & 0 & 0 & S_{55} & 0 \\ 0 & 0 & 0 & 0 & 0 & S_{66} \end{bmatrix} \begin{Bmatrix} \sigma_1 \\ \sigma_2 \\ \sigma_3 \\ \tau_{23} \\ \tau_{13} \\ \tau_{12} \end{Bmatrix} \tag{2.2}$$

工程中常用的复合材料单层板属于正交各向异性材料。如图 2.1 所示，其

厚度方向(设为主轴 3 方向)尺寸比平面内两个方向(设为主轴 1、2 方向)尺寸小得多。

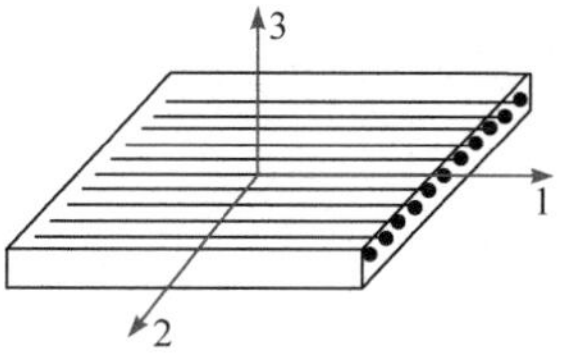


图 2.1　单层板主轴坐标系

复合材料单层板一般处于平面应力状态，有如下应力特点，即

$$\sigma_3 = 0, \quad \tau_{23} = \tau_{13} = 0 \tag{2.3}$$

将式(2.3)代入式(2.2)，可得正交各向异性单层板在平面应力状态下，用二维柔度矩阵 $\boldsymbol{S}$ 表示的主轴方向应力-应变关系，即

$$\begin{Bmatrix} \varepsilon_1 \\ \varepsilon_2 \\ \gamma_{12} \end{Bmatrix} = \boldsymbol{S} \begin{Bmatrix} \sigma_1 \\ \sigma_2 \\ \tau_{12} \end{Bmatrix} = \begin{bmatrix} S_{11} & S_{12} & 0 \\ S_{12} & S_{22} & 0 \\ 0 & 0 & S_{66} \end{bmatrix} \begin{Bmatrix} \sigma_1 \\ \sigma_2 \\ \tau_{12} \end{Bmatrix} \tag{2.4}$$

将式(2.4)的等号两边同时左乘 $\boldsymbol{S}$ 的逆矩阵，可得由应变表示的应力表达式，即

$$\begin{Bmatrix} \sigma_1 \\ \sigma_2 \\ \tau_{12} \end{Bmatrix} = \boldsymbol{Q} \begin{Bmatrix} \varepsilon_1 \\ \varepsilon_2 \\ \gamma_{12} \end{Bmatrix} = \begin{bmatrix} Q_{11} & Q_{12} & 0 \\ Q_{12} & Q_{22} & 0 \\ 0 & 0 & Q_{66} \end{bmatrix} \begin{Bmatrix} \varepsilon_1 \\ \varepsilon_2 \\ \gamma_{12} \end{Bmatrix} \tag{2.5}$$

其中，刚度矩阵 $\boldsymbol{Q}$ 直接可以由柔度矩阵 $\boldsymbol{S}$ 求逆得到；$Q_{11} = \dfrac{S_{22}}{S_{11}S_{22} - S_{12}^2}$；$Q_{22} = \dfrac{S_{11}}{S_{11}S_{22} - S_{12}^2}$；$Q_{12} = \dfrac{-S_{12}}{S_{11}S_{22} - S_{12}^2}$；$Q_{66} = \dfrac{1}{S_{66}}$。

通常将用多层单层板黏合在一起组成整体的结构板称为层合板。层合板的性能与各层单层板的材料性能有关，并且与各层单层板的铺设方式有关。将各层单层板的材料主方向按不同方向和不同顺序铺设，可得各种不同性能的层合板，这样我们有可能在不改变单层板材料的情况下，设计出具有各种力学性能的层合板以满足工程上不同的要求。这是单层板没有的特点，因此工程上常使用层合板的结构形式。

为了便于描述单层板相对于层合板的空间位置，定义如图 2.2 所示的几何中面坐标系。坐标系的原点位于层合板的空间几何中心，$x$-$y$ 平面与层合板的几何中面重合，$x$ 轴、$y$ 轴分别与层合板的两条矩形边垂直，$z$ 轴方向由右手螺旋法则确定。图 2.2 中“1”方向代表单层板的面内主轴方向。

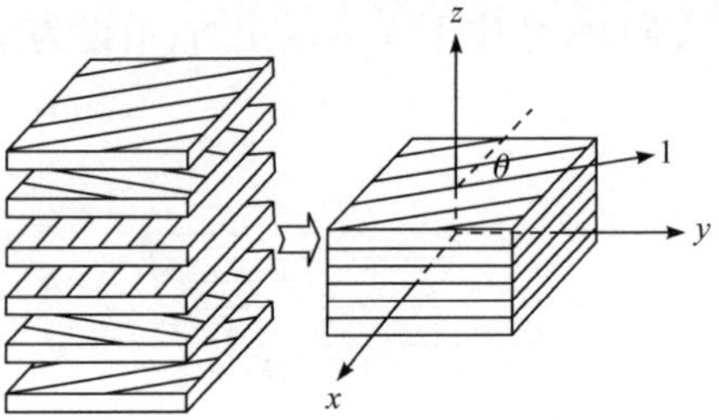


图 2.2 层合板几何中面坐标系

由图 2.2 可知，单层板的面内主轴方向(1 方向)和层合板的面内坐标 $x$-$y$ 往往不一致。为了便于在层合板几何中面坐标系中计算层合板的刚度，需要将单层板面内主轴方向的应力-应变关系转换为 $x$-$y$ 方向的应力-应变关系，也就是利用坐标转换矩阵 $\boldsymbol{T}$ 获得单层板偏轴向的应力-应变关系，即

$$\begin{Bmatrix}\sigma_x\\ \sigma_y\\ \tau_{xy}\end{Bmatrix}=\boldsymbol{T}^{-1}\begin{Bmatrix}\sigma_1\\ \sigma_2\\ \tau_{12}\end{Bmatrix}=\boldsymbol{T}^{-1}\boldsymbol{Q}(\boldsymbol{T}^{-1})^{\mathrm{T}}\begin{Bmatrix}\varepsilon_x\\ \varepsilon_y\\ \gamma_{xy}\end{Bmatrix} \tag{2.6}$$

其中

$$\boldsymbol{T}=\begin{bmatrix}\cos^2\theta & \sin^2\theta & 2\sin\theta\cos\theta\\ \sin^2\theta & \cos^2\theta & -2\sin\theta\cos\theta\\ -\sin\theta\cos\theta & \sin\theta\cos\theta & \cos^2\theta-\sin^2\theta\end{bmatrix} \tag{2.7}$$

其中，$\theta$ 为单层板面内主轴方向 1 与 $x$ 轴的夹角。

令 $\overline{\boldsymbol{Q}}=\boldsymbol{T}^{-1}\boldsymbol{Q}(\boldsymbol{T}^{-1})^{\mathrm{T}}$，则式(2.6)可改写为

$$\begin{Bmatrix}\sigma_x\\ \sigma_y\\ \tau_{xy}\end{Bmatrix}=\overline{\boldsymbol{Q}}\begin{Bmatrix}\varepsilon_x\\ \varepsilon_y\\ \gamma_{xy}\end{Bmatrix}=\begin{bmatrix}\overline{Q}_{11} & \overline{Q}_{12} & \overline{Q}_{16}\\ \overline{Q}_{12} & \overline{Q}_{22} & \overline{Q}_{26}\\ \overline{Q}_{16} & \overline{Q}_{26} & \overline{Q}_{66}\end{bmatrix}\begin{Bmatrix}\varepsilon_x\\ \varepsilon_y\\ \gamma_{xy}\end{Bmatrix} \tag{2.8}$$

其中，$\overline{\boldsymbol{Q}}$ 为单层板的二维偏轴向刚度矩阵，其各元素的具体表达式为

$$\begin{cases}\overline{Q}_{11}=Q_{11}\cos^4\theta+2(Q_{12}+2Q_{66})\sin^2\theta\cos^2\theta+Q_{22}\sin^4\theta\\ \overline{Q}_{12}=(Q_{11}+Q_{22}-4Q_{66})\sin^2\theta\cos^2\theta+Q_{12}(\sin^4\theta+\cos^4\theta)\\ \overline{Q}_{22}=Q_{11}\sin^4\theta+2(Q_{12}+2Q_{66})\sin^2\theta\cos^2\theta+Q_{22}\cos^4\theta\\ \overline{Q}_{16}=(Q_{11}-Q_{12}-2Q_{66})\sin\theta\cos^3\theta+(Q_{12}-Q_{22}+2Q_{66})\sin^3\theta\cos\theta\\ \overline{Q}_{26}=(Q_{11}-Q_{12}-2Q_{66})\sin^3\theta\cos\theta+(Q_{12}-Q_{22}+2Q_{66})\sin\theta\cos^3\theta\\ \overline{Q}_{66}=(Q_{11}+Q_{22}-2Q_{12}-2Q_{66})\sin^2\theta\cos^2\theta+Q_{66}(\sin^4\theta+\cos^4\theta)\end{cases} \tag{2.9}$$

复合材料单层板的偏轴向的应力-应变关系还可以利用二维柔度矩阵 $\boldsymbol{S}$ 和坐

标转换矩阵 $\boldsymbol{T}$ 表示为

$$\begin{Bmatrix}\varepsilon_x\\ \varepsilon_y\\ \gamma_{xy}\end{Bmatrix}=\boldsymbol{T}^{\mathrm{T}}\begin{Bmatrix}\varepsilon_1\\ \varepsilon_2\\ \gamma_{12}\end{Bmatrix}=\boldsymbol{T}^{\mathrm{T}}\boldsymbol{ST}\begin{Bmatrix}\sigma_x\\ \sigma_y\\ \tau_{xy}\end{Bmatrix}=\overline{\boldsymbol{S}}\begin{Bmatrix}\sigma_x\\ \sigma_y\\ \tau_{xy}\end{Bmatrix}=\begin{bmatrix}\overline{S}_{11} & \overline{S}_{12} & \overline{S}_{16}\\ \overline{S}_{12} & \overline{S}_{22} & \overline{S}_{26}\\ \overline{S}_{16} & \overline{S}_{26} & \overline{S}_{66}\end{bmatrix}\begin{Bmatrix}\sigma_x\\ \sigma_y\\ \tau_{xy}\end{Bmatrix} \tag{2.10}$$

其中，矩阵 $\overline{\boldsymbol{S}}$ 称为二维偏轴向柔度矩阵，其各项表达式为

$$\begin{cases}\overline{S}_{11}=S_{11}\cos^4\theta+(2S_{12}+S_{66})\sin^2\theta\cos^2\theta+S_{22}\sin^4\theta\\ \overline{S}_{12}=S_{12}(\sin^4\theta+\cos^4\theta)+(S_{12}+S_{22}-S_{66})\sin^2\theta\cos^2\theta\\ \overline{S}_{22}=S_{11}\sin^4\theta+(2S_{12}+S_{66})\sin^2\theta\cos^2\theta+S_{22}\cos^4\theta\\ \overline{S}_{16}=(2S_{11}-2S_{12}-S_{66})\sin\theta\cos^3\theta-(2S_{22}-2S_{12}-S_{66})\sin^3\theta\cos\theta\\ \overline{S}_{26}=(2S_{11}-2S_{12}-S_{66})\sin^3\theta\cos\theta-(2S_{22}-2S_{12}-S_{66})\sin\theta\cos^3\theta\\ \overline{S}_{66}=4\left(S_{11}+S_{22}-2S_{12}-\dfrac{1}{2}S_{66}\right)\sin^2\theta\cos^2\theta+S_{66}(\sin^4\theta+\cos^4\theta)\end{cases} \tag{2.11}$$

### 2.2.2　复合材料单层板的强度理论

工程实践中经常使用的单向纤维增强复合材料是典型的正交各向异性材料。因为正交各向异性材料的最大作用应力不一定对应材料的危险状态，所以与材料方向无关的最大值主应力已无意义，材料主方向的应力是最重要的。本节讨论正交各向异性单层材料的强度，重点介绍平面强度理论。同时，假设不考虑某些细观破坏机理，即认为材料宏观上是均匀的。

对于大多数纤维增强复合材料而言，其拉伸和压缩强度不同，因此它的基本强度包括纵向拉伸强度 $X_t$ 、纵向压缩强度 $X_c$ 、横向拉伸强度 $Y_t$ 、横向压缩强度 $Y_c$ 和剪切强度 $S$。对于拉伸和压缩强度相同的复合材料而言，其基本强度只有三个，分别是纵向强度 $X$ 、横向强度 $Y$ 和剪切强度 $S$。下面介绍常用的强度理论。

1. 最大应力理论

在最大应力理论中，各材料主方向上的应力必须小于各自方向的强度，否则发生破坏。对于拉伸和压缩强度不同的材料，有如下不等式，即

$$\begin{cases}-X_c<\sigma_1<X_t\\ -Y_c<\sigma_2<Y_t\\ |\tau_{12}|<S\end{cases} \tag{2.12}$$

若式(2.12)中任意一个不等式不成立，材料将以对应的破坏机理发生破坏。例如，当 $\sigma_1<X_t$ 不成立时，材料将以与 $X_t$ 相联系的破坏机理发生破坏。在该理论中，各种破坏模式之间没有相互影响。

在应用最大应力理论时，如果加载方向不沿主轴方向，则需要运用坐标转换矩阵(2.7)将加载方向的应力转换到主轴方向的应力，再代入式(2.12)写出强度条件。

2. 最大应变理论

在最大应变理论中，材料发生强度失效之前，各个主轴向的应变要小于各自对应的最大应变。对于拉伸和压缩强度不同的材料，有如下不等式，即

$$\begin{cases} -\varepsilon_{Xc} < \varepsilon_1 < \varepsilon_{Xt} \\ -\varepsilon_{Yc} < \varepsilon_2 < \varepsilon_{Yt} \\ |\gamma_{12}| < \gamma_R \end{cases} \tag{2.13}$$

其中，$\varepsilon_{Xt}$、$\varepsilon_{Xc}$、$\varepsilon_{Yt}$、$\varepsilon_{Yc}$和$\gamma_R$分别为 1 轴向最大拉应变、1 轴向最大压应变、2 轴向最大拉应变、2 轴向最大压应变和 1-2 平面内的最大剪应变。

若式(2.13)中有任意一个关系不成立，则按对应应变的破坏机理发生破坏。

在应用最大应变理论时，需要将总坐标系中的应变转换为材料主方向的应变，再代入式(2.13)写出强度条件。

3. Hill-Tsai 强度理论

Hill 对各向同性材料屈服的畸变能理论进行推广，给出了满足各向异性材料屈服现象的理论准则

$$\begin{aligned} &(G+H)\sigma_1^2+(F+H)\sigma_2^2+(F+G)\sigma_3^2-2H\sigma_1\sigma_2-2G\sigma_1\sigma_3-2F\sigma_2\sigma_3 \\ &\quad +2L\tau_{23}^2+2M\tau_{31}^2+2N\tau_{12}^2=1 \end{aligned} \tag{2.14}$$

其中，$F$、$G$、$H$、$L$、$M$、$N$ 为各向异性材料的破坏强度参数，在不同应力状态下对应的取值不同。

针对平面应力状态下的复合材料单层板，Tsai 用前述常见的破坏强度 $X$、$Y$、$S$ 表示了 $F$、$G$、$H$、$L$、$M$、$N$ 具体推导过程。若只有$\tau_{12}$作用，其最大值为 $S$，则有

$$2N=\frac{1}{S^2} \tag{2.15}$$

若只有$\sigma_1$作用，则由式(2.14)可得

$$G+H=\frac{1}{X^2} \tag{2.16}$$

若只有$\sigma_2$作用可得

$$F+H=\frac{1}{Y^2} \tag{2.17}$$

若用 $Z$ 表示 3 方向，并且只有$\sigma_3$作用，可得

$$F+G=\frac{1}{Z^2} \tag{2.18}$$

联立式(2.16)～式(2.18)，可得

$$\begin{cases} 2H = \dfrac{1}{X^2} + \dfrac{1}{Y^2} - \dfrac{1}{Z^2} \\ 2G = \dfrac{1}{X^2} + \dfrac{1}{Z^2} - \dfrac{1}{Y^2} \\ 2F = \dfrac{1}{Y^2} + \dfrac{1}{Z^2} - \dfrac{1}{X^2} \end{cases} \tag{2.19}$$

对于平面应力状态下的复合材料单层板，纤维在 1 方向时，根据几何特性，纤维在 2 方向和 3 方向的分布情况相同，可知 $Y=Z$，则 $H = \dfrac{1}{2X^2} = G$，$F + H = \dfrac{1}{Y^2}$。将其代入式(2.14)，可得 $X$、$Y$、$S$ 表示的破坏准则，即

$$\frac{\sigma_1^2}{X^2} + \frac{\sigma_2^2}{Y^2} + \frac{\tau_{12}^2}{S^2} - \frac{\sigma_1\sigma_2}{X^2} = 1 \tag{2.20}$$

称为 Hill-Tsai 强度理论。

Hill-Tsai 强度理论未考虑拉、压性能不同的复合材料，为此 Hoffman 提出新的破坏准则，即

$$\frac{\sigma_1^2}{X_t X_c} - \frac{\sigma_1\sigma_2}{X_t X_c} + \frac{\sigma_2^2}{Y_t Y_c} + \frac{X_c - X_t}{X_t X_c}\sigma_1 + \frac{Y_c - Y_t}{Y_c Y_t}\sigma_2 + \frac{\tau_{12}^2}{S^2} = 1 \tag{2.21}$$

4. Tsai-Wu 张量理论

上述各强度理论与实验结果之间有不同程度的不一致，为此 Tsai 和 Wu 以张量形式提出新的强度理论。

他们假定应力空间中的破坏表面可表示为

$$F_i\sigma_i + F_{ij}\sigma_i\sigma_j = 1, \quad i, j=1,2,\cdots,6 \tag{2.22}$$

其中，$F_i$ 和 $F_{ij}$ 为二阶和四阶强度系数张量的分量。

对于平面应力状态下的正交各向异性单层材料，式(2.22)可写为

$$\begin{aligned} &F_1\sigma_1 + F_2\sigma_2 + F_6\tau_{12} + F_{11}\sigma_1^2 + F_{22}\sigma_2^2 + F_{66}\tau_{12}^2 \\ &+2F_{16}\sigma_1\tau_{12} + 2F_{26}\sigma_2\tau_{12} + 2F_{12}\sigma_1\sigma_2 = 1 \end{aligned} \tag{2.23}$$

将其与其他强度理论对比可以发现，$F_{16}$、$F_{26}$ 和 $F_{12}$ 为新加入的项。

$F_i$、$F_{ij}$ 的某些系数同样可以用常见的破坏强度 $X_t$、$X_c$、$Y_t$、$Y_c$、$S$ 确定，具体表达式为

$$\begin{cases} F_1 = \dfrac{1}{X_t} - \dfrac{1}{X_c} \\ F_{11} = \dfrac{1}{X_t X_c} \\ F_2 = \dfrac{1}{Y_t} - \dfrac{1}{Y_c} \\ F_{22} = \dfrac{1}{Y_t Y_c} \\ F_6 = F_{16} = F_{26} = 0 \\ F_{66} = \dfrac{1}{S^2} \end{cases} \tag{2.24}$$

利用$\sigma_1 = \sigma_1 = \sigma_m$和其余应力分量为零的双向拉伸试验可解出$F_{12}$，即

$$F_{12} = \frac{1}{2\sigma_m^2}\left[1 - \left(\frac{1}{X_t} - \frac{1}{X_c} + \frac{1}{Y_t} - \frac{1}{Y_c}\right)\sigma_m - \left(\frac{1}{X_t X_c} + \frac{1}{Y_t Y_c}\sigma_m^2\right)\right] \tag{2.25}$$

其中，$\sigma_m$为双向等值拉伸破坏应力。

## 2.3 层合板的宏观力学分析

### 2.3.1 层合板刚度的宏观力学分析

本节采用宏观力学分析方法，介绍层合板的刚度计算方法。

如图 2.3 所示，层合板由 $n$ 层单层板铺设而成，总厚度为 $H$。基于基尔霍夫直法线假设，可以推导出层合板中第 $k$ 层单层板的应力-应变关系，即

$$\begin{Bmatrix} \sigma_x \\ \sigma_y \\ \tau_{xy} \end{Bmatrix}_k = \bar{\boldsymbol{Q}}_k \left\{ \begin{bmatrix} \varepsilon_x^0 \\ \varepsilon_y^0 \\ \gamma_{xy}^0 \end{bmatrix} + z \begin{bmatrix} \kappa_x \\ \kappa_y \\ \kappa_{xy} \end{bmatrix} \right\} = \begin{bmatrix} \bar{Q}_{11} & \bar{Q}_{12} & \bar{Q}_{16} \\ \bar{Q}_{12} & \bar{Q}_{22} & \bar{Q}_{26} \\ \bar{Q}_{16} & \bar{Q}_{26} & \bar{Q}_{66} \end{bmatrix}_k \left\{ \begin{bmatrix} \varepsilon_x^0 \\ \varepsilon_y^0 \\ \gamma_{xy}^0 \end{bmatrix} + z \begin{bmatrix} \kappa_x \\ \kappa_y \\ \kappa_{xy} \end{bmatrix} \right\} \tag{2.26}$$

其中，$\varepsilon_x^0$和$\varepsilon_y^0$为中面线应变；$\gamma_{xy}^0$为中面切应变；$\kappa_x$和$\kappa_y$为层合板中面弯曲率；$\kappa_{xy}$为中面扭曲率；$\bar{\boldsymbol{Q}}_k$为第$k$层板的二维偏轴刚度矩阵，其各项系数的表达式为

$$\begin{cases} (\bar{Q}_{11})_k = Q_{11}\cos^4\theta_k + 2(Q_{12} + 2Q_{66})\sin^2\theta_k\cos^2\theta_k + Q_{22}\sin^4\theta_k \\ (\bar{Q}_{12})_k = (Q_{11} + Q_{22} - 4Q_{66})\sin^2\theta_k\cos^2\theta_k + Q_{12}(\sin^4\theta_k + \cos^4\theta_k) \\ (\bar{Q}_{22})_k = Q_{11}\sin^4\theta_k + 2(Q_{12} + 2Q_{66})\sin^2\theta_k\cos^2\theta_k + Q_{22}\cos^4\theta_k \\ (\bar{Q}_{16})_k = (Q_{11} - Q_{12} - 2Q_{66})\sin\theta_k\cos^3\theta_k + (Q_{12} - Q_{22} + 2Q_{66})\sin^3\theta_k\cos\theta_k \\ (\bar{Q}_{26})_k = (Q_{11} - Q_{12} - 2Q_{66})\sin^3\theta_k\cos\theta_k + (Q_{12} - Q_{22} + 2Q_{66})\sin\theta_k\cos^3\theta_k \\ (\bar{Q}_{66})_k = (Q_{11} + Q_{22} - 2Q_{12} - 2Q_{66})\sin^2\theta_k\cos^2\theta_k + Q_{66}(\sin^4\theta_k + \cos^4\theta_k) \end{cases} \tag{2.27}$$

其中，$Q_{ij}(i,j=1,2,\cdots,6)$ 为单层板的主轴刚度系数；$\theta_k$ 为第 $k$ 层单层板的铺层角。

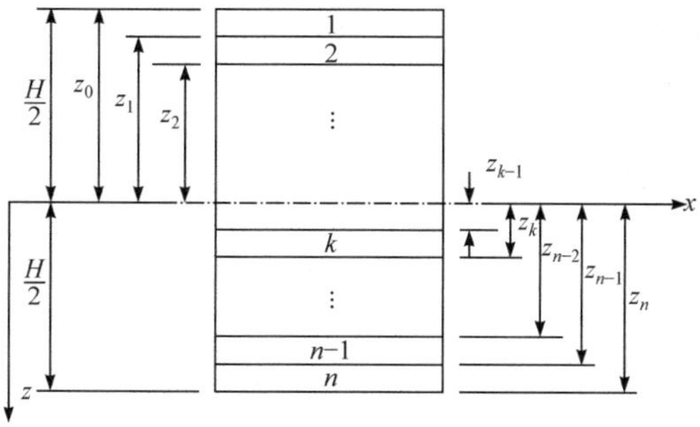


图 2.3　复合材料层合板几何中面坐标系

如图 2.4 所示，设层合板横截面上单位宽度(或长度)上的内力(拉、压力、剪切力)为 $N_x$ 、 $N_y$ 、 $N_{xy}$ ；层合板横截面单位宽度的内力矩(弯矩或扭矩) $M_x$ 、 $M_y$ 、 $M_{xy}$ 。它们可由各单层板上的应力沿层合板厚度积分求得，即

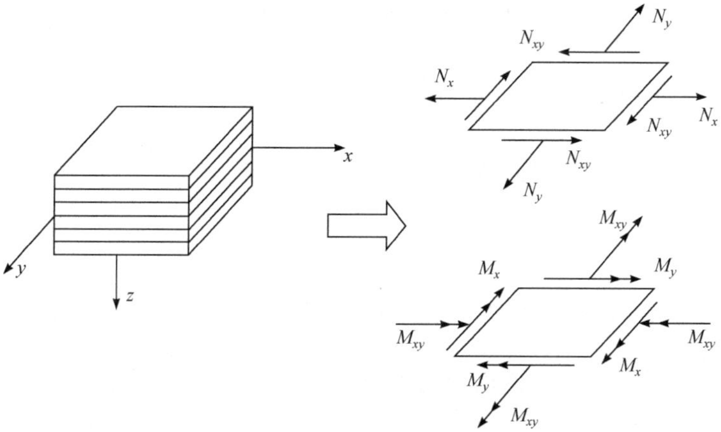


图 2.4　复合材料层合板坐标系及受力图

$$\begin{bmatrix} N_x \\ N_y \\ N_{xy} \end{bmatrix} = \sum_{k=1}^{n} \int_{z_{k-1}}^{z_k} \begin{bmatrix} \sigma_x \\ \sigma_y \\ \tau_{xy} \end{bmatrix}_k \mathrm{d}z, \quad \begin{bmatrix} M_x \\ M_y \\ M_{xy} \end{bmatrix} = \sum_{k=1}^{n} \int_{z_{k-1}}^{z_k} \begin{bmatrix} \sigma_x \\ \sigma_y \\ \tau_{xy} \end{bmatrix}_k z\,\mathrm{d}z \tag{2.28}$$

将式(2.26)代入式(2.28)，得到的内力、内力矩与应变的关系为

$$\begin{cases}\begin{bmatrix}N_x\\N_y\\N_{xy}\end{bmatrix}=\sum_{k=1}^{n}[\overline{Q}]_k\left\{(z_k-z_{k-1})\begin{bmatrix}\varepsilon_x^0\\\varepsilon_y^0\\\gamma_{xy}^0\end{bmatrix}+\frac{1}{2}(z_k^2-z_{k-1}^2)\begin{bmatrix}\kappa_x\\\kappa_y\\\kappa_{xy}\end{bmatrix}\right\}\\\begin{bmatrix}M_x\\M_y\\M_{xy}\end{bmatrix}=\sum_{k=1}^{n}[\overline{Q}]_k\left\{\frac{1}{2}(z_k^2-z_{k-1}^2)\begin{bmatrix}\varepsilon_x^0\\\varepsilon_y^0\\\gamma_{xy}^0\end{bmatrix}+\frac{1}{3}(z_k^3-z_{k-1}^3)\begin{bmatrix}\kappa_x\\\kappa_y\\\kappa_{xy}\end{bmatrix}\right\}\end{cases}\tag{2.29}$$

式(2.29)可综合写为

$$\begin{Bmatrix}N_x\\N_y\\N_{xy}\\M_x\\M_y\\M_{xy}\end{Bmatrix}=\begin{bmatrix}A_{11}&A_{12}&A_{16}&B_{11}&B_{12}&B_{16}\\A_{12}&A_{22}&A_{26}&B_{12}&B_{22}&B_{26}\\A_{16}&A_{26}&A_{66}&B_{16}&B_{26}&B_{66}\\B_{11}&B_{12}&B_{16}&D_{11}&D_{12}&D_{16}\\B_{12}&B_{22}&B_{26}&D_{12}&D_{22}&D_{26}\\B_{16}&B_{26}&B_{66}&D_{16}&D_{26}&D_{66}\end{bmatrix}\begin{Bmatrix}\varepsilon_x^0\\\varepsilon_y^0\\\gamma_{xy}^0\\\kappa_x\\\kappa_y\\\kappa_{xy}\end{Bmatrix}\tag{2.30}$$

其中，刚度矩阵的各项系数表达式为

$$\begin{cases}A_{ij}=\sum_{k=1}^{n}(\overline{Q}_{ij})_k(z_k-z_{k-1})\\B_{ij}=\frac{1}{2}\sum_{k=1}^{n}(\overline{Q}_{ij})_k(z_k^2-z_{k-1}^2),\quad i,j=1,2,6\\D_{ij}=\frac{1}{3}\sum_{k=1}^{n}(\overline{Q}_{ij})_k(z_k^3-z_{k-1}^3)\end{cases}\tag{2.31}$$

其中，$A_{ij}$用以描述板平面的内力与中面应变关系，称为拉伸刚度；$B_{ij}$用以描述内力(内力矩)与中面曲率(中面应变)之间的变化关系，称为耦合刚度；$D_{ij}$用以描述内力矩与中面曲率之间的变化关系，称为弯曲刚度。

层合板的柔度可以通过其刚度矩阵求逆而得到，记

$$\boldsymbol{A}=[A_{ij}],\quad \boldsymbol{B}=[B_{ij}],\quad \boldsymbol{D}=[D_{ij}]$$

$$\boldsymbol{\varepsilon}^0=\begin{bmatrix}\varepsilon_x^0\\\varepsilon_y^0\\\gamma_{xy}^0\end{bmatrix},\quad \boldsymbol{\kappa}=\begin{bmatrix}\kappa_x\\\kappa_y\\\kappa_{xy}\end{bmatrix},\quad \boldsymbol{N}=\begin{bmatrix}N_x\\N_y\\N_{xy}\end{bmatrix},\quad \boldsymbol{M}=\begin{bmatrix}M_x\\M_y\\M_{xy}\end{bmatrix}$$

则层合板的刚度方程(2.30)可以简写为

$$\begin{bmatrix} \boldsymbol{N} \\ \boldsymbol{M} \end{bmatrix} = \begin{bmatrix} \boldsymbol{A} & \boldsymbol{B} \\ \boldsymbol{B} & \boldsymbol{D} \end{bmatrix} \begin{bmatrix} \boldsymbol{\varepsilon}^0 \\ \boldsymbol{\kappa} \end{bmatrix} \tag{2.32}$$

将式(2.32)两边同时左乘刚度矩阵的逆矩阵，并代入分块矩阵求逆，可得

$$\begin{bmatrix} \boldsymbol{\varepsilon}^0 \\ \boldsymbol{\kappa} \end{bmatrix} = \begin{bmatrix} \boldsymbol{A}^{-1} + \boldsymbol{A}^{-1}\boldsymbol{B}(\boldsymbol{D} - \boldsymbol{B}\boldsymbol{A}^{-1}\boldsymbol{B})^{-1}\boldsymbol{B}\boldsymbol{A}^{-1} & -\boldsymbol{A}^{-1}\boldsymbol{B}(\boldsymbol{D} - \boldsymbol{B}\boldsymbol{A}^{-1}\boldsymbol{B})^{-1} \\ -(\boldsymbol{D} - \boldsymbol{B}\boldsymbol{A}^{-1}\boldsymbol{B})^{-1}\boldsymbol{B}\boldsymbol{A}^{-1} & (\boldsymbol{D} - \boldsymbol{B}\boldsymbol{A}^{-1}\boldsymbol{B})^{-1} \end{bmatrix} \begin{bmatrix} \boldsymbol{N} \\ \boldsymbol{M} \end{bmatrix} \tag{2.33}$$

另记

$$\boldsymbol{A}' = \boldsymbol{A}^{-1} + \boldsymbol{A}^{-1}\boldsymbol{B}(\boldsymbol{D} - \boldsymbol{B}\boldsymbol{A}^{-1}\boldsymbol{B})^{-1}\boldsymbol{B}\boldsymbol{A}^{-1}, \quad \boldsymbol{B}' = -\boldsymbol{A}^{-1}\boldsymbol{B}(\boldsymbol{D} - \boldsymbol{B}\boldsymbol{A}^{-1}\boldsymbol{B})^{-1} = \boldsymbol{B}^{-1} - \boldsymbol{A}^{-1}\boldsymbol{B}\boldsymbol{D}^{-1}$$

$$\boldsymbol{H}' = -(\boldsymbol{D} - \boldsymbol{B}\boldsymbol{A}^{-1}\boldsymbol{B})^{-1}\boldsymbol{B}\boldsymbol{A}^{-1} = \boldsymbol{B}^{-1} - \boldsymbol{D}^{-1}\boldsymbol{B}\boldsymbol{A}^{-1}, \quad \boldsymbol{D}' = (\boldsymbol{D} - \boldsymbol{B}\boldsymbol{A}^{-1}\boldsymbol{B})^{-1}$$

将其代入式(2.33)得到层合板的柔度方程为

$$\begin{bmatrix} \boldsymbol{\varepsilon}^0 \\ \boldsymbol{\kappa} \end{bmatrix} = \begin{bmatrix} \boldsymbol{A}' & \boldsymbol{B}' \\ \boldsymbol{H}' & \boldsymbol{D}' \end{bmatrix} \begin{bmatrix} \boldsymbol{N} \\ \boldsymbol{M} \end{bmatrix} \tag{2.34}$$

由于 $\boldsymbol{A}$、$\boldsymbol{B}$、$\boldsymbol{D}$ 都是对称矩阵，$\boldsymbol{A}'$、$\boldsymbol{B}'$、$\boldsymbol{H}'$、$\boldsymbol{D}'$ 也是对称矩阵，因此有 $\boldsymbol{B}' = \boldsymbol{H}'$。此时，柔度方程可写为

$$\begin{bmatrix} \boldsymbol{\varepsilon}^0 \\ \boldsymbol{\kappa} \end{bmatrix} = \begin{bmatrix} \boldsymbol{A}' & \boldsymbol{B}' \\ \boldsymbol{B}' & \boldsymbol{D}' \end{bmatrix} \begin{bmatrix} \boldsymbol{N} \\ \boldsymbol{M} \end{bmatrix} \tag{2.35}$$

或写为分量形式，即

$$\begin{bmatrix} \varepsilon_x \\ \varepsilon_y \\ \gamma_{xy} \\ \kappa_x \\ \kappa_y \\ \kappa_{xy} \end{bmatrix} = \begin{bmatrix} a_{11} & a_{12} & a_{16} & b_{11} & b_{12} & b_{16} \\ a_{12} & a_{22} & a_{26} & b_{12} & b_{22} & b_{26} \\ a_{16} & a_{26} & a_{66} & b_{16} & b_{26} & b_{66} \\ b_{11} & b_{12} & b_{16} & d_{11} & d_{12} & d_{16} \\ b_{12} & b_{22} & b_{26} & d_{12} & d_{22} & d_{26} \\ b_{16} & b_{26} & b_{66} & d_{16} & d_{26} & d_{66} \end{bmatrix} \begin{bmatrix} N_x \\ N_y \\ N_{xy} \\ M_x \\ M_y \\ M_{xy} \end{bmatrix} \tag{2.36}$$

其中，柔度矩阵可以由刚度矩阵求逆得到，即

$$\begin{bmatrix} a_{11} & a_{12} & a_{16} & b_{11} & b_{12} & b_{16} \\ a_{12} & a_{22} & a_{26} & b_{12} & b_{22} & b_{26} \\ a_{16} & a_{26} & a_{66} & b_{16} & b_{26} & b_{66} \\ b_{11} & b_{12} & b_{16} & d_{11} & d_{12} & d_{16} \\ b_{12} & b_{22} & b_{26} & d_{12} & d_{22} & d_{26} \\ b_{16} & b_{26} & b_{66} & d_{16} & d_{26} & d_{66} \end{bmatrix} = \begin{bmatrix} A_{11} & A_{12} & A_{16} & B_{11} & B_{12} & B_{16} \\ A_{12} & A_{22} & A_{26} & B_{12} & B_{22} & B_{26} \\ A_{16} & A_{26} & A_{66} & B_{16} & B_{26} & B_{66} \\ B_{11} & B_{12} & B_{16} & D_{11} & D_{12} & D_{16} \\ B_{12} & B_{22} & B_{26} & D_{12} & D_{22} & D_{26} \\ B_{16} & B_{26} & B_{66} & D_{16} & D_{26} & D_{66} \end{bmatrix}^{-1} \tag{2.37}$$

### 2.3.2　层合板强度的宏观力学分析

由于整体结构的不均匀性和各向异性，复合材料层合板的破坏形式相对于单

层板而言更加复杂。具体表现为，当组成层合板的少量单层板首先发生破坏时，层合板刚度降低，但这并不意味着层合板整体发生强度失效而不能继续承受载荷，而可以继续承载至所有单板全部发生破坏，这时的外载荷称为层合板的极限载荷。本节给出分析层合板强度的具体步骤，并以非对称层合板为例推导单层的应力计算公式。

层合板的极限载荷不等于发生首个单层板破坏时对应的载荷，因此需要经过如下重复计算的过程来分析计算层合板的极限载荷。

(1) 利用各单层板的常数计算每层刚度 $A_{ij}$、$B_{ij}$、$D_{ij}$。

(2) 求各单层板在材料主方向上应力与外载荷之间的关系。

(3) 将每一层的应力代入单层板强度理论，以发生破坏时载荷最小为标志确定哪一层先发生破坏。

(4) 排除已发生破坏的单层板，保持其余板的几何位置不变，重复上述步骤，即重新计算各单层板的应力，代入强度理论确定下一个发生破坏的单层板，直到全部发生破坏。最后一个单层板破坏时对应的载荷即此层合板的极限载荷。

对于非对称层合板，考虑按比例加载，即 $N_x = N$、$N_y = \alpha N$、$N_{xy} = \beta N$；$M_x = aN$、$M_y = bN$、$M_{xy} = cN$（$a$、$b$、$c$ 具有长度量纲)，代入式(2.35)可得

$$
\begin{cases}
\begin{bmatrix} \varepsilon_x^0 \\ \varepsilon_y^0 \\ \gamma_{xy}^0 \end{bmatrix} = \begin{bmatrix} A'_{11} & A'_{12} & A'_{16} \\ A'_{12} & A'_{22} & A'_{26} \\ A'_{16} & A'_{26} & A'_{66} \end{bmatrix} \begin{bmatrix} N \\ \alpha N \\ \beta N \end{bmatrix} + \begin{bmatrix} B'_{11} & B'_{12} & B'_{16} \\ B'_{12} & B'_{22} & B'_{26} \\ B'_{16} & B'_{26} & B'_{66} \end{bmatrix} \begin{bmatrix} aN \\ bN \\ cN \end{bmatrix} = \begin{bmatrix} A_{Nx} \\ A_{Ny} \\ A_{Nxy} \end{bmatrix} N \\
\begin{bmatrix} \kappa_x^0 \\ \kappa_y^0 \\ \kappa_{xy}^0 \end{bmatrix} = \begin{bmatrix} B'_{11} & B'_{12} & B'_{16} \\ B'_{12} & B'_{22} & B'_{26} \\ B'_{16} & B'_{26} & B'_{66} \end{bmatrix} \begin{bmatrix} N \\ \alpha N \\ \beta N \end{bmatrix} + \begin{bmatrix} D'_{11} & D'_{12} & D'_{16} \\ D'_{12} & D'_{22} & D'_{26} \\ D'_{16} & D'_{26} & D'_{66} \end{bmatrix} \begin{bmatrix} aN \\ bN \\ cN \end{bmatrix} = \begin{bmatrix} A_{Mx} \\ A_{My} \\ A_{Mxy} \end{bmatrix} N
\end{cases}
\tag{2.38}
$$

其中

$$
\begin{cases}
A_{Nx} = A'_{11} + \alpha A'_{12} + \beta A'_{16} + aB'_{11} + bB'_{12} + cB'_{16} \\
A_{Ny} = A'_{12} + \alpha A'_{22} + \beta A'_{26} + aB'_{12} + bB'_{22} + cB'_{26} \\
A_{Nxy} = A'_{16} + \alpha A'_{26} + \beta A'_{66} + aB'_{16} + bB'_{26} + cB'_{66} \\
A_{Mx} = B'_{11} + \alpha B'_{12} + \beta B'_{16} + aD'_{11} + bD'_{12} + cD'_{16} \\
A_{My} = B'_{12} + \alpha B'_{22} + \beta B'_{26} + aD'_{12} + bD'_{22} + cD'_{26} \\
A_{Mxy} = B'_{16} + \alpha B'_{26} + \beta B'_{66} + aD'_{16} + bD'_{26} + cD'_{66}
\end{cases}
\tag{2.39}
$$

将式(2.38)代入应力-应变关系式(2.26)，再乘以坐标转换矩阵 $\boldsymbol{T}$，可以求出层合板第 $k$ 层单板在主方向上的应力表达式，即

$$\begin{bmatrix}\sigma_1\\\sigma_2\\\tau_{12}\end{bmatrix}_k=\boldsymbol{T}\overline{\boldsymbol{Q}}_k\left\{\begin{bmatrix}A_{Nx}\\A_{Ny}\\A_{Nxy}\end{bmatrix}N+z\begin{bmatrix}A_{Mx}\\A_{My}\\A_{Mxy}\end{bmatrix}N\right\}\tag{2.40}$$

## 2.4　几何因子与材料常量

为了简化刚度矩阵系数的表达式，便于实现层合板的铺层优化设计，记只和单层板材料属性相关的材料常量 $U_i(i=1,2,\cdots,5)$ 为

$$\begin{cases}U_1=\dfrac{3Q_{11}+3Q_{22}+2Q_{12}+4Q_{66}}{8}\\U_2=\dfrac{Q_{11}-Q_{22}}{2}\\U_3=\dfrac{Q_{11}+Q_{22}-2Q_{12}-4Q_{66}}{8}\\U_4=\dfrac{Q_{11}+Q_{22}+6Q_{12}-4Q_{66}}{8}\\U_5-\dfrac{Q_{11}+Q_{22}-2Q_{12}+4Q_{66}}{8}=\dfrac{U_1-U_4}{2}\end{cases}\tag{2.41}$$

则第 $k$ 层单层板的偏轴刚度可以表示为材料常量 $U_i$ 与铺层角 $\theta_k$ 相乘的形式，即

$$\begin{cases}(\overline{Q}_{11})_k=U_1+U_2\cos 2\theta_k+U_3\cos 4\theta_k\\(\overline{Q}_{12})_k=-U_3\cos 4\theta_k+U_4\\(\overline{Q}_{22})_k=U_1-U_2\cos 2\theta_k+U_3\cos 4\theta_k\\(\overline{Q}_{16})_k=\dfrac{U_2}{2}\sin 2\theta_k+U_3\sin 4\theta_k\\(\overline{Q}_{26})_k=\dfrac{U_2}{2}\sin 2\theta_k-U_3\sin 4\theta_k\\(\overline{Q}_{66})_k=-U_3\cos 4\theta_k+U_5\end{cases}\tag{2.42}$$

设层合板的几何因子 $\xi_i(i=1,2,\cdots,12)$ 为

$$\begin{cases}(\xi_1\ \ \xi_2\ \ \xi_3\ \ \xi_4)=\dfrac{1}{2}\displaystyle\sum_{k=1}^{N}(\cos 2\theta_k\ \ \cos 4\theta_k\ \ \sin 2\theta_k\ \ \sin 4\theta_k)\left(\dfrac{2z_k}{H}-\dfrac{2z_{k-1}}{H}\right)\\(\xi_5\ \ \xi_6\ \ \xi_7\ \ \xi_8)=\dfrac{1}{2}\displaystyle\sum_{k=1}^{N}(\cos 2\theta_k\ \ \cos 4\theta_k\ \ \sin 2\theta_k\ \ \sin 4\theta_k)\left[\left(\dfrac{2z_k}{H}\right)^2-\left(\dfrac{2z_{k-1}}{H}\right)^2\right]\\(\xi_9\ \ \xi_{10}\ \ \xi_{11}\ \ \xi_{12})=\dfrac{1}{2}\displaystyle\sum_{k=1}^{N}(\cos 2\theta_k\ \ \cos 4\theta_k\ \ \sin 2\theta_k\ \ \sin 4\theta_k)\left[\left(\dfrac{2z_k}{H}\right)^3-\left(\dfrac{2z_{k-1}}{H}\right)^3\right]\end{cases}\tag{2.43}$$

则层合板的各刚度系数可用材料常量$U_i$和几何因子$\xi_i$来表示。

对于拉伸刚度矩阵，以系数 $A_{11}$ 为例。将式(2.42)代入式(2.31)中的第一式，可得

$$\begin{aligned}A_{11}&=\sum_{k=1}^{n}(\overline{Q}_{11})_k(z_k-z_{k-1})=\sum_{k=1}^{n}(U_1+U_2\cos 2\theta_k+U_3\cos 4\theta_k)(z_k-z_{k-1})\\&=U_1\sum_{k=1}^{n}(z_k-z_{k-1})+U_2\sum_{k=1}^{n}\cos 2\theta_k(z_k-z_{k-1})+U_3\sum_{k=1}^{n}\cos 4\theta_k(z_k-z_{k-1})\end{aligned}\tag{2.44}$$

考虑

$$z_k-z_{k-1}=t\tag{2.45}$$

其中，$t$ 为单层板厚度(若无特别说明，设本书构成层合板各单层板的厚度均相同)，则有

$$\sum_{k=1}^{n}(z_k-z_{k-1})=\sum_{k=1}^{n}t=nt=H\tag{2.46}$$

将式(2.43)和式(2.46)代入式(2.44)中，可得

$$\begin{aligned}A_{11}&=U_1\sum_{k=1}^{n}(z_k-z_{k-1})+U_2\sum_{k=1}^{n}\cos 2\theta_k(z_k-z_{k-1})+U_3\sum_{k=1}^{n}\cos 4\theta_k(z_k-z_{k-1})\\&=HU_1+U_2\sum_{k=1}^{n}\cos 2\theta_k(z_k-z_{k-1})+U_3\sum_{k=1}^{n}\cos 4\theta_k(z_k-z_{k-1})\\&=H(U_1+\xi_1U_2+\xi_2U_3)\end{aligned}\tag{2.47}$$

同理，可得其他拉伸刚度系数为

$$\begin{cases}A_{12}=\sum_{k=1}^{n}(\overline{Q}_{12})_k(z_k-z_{k-1})=H(-\xi_2U_3+U_4)\\A_{22}=\sum_{k=1}^{n}(\overline{Q}_{22})_k(z_k-z_{k-1})=H(U_1-\xi_1U_2+\xi_2U_3)\\A_{16}=\sum_{k=1}^{n}(\overline{Q}_{16})_k(z_k-z_{k-1})=H\left(\dfrac{\xi_3}{2}U_2+\xi_4U_3\right)\\A_{26}=\sum_{k=1}^{n}(\overline{Q}_{26})_k(z_k-z_{k-1})=H\left(\dfrac{\xi_3}{2}U_2+\xi_4U_3\right)\\A_{66}=\sum_{k=1}^{n}(\overline{Q}_{66})_k(z_k-z_{k-1})=H(-\xi_2U_3+U_5)\end{cases}\tag{2.48}$$

对于耦合刚度矩阵，以系数 $B_{11}$ 为例，将式(2.42)代入式(2.31)的第二式，可得

$$
\begin{aligned}
B_{11} &= \frac{1}{2}\sum_{k=1}^{n}(\overline{Q}_{11})_k(z_k^2 - z_{k-1}^2) = \frac{1}{2}\sum_{k=1}^{n}(U_1 + U_2\cos 2\theta_k + U_3\cos 4\theta_k)(z_k^2 - z_{k-1}^2) \\
&= \frac{1}{2}U_1\sum_{k=1}^{n}(z_k^2 - z_{k-1}^2) + \frac{1}{2}U_2\sum_{k=1}^{n}\cos 2\theta_k(z_k^2 - z_{k-1}^2) + \frac{1}{2}U_3\sum_{k=1}^{n}\cos 4\theta_k(z_k^2 - z_{k-1}^2)
\end{aligned} \tag{2.49}
$$

坐标 $z_k$ 可表示为

$$
z_k = kt - \frac{nt}{2} \tag{2.50}
$$

所以

$$
z_k^2 - z_{k-1}^2 = t^2(2k - n - 1) \tag{2.51}
$$

考虑

$$
\sum_{k=1}^{n}(2k - n - 1) = \sum_{k=1}^{n}(2k) - \sum_{k=1}^{n}(n+1) = 2\frac{n(n+1)}{2} - n(n+1) = 0 \tag{2.52}
$$

所以

$$
\sum_{k=1}^{n}(z_k^2 - z_{k-1}^2) = t^2\sum_{k=1}^{n}(2k - n - 1) = 0 \tag{2.53}
$$

将式(2.43)和式(2.53)代入式(2.49)，可得

$$
\begin{aligned}
B_{11} &= \frac{1}{2}U_2\sum_{k=1}^{n}\cos 2\theta_k(z_k^2 - z_{k-1}^2) + \frac{1}{2}U_3\sum_{k=1}^{n}\cos 4\theta_k(z_k^2 - z_{k-1}^2) \\
&= \frac{H^2}{4}\left\{\frac{1}{2}U_2\sum_{k=1}^{n}\cos 2\theta_k\left[\left(\frac{2z_k}{H}\right)^2 - \left(\frac{2z_{k-1}}{H}\right)^2\right] + \frac{1}{2}U_3\sum_{k=1}^{n}\cos 4\theta_k\left[\left(\frac{2z_k}{H}\right)^2 - \left(\frac{2z_{k-1}}{H}\right)^2\right]\right\} \\
&= \frac{H^2}{4}(\xi_5 U_2 + \xi_6 U_3)
\end{aligned} \tag{2.54}
$$

同理，可得其他耦合刚度系数，即

$$
\begin{cases}
B_{12} = \dfrac{1}{2}\displaystyle\sum_{k=1}^{n}(\overline{Q}_{12})_k(z_k^2 - z_{k-1}^2) = \dfrac{H^2}{4}(-\xi_6 U_3) \\
B_{22} = \dfrac{1}{2}\displaystyle\sum_{k=1}^{n}(\overline{Q}_{22})_k(z_k^2 - z_{k-1}^2) = \dfrac{H^2}{4}(-\xi_5 U_2 + -\xi_6 U_3) \\
B_{16} = \dfrac{1}{2}\displaystyle\sum_{k=1}^{n}(\overline{Q}_{16})_k(z_k^2 - z_{k-1}^2) = \dfrac{H^2}{4}\left(\dfrac{\xi_7}{2}U_2 + -\xi_8 U_3\right) \\
B_{26} = \dfrac{1}{2}\displaystyle\sum_{k=1}^{n}(\overline{Q}_{26})_k(z_k^2 - z_{k-1}^2) = \dfrac{H^2}{4}\left(\dfrac{\xi_7}{2}U_2 + -\xi_8 U_3\right) \\
B_{66} = \dfrac{1}{2}\displaystyle\sum_{k=1}^{n}(\overline{Q}_{66})_k(z_k^2 - z_{k-1}^2) = \dfrac{H^2}{4}(-\xi_6 U_3)
\end{cases} \tag{2.55}
$$

对于弯曲刚度矩阵，以系数 $D_{11}$ 为例。将式(2.42)代入式(2.31)中的第三式，可得

$$\begin{aligned} D_{11} &= \frac{1}{3}\sum_{k=1}^{n}(\overline{Q}_{11})_k(z_k^3 - z_{k-1}^3) = \frac{1}{3}\sum_{k=1}^{n}(U_1 + U_2\cos 2\theta_k + U_3\cos 4\theta_k)(z_k^3 - z_{k-1}^3) \\ &= \frac{1}{3}U_1\sum_{k=1}^{n}(z_k^3 - z_{k-1}^3) + \frac{1}{3}U_2\sum_{k=1}^{n}\cos 2\theta_k(z_k^3 - z_{k-1}^3) + \frac{1}{3}U_3\sum_{k=1}^{n}\cos 4\theta_k(z_k^3 - z_{k-1}^3) \end{aligned} \tag{2.56}$$

考虑

$$\sum_{k=1}^{n}(z_k^3 - z_{k-1}^3) = \int_{-\frac{H}{2}}^{\frac{H}{2}} 3z^2\mathrm{d}z = \frac{H^3}{4} \tag{2.57}$$

将式(2.43)和式(2.57)代入式(2.56)，可得

$$\begin{aligned} D_{11} &= \frac{H^3}{12}\left\{U_1 + \frac{1}{2}U_2\sum_{k=1}^{n}\cos 2\theta_k\left[\left(\frac{2z_k}{H}\right)^3 - \left(\frac{2z_{k-1}}{H}\right)^3\right] + \frac{1}{2}U_3\sum_{k=1}^{n}\cos 4\theta_k\left[\left(\frac{2z_k}{H}\right)^3 - \left(\frac{2z_{k-1}}{H}\right)^3\right]\right\} \\ &= \frac{H^3}{12}(U_1 + \xi_9 U_2 + \xi_{10}U_3) \end{aligned} \tag{2.58}$$

同理，可得其他弯曲刚度系数，即

$$\begin{cases} D_{12} = \dfrac{1}{3}\sum\limits_{k=1}^{n}(\overline{Q}_{12})_k(z_k^3 - z_{k-1}^3) = \dfrac{H^3}{12}(U_4 - \xi_{10}U_3) \\ D_{22} = \dfrac{1}{3}\sum\limits_{k=1}^{n}(\overline{Q}_{22})_k(z_k^3 - z_{k-1}^3) = \dfrac{H^3}{12}(U_1 - \xi_9 U_2 + \xi_{10}U_3) \\ D_{16} = \dfrac{1}{3}\sum\limits_{k=1}^{n}(\overline{Q}_{16})_k(z_k^3 - z_{k-1}^3) = \dfrac{H^3}{12}\left(\dfrac{\xi_{11}}{2}U_2 + \xi_{12}U_3\right) \\ D_{26} = \dfrac{1}{3}\sum\limits_{k=1}^{n}(\overline{Q}_{26})_k(z_k^3 - z_{k-1}^3) = \dfrac{H^3}{12}\left(\dfrac{\xi_{11}}{2}U_2 - \xi_{12}U_3\right) \\ D_{66} = \dfrac{1}{3}\sum\limits_{k=1}^{n}(\overline{Q}_{66})_k(z_k^3 - z_{k-1}^3) = \dfrac{H^3}{12}(-\xi_{10}U_3 + U_5) \end{cases} \tag{2.59}$$

综上所述，非对称层合板的刚度系数均可用两组相互独立的参数表示，即仅与单层板材料属性相关的材料常量 $U_i$ 和仅与层合板铺层规律相关的几何因子 $\xi_i$，即

$$\begin{Bmatrix} A_{11} \\ A_{12} \\ A_{22} \\ A_{66} \\ A_{16} \\ A_{26} \end{Bmatrix} = H \begin{bmatrix} 1 & \xi_1 & \xi_2 & 0 & 0 \\ 0 & 0 & -\xi_2 & 1 & 0 \\ 1 & -\xi_1 & \xi_2 & 0 & 0 \\ 0 & 0 & -\xi_2 & 0 & 1 \\ 0 & \dfrac{\xi_3}{2} & \xi_4 & 0 & 0 \\ 0 & \dfrac{\xi_3}{2} & -\xi_4 & 0 & 0 \end{bmatrix} \begin{Bmatrix} U_1 \\ U_2 \\ U_3 \\ U_4 \\ U_5 \end{Bmatrix} \tag{2.60}$$

$$\begin{Bmatrix} B_{11} \\ B_{12} \\ B_{22} \\ B_{66} \\ B_{16} \\ B_{26} \end{Bmatrix} = \frac{H^2}{4} \begin{bmatrix} 0 & \xi_5 & \xi_6 & 0 & 0 \\ 0 & 0 & -\xi_6 & 0 & 0 \\ 0 & -\xi_5 & \xi_6 & 0 & 0 \\ 0 & 0 & -\xi_6 & 0 & 0 \\ 0 & \dfrac{\xi_7}{2} & \xi_8 & 0 & 0 \\ 0 & \dfrac{\xi_7}{2} & -\xi_8 & 0 & 0 \end{bmatrix} \begin{Bmatrix} U_1 \\ U_2 \\ U_3 \\ U_4 \\ U_5 \end{Bmatrix} \tag{2.61}$$

$$\begin{Bmatrix} D_{11} \\ D_{12} \\ D_{22} \\ D_{66} \\ D_{16} \\ D_{26} \end{Bmatrix} = \frac{H^3}{12} \begin{bmatrix} 1 & \xi_9 & \xi_{10} & 0 & 0 \\ 0 & 0 & -\xi_{10} & 1 & 0 \\ 1 & -\xi_9 & \xi_{10} & 0 & 0 \\ 0 & 0 & -\xi_{10} & 0 & 1 \\ 0 & \dfrac{\xi_{11}}{2} & \xi_{12} & 0 & 0 \\ 0 & \dfrac{\xi_{11}}{2} & -\xi_{12} & 0 & 0 \end{bmatrix} \begin{Bmatrix} U_1 \\ U_2 \\ U_3 \\ U_4 \\ U_5 \end{Bmatrix} \tag{2.62}$$

## 2.5　非对称层合板分类与标识方法

相比对称复合材料层合板，非对称层合板的一个显著优点是具有多种不同类型的耦合效应。合理地利用这些耦合效应，就可以设计出不同类型的自适应耦合结构。下面结合非对称复合材料层合板的刚度系数，详细介绍非对称复合材料层合板的耦合效应。

(1) 拉伸-剪切耦合效应(图 2.5)，表示拉力/压力作用下复合材料层合板会产生剪切变形(或剪力作用下层合板会产生拉伸/压缩变形)，对应的刚度系数为拉伸-剪切耦合刚度系数 $A_{16}$、$A_{26}$。

(2) 弯曲-扭转耦合效应(图 2.6)，表示弯矩作用下层合板会产生扭转变形(或扭矩作用下层合板会产生弯曲变形)，对应的刚度系数为弯曲-扭转耦合刚度系数 $D_{16}$、$D_{26}$。

(3) 拉伸-弯曲耦合效应(图 2.7)，表示拉力/压力作用下层合板会产生弯曲变形(或弯矩作用下层合板会产生拉伸/压缩变形)，对应的刚度系数为拉伸-弯曲耦合刚度系数 $B_{11}$、$B_{12}$、$B_{22}$。

(4) 拉伸-扭转(剪切-弯曲)耦合效应(图 2.8)，表示拉力/压力(剪力)作用下层合板会产生扭转(弯曲)变形，或扭矩(弯矩)作用下层合板会产生拉伸/压缩(剪切)变形，对应的刚度系数为拉伸-扭转(剪切-弯曲)耦合刚度系数 $B_{16}$、$B_{26}$。

(5) 剪切-扭转耦合效应(图 2.9)，表示剪力作用下层合板会产生扭转变形(或扭矩作用下层合板会产生剪切变形)，对应的刚度系数为剪切-扭转耦合刚度系数 $B_{66}$。

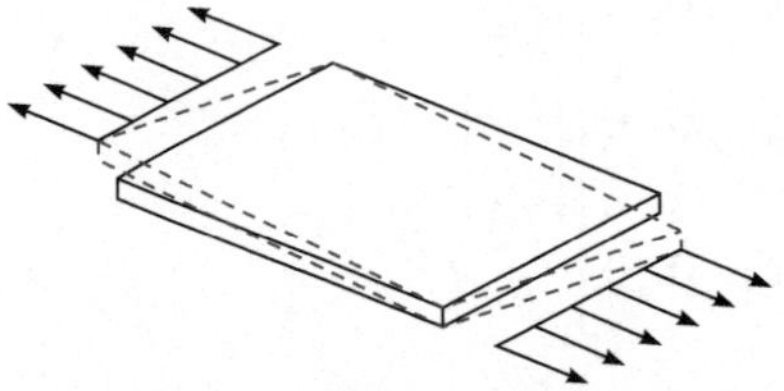

图 2.5　拉伸-剪切耦合效应

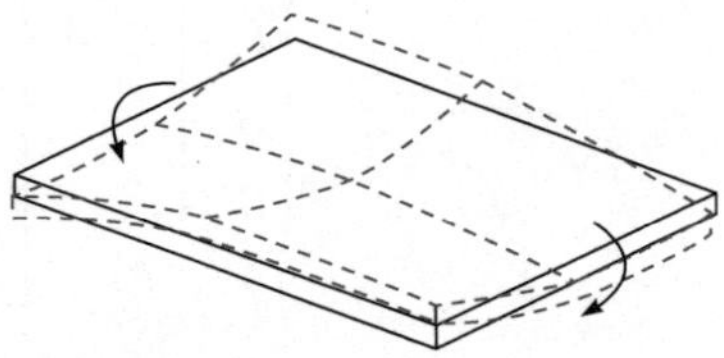

图 2.6　弯曲-扭转耦合效应

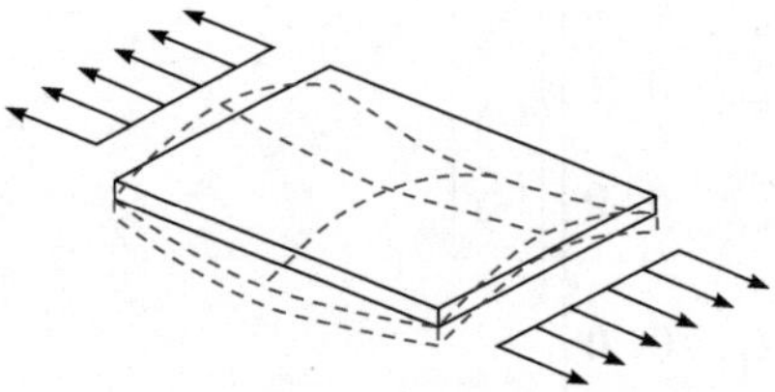

图 2.7　拉伸-弯曲耦合效应

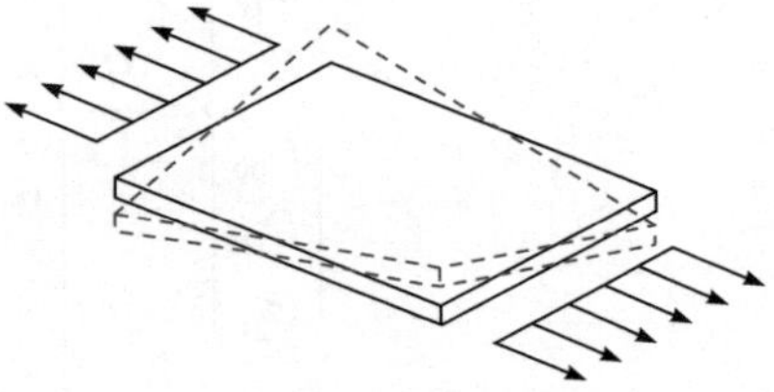

图 2.8　拉伸-扭转耦合效应

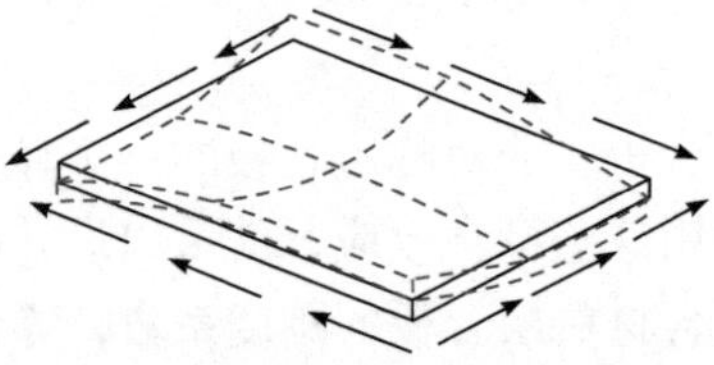

图 2.9　剪切-扭转耦合效应[220]

为了清晰简洁地标识不同类型的复合材料层合板刚度矩阵，英国工程科学数据库(engineering sciences date unit，ESDU)采用表 2.1～表 2.3 所示的下标法分别标识不同类型的非对称复合材料层合板的 **A**、**B**、**D** 矩阵。

**表 2.1　非对称复合材料层合板拉伸刚度矩阵 $\boldsymbol{A}$ 的下标标识法**

| 下标标识方法 | | 刚度矩阵形式 | 耦合效应类型 |
| --- | --- | --- | --- |
| 拉伸刚度矩阵 $\begin{bmatrix} A_{11} & A_{12} & A_{16} \\ A_{21} & A_{22} & A_{26} \\ A_{61} & A_{62} & A_{66} \end{bmatrix}$ | $\mathbf{A}_\mathrm{S}$ | $\begin{bmatrix} A_{11} & A_{12} & 0 \\ A_{21} & A_{22} & 0 \\ 0 & 0 & A_{66} \end{bmatrix}$ | 无耦合效应 |
| | $\mathbf{A}_\mathrm{F}$ | $\begin{bmatrix} A_{11} & A_{12} & A_{16} \\ A_{21} & A_{22} & A_{26} \\ A_{61} & A_{62} & A_{66} \end{bmatrix}$ | 拉伸-剪切耦合效应 |

**表 2.2　非对称复合材料层合板耦合刚度矩阵 $\boldsymbol{B}$ 的下标标识法**

| 下标标识方法 | | 刚度矩阵形式 | 耦合效应类型 |
| --- | --- | --- | --- |
| 耦合刚度矩阵 $\begin{bmatrix} B_{11} & B_{12} & B_{16} \\ B_{21} & B_{22} & B_{26} \\ B_{16} & B_{26} & B_{66} \end{bmatrix}$ | $\mathbf{B}_0$ | $\begin{bmatrix} 0 & 0 & 0 \\ 0 & 0 & 0 \\ 0 & 0 & 0 \end{bmatrix}$ | 无耦合效应 |
| | $\mathbf{B}_l$ | $\begin{bmatrix} B_{11} & 0 & 0 \\ 0 & B_{22} & 0 \\ 0 & 0 & 0 \end{bmatrix}$ | 拉伸-弯曲耦合效应 |
| | $\mathbf{B}_t$ | $\begin{bmatrix} 0 & 0 & B_{16} \\ 0 & 0 & B_{26} \\ B_{61} & B_{62} & 0 \end{bmatrix}$ | 拉伸-扭转(剪切-弯曲)耦合效应 |
| | $\mathbf{B}_{lt}$ | $\begin{bmatrix} B_{11} & 0 & B_{16} \\ 0 & B_{22} & B_{26} \\ B_{61} & B_{62} & 0 \end{bmatrix}$ | 拉伸-扭转(剪切-弯曲)、拉伸-弯曲耦合效应 |
| | $\mathbf{B}_\mathrm{S}$ | $\begin{bmatrix} B_{11} & B_{12} & 0 \\ B_{21} & B_{22} & 0 \\ 0 & 0 & B_{66} \end{bmatrix}$ | 拉伸-弯曲、剪切-扭转耦合效应 |
| | $\mathbf{B}_\mathrm{F}$ | $\begin{bmatrix} B_{11} & B_{12} & B_{16} \\ B_{21} & B_{22} & B_{26} \\ B_{61} & B_{62} & B_{66} \end{bmatrix}$ | 拉伸-弯曲、拉伸-扭转(剪切-弯曲)、剪切-扭转耦合效应 |

**表 2.3　非对称复合材料层合板弯曲刚度矩阵 $\boldsymbol{D}$ 的下标标识法**

| 下标标识方法 | | 刚度矩阵形式 | 耦合效应类型 |
| --- | --- | --- | --- |
| 弯曲刚度矩阵 $\begin{bmatrix} D_{11} & D_{12} & D_{16} \\ D_{21} & D_{22} & D_{26} \\ D_{61} & D_{62} & D_{66} \end{bmatrix}$ | $\mathbf{D}_\mathrm{S}$ | $\begin{bmatrix} D_{11} & D_{12} & 0 \\ D_{21} & D_{22} & 0 \\ 0 & 0 & D_{66} \end{bmatrix}$ | 无耦合效应 |
| | $\mathbf{D}_\mathrm{F}$ | $\begin{bmatrix} D_{11} & D_{12} & D_{16} \\ D_{21} & D_{22} & D_{26} \\ D_{61} & D_{62} & D_{66} \end{bmatrix}$ | 弯曲-扭转耦合效应 |

ESDU 下标标识法提供了一种简明的方式来标识具有不同类型耦合效应的复合材料层合板。采用 3 个标识符号分别描述非对称层合板的 ***A***、***B***、***D*** 矩阵的类型，即可标识某一特定类型的非对称复合材料层合板。基于此方法，可按照耦合效应的类型定义 24 种非对称层合板，如表 2.4 所示。

**表 2.4　非对称复合材料层合板的类型**

| 标识符 | 耦合效应类型 | 标识符 | 耦合效应类型 |
| --- | --- | --- | --- |
| $\mathbf{A_SB_0D_S}$ | 无耦合效应 | $\mathbf{A_FB_0D_F}$ | 拉伸-剪切、弯曲-扭转耦合复合材料 |
| $\mathbf{A_SB_{\mathit{l}}D_S}$ | 拉伸-弯曲耦合效应 | $\mathbf{A_FB_{\mathit{l}}D_F}$ | 拉伸-弯曲、拉伸-剪切、弯曲-扭转耦合效应 |
| $\mathbf{A_SB_{\mathit{t}}D_S}$ | 剪切-弯曲、拉伸-扭转耦合效应 | $\mathbf{A_FB_{\mathit{t}}D_F}$ | 拉伸-扭转、剪切-弯曲、拉伸-剪切、弯曲-扭转耦合效应 |
| $\mathbf{A_SB_{\mathit{lt}}D_S}$ | 拉伸-弯曲、剪切-弯曲、拉伸-扭转耦合效应 | $\mathbf{A_FB_{\mathit{lt}}D_F}$ | 拉伸-弯曲、弯曲-剪切、拉伸-扭转、拉伸-剪切、弯曲-扭转耦合效应 |
| $\mathbf{A_SB_SD_S}$ | 拉伸-弯曲、剪切-扭转耦合效应 | $\mathbf{A_FB_SD_F}$ | 拉伸-弯曲、剪切-扭转、拉伸-剪切、弯曲-扭转耦合效应 |
| $\mathbf{A_SB_FD_S}$ | 拉伸-弯曲、剪切-弯曲、拉伸-扭转耦合效应 | $\mathbf{A_FB_FD_F}$ | 拉伸-弯曲、剪切-弯曲、拉伸-扭转、剪切-扭转、拉伸-剪切、弯曲-扭转耦合效应 |
| $\mathbf{A_SB_0D_F}$ | 弯曲-扭转耦合效应 | $\mathbf{A_FB_0D_S}$ | 拉伸-剪切耦合效应 |
| $\mathbf{A_SB_{\mathit{l}}D_F}$ | 弯曲-扭转、拉伸-弯曲耦合效应 | $\mathbf{A_FB_{\mathit{l}}D_S}$ | 拉伸-弯曲、拉伸-剪切耦合效应 |
| $\mathbf{A_SB_{\mathit{t}}D_F}$ | 弯曲-扭转、拉伸-扭转、剪切-弯曲耦合效应 | $\mathbf{A_FB_{\mathit{t}}D_S}$ | 拉伸-扭转、剪切-弯曲、拉伸-剪切耦合效应 |
| $\mathbf{A_SB_{\mathit{lt}}D_F}$ | 弯曲-扭转、拉伸-弯曲、弯曲-剪切、拉伸-扭转耦合效应 | $\mathbf{A_FB_{\mathit{lt}}D_S}$ | 拉伸-弯曲、弯曲-剪切、拉伸-扭转、拉伸-剪切耦合效应 |
| $\mathbf{A_SB_SD_F}$ | 弯曲-扭转、拉伸-弯曲、剪切-扭转耦合效应 | $\mathbf{A_FB_SD_S}$ | 伸-弯曲、剪切-扭转、拉伸-剪切耦合效应 |
| $\mathbf{A_SB_FD_F}$ | 弯曲-扭转、拉伸-弯曲、剪切-弯曲、拉伸-扭转、剪切-扭转耦合效应 | $\mathbf{A_FB_FD_S}$ | 拉伸-弯曲、剪切-弯曲、拉伸-扭转、剪切-扭转、拉伸-剪切耦合效应 |

为了分析刚度各向异性对非对称复合材料层合板的力学特性的影响，需要给不同层数、不同耦合效应的非对称层合板提供一种各向同性材料作为比较的基准。然而，各向同性材料的密度与复合材料不同，难以作为非对称层合板的比较基准。为此，York 提出一种性质上与各向同性材料相似的非对称复合材料层合板——完全各向同性(fully isotropic laminates，FIL)复合材料层合板。完全各向同性复合材料层合板的性质与各向同性材料类似，不具有任何耦合效应，并且其刚度系数满足

$$\begin{cases} A_{11}=A_{22} \\ A_{66}=\dfrac{A_{11}-A_{12}}{2} \\ B_{ij}=0 \\ D_{ij}=\dfrac{H^2}{12}A_{ij} \end{cases} \tag{2.63}$$

从 ***A***、***B*** 和 ***D*** 矩阵的形式来看，完全各向同性复合材料层合板是表 2.4 中所列的 $\mathbf{A}_\mathrm{S}\mathbf{B}_0\mathbf{D}_\mathrm{S}$ 层合板的一种。然而，York[237]研究发现，当层数不大于 21 层时，只有 18 层复合材料层合板存在完全各向同性复合材料层合板，难以作为不同层数非对称复合材料层合板的基准。为此，York 又提出等效完全各向同性(equivalent fully isotropic laminates，EFIL)复合材料层合板的概念。等效完全各向同性复合材料层合板并不存在实际的铺层规律，其刚度性质只和材料常量、层合板厚度相关。等效完全各向同性层合板的弹性模量满足

$$E_{\mathrm{Iso}}=2(1+\nu_{\mathrm{Iso}})G_{\mathrm{Iso}}=U_1(1-\nu_{\mathrm{Iso}}^2) \tag{2.64}$$

其中，等效完全各向同性层合板的泊松比 $\nu_{\mathrm{Iso}}$ 和剪切模量 $G_{\mathrm{Iso}}$ 分别为

$$\begin{aligned} \nu_{\mathrm{Iso}} &= \frac{U_4}{U_1} \\ G_{\mathrm{Iso}} &= U_5 \end{aligned} \tag{2.65}$$

等效完全各向同性层合板的刚度系数满足

$$\begin{aligned} & A_{\mathrm{Iso}}=A_{11}=A_{22}=\frac{E_{\mathrm{Iso}}H}{1-\nu_{\mathrm{Iso}}^2}=U_1H \\ & A_{12}=\nu_{\mathrm{Iso}}A_{11} \\ & A_{66}=U_5H \\ & D_{\mathrm{Iso}}=\frac{E_{\mathrm{Iso}}H^3}{12(1-\nu_{\mathrm{Iso}}^2)}=\frac{U_1H^3}{12} \end{aligned} \tag{2.66}$$

等效完全各向同性层合板不仅可以用于不同层数和耦合效应的非对称复合材料层合板的比较标准，分析刚度各向异性对非对称复合材料层合板力学特性的影响，而且可以用于对非对称复合材料层合板的刚度系数进行无量纲化处理。

# 第3章 湿热效应

## 3.1 引　　言

当环境温度或湿度发生变化时，复合材料会因热胀冷缩或吸湿脱湿而发生变形，这种变形称为复合材料的湿热变形。复合材料结构在高温固化成型的过程中，要经历从固化温度到室温的降温过程，这导致复合材料结构在室温下脱模后的自由形状与预期的设计形状相比会产生一定的变形，即产生固化变形。一旦复合材料结构件在固化结束后发生较大的变形，会严重影响结构件外形精度，进而对结构件间的连接匹配产生不利的影响。如果强行装配，则会引起残余应力过大、密封性下降等问题，降低结构的强度和疲劳寿命，严重时甚至造成制件报废。因此，对复合材料湿热效应的研究具有重要的工程应用价值。

本章首先介绍单层板湿热变形的表达式，得到考虑湿热变形的单层板应力-应变关系，并在此基础之上推导考虑湿热变形的层合板刚度方程。为了便于实现考虑湿热变形的层合板铺层优化设计，本章还引入材料热常量的概念，介绍非对称层合板湿热剪切和湿热翘曲变形的计算方法。

## 3.2 单层板的湿热变形

根据弹性理论，在不受约束的情况下，弹性体温度变化$\Delta T$时，将会发生正应变$\alpha T$，其中$\alpha$称为热膨胀系数。正交各向异性单层板在不同方向具有不同的热膨胀系数，因此单层板材料在主方向上的热膨胀应变可以写为

$$\begin{bmatrix} \varepsilon_1^{\mathrm{T}} \\ \varepsilon_2^{\mathrm{T}} \\ \gamma_{12}^{\mathrm{T}} \end{bmatrix} = \begin{bmatrix} \alpha_1 \\ \alpha_2 \\ 0 \end{bmatrix} \Delta T \tag{3.1}$$

其中，$\alpha_1$、$\alpha_2$为单层板面内主轴方向 1、面内垂直主轴方向 2 上的热膨胀系数；$\varepsilon_1^{\mathrm{T}}$、$\varepsilon_2^{\mathrm{T}}$和$\gamma_{12}^{\mathrm{T}}$分别为 1、2 方向的热线应变和 1-2 平面内的热切应变。

利用式(2.7)，可得非主轴方向($x$-$y$ 方向)上的温度应变为

$$\begin{bmatrix} \varepsilon_x^{\mathrm{T}} \\ \varepsilon_y^{\mathrm{T}} \\ \gamma_{xy}^{\mathrm{T}} \end{bmatrix} = \boldsymbol{T}^{\mathrm{T}} \begin{bmatrix} \alpha_1 \\ \alpha_2 \\ 0 \end{bmatrix} \Delta T = \begin{bmatrix} \alpha_x \\ \alpha_y \\ \alpha_{xy} \end{bmatrix} \Delta T \tag{3.2}$$

其中，$\alpha_x$、$\alpha_y$和$\alpha_{xy}$分别是x、y方向和x-y平面的热膨胀系数，具体表达式为

$$\begin{cases}\alpha_x=\alpha_1\cos^2\theta+\alpha_2\sin^2\theta\\ \alpha_y=\alpha_1\sin^2\theta+\alpha_2\cos^2\theta\\ \alpha_{xy}=2\sin\theta\cos\theta(\alpha_1-\alpha_2)\end{cases} \tag{3.3}$$

复合材料单层板除了在温度发生变化时会发生热应变，在潮湿环境中吸收水分也会发生膨胀变形，这里用吸水浓度 $C$ 来衡量吸水程度。若复合材料在未吸湿状态下质量为$m$，吸湿后质量增加$\Delta m$，则其吸水浓度$C$定义为

$$C=\frac{\Delta m}{m} \tag{3.4}$$

单层板吸水后在主轴方向上发生的湿应变为

$$\begin{bmatrix}\varepsilon_1^{\mathrm{H}}\\ \varepsilon_2^{\mathrm{H}}\\ \gamma_{12}^{\mathrm{H}}\end{bmatrix}=\begin{bmatrix}\beta_1\\ \beta_2\\ 0\end{bmatrix}C \tag{3.5}$$

其中，$\beta_1$、$\beta_2$为1、2方向的湿膨胀系数；$\varepsilon_1^{\mathrm{H}}$、$\varepsilon_2^{\mathrm{H}}$和$\gamma_{12}^{\mathrm{H}}$为1、2方向的湿线应变和1-2平面内的湿切应变。

利用式(2.7)可以得出x-y方向上的湿膨胀应变，即

$$\begin{bmatrix}\varepsilon_x^{\mathrm{H}}\\ \varepsilon_y^{\mathrm{H}}\\ \gamma_{xy}^{\mathrm{H}}\end{bmatrix}=\boldsymbol{T}^{\mathrm{T}}\begin{bmatrix}\beta_1\\ \beta_2\\ 0\end{bmatrix}C=\begin{bmatrix}\beta_x\\ \beta_y\\ \beta_{xy}\end{bmatrix}C \tag{3.6}$$

其中，$\beta_x$、$\beta_y$和$\beta_{xy}$为x、y方向和x-y平面的热膨胀系数，具体表达式为

$$\begin{cases}\beta_x=\beta_1\cos^2\theta+\beta_2\sin^2\theta\\ \beta_y=\beta_1\sin^2\theta+\beta_2\cos^2\theta\\ \beta_{xy}=2\sin\theta\cos\theta(\beta_1-\beta_2)\end{cases} \tag{3.7}$$

当复合材料单层板在潮湿和温度变化的环境中承受载荷作用时，其总应变等于载荷作用对应的应变、热膨胀应变和湿膨胀应变的叠加。结合式(2.4)、式(3.1)和式(3.5)，可写出单层板在主轴方向的应变表达式，即

$$\begin{bmatrix}\varepsilon_1\\ \varepsilon_2\\ \gamma_{12}\end{bmatrix}=\boldsymbol{S}\begin{bmatrix}\sigma_1\\ \sigma_2\\ \gamma_{12}\end{bmatrix}+\begin{bmatrix}\varepsilon_x^{\mathrm{T}}\\ \varepsilon_y^{\mathrm{T}}\\ \gamma_{xy}^{\mathrm{T}}\end{bmatrix}+\begin{bmatrix}\varepsilon_x^{\mathrm{H}}\\ \varepsilon_y^{\mathrm{H}}\\ \gamma_{xy}^{\mathrm{H}}\end{bmatrix}=\boldsymbol{S}\begin{bmatrix}\sigma_1\\ \sigma_2\\ \gamma_{12}\end{bmatrix}+\begin{bmatrix}\alpha_1\\ \alpha_2\\ 0\end{bmatrix}\Delta T+\begin{bmatrix}\beta_1\\ \beta_2\\ 0\end{bmatrix}C \tag{3.8}$$

由此可以解出应力的表达式，得到考虑湿热变形的单层板在主轴方向上的应力-应变关系，即

$$\begin{bmatrix} \sigma_1 \\ \sigma_2 \\ \tau_{12} \end{bmatrix} = \boldsymbol{Q} \left\{ \begin{bmatrix} \varepsilon_1 \\ \varepsilon_2 \\ \gamma_{12} \end{bmatrix} - \begin{bmatrix} \alpha_1 \\ \alpha_2 \\ 0 \end{bmatrix} \Delta T - \begin{bmatrix} \beta_1 \\ \beta_2 \\ 0 \end{bmatrix} C \right\} \tag{3.9}$$

利用式(2.7)，令单层板的二维偏轴向刚度矩阵为$\overline{\boldsymbol{Q}} = \boldsymbol{T}^{-1}\boldsymbol{Q}(\boldsymbol{T}^{-1})^{\mathrm{T}}$，可由式(3.9)求出考虑湿热变形的单层板在非主轴方向上的应力-应变关系，即

$$\begin{bmatrix} \sigma_x \\ \sigma_y \\ \tau_{xy} \end{bmatrix} = \overline{\boldsymbol{Q}} \left\{ \begin{bmatrix} \varepsilon_x \\ \varepsilon_y \\ \gamma_{xy} \end{bmatrix} - \begin{bmatrix} \alpha_x \\ \alpha_y \\ \alpha_{xy} \end{bmatrix} \Delta T - \begin{bmatrix} \beta_x \\ \beta_y \\ \beta_{xy} \end{bmatrix} C \right\} \tag{3.10}$$

## 3.3　考虑湿热变形的层合板刚度关系

层合板刚度关系是描述板的内力、内力矩与中面应变、曲率之间满足的方程。比较式(3.10)和式(2.8)可以发现，考虑湿热变形后复合材料单层板的应力表达式发生了变化，因此由之积分得出的层合板内力和内力矩的表达式也会变得不同。本节推导考虑湿热变形的层合板刚度关系。

设层合板厚度为$H$，由$n$层单层板组成，第$k$层单层板的应力-应变关系为

$$\begin{bmatrix} \sigma_x \\ \sigma_y \\ \tau_{xy} \end{bmatrix}_k = \overline{\boldsymbol{Q}} \left\{ \begin{bmatrix} \varepsilon_x \\ \varepsilon_y \\ \gamma_{xy} \end{bmatrix} - \begin{bmatrix} \alpha_x \\ \alpha_y \\ \alpha_{xy} \end{bmatrix} \Delta T - \begin{bmatrix} \beta_x \\ \beta_y \\ \beta_{xy} \end{bmatrix} C \right\}_k, \quad k = 1, 2, \cdots, n \tag{3.11}$$

基于基尔霍夫直法线假设，在层合板几何中面坐标系(图 2.2)下，单层板的应变可以写为中面应变和中面曲率的线性叠加，即

$$\begin{bmatrix} \varepsilon_x \\ \varepsilon_y \\ \gamma_{xy} \end{bmatrix} = \begin{bmatrix} \varepsilon_x^0 \\ \varepsilon_y^0 \\ \gamma_{xy}^0 \end{bmatrix} + z \begin{bmatrix} \kappa_x \\ \kappa_y \\ \kappa_{xy} \end{bmatrix} \tag{3.12}$$

将式(3.12)代入式(3.11)，并将应力沿层合板厚度积分，可得内力和内力矩的表达式(考虑湿热变形的层合板刚度关系)，即

$$\begin{cases}\begin{bmatrix}N_x\\N_y\\N_{xy}\end{bmatrix}=\int_{-\frac{H}{2}}^{\frac{H}{2}}\begin{bmatrix}\sigma_x\\\sigma_y\\\tau_{xy}\end{bmatrix}_k\mathrm{d}z=\begin{bmatrix}A_{11}&A_{12}&A_{16}\\A_{21}&A_{22}&A_{26}\\A_{16}&A_{26}&A_{66}\end{bmatrix}\begin{bmatrix}\varepsilon_x^0\\\varepsilon_y^0\\\gamma_{xy}^0\end{bmatrix}+\begin{bmatrix}B_{11}&B_{12}&B_{16}\\B_{21}&B_{22}&B_{26}\\B_{16}&B_{26}&B_{66}\end{bmatrix}\begin{bmatrix}\kappa_x\\\kappa_y\\\kappa_{xy}\end{bmatrix}-\begin{bmatrix}N_x^{\mathrm{T}}\\N_y^{\mathrm{T}}\\N_{xy}^{\mathrm{T}}\end{bmatrix}-\begin{bmatrix}N_x^{\mathrm{H}}\\N_y^{\mathrm{H}}\\N_{xy}^{\mathrm{H}}\end{bmatrix}\\\begin{bmatrix}M_x\\M_y\\M_{xy}\end{bmatrix}=\int_{-\frac{H}{2}}^{\frac{H}{2}}\begin{bmatrix}\sigma_x\\\sigma_y\\\tau_{xy}\end{bmatrix}_k z\mathrm{d}z=\begin{bmatrix}B_{11}&B_{12}&B_{16}\\B_{21}&B_{22}&B_{26}\\B_{16}&B_{26}&B_{66}\end{bmatrix}\begin{bmatrix}\varepsilon_x^0\\\varepsilon_y^0\\\gamma_{xy}^0\end{bmatrix}+\begin{bmatrix}D_{11}&D_{12}&D_{16}\\D_{21}&D_{22}&D_{26}\\D_{16}&D_{26}&D_{66}\end{bmatrix}\begin{bmatrix}\kappa_x\\\kappa_y\\\kappa_{xy}\end{bmatrix}-\begin{bmatrix}M_x^{\mathrm{T}}\\M_y^{\mathrm{T}}\\M_{xy}^{\mathrm{T}}\end{bmatrix}-\begin{bmatrix}M_x^{\mathrm{H}}\\M_y^{\mathrm{H}}\\M_{xy}^{\mathrm{H}}\end{bmatrix}\end{cases}\tag{3.13}$$

其中

$$\begin{bmatrix}N_x^{\mathrm{T}}\\N_y^{\mathrm{T}}\\N_{xy}^{\mathrm{T}}\end{bmatrix}=\int_{-\frac{H}{2}}^{\frac{H}{2}}\bar{\boldsymbol{Q}}_k\begin{bmatrix}\alpha_x\\\alpha_y\\\alpha_{xy}\end{bmatrix}_k\Delta T_k\mathrm{d}z=\boldsymbol{N}^{\mathrm{T}},\quad\begin{bmatrix}N_x^{\mathrm{H}}\\N_y^{\mathrm{H}}\\N_{xy}^{\mathrm{H}}\end{bmatrix}=\int_{-\frac{H}{2}}^{\frac{H}{2}}\bar{\boldsymbol{Q}}_k\begin{bmatrix}\beta_x\\\beta_y\\\beta_{xy}\end{bmatrix}_k C_k\mathrm{d}z=\boldsymbol{N}^{\mathrm{H}}$$

$$\begin{bmatrix}M_x^{\mathrm{T}}\\M_y^{\mathrm{T}}\\M_{xy}^{\mathrm{T}}\end{bmatrix}=\int_{-\frac{H}{2}}^{\frac{H}{2}}\bar{\boldsymbol{Q}}_k\begin{bmatrix}\alpha_x\\\alpha_y\\\alpha_{xy}\end{bmatrix}_k\Delta T_k z\mathrm{d}z=\boldsymbol{M}^{\mathrm{T}},\quad\begin{bmatrix}M_x^{\mathrm{H}}\\M_y^{\mathrm{H}}\\M_{xy}^{\mathrm{H}}\end{bmatrix}=\int_{-\frac{H}{2}}^{\frac{H}{2}}\bar{\boldsymbol{Q}}_k\begin{bmatrix}\beta_x\\\beta_y\\\beta_{xy}\end{bmatrix}_k C_k z\mathrm{d}z=\boldsymbol{M}^{\mathrm{H}}\tag{3.14}$$

其中，$\boldsymbol{N}^{\mathrm{T}}$ 和 $\boldsymbol{M}^{\mathrm{T}}$ 称为热内力和热力矩，$\boldsymbol{N}^{\mathrm{H}}$ 和 $\boldsymbol{M}^{\mathrm{H}}$ 称为湿内力和湿力矩。

为了求解总应变，将湿热内力和湿热力矩表达式移到等号左边，则式(3.13)可写为

$$\begin{cases}\begin{bmatrix}\bar{N}_x\\\bar{N}_y\\\bar{N}_{xy}\end{bmatrix}=\begin{bmatrix}N_x+N_x^{\mathrm{T}}+N_x^{\mathrm{H}}\\N_y+N_y^{\mathrm{T}}+N_y^{\mathrm{H}}\\N_{xy}+N_{xy}^{\mathrm{T}}+N_{xy}^{\mathrm{H}}\end{bmatrix}=\boldsymbol{A}\begin{bmatrix}\varepsilon_x^0\\\varepsilon_y^0\\\gamma_{xy}^0\end{bmatrix}+\boldsymbol{B}\begin{bmatrix}\kappa_x\\\kappa_y\\\kappa_{xy}\end{bmatrix}\\\begin{bmatrix}\bar{M}_x\\\bar{M}_y\\\bar{M}_{xy}\end{bmatrix}=\begin{bmatrix}M_x+M_x^{\mathrm{T}}+M_x^{\mathrm{H}}\\M_y+M_y^{\mathrm{T}}+M_y^{\mathrm{H}}\\M_{xy}+M_{xy}^{\mathrm{T}}+M_{xy}^{\mathrm{H}}\end{bmatrix}=\boldsymbol{B}\begin{bmatrix}\varepsilon_x^0\\\varepsilon_y^0\\\gamma_{xy}^0\end{bmatrix}+\boldsymbol{D}\begin{bmatrix}\kappa_x\\\kappa_y\\\kappa_{xy}\end{bmatrix}\end{cases}\tag{3.15}$$

记

$$\bar{\boldsymbol{N}}=\begin{bmatrix}\bar{N}_x\\\bar{N}_y\\\bar{N}_{xy}\end{bmatrix},\quad\bar{\boldsymbol{M}}=\begin{bmatrix}\bar{M}_x\\\bar{M}_y\\\bar{M}_{xy}\end{bmatrix}\tag{3.16}$$

则式(3.15)可简写为矩阵形式，即

$$\begin{bmatrix}\bar{\boldsymbol{N}}\\ \bar{\boldsymbol{M}}\end{bmatrix}=\begin{bmatrix}\boldsymbol{N}\\ \boldsymbol{M}\end{bmatrix}+\begin{bmatrix}\boldsymbol{N}^{\mathrm{T}}\\ \boldsymbol{M}^{\mathrm{T}}\end{bmatrix}+\begin{bmatrix}\boldsymbol{N}^{\mathrm{H}}\\ \boldsymbol{M}^{\mathrm{H}}\end{bmatrix}=\begin{bmatrix}\boldsymbol{A} & \boldsymbol{B}\\ \boldsymbol{B} & \boldsymbol{D}\end{bmatrix}\begin{bmatrix}\boldsymbol{\varepsilon}^{0}\\ \boldsymbol{\kappa}\end{bmatrix} \tag{3.17}$$

等号两边同时左乘刚度矩阵的逆矩阵，可以解出总应变的表达式，得到矩阵形式的考虑湿热变形的层合板柔度关系，即

$$\begin{bmatrix}\boldsymbol{\varepsilon}^{0}\\ \boldsymbol{\kappa}\end{bmatrix}=\begin{bmatrix}\boldsymbol{A} & \boldsymbol{B}\\ \boldsymbol{B} & \boldsymbol{D}\end{bmatrix}^{-1}\begin{bmatrix}\bar{\boldsymbol{N}}\\ \bar{\boldsymbol{M}}\end{bmatrix}=\begin{bmatrix}\boldsymbol{A} & \boldsymbol{B}\\ \boldsymbol{B} & \boldsymbol{D}\end{bmatrix}^{-1}\begin{bmatrix}\boldsymbol{N}\\ \boldsymbol{M}\end{bmatrix}+\begin{bmatrix}\boldsymbol{\varepsilon}^{\mathrm{T}}\\ \boldsymbol{\kappa}^{\mathrm{T}}\end{bmatrix}+\begin{bmatrix}\boldsymbol{\varepsilon}^{\mathrm{H}}\\ \boldsymbol{\kappa}^{\mathrm{H}}\end{bmatrix} \tag{3.18}$$

其中，热应变和热曲率的表达式为

$$\begin{bmatrix}\boldsymbol{\varepsilon}^{\mathrm{T}}\\ \boldsymbol{\kappa}^{\mathrm{T}}\end{bmatrix}=\begin{bmatrix}\boldsymbol{A} & \boldsymbol{B}\\ \boldsymbol{B} & \boldsymbol{D}\end{bmatrix}^{-1}\begin{bmatrix}\boldsymbol{N}^{\mathrm{T}}\\ \boldsymbol{M}^{\mathrm{T}}\end{bmatrix},\quad \begin{bmatrix}\boldsymbol{\varepsilon}^{\mathrm{H}}\\ \boldsymbol{\kappa}^{\mathrm{H}}\end{bmatrix}=\begin{bmatrix}\boldsymbol{A} & \boldsymbol{B}\\ \boldsymbol{B} & \boldsymbol{D}\end{bmatrix}^{-1}\begin{bmatrix}\boldsymbol{N}^{\mathrm{H}}\\ \boldsymbol{M}^{\mathrm{H}}\end{bmatrix} \tag{3.19}$$

利用式(2.37)，可以将式(3.19)用柔度矩阵表示为

$$\begin{Bmatrix}\varepsilon_x^{\mathrm{T(H)}}\\ \varepsilon_y^{\mathrm{T(H)}}\\ \gamma_{xy}^{\mathrm{T(H)}}\\ \kappa_x^{\mathrm{T(H)}}\\ \kappa_y^{\mathrm{T(H)}}\\ \kappa_{xy}^{\mathrm{T(H)}}\end{Bmatrix}=\begin{bmatrix}a_{11} & a_{12} & a_{16} & b_{11} & b_{12} & b_{16}\\ a_{12} & a_{22} & a_{26} & b_{12} & b_{22} & b_{26}\\ a_{16} & a_{26} & a_{66} & b_{16} & b_{26} & b_{66}\\ b_{11} & b_{12} & b_{16} & d_{11} & d_{12} & d_{16}\\ b_{12} & b_{22} & b_{26} & d_{12} & d_{22} & d_{26}\\ b_{16} & b_{26} & b_{66} & d_{16} & d_{26} & d_{66}\end{bmatrix}\begin{Bmatrix}N_x^{\mathrm{T(H)}}\\ N_y^{\mathrm{T(H)}}\\ N_{xy}^{\mathrm{T(H)}}\\ M_x^{\mathrm{T(H)}}\\ M_y^{\mathrm{T(H)}}\\ M_{xy}^{\mathrm{T(H)}}\end{Bmatrix} \tag{3.20}$$

其中，H 表示层合板吸湿条件下的应变和内力、内力矩。

## 3.4　湿热剪切变形和湿热翘曲变形

由式(3.3)可知，复合材料单层板的湿热膨胀系数与其铺设角度有关。在温度和湿度发生变化时，由于各单层板的变形不一致，在互相约束的作用下，层合板整体若产生剪切变形，则称为湿热剪切变形。若产生扭转和弯曲变形，则称为湿热翘曲变形。层合板湿热变形如图 3.1 所示。

对于对称复合材料层合板，由于其各单层的铺层角和材料性能都对称于中面，因此温度和湿度变化引起的各单层板变形也对称于中面，即不会发生湿热翘曲变形。对于非对称复合材料层合板，由于其铺层角度相对于中面不对称，因此温度和湿度变化引起的各单层板变形亦可能不对称于中面，即非对称复合材料层合板可能会发生湿热翘曲变形。

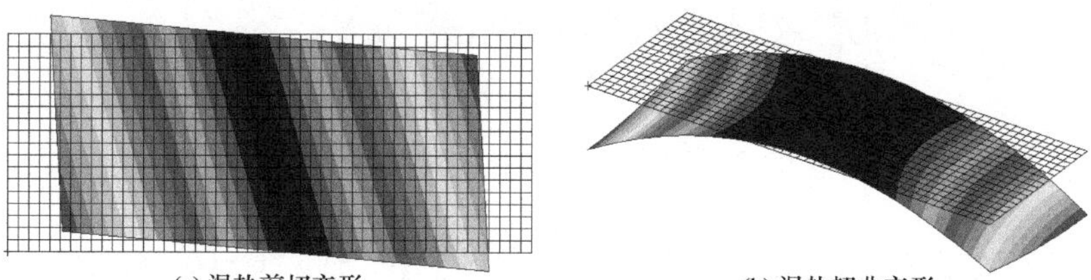

(a) 湿热剪切变形 (b) 湿热翘曲变形

图 3.1 层合板湿热变形

一旦复合材料结构件发生较大的湿热剪切或翘曲变形，在装配后会严重影响结构件外形精度，进而对结构件间的连接匹配产生不利的影响。如果强行装配，则会引起残余应力过大、密封性下降等问题，降低结构的强度和疲劳寿命，严重时甚至造成制件报废。因此，如何设计不产生湿热剪切和湿热翘曲变形的层合板，即湿热稳定的层合板，是非对称复合材料层合结构设计必须要解决的一个重要问题。

### 3.4.1 材料热常量

为了便于计算层合板的湿热剪切和湿热翘曲变形，本节以热变形为例，定义材料热常量，并利用材料热常量和几何因子这两组独立的参数表示单一纤维非对称复合材料层合板的热内力和热力矩。湿度变化对复合材料结构的影响与温度变化的影响相似，只需在推导过程中把热膨胀系数和温度变化用湿膨胀系数与吸水浓度替换即可。

将式(3.14)的积分沿各层依次展开求和，可得

$$\begin{cases} N_x^{\mathrm{T}} = \sum_{k=1}^{n} \Delta T[(\bar{Q}_{11})_k(\alpha_x)_k + (\bar{Q}_{12})_k(\alpha_y)_k + (\bar{Q}_{16})_k(\alpha_{xy})_k](z_k - z_{k-1}) \\ N_y^{\mathrm{T}} = \sum_{k=1}^{n} \Delta T[(\bar{Q}_{12})_k(\alpha_x)_k + (\bar{Q}_{22})_k(\alpha_y)_k + (\bar{Q}_{26})_k(\alpha_{xy})_k](z_k - z_{k-1}) \\ N_{xy}^{\mathrm{T}} = \sum_{k=1}^{n} \Delta T[(\bar{Q}_{16})_k(\alpha_x)_k + (\bar{Q}_{26})_k(\alpha_y)_k + (\bar{Q}_{66})_k(\alpha_{xy})_k](z_k - z_{k-1}) \end{cases} \tag{3.21}$$

$$\begin{cases} M_x^{\mathrm{T}} = \frac{1}{2}\sum_{k=1}^{n} \Delta T[(\bar{Q}_{11})_k(\alpha_x)_k + (\bar{Q}_{12})_k(\alpha_y)_k + (\bar{Q}_{16})_k(\alpha_{xy})_k](z_k^2 - z_{k-1}^2) \\ M_y^{\mathrm{T}} = \frac{1}{2}\sum_{k=1}^{n} \Delta T[(\bar{Q}_{12})_k(\alpha_x)_k + (\bar{Q}_{22})_k(\alpha_y)_k + (\bar{Q}_{26})_k(\alpha_{xy})_k](z_k^2 - z_{k-1}^2) \\ M_{xy}^{\mathrm{T}} = \frac{1}{2}\sum_{k=1}^{n} \Delta T[(\bar{Q}_{16})_k(\alpha_x)_k + (\bar{Q}_{26})_k(\alpha_y)_k + (\bar{Q}_{66})_k(\alpha_{xy})_k](z_k^2 - z_{k-1}^2) \end{cases} \tag{3.22}$$

定义材料热常量为

$$\begin{cases} U_1^{\mathrm{T}} = (\alpha_1+\alpha_2)(U_1+U_4)+(\alpha_1-\alpha_2)U_2 \\ U_2^{\mathrm{T}} = (\alpha_1+\alpha_2)U_2+(\alpha_1-\alpha_2)(U_1+2U_3-U_4) \end{cases} \tag{3.23}$$

由式(3.3)和式(2.42)可得

$$\begin{cases} (\bar{Q}_{11})_k(\alpha_x)_k+(\bar{Q}_{12})_k(\alpha_y)_k+(\bar{Q}_{16})_k(\alpha_{xy})_k = \dfrac{1}{2}U_1^{\mathrm{T}}+\dfrac{1}{2}U_2^{\mathrm{T}}\cos\theta_k \\ (\bar{Q}_{12})_k(\alpha_x)_k+(\bar{Q}_{22})_k(\alpha_y)_k+(\bar{Q}_{26})_k(\alpha_{xy})_k = \dfrac{1}{2}U_1^{\mathrm{T}}-\dfrac{1}{2}U_2^{\mathrm{T}}\cos\theta_k \\ (\bar{Q}_{16})_k(\alpha_x)_k+(\bar{Q}_{26})_k(\alpha_y)_k+(\bar{Q}_{66})_k(\alpha_{xy})_k = \dfrac{1}{2}U_2^{\mathrm{T}}\sin2\theta_k \end{cases} \tag{3.24}$$

将式(3.24)代入式(3.21)和式(3.22)，可以得到材料热常量表示的热内力和热内力矩，即

$$\begin{cases} N_x^{\mathrm{T}} = \displaystyle\sum_{k=1}^{n}\Delta T\left(\frac{1}{2}U_1^{\mathrm{T}}+\frac{1}{2}U_2^{\mathrm{T}}\cos\theta_k\right)(z_k-z_{k-1}) \\ N_y^{\mathrm{T}} = \displaystyle\sum_{k=1}^{n}\Delta T\left(\frac{1}{2}U_1^{\mathrm{T}}-\frac{1}{2}U_2^{\mathrm{T}}\cos\theta_k\right)(z_k-z_{k-1}) \\ N_{xy}^{\mathrm{T}} = \displaystyle\sum_{k=1}^{n}\Delta T\left(\frac{1}{2}U_2^{\mathrm{T}}\sin2\theta_k\right)(z_k-z_{k-1}) \end{cases} \tag{3.25}$$

$$\begin{cases} M_x^{\mathrm{T}} = \dfrac{1}{2}\displaystyle\sum_{k=1}^{n}\Delta T\left(\frac{1}{2}U_1^{\mathrm{T}}+\frac{1}{2}U_2^{\mathrm{T}}\cos\theta_k\right)(z_k^2-z_{k-1}^2) \\ M_y^{\mathrm{T}} = \dfrac{1}{2}\displaystyle\sum_{k=1}^{n}\Delta T\left(\frac{1}{2}U_1^{\mathrm{T}}-\frac{1}{2}U_2^{\mathrm{T}}\cos\theta_k\right)(z_k^2-z_{k-1}^2) \\ M_{xy}^{\mathrm{T}} = \dfrac{1}{2}\displaystyle\sum_{k=1}^{n}\Delta T\left(\frac{1}{2}U_2^{\mathrm{T}}\sin2\theta_k\right)(z_k^2-z_{k-1}^2) \end{cases} \tag{3.26}$$

化简可得

$$\begin{bmatrix} N_x^{\mathrm{T}} \\ N_y^{\mathrm{T}} \\ N_{xy}^{\mathrm{T}} \end{bmatrix} = \frac{H\Delta T}{2}\begin{bmatrix} 1 & \xi_1 \\ 1 & -\xi_1 \\ 0 & \xi_3 \end{bmatrix}\begin{bmatrix} U_1^{\mathrm{T}} \\ U_2^{\mathrm{T}} \end{bmatrix} \tag{3.27}$$

$$\begin{bmatrix} M_x^{\mathrm{T}} \\ M_y^{\mathrm{T}} \\ M_{xy}^{\mathrm{T}} \end{bmatrix} = \frac{H^2\Delta T}{8}\begin{bmatrix} 0 & \xi_5 \\ 0 & -\xi_5 \\ 0 & \xi_7 \end{bmatrix}\begin{bmatrix} U_1^{\mathrm{T}} \\ U_2^{\mathrm{T}} \end{bmatrix} \tag{3.28}$$

可以看出，非对称复合材料层合板热内力和热力矩可用两组相互独立的参数表示，即仅与单层板材料属性相关的材料热常量 $U_1^{\mathrm{T}}$ 和仅与层合板铺层规律相关的几何因子 $\xi_i$ 。这为提高考虑湿热变形的与复合材料类型无关的层合板铺层优化设计效率奠定了数学基础。

### 3.4.2 湿热剪切和湿热翘曲变形的计算方法

1. 湿热剪切变形

下面以拉剪耦合效应层合板($\mathbf{A}_\mathrm{F}\mathbf{B}_0\mathbf{D}_\mathrm{S}$)为例，推导层合板的湿热剪切表达式。对于 $\mathbf{A}_\mathrm{F}\mathbf{B}_0\mathbf{D}_\mathrm{S}$ 层合板，其拉伸刚度矩阵 $\boldsymbol{A}$ 是满阵，即 $A_{ij}\neq 0\,(i, j = 1, 2, 6)$，耦合刚度矩阵 $\boldsymbol{B}$ 中的元素均为零，即 $B_{ij} = 0(i, j = 1, 2, 6)$，弯曲刚度矩阵 $\boldsymbol{D}$ 中的元素满足 $D_{16} = D_{26} = 0$，其刚度方程为

$$\begin{Bmatrix} N_x^{\mathrm{T(H)}} \\ N_y^{\mathrm{T(H)}} \\ N_{xy}^{\mathrm{T(H)}} \\ M_x^{\mathrm{T(H)}} \\ M_y^{\mathrm{T(H)}} \\ M_{xy}^{\mathrm{T(H)}} \end{Bmatrix} = \begin{bmatrix} A_{11} & A_{12} & A_{16} & 0 & 0 & 0 \\ A_{12} & A_{22} & A_{26} & 0 & 0 & 0 \\ A_{16} & A_{26} & A_{66} & 0 & 0 & 0 \\ 0 & 0 & 0 & D_{11} & D_{12} & 0 \\ 0 & 0 & 0 & D_{12} & D_{22} & 0 \\ 0 & 0 & 0 & 0 & 0 & D_{66} \end{bmatrix} \begin{Bmatrix} \varepsilon_x^{\mathrm{T(H)}} \\ \varepsilon_y^{\mathrm{T(H)}} \\ \gamma_{xy}^{\mathrm{T(H)}} \\ \kappa_x^{\mathrm{T(H)}} \\ \kappa_y^{\mathrm{T(H)}} \\ \kappa_{xy}^{\mathrm{T(H)}} \end{Bmatrix} \tag{3.29}$$

可以得到 $\mathbf{A}_\mathrm{F}\mathbf{B}_0\mathbf{D}_\mathrm{S}$ 层合板的热内力 $\boldsymbol{N}^{\mathrm{T}}$ 和热应变 $\boldsymbol{\varepsilon}^{\mathrm{T}}$ 间的关系，即

$$\begin{Bmatrix} N_x^{\mathrm{T}} \\ N_y^{\mathrm{T}} \\ N_{xy}^{\mathrm{T}} \end{Bmatrix} = \begin{bmatrix} A_{11} & A_{12} & A_{16} \\ A_{12} & A_{22} & A_{26} \\ A_{16} & A_{26} & A_{66} \end{bmatrix} \begin{Bmatrix} \varepsilon_x^{\mathrm{T}} \\ \varepsilon_y^{\mathrm{T}} \\ \gamma_{xy}^{\mathrm{T}} \end{Bmatrix} \tag{3.30}$$

由式(3.30)可以求解得到 $\mathbf{A}_\mathrm{F}\mathbf{B}_0\mathbf{D}_\mathrm{S}$ 层合板的热应变矩阵，即

$$\begin{Bmatrix} \varepsilon_x^{\mathrm{T}} \\ \varepsilon_y^{\mathrm{T}} \\ \gamma_{xy}^{\mathrm{T}} \end{Bmatrix} = \begin{bmatrix} A_{11} & A_{12} & A_{16} \\ A_{12} & A_{22} & A_{26} \\ A_{16} & A_{26} & A_{66} \end{bmatrix}^{-1} \begin{Bmatrix} N_x^{\mathrm{T}} \\ N_y^{\mathrm{T}} \\ N_{xy}^{\mathrm{T}} \end{Bmatrix} = \frac{A^*}{|A|} \begin{Bmatrix} N_x^{\mathrm{T}} \\ N_y^{\mathrm{T}} \\ N_{xy}^{\mathrm{T}} \end{Bmatrix} \tag{3.31}$$

其中

$$A^* = \begin{bmatrix} A_{22}A_{66} - A_{26}^2 & A_{16}A_{26} - A_{12}A_{66} & A_{12}A_{26} - A_{16}A_{22} \\ A_{16}A_{26} - A_{12}A_{66} & A_{11}A_{66} - A_{16}^2 & A_{12}A_{16} - A_{11}A_{26} \\ A_{12}A_{26} - A_{16}A_{22} & A_{12}A_{16} - A_{11}A_{26} & A_{11}A_{22} - A_{12}^2 \end{bmatrix} \tag{3.32}$$

由式(3.31)可以求得温度变化引起的 $\mathbf{A}_\mathrm{F}\mathbf{B}_0\mathbf{D}_\mathrm{S}$ 层合板的热剪应变 $\gamma_{xy}^{\mathrm{T}}$ ，即

$$\gamma_{xy}^{\mathrm{T}}=\frac{1}{|A|}[(A_{12}A_{26}-A_{16}A_{22})N_x^{\mathrm{T}}+(A_{12}A_{16}-A_{11}A_{26})N_y^{\mathrm{T}}+(A_{11}A_{22}-A_{12}^2)N_{xy}^{\mathrm{T}}] \tag{3.33}$$

将式(3.27)代入式(3.33)，可得

$$\gamma_{xy}^{\mathrm{T}}=\Delta T\frac{H}{2|A|}[(A_{12}A_{26}-A_{16}A_{22})(U_1^{\mathrm{T}}+\xi_1U_2^{\mathrm{T}})+(A_{12}A_{16}-A_{11}A_{26})(U_1^{\mathrm{T}}-\xi_1U_2^{\mathrm{T}})$$
$$+(A_{11}A_{22}-A_{12}^2)(\xi_3U_2^{\mathrm{T}})] \tag{3.34}$$

由式(2.60)可得

$$\begin{aligned}&A_{12}A_{26}-A_{16}A_{22}\\&=H^2\left[(-\xi_2U_3+U_4)\left(\frac{\xi_3}{2}U_2-\xi_4U_3\right)-\left(\frac{\xi_3}{2}U_2+\xi_4U_3\right)(U_1-\xi_1U_2+\xi_2U_3)\right]\\&=H^2\left(-\xi_2\xi_3U_2U_3+\frac{\xi_3}{2}U_2U_4-\xi_4U_3U_4-\frac{\xi_3}{2}U_1U_2+\frac{\xi_1\xi_3}{2}U_2^2+\xi_1\xi_4U_2U_3-\xi_4U_1U_3\right)\end{aligned} \tag{3.35}$$

$$\begin{aligned}&A_{12}A_{16}-A_{11}A_{26}\\&=H^2\left[(-\xi_2U_3+U_4)\left(\frac{\xi_3}{2}U_2+\xi_4U_3\right)-(U_1+\xi_1U_2+\xi_2U_3)\left(\frac{\xi_3}{2}U_2-\xi_4U_3\right)\right]\\&=H^2\left(-\xi_2\xi_3U_2U_3+\frac{\xi_3}{2}U_2U_4+\xi_4U_3U_4-\frac{\xi_3}{2}U_1U_2-\frac{\xi_1\xi_3}{2}U_2^2+\xi_1\xi_4U_2U_3+\xi_4U_1U_3\right)\end{aligned} \tag{3.36}$$

$$\begin{aligned}&A_{11}A_{22}-A_{12}^2\\&=H^2[(U_1+\xi_1U_2+\xi_2U_3)(U_1-\xi_1U_2+\xi_2U_3)-(-\xi_2U_3+U_4)^2]\\&=H^2(U_1^2-U_4^2+2\xi_2U_1U_3+2\xi_2U_3U_4-\xi_1^2U_2^2)\end{aligned} \tag{3.37}$$

将式(3.35)～式(3.37)代入式(3.34)中，整理可得由几何因子和材料热常量表示的 $\mathbf{A}_{\mathrm{F}}\mathbf{B}_0\mathbf{D}_{\mathrm{S}}$ 层合板的热剪应变表达式，即

$$\gamma_{xy}^{\mathrm{T}}=\Delta T\frac{H^3}{2|A|}[(U_1+U_4)U_2^{\mathrm{T}}-U_2U_1^{\mathrm{T}}][2U_3(\xi_2\xi_3-\xi_1\xi_4)+\xi_3(U_1-U_4)] \tag{3.38}$$

2. 湿热翘曲变形

为了直观描述非对称复合材料层合板固化翘曲变形的程度，建立如图 3.2 所示的三点简支层合板模型。其长度与宽度分别为 $a$、$b$，在三个角点(0, 0)、(0, $b$)、($a$, 0)处简支，采用温度变化引起的自由角点($a$, $b$)处的热离面变形 $w$ 表征层合板固化翘曲变形的大小。

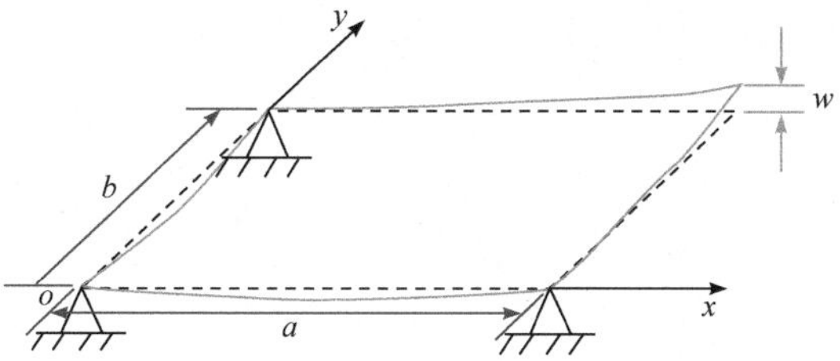


图 3.2 三点简支层合板的热离面变形

当温度变化时，层合板上任一点的离面变形 $w$ 可表示为

$$w=\frac{1}{2}\kappa_x^{\mathrm{T}}(a-x)x+\frac{1}{2}\kappa_y^{\mathrm{T}}(b-y)y-\frac{1}{2}\kappa_{xy}^{\mathrm{T}}xy \tag{3.39}$$

可以看出，层合板不发生固化翘曲变形的条件是中面热曲率满足

$$\begin{bmatrix}\kappa_x^{\mathrm{T}}\\ \kappa_y^{\mathrm{T}}\\ \kappa_{xy}^{\mathrm{T}}\end{bmatrix}=\begin{bmatrix}0\\0\\0\end{bmatrix} \tag{3.40}$$

若层合板的边长满足 $a=b$，并且层合板的边长与板厚 $H_n$($n$ 为非对称复合材料层合板的总层数)之比为

$$\lambda=\frac{a}{H_n} \tag{3.41}$$

则层合板自由角点$(a, b)$处的离面变形可表示为

$$w=-\frac{1}{2}\kappa_{xy}^{\mathrm{T}}a^2=-\frac{1}{2}\kappa_{xy}^{\mathrm{T}}\lambda^2H_n^2 \tag{3.42}$$

用板厚 $H_n$ 对自由角点处的离面变形 $w$ 进行无量纲化处理，可得无量纲化后的自由角点处的离面变形 $\bar{w}$ 为

$$\bar{w}=\frac{w}{H_n}=-\frac{1}{2}\kappa_{xy}^{\mathrm{T}}\lambda^2H_n \tag{3.43}$$

# 第 4 章　拉剪耦合层合板

## 4.1　引　　言

复合材料拉剪耦合层合板($\mathbf{A_F B_0 D_S}$)具有拉伸-剪切耦合效应，即层合板在拉力或压力作用下会产生剪切变形，在剪力作用下会产生拉伸或压缩变形。研究表明，不论采用何种形式的铺层，$\mathbf{A_F B_0 D_S}$ 层合板均不会发生湿热翘曲变形，但仍可能发生湿热剪切变形。$\mathbf{A_F B_0 D_S}$ 层合板的湿热剪切变形同样会引起由其构成结构的整体翘曲变形(图 4.1)所示。这种湿热翘曲变形会明显削弱结构的力学性能。为此，需要寻找不发生湿热剪切变形的 $\mathbf{A_F B_0 D_S}$ 层合板(无湿热剪切变形 $\mathbf{A_F B_0 D_S}$ 层合板)，并对其力学性能开展研究。

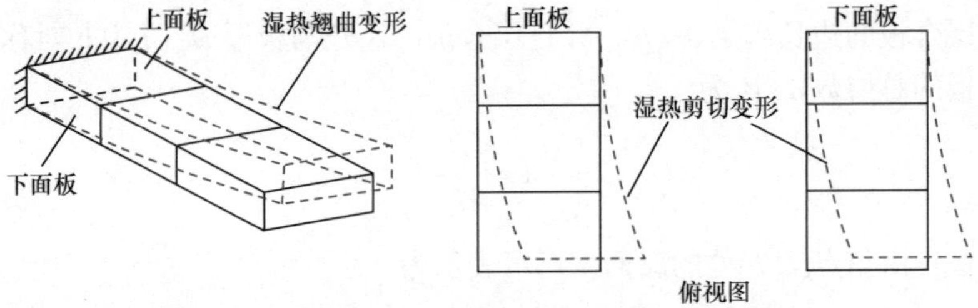


图 4.1　湿热剪切变形引起的结构湿热翘曲变形示意图

本章首先推导无湿热剪切变形 $\mathbf{A_F B_0 D_S}$ 层合板应满足的与材料属性无关的解析充要条件。然后，基于此解析充要条件，以获得更大的拉剪耦合效应为目标，实现对无湿热剪切变形 $\mathbf{A_F B_0 D_S}$ 层合板的铺层优化设计。最后，利用数值仿真的方法验证无湿热剪切变形 $\mathbf{A_F B_0 D_S}$ 层合板的湿热稳定性和耦合效应，并分析无湿热剪切变形 $\mathbf{A_F B_0 D_S}$ 层合板铺层角度偏差对其固化剪切和翘曲变形的影响。

## 4.2　湿热稳定的解析条件

由式(2.60)～式(2.62)可知，在层合板层数、单层板厚度不变的条件下，层合板刚度系数的取值由其铺层角度规律和材料属性共同决定。一般情况下，层合板的材料属性只会影响复合材料层合板耦合效应的大小，而层合板具有哪种类型的耦合效应通常仅由铺层角度规律决定，即当复合材料层合板的铺层规律满足一定条件后，不论采用何种复合材料单层板，其耦合效应和湿热变形的形式是不变的。因此，在设计无湿热剪切变形 $\mathbf{A_F B_0 D_S}$ 层合板之前，可以先推导无湿热剪切变形 $\mathbf{A_F B_0 D_S}$ 层合板的铺层角度应满足的解析充要条件，而无需考虑复合材料单层板材料属性的影响。本节以温度变化为例，推导无湿热剪切变形的解析充要条件(湿度变化时的结论与之一致)。

### 4.2.1　解析充要条件推导

第 3 章推导了 $\mathbf{A_F B_0 D_S}$ 层合板的热剪应变表达式(3.38)。层合板无热剪切变形，即要求温度变化引起的热剪应变 $\gamma_{xy}^{\mathrm{T}}=0$，将其代入式(3.38)，可得

$$\Delta T\frac{H^3}{2|\boldsymbol{A}|}[(U_1+U_4)U_2^{\mathrm{T}}-U_2U_1^{\mathrm{T}}][2U_3(\xi_2\xi_3-\xi_1\xi_4)+\xi_3(U_1-U_4)]=0 \tag{4.1}$$

由与材料属性相关项(即单层板材料常量和材料热常量)的任意性，可得式(4.1)成立；与材料属性无关的条件为

$$\begin{cases}\xi_3=0\\ \xi_2\xi_3-\xi_1\xi_4=0\end{cases} \tag{4.2}$$

下面对式(4.2)所示的充要条件进行讨论。

式(4.2)成立，当且仅当

$$\xi_3=\xi_4=0 \tag{4.3}$$

或

$$\xi_1=\xi_3=0 \tag{4.4}$$

由式(2.60)可得 $\mathbf{A_F B_0 D_S}$ 层合板的拉剪耦合刚度系数的表达式为

$$\begin{cases}A_{16}=H\left(\dfrac{\xi_3}{2}U_2+\xi_4U_3\right)\\ A_{26}=H\left(\dfrac{\xi_3}{2}U_2-\xi_4U_3\right)\end{cases} \tag{4.5}$$

若式(4.3)成立，则 $A_{16}=A_{26}=0$。此时，复合材料层合板不再具有拉剪耦合效应，所以 $\mathbf{A_F B_0 D_S}$ 层合板的几何因子 $\xi_3$ 和 $\xi_4$ 不能同时为零，即式(4.3)不成立。因此，式(4.1)对任意材料的 $\mathbf{A_F B_0 D_S}$ 单层板均成立的条件可最终表示为

$$\begin{cases}\xi_3=\xi_1=0\\ \xi_4\neq 0\end{cases} \tag{4.6}$$

$\mathbf{A_F B_0 D_S}$ 层合板的耦合刚度矩阵 $\boldsymbol{B}$ 中的元素均为零，由式(2.61)可得

$$B_{11} = \frac{H^2}{4}(\xi_5 U_2 + \xi_6 U_3) = 0, \quad B_{12} = \frac{H^2}{4}(-\xi_6 U_3) = 0$$
$$B_{22} = \frac{H^2}{4}(-\xi_5 U_2 + \xi_6 U_3) = 0, \quad B_{16} = \frac{H^2}{4}\left(\frac{\xi_7}{2}U_2 + \xi_8 U_3\right) = 0 \tag{4.7}$$
$$B_{26} = \frac{H^2}{4}\left(\frac{\xi_7}{2}U_2 - \xi_8 U_3\right) = 0, \quad B_{66} = \frac{H^2}{4}(-\xi_6 U_3) = 0$$

由与材料属性相关项的任意性，可得式(4.7)成立；与材料属性无关的条件为

$$\xi_5 = \xi_6 = \xi_7 = \xi_8 = 0 \tag{4.8}$$

$\mathbf{A}_\mathrm{F}\mathbf{B}_0\mathbf{D}_\mathrm{S}$ 层合板的弯曲刚度矩阵 $\boldsymbol{D}$ 中的元素满足 $D_{16}=D_{26}=0$，由式(2.62)可得

$$\begin{cases} D_{16} = \dfrac{H^3}{12}\left(\dfrac{\xi_{11}}{2}U_2 + \xi_{12}U_3\right) = 0 \\ D_{26} = \dfrac{H^3}{12}\left(\dfrac{\xi_{11}}{2}U_2 - \xi_{12}U_3\right) = 0 \end{cases} \tag{4.9}$$

由与材料属性相关项的任意性，可得式(4.9)成立；与材料属性无关的条件为

$$\xi_{11} = \xi_{12} = 0 \tag{4.10}$$

联立式(4.6)、式(4.8)和式(4.10)，可得无湿热剪切变形 $\mathbf{A}_\mathrm{F}\mathbf{B}_0\mathbf{D}_\mathrm{S}$ 层合板应满足的与材料属性无关的解析充要条件为

$$\begin{cases} \xi_1 = \xi_3 = \xi_5 = \xi_6 = \xi_7 = \xi_8 = \xi_{11} = \xi_{12} = 0 \\ \xi_4 \neq 0 \end{cases} \tag{4.11}$$

需要说明的是，式(4.11)所列的条件并不能囊括所有的无湿热剪切变形 $\mathbf{A}_\mathrm{F}\mathbf{B}_0\mathbf{D}_\mathrm{S}$ 层合板，因此在解析充要条件前强调“与材料属性无关的”，即不论复合材料层合板采用何种单层板材料，只要其铺层规律(几何因子)满足式(4.11)所列的条件，即无湿热剪切变形 $\mathbf{A}_\mathrm{F}\mathbf{B}_0\mathbf{D}_\mathrm{S}$ 层合板。显然，存在部分不满足式(4.11)所列条件的无湿热剪切变形的 $\mathbf{A}_\mathrm{F}\mathbf{B}_0\mathbf{D}_\mathrm{S}$ 层合板，但这只是一些对应特定单层板材料的特定铺层规律，缺乏可设计性。因此，在实际复合材料结构工程设计中不具有太大的参考价值，不作为本书的研究内容。

### 4.2.2 无湿热剪切变形 $\mathbf{A}_\mathrm{F}\mathbf{B}_0\mathbf{D}_\mathrm{S}$ 层合板的热线应变

当 $\mathbf{A}_\mathrm{F}\mathbf{B}_0\mathbf{D}_\mathrm{S}$ 层合板满足式(4.11)所示的条件时，由式(3.31)可以解出

$$\varepsilon_x^\mathrm{T} = \varepsilon_y^\mathrm{T} = \frac{H\Delta T}{2}\frac{U_1^\mathrm{T}}{A_{11} + A_{12}} \tag{4.12}$$

将式(2.60)和式(4.11)代入式(4.12)，可得

$$\varepsilon_x^{\mathrm{T}} = \varepsilon_y^{\mathrm{T}} = \frac{H\Delta T}{2}\frac{U_1^{\mathrm{T}}}{H(U_1+U_4)} = \frac{U_1^{\mathrm{T}}\Delta T}{2(U_1+U_4)} \tag{4.13}$$

即对于任何满足式(4.11)的无湿热剪切变形 $\mathbf{A}_{\mathrm{F}}\mathbf{B}_0\mathbf{D}_{\mathrm{S}}$ 层合板，由温度变化引起的两个方向的线应变大小相等，并且只与温度变化量和复合材料单层板材料属性有关，与复合材料层合板的铺层规律和总层数无关。

## 4.3　铺层优化设计

在设计无湿热剪切变形 $\mathbf{A}_{\mathrm{F}}\mathbf{B}_0\mathbf{D}_{\mathrm{S}}$ 层合板的过程中，若采用传统设计思路，为了判断复合材料层合板是否满足设计条件，每次改变铺层角后，都需要重新计算复合材料层合板的刚度矩阵、热应变及热曲率。这种设计流程耗时长、计算量大、设计效率低下。在求解出 $\mathbf{A}_{\mathrm{F}}\mathbf{B}_0\mathbf{D}_{\mathrm{S}}$ 层合板与材料无关的无湿热剪切变形的解析充要条件之后，设计过程可以简化，即每次改变铺层角之后，只需重新计算仅与铺层规律相关的复合材料层合板几何因子，判断其是否满足设计条件。这会大大提高复合材料层合板的设计效率。本节依次完成标准铺层和自由铺层无湿热剪切变形 $\mathbf{A}_{\mathrm{F}}\mathbf{B}_0\mathbf{D}_{\mathrm{S}}$ 层合板的铺层优化设计。

### 4.3.1　标准铺层无湿热剪切变形 $\mathbf{A}_{\mathrm{F}}\mathbf{B}_0\mathbf{D}_{\mathrm{S}}$ 层合板铺层设计

由式(2.43)，$\xi_4$ 可表示为

$$\xi_4 = \frac{1}{H}\sum_{k=1}^{n}\sin 4\theta_k (z_k - z_{k-1}) = \frac{t}{H}\sum_{k=1}^{n}\sin 4\theta_k \tag{4.14}$$

对于标准铺层复合材料层合板，$\xi_4$ 的取值为

$$\begin{cases} (\xi_4)_{45^\circ} = \dfrac{t}{H}\displaystyle\sum_{k=1}^{n}\sin(4\times 45^\circ) = 0 \\ (\xi_4)_{-45^\circ} = \dfrac{t}{H}\displaystyle\sum_{k=1}^{n}\sin(-4\times 45^\circ) = 0 \\ (\xi_4)_{0^\circ} = \dfrac{t}{H}\displaystyle\sum_{k=1}^{n}\sin(4\times 0^\circ) = 0 \\ (\xi_4)_{90^\circ} = \dfrac{t}{H}\displaystyle\sum_{k=1}^{n}\sin(4\times 90^\circ) = 0 \end{cases} \tag{4.15}$$

即对任何采用标准铺层的复合材料层合板，皆有几何因子 $\xi_4 = 0$。结合式(4.11)可以得出结论——不存在标准铺层的无湿热剪切变形 $\mathbf{A}_{\mathrm{F}}\mathbf{B}_0\mathbf{D}_{\mathrm{S}}$ 层合板。

### 4.3.2　自由铺层无湿热剪切变形 $\mathbf{A}_{\mathrm{F}}\mathbf{B}_0\mathbf{D}_{\mathrm{S}}$ 层合板铺层设计

将式(2.43)代入式(4.11)，可得

$$\begin{cases}\sum_{k=1}^{n}\cos 2\theta_k=\sum_{k=1}^{n}\sin 2\theta_k=0\\ \sum_{k=1}^{n}\sin 2\theta_k(z_k^3-z_{k-1}^3)=\sum_{k=1}^{n}\sin 4\theta_k(z_k^3-z_{k-1}^3)=0\\ \sum_{k=1}^{n}\cos 2\theta_k(z_k^2-z_{k-1}^2)=\sum_{k=1}^{n}\cos 4\theta_k(z_k^2-z_{k-1}^2)=0\\ \sum_{k=1}^{n}\sin 2\theta_k(z_k^2-z_{k-1}^2)=\sum_{k=1}^{n}\sin 4\theta_k(z_k^2-z_{k-1}^2)=0\\ \sum_{k=1}^{n}\sin 4\theta_k(z_k-z_{k-1})\neq 0\end{cases} \tag{4.16}$$

理论上，直接求解上述以铺层角为未知量的非线性方程组即可求得自由铺层无湿热剪切变形 $\mathbf{A}_\mathrm{F}\mathbf{B}_0\mathbf{D}_\mathrm{S}$ 层合板的铺层规律。下面依次分析 2 层、3 层、4 层和大于 4 层的自由铺层 $\mathbf{A}_\mathrm{F}\mathbf{B}_0\mathbf{D}_\mathrm{S}$ 层合板是否能够满足无湿热剪切变形的解析充要条件，并求出满足要求的铺层规律。

1. 2 层复合材料层合板

对于总层数为 2 层的复合材料层合板，若其铺层满足无湿热剪切变形 $\mathbf{A}_\mathrm{F}\mathbf{B}_0\mathbf{D}_\mathrm{S}$ 层合板的解析充要条件，由式(4.16)可得

$$\begin{cases}\cos 2\theta_1=-\cos 2\theta_2\\ \sin 2\theta_1=-\sin 2\theta_2\\ \cos 2\theta_1=\cos 2\theta_2\\ \sin 2\theta_1=\sin 2\theta_2\end{cases} \tag{4.17}$$

可得

$$\cos 2\theta_1=\cos 2\theta_2=\sin 2\theta_1=\sin 2\theta_2=0 \tag{4.18}$$

显然，式(4.18)是无解的，即不存在 2 层的与材料无关的无湿热剪切变形 $\mathbf{A}_\mathrm{F}\mathbf{B}_0\mathbf{D}_\mathrm{S}$ 层合板。

2. 3 层复合材料层合板

对于总层数为 3 的复合材料层合板，若其铺层满足无湿热剪切变形 $\mathbf{A}_\mathrm{F}\mathbf{B}_0\mathbf{D}_\mathrm{S}$ 层合板的解析充要条件，由式(4.16)可得

$$\begin{cases}\cos 2\theta_1+\cos 2\theta_2+\cos 2\theta_3=0\\ \sin 2\theta_1+\sin 2\theta_2+\sin 2\theta_3=0\\ \cos 2\theta_1=\cos 2\theta_3\\ \sin 2\theta_1=\sin 2\theta_3\end{cases} \tag{4.19}$$

式(4.19)化简可得

$$\begin{cases} 2\cos 2\theta_1 + \cos 2\theta_2 = 0 \\ 2\sin 2\theta_1 + \sin 2\theta_2 = 0 \end{cases} \tag{4.20}$$

从而得到矛盾的式子，即

$$1 = (\cos 2\theta_2)^2 + (\sin 2\theta_2)^2 = 4[(\cos 2\theta_1)^2 + (\sin 2\theta_1)^2] = 4 \tag{4.21}$$

即不存在 3 层的与材料无关的无湿热剪切变形 $\mathbf{A}_\mathrm{F}\mathbf{B}_0\mathbf{D}_\mathrm{S}$ 层合板。

3. 4 层复合材料层合板

对于总层数为 4 层的复合材料层合板，若其铺层满足无湿热剪切变形 $\mathbf{A}_\mathrm{F}\mathbf{B}_0\mathbf{D}_\mathrm{S}$ 层合板的解析充要条件，由式(4.16)可得

$$\begin{cases} \xi_1 = \dfrac{t}{H}(\cos 2\theta_1 + \cos 2\theta_2 + \cos 2\theta_3 + \cos 2\theta_4) = 0 \\ \xi_3 = \dfrac{t}{H}(\sin 2\theta_1 + \sin 2\theta_2 + \sin 2\theta_3 + \sin 2\theta_4) = 0 \\ \xi_5 = \dfrac{2t^2}{H^2}(-3\cos 2\theta_1 - \cos 2\theta_2 + \cos 2\theta_3 + 3\cos 2\theta_4) = 0 \\ \xi_7 = \dfrac{2t^2}{H^2}(-3\sin 2\theta_1 - \sin 2\theta_2 + \sin 2\theta_3 + 3\sin 2\theta_4) = 0 \\ \xi_8 = \dfrac{2t^2}{H^2}(-3\sin 4\theta_1 - \sin 4\theta_2 + \sin 4\theta_3 + 3\sin 4\theta_4) = 0 \\ \xi_{11} = \dfrac{4t^3}{H^3}(7\sin 2\theta_1 + \sin 2\theta_2 + \sin 2\theta_3 + 7\sin 2\theta_4) = 0 \\ \xi_{12} = \dfrac{4t^3}{H^3}(7\sin 4\theta_1 + \sin 4\theta_2 + \sin 4\theta_3 + 7\sin 4\theta_4) = 0 \end{cases} \tag{4.22}$$

化简可得

$$\begin{cases} \sin 2\theta_1 + \sin 2\theta_2 + \sin 2\theta_3 + \sin 2\theta_4 = 0 \\ -3\sin 2\theta_1 - \sin 2\theta_2 + \sin 2\theta_3 + 3\sin 2\theta_4 = 0 \\ 7\sin 2\theta_1 + \sin 2\theta_2 + \sin 2\theta_3 + 7\sin 2\theta_4 = 0 \end{cases} \tag{4.23}$$

$$-3\sin 4\theta_1 - \sin 4\theta_2 + \sin 4\theta_3 + 3\sin 4\theta_4 = 0 \tag{4.24}$$

$$\cos 2\theta_1 + \cos 2\theta_2 + \cos 2\theta_3 + \cos 2\theta_4 = 0 \tag{4.25}$$

$$-3\cos 2\theta_1 - \cos 2\theta_2 + \cos 2\theta_3 + 3\cos 2\theta_4 = 0 \tag{4.26}$$

$$7\sin 4\theta_1 + \sin 4\theta_2 + \sin 4\theta_3 + 7\sin 4\theta_4 = 0 \tag{4.27}$$

联立式(4.23)中的三个方程可得

$$\begin{cases}\sin 2\theta_1 = -\sin 2\theta_4 = -\dfrac{1}{3}\sin 2\theta_2 \\ \sin 2\theta_2 = -\sin 2\theta_3 = 3\sin 2\theta_4\end{cases} \tag{4.28}$$

将式(4.28)代入式(4.24)，可得

$$\cos 2\theta_1 + \cos 2\theta_4 - (\cos 2\theta_2 + \cos 2\theta_3) = 0 \tag{4.29}$$

联立式(4.25)和式(4.29)，可得

$$\begin{cases}\cos 2\theta_1 = -\cos 2\theta_4 \\ \cos 2\theta_2 = -\cos 2\theta_3\end{cases} \tag{4.30}$$

将式(4.30)代入式(4.26)，可得

$$\cos 2\theta_3 = -3\cos 2\theta_4 \tag{4.31}$$

将式(4.28)、式(4.30)代入式(4.27)中，化简可得

$$\cos 2\theta_3 = \frac{7}{3}\cos 2\theta_4 \tag{4.32}$$

联立式(4.28)、式(4.31)、式(4.32)可知，不存在满足条件的铺层角，因此不存在 4 层的与材料无关的无湿热剪切变形 $\mathbf{A}_\mathrm{F}\mathbf{B}_0\mathbf{D}_\mathrm{S}$ 层合板。

4. 4 层以上复合材料层合板

当复合材料层合板的层数大于 4 层时，很难通过直接求解方程组的方法得到无湿热剪切变形 $\mathbf{A}_\mathrm{F}\mathbf{B}_0\mathbf{D}_\mathrm{S}$ 层合板的铺层规律。为此，将复合材料层合板的铺层角设计问题转化为复合材料层合板的铺层角优化设计问题，即以复合材料层合板各单层的铺层角为优化设计变量；以式(4.16)所示的充要条件为优化约束条件，确保优化得到的复合材料层合板为无湿热剪切变形 $\mathbf{A}_\mathrm{F}\mathbf{B}_0\mathbf{D}_\mathrm{S}$ 层合板；考虑无湿热剪切变形 $\mathbf{A}_\mathrm{F}\mathbf{B}_0\mathbf{D}_\mathrm{S}$ 层合板的拉剪耦合效应是其主要性能指标，因此以复合材料层合板拉剪耦合效应最大为优化目标，采用拉剪耦合柔度系数 $a_{16}$ 表征层合板拉剪耦合效应大小。$a_{16}$ 可由复合材料层合板的刚度矩阵求逆得到，即

$$\begin{bmatrix} a_{11} & a_{12} & a_{16} & b_{11} & b_{12} & b_{16} \\ a_{12} & a_{22} & a_{26} & b_{12} & b_{22} & b_{26} \\ a_{16} & a_{26} & a_{66} & b_{16} & b_{26} & b_{66} \\ b_{11} & b_{12} & b_{16} & d_{11} & d_{12} & d_{16} \\ b_{12} & b_{22} & b_{26} & d_{12} & d_{22} & d_{26} \\ b_{16} & b_{26} & b_{66} & d_{16} & d_{26} & d_{66} \end{bmatrix} = \begin{bmatrix} A_{11} & A_{12} & A_{16} & B_{11} & B_{12} & B_{16} \\ A_{12} & A_{22} & A_{26} & B_{12} & B_{22} & B_{26} \\ A_{16} & A_{26} & A_{66} & B_{16} & B_{26} & B_{66} \\ B_{11} & B_{12} & B_{16} & D_{11} & D_{12} & D_{16} \\ B_{12} & B_{22} & B_{26} & D_{12} & D_{22} & D_{26} \\ B_{16} & B_{26} & B_{66} & D_{16} & D_{26} & D_{66} \end{bmatrix}^{-1} \tag{4.33}$$

此优化问题的数学模型可表示为

$$\min F(\theta_1,\theta_2,\cdots,\theta_n) = -|a_{16}|$$

$$\text{s.t.}\quad \begin{cases} -90° \leqslant \theta_i \leqslant 90°, \quad i=1,2,\cdots,n \\ \sum_{k=1}^{n}\sin 2\theta_k = \sum_{k=1}^{n}\cos 2\theta_k = 0 \\ \sum_{k=1}^{n}\sin 2\theta_k (z_k^2 - z_{k-1}^2) = \sum_{k=1}^{n}\sin 4\theta_k (z_k^2 - z_{k-1}^2) = 0 \\ \sum_{k=1}^{n}\cos 2\theta_k (z_k^2 - z_{k-1}^2) = \sum_{k=1}^{n}\cos 4\theta_k (z_k^2 - z_{k-1}^2) = 0 \\ \sum_{k=1}^{n}\sin 2\theta_k (z_k^3 - z_{k-1}^3) = \sum_{k=1}^{n}\sin 4\theta_k (z_k^3 - z_{k-1}^3) = 0 \\ \sum_{k=1}^{n}\sin 4\theta_k (z_k - z_{k-1}) \neq 0 \end{cases} \tag{4.34}$$

下面采用 SQP 算法求解此优化问题。在优化过程中，优化设计变量的初值从区间(−90°, 90°]随机选取。由于 SQP 算法是一种依赖目标梯度的优化算法，而此优化问题的目标函数在设计空间内并不是一个单峰函数，即目标函数在设计空间存在多个极值。因此，设计变量初值的选取对最终优化结果的影响很大，并且不能确定优化得到的是局部最优解还是全局最优解。为解决这个问题，采用随机选取 10000 组初值进行优化，再从优化得到的多个局部最优解中优选最优解的方法，确保优化得到的结果是全局最优解。优化过程中使用 T300/5208 石墨/环氧树脂复合材料单层板，其材料属性如表 4.1 所示。

**表 4.1　T300/5208 石墨/环氧复合材料单层板材料属性**

| 材料属性 | | 数值 |
|---|---|---|
| 弹性模量/GPa | $E_1$ | 181.0 |
| | $E_2$ | 10.2 |
| 剪切模量/GPa | $G_{12}$ | 7.2 |
| 泊松比 | $\nu_{12}$ | 0.28 |
| 单层板厚度/mm | $T$ | 0.1 |
| 热膨胀系数/(×10⁻⁶/℃) | $\alpha_1$ | −0.1 |
| | $\alpha_2$ | 25.6 |

如表 4.2 所示，给出了优化得到的 8～14 层无湿热剪切变形的自由铺层 $\mathbf{A}_\mathrm{F}\mathbf{B}_0\mathbf{D}_\mathrm{S}$ 层合板的铺层规律。

(1) 层数为 5～7 层的复合材料层合板不存在无湿热剪切变形的 $\mathbf{A}_F\mathbf{B}_0\mathbf{D}_S$ 层合板。

(2) 对于层数为 8～14 层的无湿热剪切变形 $\mathbf{A}_F\mathbf{B}_0\mathbf{D}_S$ 层合板，随着层合板层数的增加，其拉剪耦合效应在逐渐减小。

**表 4.2 无湿热剪切变形的自由铺层 $\mathbf{A}_F\mathbf{B}_0\mathbf{D}_S$ 层合板的铺层规律**

| 层数 | 铺层规律 | $\lvert a_{16}\rvert/(\mathrm{m\cdot N^{-1}})$ |
|---|---|---|
| 5、6、7 | 无可行解 | |
| 8 | $[89.5°/-2.9°/9.4°/-72.3°/17.7°/-80.6°/87.1°/-0.5°]_T$ | $9.02\times10^{-9}$ |
| 9 | $[3.9°/-36.8°/48.8°/86.1°/77.6°/-39.3°/73.3°/-28.2°/16.3°]_T$ | $5.14\times10^{-9}$ |
| 10 | $[-86.4°/-5.7°/2.1°/65.1°/-90.0°/-4.0°/-24.5°/83.5°/90.0°/4.5°]_T$ | $4.77\times10^{-9}$ |
| 11 | $[-8.1°/33.3°/90.0°/-56.5°/90.0°/-74.2°/5.4°/25.6°/21.4°/-28.5°/90.0°]_T$ | $4.01\times10^{-9}$ |
| 12 | $[86.3°/-15.5°/9.3°/-72.0°/28.7°/30.3°/-34.6°/-90.0°/-87.5°/90.0°/-18.9°/17.6°]_T$ | $1.72\times10^{-9}$ |
| 13 | $[-17.5°/7.9°/20.1°/90.0°/90.0°/90.0°/90.0°/-68.0°/-8.6°/36.5°/-10.6°/-88.1°/3.4°]_T$ | $1.29\times10^{-9}$ |
| 14 | $[90.0°/90.0°/89.0°/10.2°/-13.2°/-5.0°/0.5°/0.8°/0.9°/74.9°/-81.1°/90.0°/-1.2°/90.0°]_T$ | $9.54\times10^{-10}$ |

# 4.4 数值仿真验证

为了直观展示无湿热剪切变形 $\mathbf{A}_F\mathbf{B}_0\mathbf{D}_S$ 层合板与有湿热剪切变形 $\mathbf{A}_F\mathbf{B}_0\mathbf{D}_S$ 层合板之间的差异，选取有湿热剪切变形标准铺层 $\mathbf{A}_F\mathbf{B}_0\mathbf{D}_S$ 层合板，进行对比分析。当层数等于 14 时，共存在 4 种有湿热剪切变形标准铺层 $\mathbf{A}_F\mathbf{B}_0\mathbf{D}_S$ 层合板。如表 4.3 所示，表中分别用符号 NN1～NN4 表示这 4 种标准铺层 $\mathbf{A}_F\mathbf{B}_0\mathbf{D}_S$ 层合板。这里的符号 NN 代表标准铺层层合板的角铺层方式与正交铺层方式，第一个字母“N”表示非对称角铺层，第二个字母“N”表示非对称正交铺层。

**表 4.3 14 层标准铺层有湿热剪切变形 $\mathbf{A}_F\mathbf{B}_0\mathbf{D}_S$ 层合板**

| 序号 | 铺层规律 | $\lvert a_{16}\rvert/(\mathrm{m\cdot N^{-1}})$ | 标记 |
|---|---|---|---|
| 1 | $[45°/90°/-45°/-45°/-45°/90°/-45°/-45°/-45°/90°/-45°/90°/-45°/45°]_T$ | $9.74\times10^{-9}$ | NN1 |
| 2 | $[45°/-45°/90°/-45°/90°/-45°/-45°/-45°/90°/-45°/-45°/-45°/90°/45°]_T$ | $9.74\times10^{-9}$ | NN2 |
| 3 | $[45°/-45°/0°/-45°/0°/-45°/-45°/-45°/0°/-45°/-45°/-45°/0°/45°]_T$ | $1.97\times10^{-9}$ | NN3 |
| 4 | $[45°/0°/-45°/-45°/-45°/0°/-45°/-45°/-45°/0°/-45°/0°/-45°/45°]_T$ | $1.97\times10^{-9}$ | NN4 |

## 4.4.1 湿热效应验证

采用有限元法，对比验证无湿热剪切变形自由铺层 $\mathbf{A}_F\mathbf{B}_0\mathbf{D}_S$ 层合板和有湿热

剪切变形标准铺层 $\mathbf{A_F B_0 D_S}$ 层合板因温度变化引起的变形。基于有限元软件 MSC.Patran，建立边长为 100cm×100cm 的方形板有限元模型，划分为 400 个壳单元，如图 4.2 所示。将此方形板的铺层分别设置为表 4.2 中的 14 层无湿热剪切变形 $\mathbf{A_F B_0 D_S}$ 层合板和表 4.3 中的 14 层 NN1 型有湿热剪切变形 $\mathbf{A_F B_0 D_S}$ 层合板。对应的材料参数如表 4.1 所示。为了模拟复合材料层合板降温自由收缩的位移边界条件，仅将方形板有限元模型的几何中心固支。将高温固化过程的典型温差-180℃作用到此有限元模型上，然后采用有限元软件 MSC.Nastran 的线性静力学计算功能进行计算。

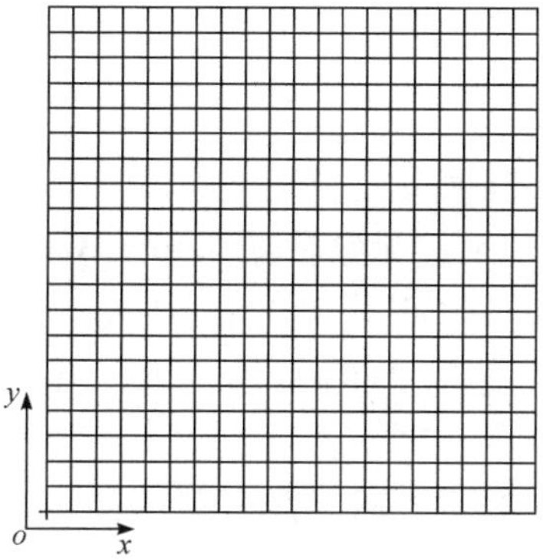


图 4.2　方形板有限元模型

计算得到的 14 层无湿热剪切变形自由铺层 $\mathbf{A_F B_0 D_S}$ 层合板和有湿热剪切变形标准铺层 $\mathbf{A_F B_0 D_S}$ 层合板降温自由收缩变形位移云图如图 4.3 和图 4.4 所示。需要说明的是，图中给出的位移云图都是放大后的变形示意图(之后的位移云图都是如此，不再特殊说明)。

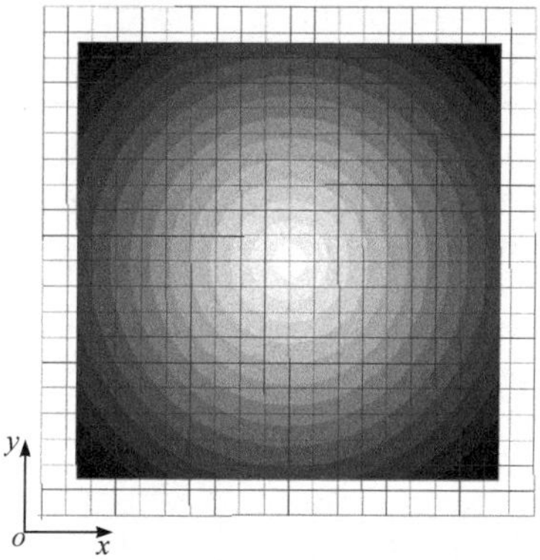


图 4.3　14 层无湿热剪切变形自由铺层 $\mathbf{A_F B_0 D_S}$ 层合板降温自由收缩变形位移云图

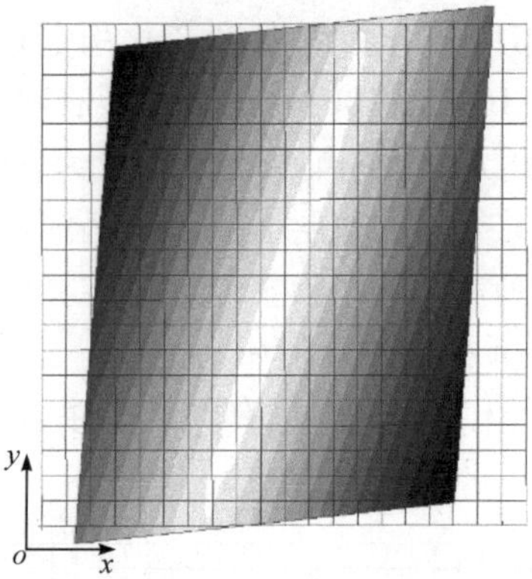


图 4.4　14 层 NN1 型有湿热剪切变形标准铺层 $\mathbf{A}_F\mathbf{B}_0\mathbf{D}_S$ 层合板降温自由收缩变形位移云图

变形的具体结果如表 4.4 所示。

(1) 温度改变条件下，14 层无湿热剪切变形 $\mathbf{A}_F\mathbf{B}_0\mathbf{D}_S$ 层合板的剪应变为 0，面内两个方向的线应变相等，验证了 4.2 节中理论推导所得的结论，即对于任何满足式(4.16)的无湿热剪切变形 $\mathbf{A}_F\mathbf{B}_0\mathbf{D}_S$ 层合板，温度变化引起的两个方向的线应变大小相等。

(2) 温度改变条件下，14 层 NN1 型有湿热剪切变形 $\mathbf{A}_F\mathbf{B}_0\mathbf{D}_S$ 层合板的剪应变为不等于 0，面内两个方向的线应变不等。

(3) 温度改变条件下，两种类型的 $\mathbf{A}_F\mathbf{B}_0\mathbf{D}_S$ 层合板的弯曲曲率和扭曲率均为 0，即两种类型的 $\mathbf{A}_F\mathbf{B}_0\mathbf{D}_S$ 层合板在高温固化过程中均不会发生翘曲变形。

**表 4.4　14 层 $\mathbf{A}_F\mathbf{B}_0\mathbf{D}_S$ 层合板降温自由收缩的有限元分析结果**

| 层合板类型 | $\varepsilon_x^T$ | $\varepsilon_y^T$ | $\gamma_{xy}^T$ | $\kappa_x^T$ | $\kappa_y^T$ | $\kappa_{xy}^T$ |
|---|---|---|---|---|---|---|
| 无湿热剪切变形 $\mathbf{A}_F\mathbf{B}_0\mathbf{D}_S$ 层合板 | $-2.88\times10^{-4}$ | $-2.88\times10^{-4}$ | 0 | 0 | 0 | 0 |
| NN1 型有湿热剪切变形 $\mathbf{A}_F\mathbf{B}_0\mathbf{D}_S$ 层 | $-1.09\times10^{-3}$ | $-4.76\times10^{-5}$ | $4.1\times10^{-4}$ | 0 | 0 | 0 |

表 4.2 中 8～13 层的无湿热剪切变形 $\mathbf{A}_F\mathbf{B}_0\mathbf{D}_S$ 层合板的湿热效应有限元仿真结果与 14 层无湿热剪切变形 $\mathbf{A}_F\mathbf{B}_0\mathbf{D}_S$ 层合板类似。表 4.3 中其他的有湿热剪切变形标准铺层 $\mathbf{A}_F\mathbf{B}_0\mathbf{D}_S$ 层合板的湿热效应有限元仿真结果与 NN1 型 $\mathbf{A}_F\mathbf{B}_0\mathbf{D}_S$ 层合板类似，此处不再逐一给出仿真结果。

### 4.4.2　耦合效应验证

采用有限元法，对比验证无湿热剪切变形自由铺层 $\mathbf{A}_F\mathbf{B}_0\mathbf{D}_S$ 层合板和有湿热剪切变形标准铺层 $\mathbf{A}_F\mathbf{B}_0\mathbf{D}_S$ 层合板的拉剪耦合效应。基于有限元软件 MSC.Patran，建立边长为 20cm×200cm 的矩形板有限元模型，共划分 160 个壳单元，用多点约束单元(RBE2)连接模型两端 20cm×20cm 区域内的节点，在两端多点约束单元上分别施加 $F$=1000N 的轴向拉力，矩形板的几何中心处固支。矩形板有限元模型如图 4.5 所示。将此矩形板的铺层分别设置为表 4.2 中的 14 层无湿热剪切变形 $\mathbf{A}_F\mathbf{B}_0\mathbf{D}_S$ 层合板和表 4.3 中的 14 层 NN1 型有湿热剪切变形 $\mathbf{A}_F\mathbf{B}_0\mathbf{D}_S$ 层合板。对应的材料参数如表 4.1 所示。然后，采用有限元软件 MSC.Nastran 的线性静力学计算功能进行计算。

计算得到的无湿热剪切变形自由铺层 $\mathbf{A}_F\mathbf{B}_0\mathbf{D}_S$ 层合板和有湿热剪切变形标准铺层 $\mathbf{A}_F\mathbf{B}_0\mathbf{D}_S$ 层合板在轴向拉力作用下的位移云图如图 4.6 和图 4.7 所示。如表 4.5 所示，在 1000N 的轴向拉力作用下，14 层的无湿热剪切变形 $\mathbf{A}_F\mathbf{B}_0\mathbf{D}_S$ 层合板和 14 层 NN1 型有湿热剪切变形 $\mathbf{A}_F\mathbf{B}_0\mathbf{D}_S$ 层合板不但发生了轴向变形，还发生了剪切变形。

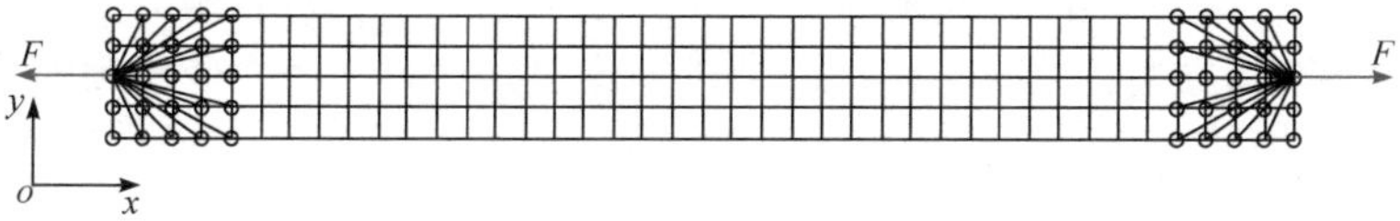


图 4.5　矩形板有限元模型

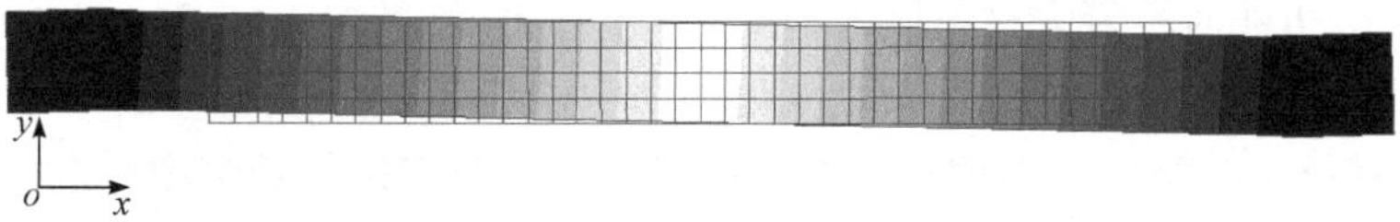


图 4.6　14 层无湿热剪切变形 $\mathbf{A}_F\mathbf{B}_0\mathbf{D}_S$ 层合板在拉力作用下的位移云图

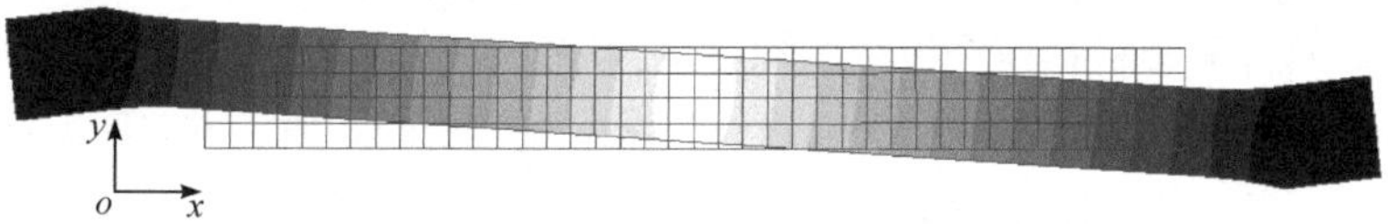


图 4.7　14 层 NN1 型有湿热剪切变形 $\mathbf{A}_F\mathbf{B}_0\mathbf{D}_S$ 层合板在拉力作用下的位移云图

**表 4.5　14 层 $\mathbf{A}_F\mathbf{B}_0\mathbf{D}_S$ 层合板受轴向拉力作用的有限元分析结果**

| 层合板类型 | $\varepsilon_x$ | $\gamma_{xy}$ | $\kappa_x$ | $\kappa_y$ | $\kappa_{xy}$ |
|---|---|---|---|---|---|
| 无湿热剪切变形 $\mathbf{A}_F\mathbf{B}_0\mathbf{D}_S$ 层合板 | $3.84\times10^{-5}$ | $2.45\times10^{-6}$ | 0 | 0 | 0 |
| NN1 型有湿热剪切变形 $\mathbf{A}_F\mathbf{B}_0\mathbf{D}_S$ 层 | $1.72\times10^{-4}$ | $2.46\times10^{-5}$ | 0 | 0 | 0 |

表 4.2 中 8～13 层的无湿热剪切变形 $\mathbf{A}_F\mathbf{B}_0\mathbf{D}_S$ 层合板的拉剪耦合效应有限元仿真结果与 14 层无湿热剪切变形 $\mathbf{A}_F\mathbf{B}_0\mathbf{D}_S$ 层合板类似。表 4.3 中其他的有湿热剪切变形标准铺层 $\mathbf{A}_F\mathbf{B}_0\mathbf{D}_S$ 层合板的拉剪耦合效应有限元仿真结果与 NN1 型 $\mathbf{A}_F\mathbf{B}_0\mathbf{D}_S$ 层合板类似，这里不一一给出仿真结果。

## 4.5　鲁棒性分析

理论上，无湿热剪切变形 $\mathbf{A}_F\mathbf{B}_0\mathbf{D}_S$ 层合板既不会发生固化剪切变形，也不会发生固化翘曲变形。然而，在实际加工过程中，复合材料层合板要先后经历单向纤维预浸料裁剪、手工叠层、固化成型等加工过程，其中存在的不确定性误差会导致层合板的加工参数(各单层板铺设角度)发生一定范围内的波动。因此，为了确保复合材料层合板的实用性，细微的参数偏差不应引起无湿热剪切变形 $\mathbf{A}_F\mathbf{B}_0\mathbf{D}_S$ 层合板发生显著的固化剪切变形和固化翘曲变形，即要求无湿热剪切变形 $\mathbf{A}_F\mathbf{B}_0\mathbf{D}_S$ 层合板的固化剪切变形和固化翘曲变形需对层合板的铺层角度偏差具有一定的鲁棒性。

本节先介绍基于 Monte Carlo(蒙特卡罗)法分析非对称层合板力学特性的鲁棒性的基本理论和方法，再基于此理论分析铺层误差对固化剪切变形和固化翘曲变形的影响。

### 4.5.1　基于 Monte Carlo 法的鲁棒性分析方法原理

为了分析非对称复合材料层合板的鲁棒性，可采用 Monte Carlo 法分析随机因素对非对称复合材料层合板固化变形的影响。其基本步骤如下。

(1) 随机参数抽样，根据随机参数的已知概率分布进行随机抽样。

(2) 非对称复合材料层合板结构响应求解，针对每个抽取样本，基于经典层合板理论的解析公式求解层合板的结构响应(固化翘曲变形等)。

(3) 非对称复合材料层合板结构响应量的统计分析，根据所有抽样的非对称复合材料层合板结构响应计算结果，通过统计求取响应量的均值、方差等统计特征。

1. Monte Carlo 法的理论基础

Monte Carlo 法又称随机抽样法、概率模拟法或统计试验法。Monte Carlo 法的理论基础是概率论中的大数定律，设 $n$ 次相互独立重复试验(即伯努利试验)中，事件 $A$ 的发生次数为 $n_A$，则对于任意正数 $\varepsilon > 0$，当 $n \to \infty$ 时，事件 $A$ 在每次试验中发生的概率 $p$ 满足

$$\lim_{n\to\infty} P\left(\left|\frac{n_A}{n} - p\right| \leqslant \varepsilon\right) = 1 \tag{4.35}$$

如果 $x_i(i = 1, 2,\cdots, n)$是一系列独立同分布的随机变量，并且其数学期望值 $E(x_i) = \mu$，根据辛钦大数定律，对于任意 $\varepsilon > 0$，当 $n \to \infty$ 时有

$$\lim_{n\to\infty} P\left(\left|\frac{1}{n}\sum_{i=1}^{n} x_i - \mu\right| \leqslant \varepsilon\right) = 1 \tag{4.36}$$

在 Monte Carlo 法中，一般情况下随机变量的数字模拟都是基于简单抽样的

方式，所以抽取的子样为一系列独立同分布的随机变量。由上述大数定律可知，当样本数足够大时，样本均值将以概率 1 收敛于分布均值，而事件 $A$ 出现的频率 $n_A/n$ 则以概率 1 收敛于事件 $A$ 的发生概率，这就保证了 Monte Carlo 法的概率收敛性。

2. 非对称复合材料层合板响应的正态性检验方法

一般情况下，将影响非对称复合材料层合板力学特性的随机因素视为正态分布，此时非对称层合板的结构响应是否同样服从正态分布直接决定着其统计特征估计的复杂程度。因此，选取 GB/T 4882-2001《数据的统计处理和解释 正态性检验》中给出的 Epps-Pulley 检验法，对非对称层合板的结构响应进行正态性检验。Epps-Pulley 检验法是一种无方向检验方法，利用样本的特征函数与正态分析的特征函数的差的模的平方产生一个加权积分作为检验依据。Epps-Pulley 检验法适用于样本数量 $n \geqslant 8$ 的情况，对小样本($n < 8$)的正态性检验不太有效。Epps-Pulley 检验法的基本过程如下。

(1) 设非对称复合材料层合板的结构响应样本为 $x_i$，计算

$$\bar{x} = \frac{1}{n}\sum_{i=1}^{n} x_i, \quad m_2 = \frac{1}{n}\sum_{i=1}^{n}(x_i - \bar{x})^2, \quad i = 1, 2, \cdots, n \tag{4.37}$$

(2) 计算检验统计量，即

$$T_{\mathrm{EP}} = 1 + \frac{n}{\sqrt{3}} + \frac{2}{n}\sum_{k=2}^{n}\sum_{i=1}^{k-1}\exp\left\{\frac{-(x_i - x_k)^2}{2m_2}\right\} - \sqrt{2}\sum_{i=1}^{n}\exp\left\{\frac{-(x_i - \bar{x})^2}{4m_2}\right\} \tag{4.38}$$

响应样本的次序是随意的，但整个计算过程中选定的次数必须保持不变。

(3) 在置信水平 $1-\alpha$ 下，根据显著性水平 $\alpha$ 和样本量 $n$ 查表确定 $p$ 分位数 $c_\alpha$，若 $T_{\mathrm{EP}} < c_\alpha$，则认为响应样本服从正态分布。需要说明的是，$n = 200$ 时检验统计量 $T_{\mathrm{EP}}$ 的分位数已经非常接近 $n \to \infty$ 时的分位数。因此，当 $n > 200$ 时，检验统计量 $T_{\mathrm{EP}}$ 的分位数可以用 $n=200$ 时的分位数代替。

3. 非对称复合材料层合板响应统计特征的估计

如果非对称复合材料层合板的结构响应 $x_i$ 服从正态分布 $N(\mu,\sigma^2)$，则 $\mu$ 和 $\sigma$ 的点估计分别为

$$\hat{\mu} = \bar{x} = \frac{1}{n}\sum_{i=1}^{n} x_i, \quad \hat{\sigma} = \sqrt{S^2} = \frac{1}{n-1}\sum_{i=1}^{n}(x_i - \bar{x})^2 \tag{4.39}$$

$\mu$ 和 $\sigma$ 的点估计值 $\hat{\mu}$ 和 $\hat{\sigma}$ 本身也是随机变量，当样本数目 $n$ 趋于无限大时，$\mu$ 和 $\sigma$ 的点估计值收敛到真实值；当样本数目为 $n$ 时，取置信水平 $1-\alpha$，则 $\hat{\mu}$ 和 $\hat{\sigma}$ 的置信区间为

$$\left[\bar{x}-\frac{S}{\sqrt{n}}t_{1-\frac{\alpha}{2}}(n-1),\bar{x}+\frac{S}{\sqrt{n}}t_{1-\frac{\alpha}{2}}(n-1)\right] \tag{4.40}$$

$$\left[\frac{\sqrt{n-1}S}{\sqrt{\chi^2_{1-\frac{\alpha}{2}}(n-1)}},\frac{\sqrt{n-1}S}{\sqrt{\chi^2_{\frac{\alpha}{2}}(n-1)}}\right] \tag{4.41}$$

其中，$t_{1-\alpha/2}(n-1)$为 $n-1$ 自由度学生氏分布的双侧分位数，$\chi^2_{1-\alpha/2}(n-1)$为 $n-1$ 自由度 $\chi^2$ 分布的双侧分位数。

### 4.5.2　铺层误差对固化剪切变形的影响分析

假设无湿热剪切变形 $\mathbf{A}_\mathrm{F}\mathbf{B}_0\mathbf{D}_\mathrm{S}$ 层合板第 $k$ 层的铺层角度偏差$\Delta\theta_k$服从均值为 0°、标准差为 0.5°的正态分布，则层合板第 $k$ 层单层板的实际铺层角度为$(\theta_k+\Delta\theta_k)$，其中$\theta_k$是层合板第 $k$ 层的理论设计铺层角度。分析过程中的温度变化条件设为高温固化过程的典型温差−180℃。分析过程中的材料属性如表 4.1 所示。

基于式(3.20)～式(3.32)，分析铺层角度存在偏差时，表 4.3 所示的无湿热剪切变形 $\mathbf{A}_\mathrm{F}\mathbf{B}_0\mathbf{D}_\mathrm{S}$ 层合板在温度变化条件下的热剪应变。当不考虑铺层角度偏差时，进行确定性分析，8～14 层无湿热剪切变形 $\mathbf{A}_\mathrm{F}\mathbf{B}_0\mathbf{D}_\mathrm{S}$ 层合板的热剪应变$\gamma_{xy}^\mathrm{T}$均为 0。表 4.6 给出了随机抽样 10000 次时，8～14 层无湿热剪切变形自由铺层 $\mathbf{A}_\mathrm{F}\mathbf{B}_0\mathbf{D}_\mathrm{S}$ 层合板的热剪应变$\gamma_{xy}^\mathrm{T}$的统计特征。

**表 4.6　8～14 层无湿热剪切变形 $\mathbf{A}_\mathrm{F}\mathbf{B}_0\mathbf{D}_\mathrm{S}$ 层合板热剪应变的统计特征**

| 层数 | 确定性解 | 均值 | 标准差 |
|---|---|---|---|
| 8 | 0 | $-2.37999\times10^{-7}$ | $2.01124\times10^{-5}$ |
| 9 | 0 | $-7.66285\times10^{-8}$ | $6.58207\times10^{-6}$ |
| 10 | 0 | $2.09358\times10^{-7}$ | $1.59028\times10^{-5}$ |
| 11 | 0 | $3.89449\times10^{-8}$ | $8.08507\times10^{-6}$ |
| 12 | 0 | $1.56552\times10^{-8}$ | $7.91896\times10^{-6}$ |
| 13 | 0 | $2.43475\times10^{-7}$ | $1.08951\times10^{-5}$ |
| 14 | 0 | $-1.39810\times10^{-7}$ | $1.79277\times10^{-5}$ |

大数定律证明了“当试验次数越来越大时，事件 $A$ 发生的频率越来越接近 $A$ 的概率”，因此利用频率直方图可以看出总体概率密度函数曲线的大体形状。为了对无湿热剪切变形 $\mathbf{A}_\mathrm{F}\mathbf{B}_0\mathbf{D}_\mathrm{S}$ 层合板响应的正态性进行检验，图 4.8 给出了 8～

14 层无湿热剪切变形 $\mathbf{A}_F\mathbf{B}_0\mathbf{D}_S$ 层合板因铺层角度偏差导致的热剪应变的等距频率直方图，图中添加了正态概率密度函数曲线作为参考。可以看出，等距频率直方图非常接近正态概率密度函数曲线。

依据 Epps-Pulley 检验方法，对 8～14 层无湿热剪切变形 $\mathbf{A}_F\mathbf{B}_0\mathbf{D}_S$ 层合板的热剪应变进行正态性检验。样本量为 10000 时，取置信水平 $1-\alpha=0.95$，查表可得检验统计量的 $p$ 分位数为 $c_\alpha=0.379$，同时计算可得 8～14 层无湿热剪切变形

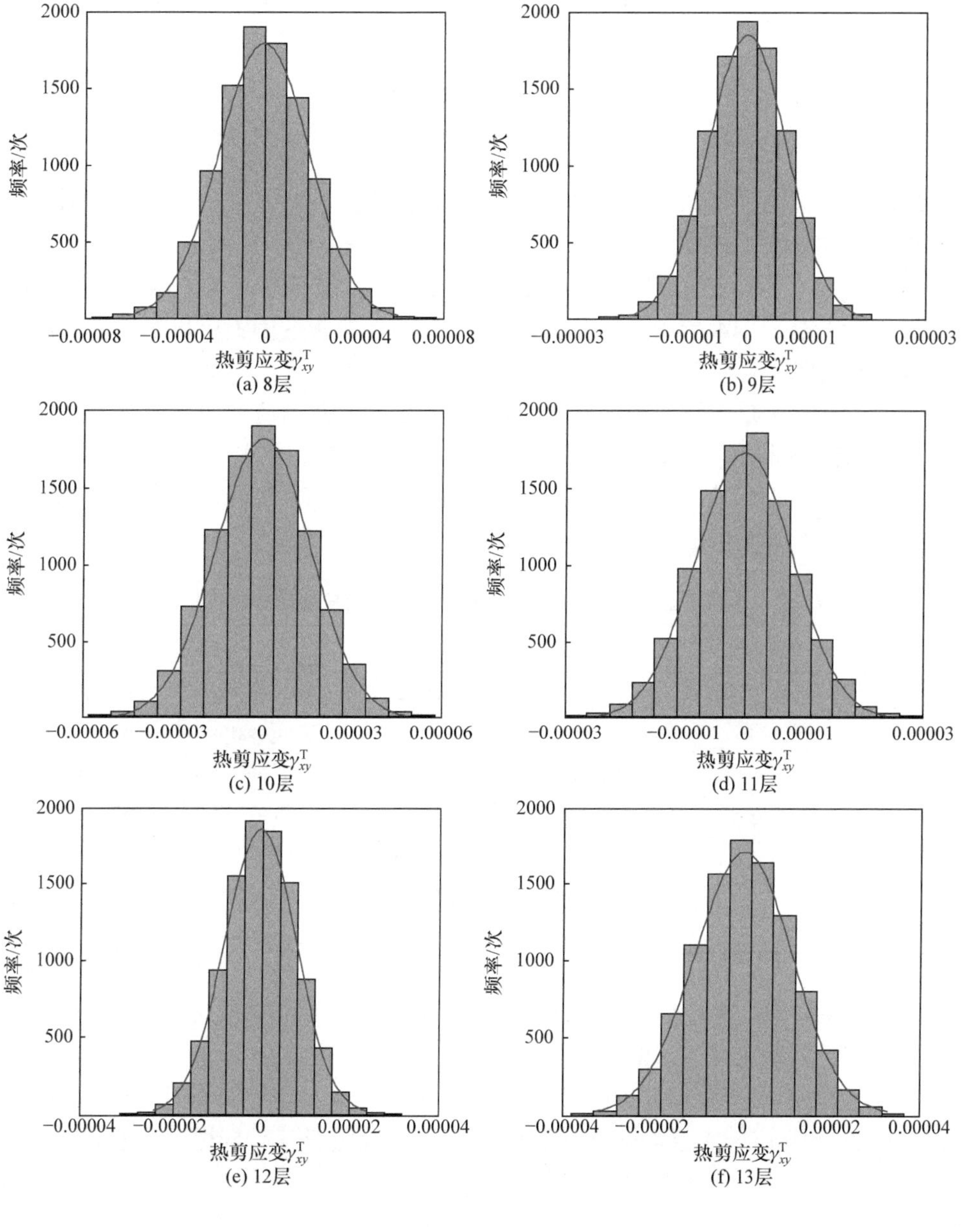

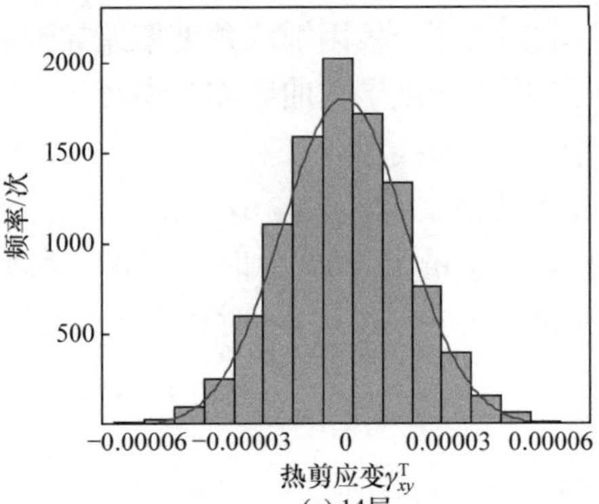

(g) 14层

图 4.8　8～14 层无湿热剪切变形 $A_FB_0D_S$ 层合板热剪应变的等距频率直方图

$A_FB_0D_S$ 层合板热剪应变的检验统计量分别为 $T_{EP\_8}=0.2483$、$T_{EP\_9}=0.0536$、$T_{EP\_10}=0.1447$、$T_{EP\_11}=0.0690$、$T_{EP\_12}=0.0888$、$T_{EP\_13}=0.0880$、$T_{EP\_14}=0.1763$，均小于临界值 $c_\alpha$，不拒绝正态分布零假设。因此，当铺层角度的偏差服从正态分布时，可以认为 8～14 层无湿热剪切变形 $A_FB_0D_S$ 层合板的因铺层角度偏差引起的热剪应变同样服从正态分布。

由于 8～14 层无湿热剪切变形 $A_FB_0D_S$ 层合板的热剪应变服从正态分布，可以采用式(4.40)和式(4.41)计算其热剪应变统计特征的置信区间。表 4.7 给出了置信水平 $1-\alpha=0.95$ 时，8～14 层无湿热剪切变形 $A_FB_0D_S$ 层合板的热剪应变均值与标准差的置信区间。

**表 4.7　8～14 层无湿热剪切变形 $A_FB_0D_S$ 层合板热剪应变统计特征的置信区间**

| 层数 | 置信水平 | 均值置信区间 | 标准差置信区间 |
|---|---|---|---|
| 8 | | $[-6.32242\times10^{-7}, 1.56244\times10^{-7}]$ | $[1.98375\times10^{-5}, 2.03951\times10^{-5}]$ |
| 9 | | $[-2.05650\times10^{-7}, 5.23932\times10^{-8}]$ | $[6.49210\times10^{-6}, 6.67461\times10^{-6}]$ |
| 10 | | $[-1.02368\times10^{-7}, 5.21084\times10^{-7}]$ | $[1.56854\times10^{-5}, 1.61264\times10^{-5}]$ |
| 11 | $1-\alpha=0.95$ | $[-1.19539\times10^{-7}, 1.97429\times10^{-7}]$ | $[7.97456\times10^{-6}, 8.19874\times10^{-6}]$ |
| 12 | | $[-1.39572\times10^{-7}, 1.70883\times10^{-7}]$ | $[7.81072\times10^{-6}, 8.03029\times10^{-6}]$ |
| 13 | | $[2.99101\times10^{-8}, 4.57040\times10^{-7}]$ | $[1.07461\times10^{-5}, 1.10482\times10^{-5}]$ |
| 14 | | $[-4.91230\times10^{-7}, 2.11610\times10^{-7}]$ | $[1.76827\times10^{-5}, 1.81798\times10^{-5}]$ |

比较铺层角度存在偏差条件下，8～14 层无湿热剪切变形 $A_FB_0D_S$ 层合板的热剪应变可以发现以下结论。

(1) 典型高温固化温差条件下，当铺层角的偏差服从正态分布时，8～14 层无湿热剪切变形 $A_FB_0D_S$ 层合板因铺层角度偏差引起的热剪应变同样服从正态分布。

(2) 典型高温固化温差条件下，8～14 层无湿热剪切变形 $\mathbf{A}_F\mathbf{B}_0\mathbf{D}_S$ 层合板的热剪应变均值的绝对值，以及置信水平 $1-\alpha=0.95$ 条件下的均值置信区间上、下限的绝对值，均要小于 $7.0\times10^{-7}$。

(3) 典型高温固化温差条件下，8～14 层无湿热剪切变形 $\mathbf{A}_F\mathbf{B}_0\mathbf{D}_S$ 层合板热剪应变的标准差及置信水平 $1-\alpha=0.95$ 条件下的标准差置信区间的上、下限，均要小于 $3\times10^{-5}$。

### 4.5.3　铺层误差对固化翘曲变形的影响分析

设 $a=b=100H_n$ ($H_n$ 为板厚)，基于式(3.43)，分析铺层角度误差对无湿热剪切变形 $\mathbf{A}_F\mathbf{B}_0\mathbf{D}_S$ 层合板固化翘曲变形的影响。同样，引入表 4.3 所示的 14 层有湿热剪切变形标准铺层 $\mathbf{A}_F\mathbf{B}_0\mathbf{D}_S$ 层合板。首先，对比分析铺层角度存在偏差时，14 层有/无湿热剪切变形 $\mathbf{A}_F\mathbf{B}_0\mathbf{D}_S$ 层合板在温度变化条件下的离面变形。当不考虑铺层角度偏差时，进行确定性分析，14 层无湿热剪切变形 $\mathbf{A}_F\mathbf{B}_0\mathbf{D}_S$ 层合板和有湿热剪切变形 $\mathbf{A}_F\mathbf{B}_0\mathbf{D}_S$ 层合板的热离面变形 $\bar{w}$ 均为 0。表 4.8 给出了随机抽样 10000 次时，14 层无湿热剪切变形自由铺层 $\mathbf{A}_F\mathbf{B}_0\mathbf{D}_S$ 层合板和有湿热剪切变形标准铺层 $\mathbf{A}_F\mathbf{B}_0\mathbf{D}_S$ 层合板热离面变形 $\bar{w}$ 的统计特征。

**表 4.8　14 层 $\mathbf{A}_F\mathbf{B}_0\mathbf{D}_S$ 层合板热离面变形的统计特征**

| 层合板类型 | 确定性解 | 均值 | 标准差 |
|---|---|---|---|
| 无湿热剪切变形 $\mathbf{A}_F\mathbf{B}_0\mathbf{D}_S$ 层合板 | 0 | $0.006780\,H_{14}$ | $0.351181\,H_{14}$ |
| NN1 型 $\mathbf{A}_F\mathbf{B}_0\mathbf{D}_S$ 层合板 | 0 | $0.000423\,H_{14}$ | $0.070926\,H_{14}$ |
| NN2 型 $\mathbf{A}_F\mathbf{B}_0\mathbf{D}_S$ 层合板 | 0 | $-0.000169\,H_{14}$ | $0.070017\,H_{14}$ |
| NN3 型 $\mathbf{A}_F\mathbf{B}_0\mathbf{D}_S$ 层合板 | 0 | $-0.000023\,H_{14}$ | $0.070920\,H_{14}$ |
| NN4 型 $\mathbf{A}_F\mathbf{B}_0\mathbf{D}_S$ 层合板 | 0 | $-0.000095\,H_{14}$ | $0.070322\,H_{14}$ |

为了对 14 层无湿热剪切变形 $\mathbf{A}_F\mathbf{B}_0\mathbf{D}_S$ 层合板响应的正态性进行检验，图 4.9 给出了 14 层无湿热剪切变形 $\mathbf{A}_F\mathbf{B}_0\mathbf{D}_S$ 层合板因铺层角度偏差导致的热离面变形的等距频率直方图，同时图中还添加了正态概率密度函数曲线作为参考。可以看出，等距频率直方图非常接近正态概率密度函数曲线。

依据 Epps-Pulley 检验方法对 14 层无湿热剪切变形 $\mathbf{A}_F\mathbf{B}_0\mathbf{D}_S$ 层合板的热离面变形进行正态性检验。计算可得 14 层无湿热剪切变形 $\mathbf{A}_F\mathbf{B}_0\mathbf{D}_S$ 层合板的热离面变形的检验统计量 $T_{EP}=0.2231$，$T_{EP}$ 小于临界值 $c_\alpha$，不拒绝正态分布零假设。因此，当铺层角的偏差服从正态分布时，认为 14 层无湿热剪切变形 $\mathbf{A}_F\mathbf{B}_0\mathbf{D}_S$ 层合板的因铺层角度偏差引起的热离面变形同样服从正态分布。

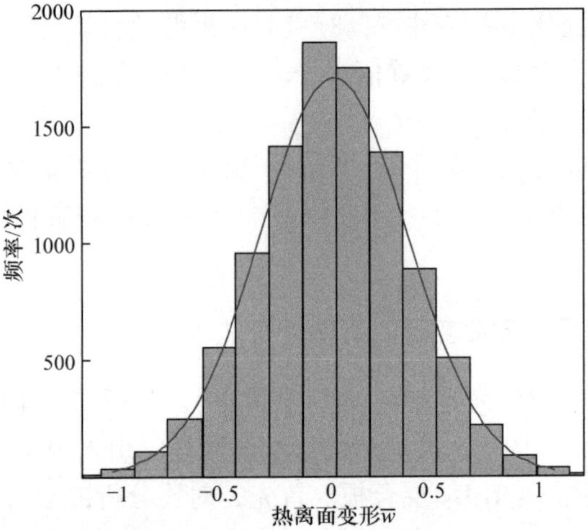


图 4.9　14 层无湿热剪切变形 $\mathbf{A}_F\mathbf{B}_0\mathbf{D}_S$ 层合板热离面变形的等距频率直方图

由于 14 层无湿热剪切变形 $\mathbf{A}_F\mathbf{B}_0\mathbf{D}_S$ 层合板的热离面变形服从正态分布，可以采用式(4.40)和式(4.41)计算其热离面变形统计特征的置信区间。取置信水平 $1-\alpha=0.95$，14 层无湿热剪切变形 $\mathbf{A}_F\mathbf{B}_0\mathbf{D}_S$ 层合板的热离面变形均值的置信区间为$[-0.00104H_{14}, 0.013664H_{14}]$，热离面变形标准差的置信区间为$[0.346381H_{14}, 0.356118H_{14}]$。

类似地，图 4.10 给出了 14 层有湿热剪切变形标准铺层 $\mathbf{A}_F\mathbf{B}_0\mathbf{D}_S$ 层合板由铺层角度偏差导致的热离面变形的等距频率直方图，图中添加了正态概率密度函数曲线作为参考。可以看出，等距频率直方图非常接近正态概率密度函数曲线。

依据 Epps-Pulley 检验方法，对 14 层有湿热剪切变形 $\mathbf{A}_F\mathbf{B}_0\mathbf{D}_S$ 层合板的热离面变形进行正态性检验。取置信水平 $1-\alpha=0.95$，计算可得 NN1～NN4 型有湿热剪切变形 $\mathbf{A}_F\mathbf{B}_0\mathbf{D}_S$ 层合板的热离面变形的检验统计量分别为 $T_{EP\_NN1}=0.1642$、

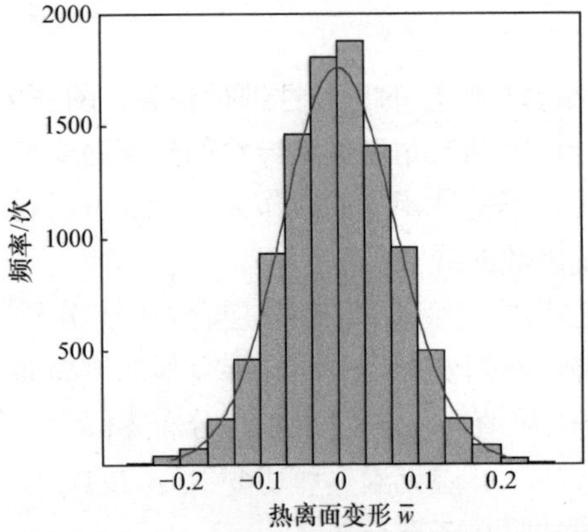


(a) NN1型$\mathbf{A}_F\mathbf{B}_0\mathbf{D}_S$层合板

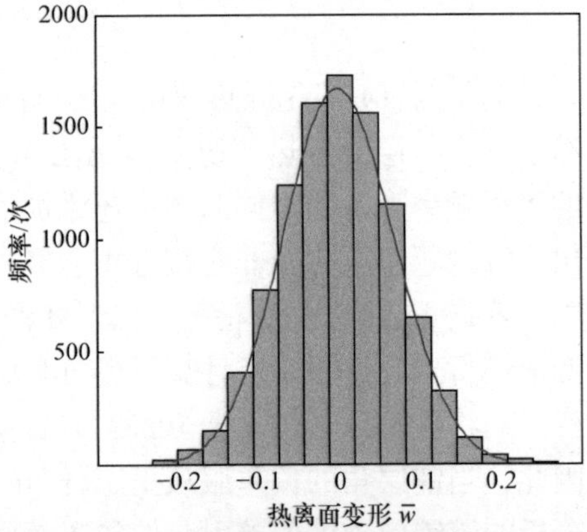


(b) NN2型$\mathbf{A}_F\mathbf{B}_0\mathbf{D}_S$层合板

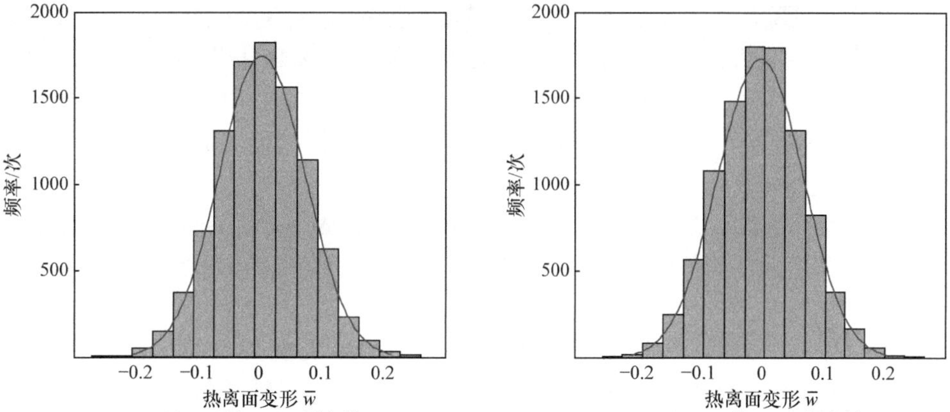


(c) NN3型$\mathbf{A}_F\mathbf{B}_0\mathbf{D}_S$层合板　(d) NN4型$\mathbf{A}_F\mathbf{B}_0\mathbf{D}_S$层合板

图 4.10　14 层有湿热剪切变形 $\mathbf{A}_F\mathbf{B}_0\mathbf{D}_S$ 层合板热离面变形的等距频率直方图

$T_{\mathrm{EP\_NN2}} = 0.1493$、$T_{\mathrm{EP\_NN3}} = 0.1255$、$T_{\mathrm{EP\_NN4}} = 0.0837$，均小于临界值 $c_\alpha$，不拒绝正态分布零假设。因此，当铺层角的偏差服从正态分布时，NN1～NN4 型有湿热剪切变形 $\mathbf{A}_F\mathbf{B}_0\mathbf{D}_S$ 层合板的因铺层角度偏差引起的热离面变形同样服从正态分布。

由于 NN1～NN4 型有湿热剪切变形 $\mathbf{A}_F\mathbf{B}_0\mathbf{D}_S$ 层合板的热离面变形服从正态分布，可以采用式(4.40)和式(4.41)计算其热离面变形统计特征的置信区间。表 4.9 给出了置信水平 $1-\alpha=0.95$ 时，NN1～NN4 型有湿热剪切变形 $\mathbf{A}_F\mathbf{B}_0\mathbf{D}_S$ 层合板的热离面变形均值与标准差的置信区间。

**表 4.9　14 层有湿热剪切变形 $\mathbf{A}_F\mathbf{B}_0\mathbf{D}_S$ 层合板热离面变形统计特征的置信区间**

| 类型 | 置信水平 | 均值置信区间 | 标准差置信区间 |
|---|---|---|---|
| NN1 型 | $1-\alpha=0.95$ | $[-0.001813\,H_{14}, 0.000967\,H_{14}]$ | $[0.069956\,H_{14}, 0.071923\,H_{14}]$ |
| NN2 型 | | $[-0.001541\,H_{14}, 0.001204\,H_{14}]$ | $[0.069060\,H_{14}, 0.071002\,H_{14}]$ |
| NN3 型 | | $[-0.0014129\,H_{14}, 0.001367\,H_{14}]$ | $[0.069951\,H_{14}, 0.071917\,H_{14}]$ |
| NN4 型 | | $[-0.001473\,H_{14}, 0.0012836\,H_{14}]$ | $[0.069361\,H_{14}, 0.071310\,H_{14}]$ |

比较铺层角度存在偏差条件下，14 层无湿热剪切变形自由铺层 $\mathbf{A}_F\mathbf{B}_0\mathbf{D}_S$ 层合板和 14 层有湿热剪切变形的标准铺层 $\mathbf{A}_F\mathbf{B}_0\mathbf{D}_S$ 层合板的热离面变形可以发现以下几点。

(1) 典型高温固化温差条件下，当铺层角的偏差服从正态分布时，14 层有/无湿热剪切变形 $\mathbf{A}_F\mathbf{B}_0\mathbf{D}_S$ 层合板的因铺层角度偏差引起的热离面变形同样服从正态分布。

(2) 典型高温固化温差条件下，无湿热剪切变形 $\mathbf{A}_F\mathbf{B}_0\mathbf{D}_S$ 层合板的热离面变形的均值的绝对值、标准差均要大于有湿热剪切变形 $\mathbf{A}_F\mathbf{B}_0\mathbf{D}_S$ 层合板。

(3) 典型高温固化温差条件下，置信水平为 $1-\alpha=0.95$ 时，无湿热剪切变形 $\mathbf{A}_F\mathbf{B}_0\mathbf{D}_S$ 层合板的热离面变形的均值和标准差的置信区间上、下限的绝对值，均大于有湿热剪切变形 $\mathbf{A}_F\mathbf{B}_0\mathbf{D}_S$ 层合板。

上述结果表明，14 层无湿热剪切变形自由铺层 $\mathbf{A}_F\mathbf{B}_0\mathbf{D}_S$ 层合板的湿热翘曲变形对铺层角度偏差的鲁棒性要弱于 14 层有湿热剪切变形的标准铺层 $\mathbf{A}_F\mathbf{B}_0\mathbf{D}_S$ 层合板。

接下来分析铺层角度存在偏差时，8～13 层无湿热剪切变形自由铺层 $\mathbf{A}_F\mathbf{B}_0\mathbf{D}_S$ 层合板在温度变化条件下的离面变形。当不考虑铺层角度偏差时，进行确定性分析，8～13 层无湿热剪切变形 $\mathbf{A}_F\mathbf{B}_0\mathbf{D}_S$ 层合板的热离面变形均为 0。如表 4.10 所示，给出了随机抽样 10000 次时，8～13 层无湿热剪切变形自由铺层 $\mathbf{A}_F\mathbf{B}_0\mathbf{D}_S$ 层合板的热离面变形的统计特征。

**表 4.10　8～13 层无湿热剪切变形 $\mathbf{A}_F\mathbf{B}_0\mathbf{D}_S$ 层合板热离面变形的统计特征**

| 层数 | 确定性解 | 均值 | 标准差 |
|---|---|---|---|
| 8 | 0 | 0.004850 $H_8$ | 0.473167 $H_8$ |
| 9 | 0 | 0.001090 $H_9$ | 0.113907 $H_9$ |
| 10 | 0 | 0.000880 $H_{10}$ | 0.362379 $H_{10}$ |
| 11 | 0 | 0.001091 $H_{11}$ | 0.133792 $H_{11}$ |
| 12 | 0 | −0.001139 $H_{12}$ | 0.186065 $H_{12}$ |
| 13 | 0 | −0.001812 $H_{13}$ | 0.192374 $H_{13}$ |

图 4.11 给出了 8～13 层无湿热剪切变形 $\mathbf{A}_F\mathbf{B}_0\mathbf{D}_S$ 层合板因铺层角度偏差导致

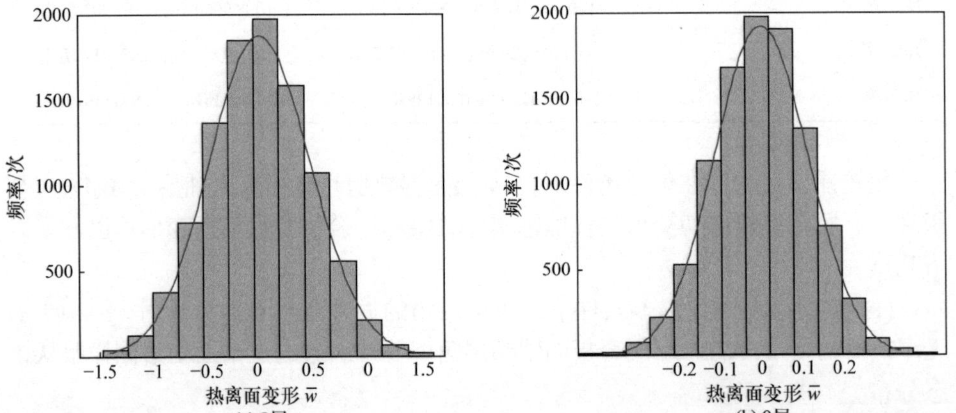

(a) 8层　(b) 9层

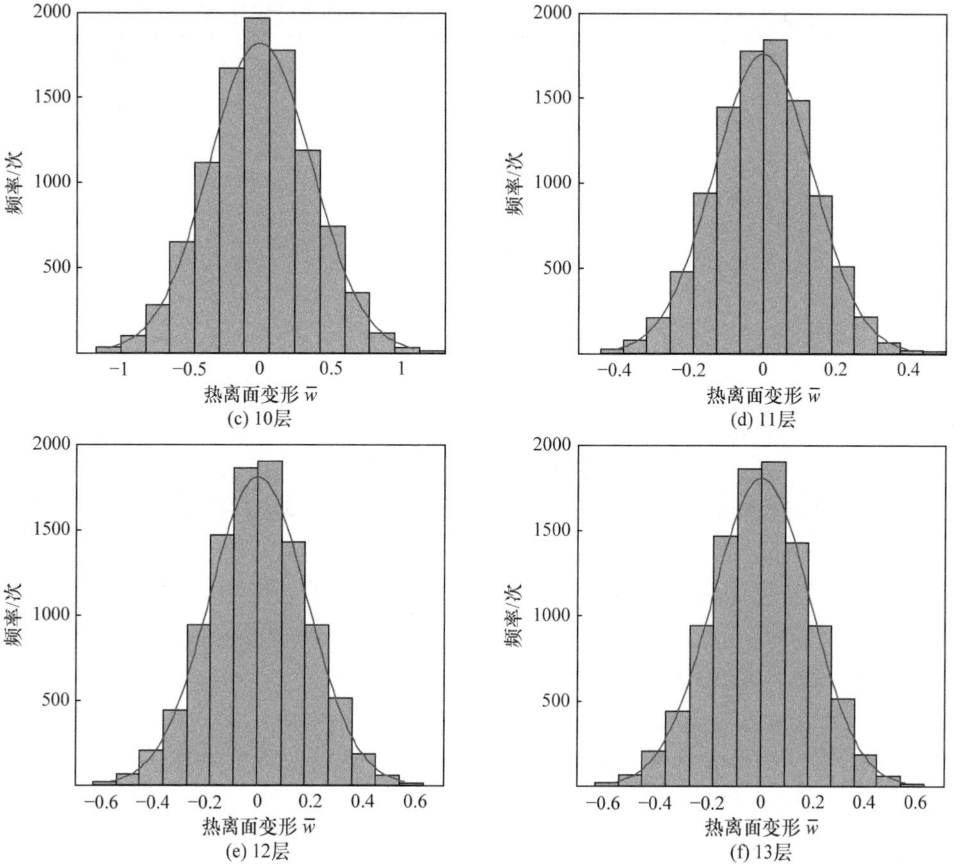


(c) 10层　(d) 11层

(e) 12层　(f) 13层

图 4.11　8～13 层无湿热剪切变形 $\mathbf{A}_F\mathbf{B}_0\mathbf{D}_S$ 层合板热离面变形的等距频率直方图

的热离面变形的等距频率直方图，图中添加了正态概率密度函数曲线作为参考。可以看出，等距频率直方图非常接近正态概率密度函数曲线。

依据 Epps-Pulley 检验方法，对 8～13 层无湿热剪切变形 $\mathbf{A}_F\mathbf{B}_0\mathbf{D}_S$ 层合板的热离面变形进行正态性检验。取置信水平 $1-\alpha=0.95$，计算可得 8～13 层无湿热剪切变形 $\mathbf{A}_F\mathbf{B}_0\mathbf{D}_S$ 层合板热离面变形的检验统计量分别为 $T_{EP\_8}=0.0111$、$T_{EP\_9}=0.0624$、$T_{EP\_10}=0.0430$、$T_{EP\_11}=0.0432$、$T_{EP\_12}=0.0344$、$T_{EP\_13}=0.0995$，均小于临界值 $c_\alpha$，不拒绝正态分布零假设。因此，当铺层角度的偏差服从正态分布时，认为 8～13 层无湿热剪切变形 $\mathbf{A}_F\mathbf{B}_0\mathbf{D}_S$ 层合板的因铺层角度偏差引起的热离面变形同样服从正态分布。

由于 8～13 层无湿热剪切变形 $\mathbf{A}_F\mathbf{B}_0\mathbf{D}_S$ 层合板的热离面变形服从正态分布，可以采用式(4.40)和式(4.41)计算其热离面变形统计特征的置信区间。如表 4.11 所示，给出了置信水平 $1-\alpha=0.95$ 时，8～13 层无湿热剪切变形 $\mathbf{A}_F\mathbf{B}_0\mathbf{D}_S$ 层合板的热离面变形均值与标准差的置信区间。

表 4.11　8～13 层无湿热剪切变形 $A_FB_0D_S$ 层合板热离面变形统计特征的置信区间

| 层数 | 置信水平 | 均值置信区间 | 标准差置信区间 |
| --- | --- | --- | --- |
| 8 | $1-\alpha=0.95$ | $[-0.004425\,H_8, 0.014125\,H_8]$ | $[0.466700\,H_8, 0.479819\,H_8]$ |
| 9 | | $[-0.001143\,H_9, 0.003322\,H_9]$ | $[0.112350\,H_9, 0.115509\,H_9]$ |
| 10 | | $[-0.006223\,H_{10}, 0.007983\,H_{10}]$ | $[0.357426\,H_{10}, 0.367474\,H_{10}]$ |
| 11 | | $[-0.001531\,H_{11}, 0.003714\,H_{11}]$ | $[0.131964\,H_{11}, 0.135674\,H_{11}]$ |
| 12 | | $[-0.004787\,H_{12}, 0.002508\,H_{12}]$ | $[0.183522\,H_{12}, 0.188681\,H_{12}]$ |
| 13 | | $[-0.005583\,H_{13}, 0.001959\,H_{13}]$ | $[0.189744\,H_{13}, 0.195079\,H_{13}]$ |

比较铺层角度存在偏差条件下，8～14 层无湿热剪切变形自由铺层 $A_FB_0D_S$ 层合板的热离面变形可以发现以下几点。

(1) 典型高温固化温差条件下，当铺层角的偏差服从正态分布时，8～14 层无湿热剪切变形自由铺层 $A_FB_0D_S$ 层合板的因铺层角度偏差引起的热离面变形同样服从正态分布。

(2) 典型高温固化温差条件下，8～14 层无湿热剪切变形 $A_FB_0D_S$ 层合板的热离面变形的均值的绝对值，及置信水平 $1-\alpha=0.95$ 条件下的均值置信区间上、下限的绝对值，均要小于相应层合板厚度的 2%。

(3) 典型高温固化温差条件下，8～14 层无湿热剪切变形 $A_FB_0D_S$ 层合板的热离面变形的标准差，及置信水平 $1-\alpha=0.95$ 条件下的标准差置信区间的上、下限，均要小于相应复合材料层合板厚度的 50%。

# 第 5 章　拉扭耦合层合板

## 5.1　引　　言

复合材料拉扭耦合层合板($\mathbf{A_S B_t D_S}$)具有拉伸-扭转(剪切-弯曲)耦合效应，即层合板在拉力或压力(剪力)作用下会产生扭转(弯曲)变形，在扭矩(弯矩)作用下会产生拉伸或压缩(剪切)变形。与 $\mathbf{A_F B_0 D_S}$ 层合板的拉剪耦合效应不同，拉扭耦合效应是面内拉压变形与离面扭转变形之间的耦合现象，这给 $\mathbf{A_S B_t D_S}$ 层合板的结构设计研究带来了新的问题，一方面，$\mathbf{A_S B_t D_S}$ 层合板易发生固化翘曲变形，这会严重影响结构件外形精度，削弱结构性能；另一方面，在发生屈曲之前，$\mathbf{A_S B_t D_S}$ 层合板在面内压力作用下即会发生离面扭转变形，这会削弱层合板的屈曲强度。因此，在设计无湿热翘曲变形 $\mathbf{A_S B_t D_S}$ 层合板时，既要考虑非对称层合板的固化翘曲变形，同时也要将屈曲强度引入设计指标中。

本章介绍无湿热翘曲变形非对称复合材料层合板应满足的解析充要条件，推导无湿热翘曲变形 $\mathbf{A_S B_t D_S}$ 层合板的解析充要条件；采用裁剪标准铺层层合板的方法，得到无湿热翘曲变形 $\mathbf{A_S B_t D_S}$ 层合板。在此基础之上，综合考虑复合材料层合板的拉扭耦合效应与屈曲强度，采用多目标优化的方法实现湿热稳定 $\mathbf{A_S B_t D_S}$ 层合板的铺层优化设计。最后，利用数值仿真的方法，验证无湿热翘曲变形 $\mathbf{A_S B_t D_S}$ 层合板的耦合效应和湿热稳定性，并检验无湿热翘曲变形 $\mathbf{A_S B_t D_S}$ 层合板的鲁棒性。

## 5.2　湿热稳定的解析条件

### 5.2.1　解析充要条件推导

文献[107]推导得到的无湿热翘曲变形复合材料层合板应满足的与材料属性无关的充要条件是，温度变化引起的剪力与力矩等于 0($N_{xy}^{\mathrm{T}} = M_x^{\mathrm{T}} = M_y^{\mathrm{T}} = M_{xy}^{\mathrm{T}} = 0$)，并且在各个方向上的变形相同($N_x^{\mathrm{T}} = N_y^{\mathrm{T}}$)，即

$$\xi_1 = \xi_3 = \xi_5 = \xi_7 = 0 \tag{5.1}$$

或者，内力与离面变形间无耦合，即耦合刚度矩阵 $\boldsymbol{B} = \mathbf{0}$，即

$$\xi_5 = \xi_6 = \xi_7 = \xi_8 = 0 \tag{5.2}$$

需要说明的是，式(5.1)和式(5.2)所列的条件并不能囊括所有的无湿热翘曲变形复合材料层合板，因此在解析充要条件前强调“与材料属性无关的”，即不论非对称复合材料层合板采用何种单层板材料，只要其铺层规律(几何因子)满足式(5.1)或式(5.2)所列的条件，即无湿热翘曲变形复合材料层合板。

对于 $\mathbf{A}_S\mathbf{B}_t\mathbf{D}_S$ 层合板，其拉伸刚度矩阵 $\boldsymbol{A}$ 中的元素满足 $A_{16} = A_{26} = 0$ ，由式(2.60)可得

$$\begin{cases} A_{16} = H\left(\dfrac{\xi_3}{2}U_2 + \xi_4 U_3\right) = 0 \\ A_{26} = H\left(\dfrac{\xi_3}{2}U_2 - \xi_4 U_3\right) = 0 \end{cases} \tag{5.3}$$

由与材料属性相关项的任意性，式(5.3)成立且与材料属性无关的条件为

$$\xi_3 = \xi_4 = 0 \tag{5.4}$$

$\mathbf{A}_S\mathbf{B}_t\mathbf{D}_S$ 层合板的耦合刚度矩阵 $\boldsymbol{B}$ 中的元素应满足除 $B_{16}$ 和 $B_{26}$ 外的所有元素均为零，由式(2.61)可得

$$\begin{aligned} &B_{11} = \frac{H^2}{4}(\xi_5 U_2 + \xi_6 U_3) = 0, \quad B_{12} = \frac{H^2}{4}(-\xi_6 U_3) = 0 \\ &B_{22} = \frac{H^2}{4}(-\xi_5 U_2 + \xi_6 U_3) = 0, \quad B_{16} = \frac{H^2}{4}\left(\frac{\xi_7}{2}U_2 + \xi_8 U_3\right) \neq 0 \\ &B_{26} = \frac{H^2}{4}\left(\frac{\xi_7}{2}U_2 - \xi_8 U_3\right) \neq 0, \quad B_{66} = \frac{H^2}{4}(-\xi_6 U_3) = 0 \end{aligned} \tag{5.5}$$

由与材料属性相关项的任意性，式(5.5)成立且与材料属性无关的条件为

$$\begin{cases} \xi_5 = \xi_6 = \xi_7 = 0 \\ \xi_8 \neq 0 \end{cases} \tag{5.6}$$

$\mathbf{A}_S\mathbf{B}_t\mathbf{D}_S$ 层合板的弯曲刚度矩阵 $\boldsymbol{D}$ 中的元素满足 $D_{16} = D_{26} = 0$ ，由式(2.62)可得

$$\begin{cases} D_{16} = \dfrac{H^3}{12}\left(\dfrac{\xi_{11}}{2}U_2 + \xi_{12} U_3\right) = 0 \\ D_{26} = \dfrac{H^3}{12}\left(\dfrac{\xi_{11}}{2}U_2 - \xi_{12} U_3\right) = 0 \end{cases} \tag{5.7}$$

由与材料属性相关项的任意性，式(5.7)成立且与材料属性无关的条件为

$$\xi_{11} = \xi_{12} = 0 \tag{5.8}$$

考虑无湿热翘曲变形 $\mathbf{A_S B_t D_S}$ 层合板的耦合刚度矩阵 $\boldsymbol{B} \neq \mathbf{0}$，其应该满足式(5.1)所列的无湿热翘曲变形的充要条件。联立式(5.1)、式(5.4)、式(5.6)和式(5.8)，可得无湿热翘曲变形 $\mathbf{A_S B_t D_S}$ 层合板应满足的与材料属性无关的解析充要条件，即

$$\begin{cases} \xi_1 = \xi_3 = \xi_4 = \xi_5 = \xi_6 = \xi_7 = \xi_{11} = \xi_{12} = 0 \\ \xi_8 \neq 0 \end{cases} \tag{5.9}$$

将式(5.9)代入式(3.31)中，可以解出 $\gamma_{xy}^{\mathrm{T}} = 0$，即无湿热翘曲变形 $\mathbf{A_S B_t D_S}$ 层合板不但不会因温(湿)度变化产生翘曲变形，而且不会成因温(湿)度变化产生剪切变形。

### 5.2.2　无湿热翘曲变形复合材料层合板的热应变

当无湿热翘曲变形复合材料层合板满足式(5.1)所示的条件时，由式(3.31)可以推导得到

$$\varepsilon_x^{\mathrm{T}} = \varepsilon_y^{\mathrm{T}} = \frac{H\Delta T}{2}\frac{U_1^{\mathrm{T}}}{A_{11} + A_{12}} \tag{5.10}$$

将式(2.60)和式(5.1)代入式(5.10)可得

$$\varepsilon_x^{\mathrm{T}} = \varepsilon_y^{\mathrm{T}} = \frac{H\Delta T}{2}\frac{U_1^{\mathrm{T}}}{H(U_1 + U_4)} = \frac{U_1^{\mathrm{T}}\Delta T}{2(U_1 + U_4)} \tag{5.11}$$

结合式(5.11)和式(4.13)可以得出结论，在单层板材料属性和温差均相同的条件下，任何满足式(5.1)所示条件的无湿热翘曲变形复合材料层合板的热线应变与无湿热剪切变形 $\mathbf{A_F B_0 D_S}$ 层合板的热线应变相等。

综上所述，对于任何满足式(5.1)的无湿热翘曲变形复合材料层合板，其由温度变化引起的剪应变为零，由温度变化引起的线应变只与温度变化量和单层板材料属性有关，与复合材料层合板的铺层规律和总层数无关。

## 5.3　铺层优化设计

### 5.3.1　标准铺层无湿热翘曲变形 $\mathbf{A_S B_t D_S}$ 层合板铺层设计

由式(2.43)可得

$$\xi_8 = \frac{2}{H^2}\sum_{k=1}^{n}\sin 4\theta_k (z_k^2 - z_{k-1}^2) \tag{5.12}$$

对于标准铺层复合材料层合板，各层几何因子 $\xi_8$ 的表达式为

$$
\begin{cases}
(\xi_8)_{45^\circ} = \dfrac{2}{H^2}\sum_{k=1}^{n}\sin(4\times 45^\circ)(z_k^2 - z_{k-1}^2) = 0 \\
(\xi_8)_{-45^\circ} = \dfrac{2}{H^2}\sum_{k=1}^{n}\sin(-4\times 45^\circ)(z_k^2 - z_{k-1}^2) = 0 \\
(\xi_8)_{0^\circ} = \dfrac{2}{H^2}\sum_{k=1}^{n}\sin(4\times 0^\circ)(z_k^2 - z_{k-1}^2) = 0 \\
(\xi_8)_{90^\circ} = \dfrac{2}{H^2}\sum_{k=1}^{n}\sin(4\times 90^\circ)(z_k^2 - z_{k-1}^2) = 0
\end{cases}
\tag{5.13}
$$

即对任何采用标准铺层的复合材料层合板，皆有几何因子 $\xi_8=0$ 。结合无湿热翘曲变形 $\mathbf{A}_\text{S}\mathbf{B}_t\mathbf{D}_\text{S}$ 层合板应满足的解析充要条件式(5.9)可知，不存在标准铺层的无湿热翘曲变形 $\mathbf{A}_\text{S}\mathbf{B}_t\mathbf{D}_\text{S}$ 层合板。

虽然无法直接构造标准铺层无湿热翘曲变形 $\mathbf{A}_\text{S}\mathbf{B}_t\mathbf{D}_\text{S}$ 层合板，但是可以通过剪裁其他类型的标准铺层无湿热翘曲变形复合材料层合板，得到无湿热翘曲变形 $\mathbf{A}_\text{S}\mathbf{B}_t\mathbf{D}_\text{S}$ 层合板。从本质上来说，裁剪通过改变复合材料层合板的材料主轴方向来改变其铺层角度。若复合材料层合板第 $k$ 层单层板的铺层角度为 $\theta_k$ ，那么经过图 5.1 所示的剪裁后，其第 $k$ 层单层板的铺层角度就变为 $\theta_k-\beta$ 。由于这时层合板已经固化成型，无需考虑其湿热翘曲变形的问题，所以此时可以根据需要进行任意裁剪，以得到满足设计需要的非对称复合材料层合板。

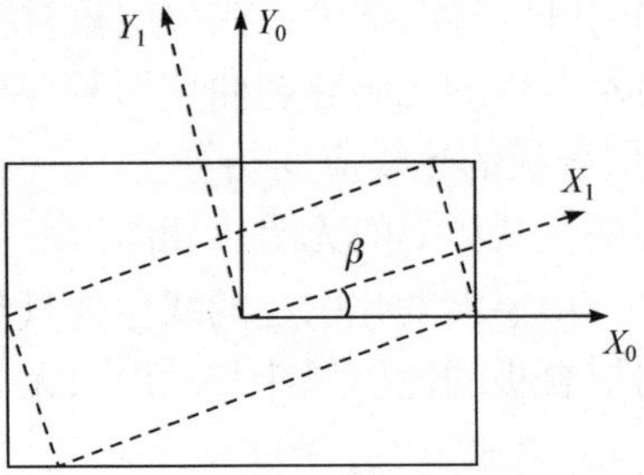


图 5.1　复合材料层合板的剪裁示意图

无湿热翘曲变形 $\mathbf{A}_\text{S}\mathbf{B}_t\mathbf{D}_\text{S}$ 层合板可由标准铺层无湿热翘曲变形 $\mathbf{A}_\text{I}\mathbf{B}_\text{S}\mathbf{D}_\text{F}$ 层合板裁剪得到。$\mathbf{A}_\text{I}\mathbf{B}_\text{S}\mathbf{D}_\text{F}$ 层合板是 $\mathbf{A}_\text{S}\mathbf{B}_\text{S}\mathbf{D}_\text{F}$ 层合板的一种，特殊的是其拉伸刚度矩阵 $\boldsymbol{A}$ 中的元素满足拉伸各向同性，即

$$
\begin{cases}
A_{11} = A_{22} \\
A_{66} = \dfrac{A_{11} - A_{12}}{2} \\
A_{16} = A_{26} = 0
\end{cases}
\tag{5.14}
$$

对于 $\mathbf{A}_\text{I}\mathbf{B}_\text{S}\mathbf{D}_\text{F}$ 层合板，剪裁不会改变其拉伸刚度矩阵 $\boldsymbol{A}$ 的形式 $\mathbf{A}_\text{I}\mathbf{B}_\text{S}\mathbf{D}_\text{F}$ 层合

板耦合刚度矩阵 $\boldsymbol{B}$ 中的元素满足 $B_{16}=B_{26}=0$，其余元素不为 0；弯曲刚度矩阵 $\boldsymbol{D}$ 是满阵。结合式(5.1)所示的耦合刚度矩阵 $\boldsymbol{B}$ 不等于零时，无湿热翘曲变形非对称复合材料层合板应满足的条件，标准铺层无湿热翘曲变形 $\mathbf{A_IB_SD_F}$ 层合板的铺层规律应满足

$$\begin{cases}\xi_1=\xi_2=\xi_3=\xi_5=\xi_7=0\\ \xi_6,\xi_{11}\neq 0\end{cases}\tag{5.15}$$

基于式(5.15)所示的条件，采用直接搜索的方法即可得标准铺层无湿热翘曲变形 $\mathbf{A_IB_SD_F}$ 层合板。计算发现，只有非对称层合板的层数不小于 8 时，才存在无湿热翘曲变形标准铺层 $\mathbf{A_IB_SD_F}$ 层合板。当层数等于 8 时，计算得到的无湿热翘曲变形标准铺层 $\mathbf{A_IB_SD_F}$ 层合板如表 5.1 所示，分别用符号 NN5～NN10 表示这 6 种 8 层标准铺层无湿热翘曲变形 $\mathbf{A_SB_{\mathit{l}}D_S}$ 层合板。

**表 5.1　8 层无湿热翘曲变形标准铺层 $\mathbf{A_IB_SD_F}$ 层合板**

| 序号 | 铺层规律 | 标记 |
|---|---|---|
| 1 | [45°/–45°/–45°/45°/0°/90°/90°/0°] | NN5 |
| 2 | [45°/–45°/–45°/45°/90°/0°/0°/90°] | NN6 |
| 3 | [45°/–45°/0°/90°/–45°/45°/90°/0°] | NN7 |
| 4 | [45°/–45°/90°/0°/–45°/45°/0°/90°] | NN8 |
| 5 | [45°/0°/–45°/90°/–45°/90°/45°/0°] | NN9 |
| 6 | [45°/90°/–45°/0°/–45°/0°/45°/90°] | NN10 |

以表中序号为 1 的 8 层无湿热翘曲变形标准铺层 $\mathbf{A_IB_SD_F}$ 层合板为例，分析剪裁角度对其几何因子的影响。设剪裁角 $\beta$ 满足 $0°\leqslant\beta\leqslant 360°$，结合式(5.9)所示的无湿热翘曲变形 $\mathbf{A_SB_{\mathit{l}}D_S}$ 层合板应满足与材料属性无关的充要条件，分析剪裁角 $\beta$ 对标准铺层无湿热翘曲变形 $\mathbf{A_IB_SD_F}$ 层合板几何因子的影响，如图 5.2～图 5.4 所示。

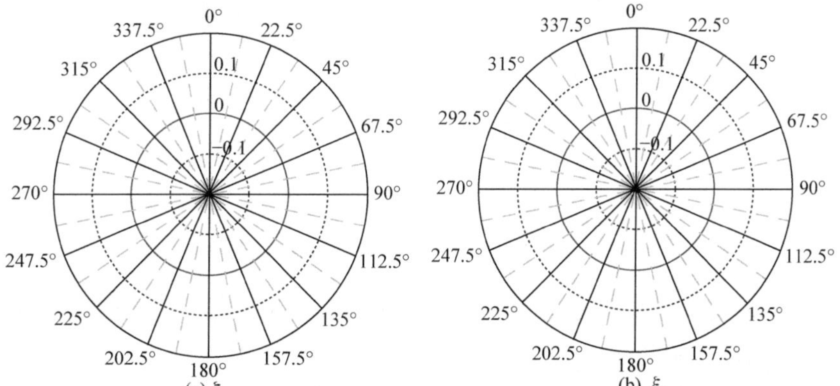


(a) $\xi_1$　　(b) $\xi_3$

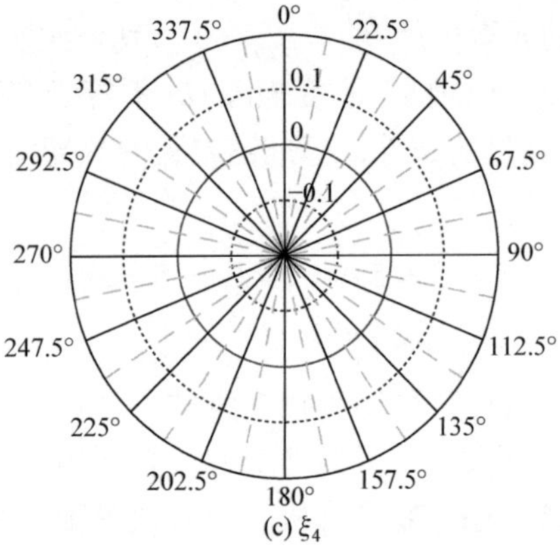


(c) $\xi_4$

图 5.2　拉伸刚度矩阵 ***A*** 相关的几何因子随剪裁角的变化

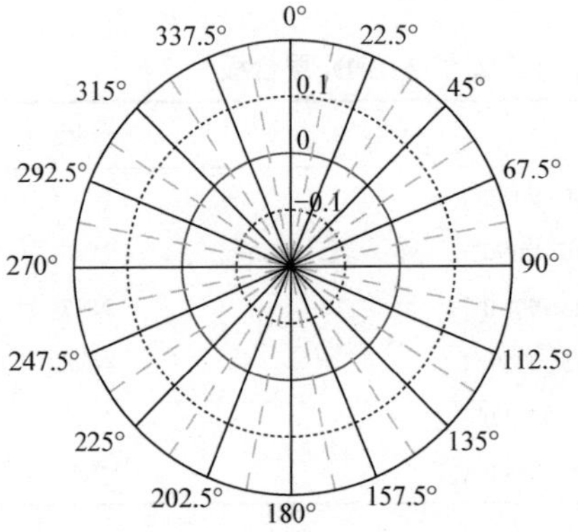


(a) $\xi_5$

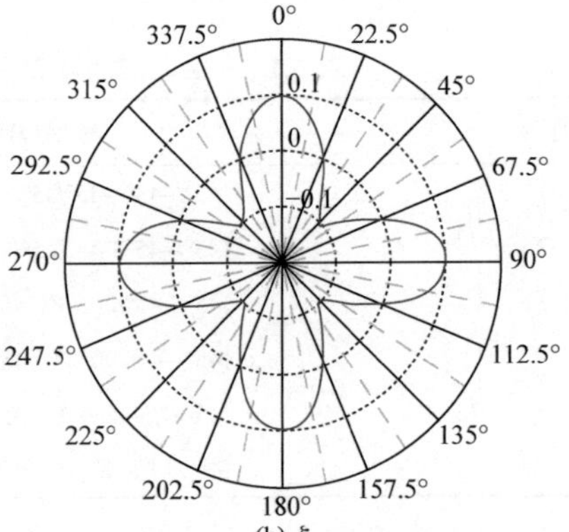


(b) $\xi_6$

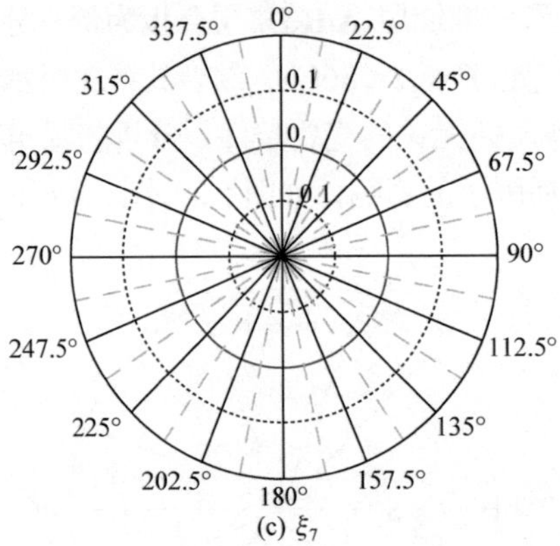


(c) $\xi_7$

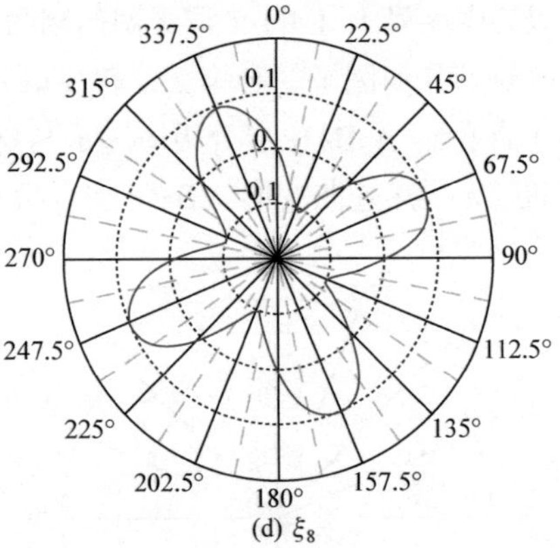


(d) $\xi_8$

图 5.3　耦合刚度矩阵 ***B*** 相关的几何因子随剪裁角的变化

(1) 与拉伸刚度矩阵 ***A*** 相关的几何因子 $\xi_1$、$\xi_3$ 和 $\xi_4$ 在不同剪裁角条件下均为 0，满足式(5.9)中的相关条件。

(2) 与耦合刚度矩阵 $\boldsymbol{B}$ 相关的几何因子 $\xi_5$ 和 $\xi_7$ 在不同剪裁角条件下均为 0，满足式(5.9)中的相关条件；几何因子 $\xi_6$ 在剪裁角 $\beta=22.5°+m\times45°$ $(m=1, 2,\cdots,7)$时等于 0，几何因子 $\xi_8$ 在剪裁角 $\beta\neq m\times45°$ $(m=0, 1,\cdots,8)$时不等于 0，即几何因子 $\xi_6$ 和 $\xi_8$ 在剪裁角 $\beta=22.5°+m\times45°$ $(m=0, 1,\cdots,7)$时满足式(5.9)中的相关条件。

(3) 与弯曲刚度矩阵 $\boldsymbol{D}$ 相关的几何因子 $\xi_{12}$ 在不同剪裁角条件下均为 0，满足式(5.9)中的相关条件；几何因子 $\xi_{11}$ 在剪裁角 $\beta=22.5°+m\times90°$ $(m=0, 1, 2, 3)$时等于 0。

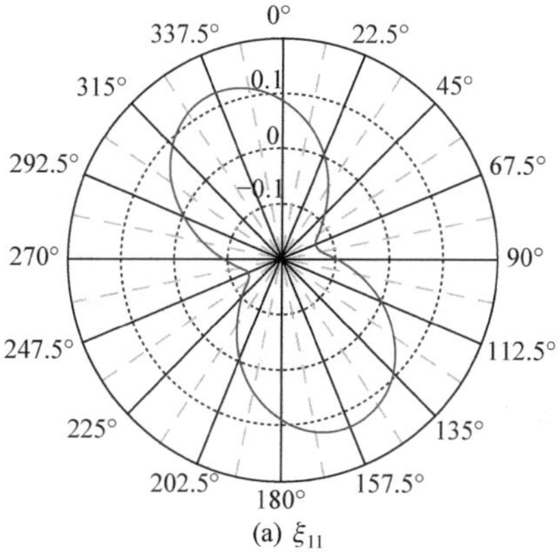

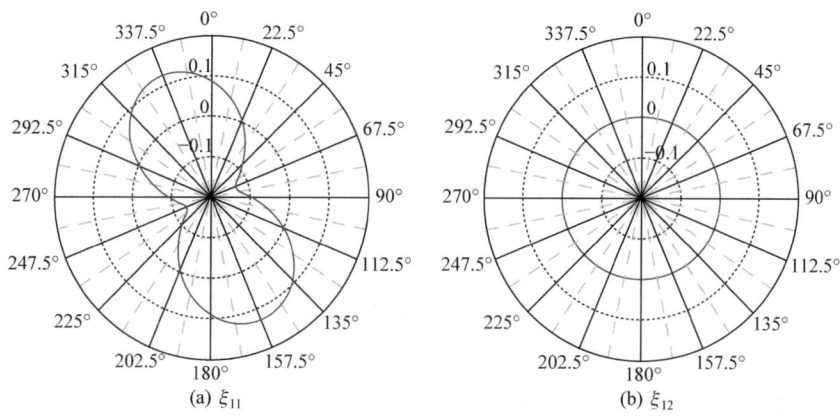

图 5.4　弯曲刚度矩阵 $\boldsymbol{D}$ 相关的几何因子随剪裁角的变化

综上所述，当剪裁角 $\beta=22.5°+m\times90°$ $(m=0, 1, 2, 3)$时，NN5 型标准铺层无湿热翘曲变形 $\mathbf{A_IB_SD_F}$ 层合板可以剪裁得到无湿热翘曲变形 $\mathbf{A_SB_\mathit{t}D_S}$ 层合板。

下面对裁剪前后的复合材料层合板刚度矩阵进行检验，材料参数如表 5.1 所示。剪裁之前，铺层为 NN5 型标准铺层无湿热翘曲变形 $\mathbf{A_IB_SD_F}$ 层合板的刚度矩阵为

$$\begin{cases}\boldsymbol{A}=\begin{bmatrix}6.11 & 1.8 & 0\\ 1.8 & 6.11 & 0\\ 0 & 0 & 2.15\end{bmatrix}\times10^7\text{N/m}\\ \boldsymbol{B}=\begin{bmatrix}3.15 & -3.15 & 0\\ -3.15 & 3.15 & 0\\ 0 & 0 & -3.15\end{bmatrix}\times10^3\text{N}\\ \boldsymbol{D}=\begin{bmatrix}3.6 & 0.96 & 0.17\\ 0.96 & 2.91 & 0.17\\ 0.17 & 0.17 & 1.15\end{bmatrix}\text{Nm}\end{cases}\tag{5.16}$$

裁剪 $\beta = 22.5°$ 之后，层合板的铺层为[22.5°/−67.5°/−67.5°/22.5°/−22.5°/67.5°/67.5°/−22.5°]，其对应的刚度矩阵为

$$\begin{cases} \boldsymbol{A} = \begin{bmatrix} 6.11 & 1.8 & 0 \\ 1.8 & 6.11 & 0 \\ 0 & 0 & 2.15 \end{bmatrix} \times 10^7 \text{N/m} \\ \boldsymbol{B} = \begin{bmatrix} 0 & 0 & -3.15 \\ 0 & 0 & 3.15 \\ -3.15 & 3.15 & 0 \end{bmatrix} \times 10^3 \text{N} \\ \boldsymbol{D} = \begin{bmatrix} 3.74 & 0.96 & 0 \\ 0.96 & 2.77 & 0 \\ 0 & 0 & 1.15 \end{bmatrix} \text{Nm} \end{cases} \tag{5.17}$$

即裁剪后的层合板为 $\mathbf{A_S B_{\mathit{l}} D_S}$ 层合板。表 5.1 中 NN6～NN10 型无湿热翘曲变形标准铺层 $\mathbf{A_I B_S D_F}$ 层合板的裁剪结果与 NN5 型无湿热翘曲变形标准铺层 $\mathbf{A_I B_S D_F}$ 层合板相同，即当剪裁角 $\beta = 22.5° + m \times 90°$ $(m = 0, 1, 2, 3)$时，可以剪裁得到无湿热翘曲变形 $\mathbf{A_S B_{\mathit{l}} D_S}$ 层合板。考虑层合板的所有铺层角在转过 180°后不会改变层合板的力学特性，因此 $m = 0$ 和 $m = 1$ 时裁剪得到的层合板分别与 $m = 2$ 和 $m = 3$ 是相同的。表 5.2 给出了由表 5.1 中的无湿热翘曲变形标准铺层 $\mathbf{A_I B_S D_F}$ 层合板剪裁得到的 $\mathbf{A_S B_{\mathit{l}} D_S}$ 层合板的铺层规律。

**表 5.2　裁剪得到的 8 层无湿热翘曲变形 $\mathbf{A_S B_{\mathit{l}} D_S}$ 层合板**

| 编号 | 铺层规律<br>裁剪角 $\beta = 22.5°$ | 编号 | 铺层规律<br>裁剪角 $\beta = 112.5°$ |
|---|---|---|---|
| 1 | [22.5°/−67.5°/−67.5°/22.5°/−22.5°/67.5°/67.5°/−22.5°] | 7 | [−67.5°/22.5°/22.5°/−67.5°/67.5°/−22.5°/−22.5°/67.5°] |
| 2 | [22.5°/−67.5°/−67.5°/22.5°/67.5°/−22.5°/−22.5°/67.5°] | 8 | [−67.5°/22.5°/22.5°/−67.5°/−22.5°/67.5°/67.5°/−22.5°] |
| 3 | [22.5°/−67.5°/−22.5°/67.5°/−67.5°/22.5°/67.5°/−22.5°] | 9 | [−67.5°/22.5°/67.5°/−22.5°/22.5°/−67.5°/−22.5°/67.5°] |
| 4 | [22.5°/−67.5°/67.5°/−22.5°/−67.5°/22.5°/−22.5°/67.5°] | 10 | [−67.5°/22.5°/−22.5°/67.5°/22.5°/−67.5°/67.5°/−22.5°] |
| 5 | [22.5°/−22.5°/−67.5°/67.5°/−67.5°/67.5°/22.5°/−22.5°] | 11 | [−67.5°/67.5°/22.5°/−22.5°/22.5°/−22.5°/−67.5°/67.5°] |
| 6 | [22.5°/67.5°/−67.5°/−22.5°/−67.5°/−22.5°/22.5°/67.5°] | 12 | [−67.5°/−22.5°/22.5°/67.5°/22.5°/67.5°/−67.5°/−22.5°] |

计算发现，当层数 $n$ 不大于 18 层时，只有 8 层、12 层和 16 层的层合板存在标准铺层无湿热翘曲变形 $\mathbf{A_I B_S D_F}$ 层合板，而且并不是所有的标准铺层无湿热翘曲变形 $\mathbf{A_I B_S D_F}$ 层合板可以裁剪得到 $\mathbf{A_S B_{\mathit{l}} D_S}$ 层合板，如表 5.3 所示。

**表 5.3　能够裁剪为 $\mathbf{A_S B_t D_S}$ 层合板的标准铺层无湿热翘曲变形 $\mathbf{A_I B_S D_F}$ 层合板**

| 层数 | 标准铺层无湿热翘曲变形 $\mathbf{A_I B_S D_F}$ 层合板的数量 | 能够裁剪为无湿热翘曲变形 $\mathbf{A_I B_S D_F}$ 层合板的数量 |
|---|---|---|
| 8 | 6 | 6 |
| 12 | 280 | 20 |
| 16 | 23652 | 252 |

### 5.3.2　自由铺层无湿热翘曲变形 $\mathbf{A_S B_t D_S}$ 层合板铺层设计

反对称角铺设层合板是典型的 $\mathbf{A_S B_t D_S}$ 层合板。研究表明，对于偶数层无湿热翘曲变形 $\mathbf{A_S B_t D_S}$ 层合板，反对称角铺设层合板的拉扭耦合效应最大[2]；同时，相对于一般的非对称层合板，反对称角铺设层合板也更易加工。因此，在设计自由铺层无湿热翘曲变形 $\mathbf{A_S B_t D_S}$ 层合板时，将铺层角设定为反对称角铺设，即层合板的总层数 $n$ 为偶数，并且各单层的铺层角相对于中面反对称，即

$$\theta_k = -\theta_{n+1-k}, \quad k = 1, 2, \cdots, n \tag{5.18}$$

将式(2.43)代入式(5.9)可得

$$\begin{cases} \sum_{k=1}^{n} \cos 2\theta_k = \sum_{k=1}^{n} \sin 2\theta_k = \sum_{k=1}^{n} \sin 4\theta_k (z_k - z_{k-1}) = 0 \\ \sum_{k=1}^{n} \sin 2\theta_k (z_k^3 - z_{k-1}^3) = \sum_{k=1}^{n} \sin 4\theta_k (z_k^3 - z_{k-1}^3) = 0 \\ \sum_{k=1}^{n} \cos 2\theta_k (z_k^2 - z_{k-1}^2) = \sum_{k=1}^{n} \cos 4\theta_k (z_k^2 - z_{k-1}^2) = \sum_{k=1}^{n} \sin 2\theta_k (z_k^2 - z_{k-1}^2) = 0 \\ \sum_{k=1}^{n} \sin 4\theta_k (z_k^2 - z_{k-1}^2) \neq 0 \end{cases} \tag{5.19}$$

理论上，直接求解上述以铺层角为未知量的非线性方程组即可求得无湿热翘曲变形 $\mathbf{A_S B_t D_S}$ 层合板的铺层规律。由 4.3 节的推导结果可知，不存在 2 层的无湿热翘曲变形 $\mathbf{A_S B_t D_S}$ 层合板。

对于总层数为 4 层的反对称角铺设层合板，若其铺层满足无湿热翘曲变形 $\mathbf{A_S B_t D_S}$ 层合板的解析充要条件，则由式(5.19)可得

$$\begin{cases} \cos 2\theta_1 + \cos 2\theta_2 + \cos 2(-\theta_2) + \cos 2(-\theta_1) = 0 \\ -3\sin 2\theta_1 - \sin 2\theta_2 + \sin 2(-\theta_2) + 3\sin 2(-\theta_1) = 0 \end{cases} \tag{5.20}$$

化简可得

$$\begin{cases} \cos 2\theta_1 + \cos 2\theta_2 = 0 \\ 3\sin 2\theta_1 + \sin 2\theta_2 = 0 \end{cases} \tag{5.21}$$

由此可推导出

$$(\cos 2\theta_2)^2 + (\sin 2\theta_2)^2 = (\cos 2\theta_1)^2 + 9(\sin 2\theta_1)^2 = 1 \tag{5.22}$$

联立式(5.21)和式(5.22)，可得

$$\sin 2\theta_1 = \sin 2\theta_2 = 0 \tag{5.23}$$

再将式(5.23)代入式(2.43)可得

$$\xi_8 = -\frac{8t^2}{H^2}(3\sin 2\theta_1 \cos 2\theta_1 + \sin 2\theta_2 \cos 2\theta_2) = 0 \tag{5.24}$$

式(5.24)与式(5.9)中的几何因子 $\xi_8 \neq 0$ 矛盾，因此不存在 4 层的无湿热翘曲变形 $\mathbf{A}_S\mathbf{B}_t\mathbf{D}_S$ 层合板。

当复合材料层合板的层数大于 4 层时，很难通过直接求解式(5.19)所示的方程组得到无湿热翘曲变形 $\mathbf{A}_S\mathbf{B}_t\mathbf{D}_S$ 层合板。与设计无湿热翘曲变形 $\mathbf{A}_S\mathbf{B}_t\mathbf{D}_S$ 类似，本章将复合材料层合板的铺层设计问题转化为复合材料层合板的铺层角优化设计问题。需要注意的是，无湿热翘曲变形 $\mathbf{A}_S\mathbf{B}_t\mathbf{D}_S$ 层合板的拉扭耦合效应引起的离面变形会降低层合板的屈曲强度。因此，采用优化法设计无湿热翘曲变形 $\mathbf{A}_S\mathbf{B}_t\mathbf{D}_S$ 层合板时，在优化目标中还应引入屈曲强度。

下面以 $\mathbf{A}_S\mathbf{B}_t\mathbf{D}_S$ 层合板为例，介绍其相应的屈曲载荷。忽略非对称层合板在屈曲前由于耦合效应而产生的离面变形，当非对称层合板受面内载荷时，其屈曲微分方程为

$$\begin{cases} \delta N_{x,x} + \delta N_{xy,x} = 0 \\ \delta N_{y,y} + \delta N_{xy,x} = 0 \\ \delta M_{x,xx} + 2\delta M_{xy,xy} + \delta M_{y,yy} + \overline{N}_x \delta w_{,xx} + 2\overline{N}_{xy}\delta w_{,xy} + \overline{N}_y \delta w_{,yy} = 0 \end{cases} \tag{5.25}$$

其中，$\delta$ 表示从屈曲前的平衡态开始的变分；$\delta N$ 、$\delta M$ 为非对称层合板力和力矩的变分；$\delta w$ 为非对称层合板离面位移的变分。

需要说明的是，非对称复合材料层合板的屈曲微分方程的本质是求引起屈曲的最小载荷，屈曲后的变形大小是不确定的。

以四边简支板为例分析层合板的屈曲载荷，板的四个简支边界分别为 $x = 0$, $x = a, y = 0, y = b$，在边界 $x = 0$、$x = a$ 上受到沿 $x$ 轴方向压力 $\overline{N}_x$ 作用。简支矩形板如图 5.5 所示。

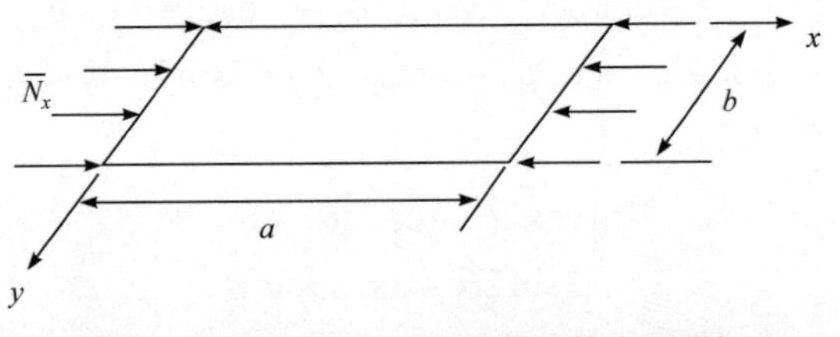


图 5.5　受面内均匀压力载荷的简支矩形板

其简支边的边界条件为

$$\delta w=0,\quad \delta M_n=0,\quad \delta u_n=0,\quad \delta N_{nt}=0 \tag{5.26}$$

联立式(5.25)和式(5.26)可以解得层合板的屈曲载荷，即

$$\overline{N}_x=\left(\frac{a}{m\pi}\right)^2\left(T_{33}+\frac{2T_{12}T_{23}T_{13}-T_{22}T_{13}^2-T_{11}T_{23}^2}{T_{11}T_{22}-T_{12}^2}\right) \tag{5.27}$$

其中

$$\begin{aligned}
T_{11}&=A_{11}\left(\frac{m\pi}{a}\right)^2+A_{66}\left(\frac{n\pi}{b}\right)^2\\
T_{12}&=\left(A_{12}+A_{66}\right)\left(\frac{m\pi}{a}\right)\left(\frac{n\pi}{b}\right)\\
T_{22}&=A_{22}\left(\frac{n\pi}{b}\right)^2+A_{66}\left(\frac{m\pi}{a}\right)^2\\
T_{13}&=-\left[3B_{16}\left(\frac{m\pi}{a}\right)^2+B_{26}\left(\frac{n\pi}{b}\right)^2\right]\left(\frac{n\pi}{b}\right)\\
T_{23}&=-\left[B_{16}\left(\frac{m\pi}{a}\right)^2+3B_{26}\left(\frac{n\pi}{b}\right)^2\right]\left(\frac{m\pi}{a}\right)\\
T_{33}&=D_{11}\left(\frac{m\pi}{a}\right)^4+2\left(D_{12}+2D_{66}\right)\left(\frac{m\pi}{a}\right)^2\left(\frac{n\pi}{b}\right)^2+D_{22}\left(\frac{n\pi}{b}\right)^4
\end{aligned} \tag{5.28}$$

其中，$m$ 和 $n$ 为 $x$ 向和 $y$ 向的屈曲的半波数。

变化不同的 $m$、$n$ 值得到 $\overline{N}_x$ 的最小值，即可得某一特定长宽比条件下 $\mathbf{A_S B_{\mathit{t}} D_S}$ 层合板的屈曲载荷。

为了更加直观的描述复合材料层合板的屈曲强度，Jones 引入无量纲参数 $k_x$ 来衡量屈曲载荷，即

$$k_x=\frac{\overline{N}_x b^2}{\pi^2 D_{22}} \tag{5.29}$$

其中，$D_{22}$ 为弯曲刚度系数。

考虑 $D_{22}$ 的值依赖层合板的铺层规律，即不同的铺层的层合板的 $D_{22}$ 的值均不同。这就导致在无量纲化屈曲载荷的过程中引入和铺层规律相关的变量，进而影响相同层数的非对称复合材料层合板之间的屈曲强度比较。为了解决这一问题，引入 2.5 节介绍的等效完全各向同性层合板的弯曲刚度 $D_{\mathrm{Iso}}$ 代替 $D_{22}$。对于单层板和层数均相同的非层合板来说，$D_{\mathrm{Iso}}$ 是定值，与铺层规律无关。因此，$k_x$

可以表示为

$$k_x = \frac{\overline{N}_x b^2}{\pi^2 D_{\text{Iso}}} \tag{5.30}$$

在此基础之上，构建如下优化设计问题，即以复合材料层合板各单层的铺层角为优化设计变量，同时考虑反对称层合板的总层数 $n$ 为偶数，并且各单层的铺层角相对于中面反对称，即要求 $\theta_k = -\theta_{n+1-k}(k=1,2,\cdots,n)$ 。以式(5.9)所示的充要条件为优化约束条件，确保优化得到的层合板为无湿热翘曲变形 $\mathbf{A_S B_t D_S}$ 层合板。考虑无湿热翘曲变形 $\mathbf{A_S B_t D_S}$ 层合板的拉扭耦合效应和屈曲强度均是其主要性能指标，因此以复合材料层合板拉扭耦合效应和屈曲载荷最大为优化目标，进行多目标优化。采用拉扭耦合柔度系数 $b_{16}$ 表征层合板拉扭耦合效应大小，$b_{16}$ 可由复合材料层合板的刚度矩阵求逆得到，即由式(2.37)求得。采用屈曲载荷 $\overline{N}_x$ 表征屈曲强度的大小，$\overline{N}_x$ 可由式(5.27)求得，其中板的边长 $a=b=300\text{mm}$。

一般情况下，一个多目标函数可以通过权重系数法转换为单目标函数。例如，给定一个多目标函数，即

$$F = F(f_1(x), f_2(x), \cdots, f_n(x)) \tag{5.31}$$

可以通过权重系数转换成一个单目标函数，即

$$F = \sum_{i=1}^{n} \alpha_i f_i(x) \tag{5.32}$$

其中，$\alpha_i$ 为权重系数，并且满足 $\sum_{i=1}^{n} \alpha_i = 1$ 。

子目标权重系数的大小可以根据设计者的偏好设定。针对无湿热翘曲变形 $\mathbf{A_S B_t D_S}$ 层合板的优化设计问题，包含拉扭耦合效应和屈曲强度的多目标函数可以通过权重系数法转换成单目标函数，即

$$F = -(\alpha_1 |b_{16}| + \alpha_2 |\overline{N}_x|), \quad \alpha_1 + \alpha_2 = 1 \tag{5.33}$$

其中，$|b_{16}|$ 和 $|\overline{N}_x|$ 为 $b_{16}$ 和 $\overline{N}_x$ 的绝对值。

考虑两个子目标的量级不同，优化过程中量级较小的优化子目标极易丢失，导致出现优化偏移的问题，因此对目标函数做如下变换，即

$$F = \alpha_1 \frac{|b_{16}|}{|b_{16}|_{\max}} + \alpha_2 \frac{|\overline{N}_x|}{|\overline{N}_x|_{\max}} \tag{5.34}$$

其中，$|b_{16}|_{\max}$ 和 $|\overline{N}_x|_{\max}$ 为 $|b_{16}|$ 和 $|\overline{N}_x|$ 在设计空间内的最大值。

因此，两个优化子目标 $\frac{|b_{16}|}{|b_{16}|_{\max}}$ 和 $\frac{|\overline{N}_x|}{|\overline{N}_x|_{\max}}$ 满足

$$0 \leqslant \frac{|b_{16}|}{|b_{16}|_{\max}} \leqslant 1, \quad 0 \leqslant \frac{|\overline{N}_x|}{|\overline{N}_x|_{\max}} \leqslant 1 \tag{5.35}$$

这就保证了优化子目标的量级相同，从而避免优化偏移问题。

为了得到$|b_{16}|$和$|\overline{N}_x|$在设计空间内的最大值$|b_{16}|_{\max}$和$|\overline{N}_x|_{\max}$，在进行多目标优化前要分别求解两组单目标优化问题。其数学模型分别为

$$\min f_1(\theta_1,\theta_2,\cdots,\theta_n)=-|b_{16}|$$

$$\text{s.t.}\quad\begin{cases}-90°<\theta_i\leqslant 90°,\quad i=1,2,\cdots,n\\ \theta_i=-\theta_{n+1-i}\\ \sum\limits_{k=1}^{n}\cos 2\theta_k=\sum\limits_{k=1}^{n}\sin 2\theta_k=\sum\limits_{k=1}^{n}\sin 4\theta_k(z_k-z_{k-1})=0\\ \sum\limits_{k=1}^{n}\sin 2\theta_k(z_k^3-z_{k-1}^3)=\sum\limits_{k=1}^{n}\sin 4\theta_k(z_k^3-z_{k-1}^3)=0\\ \sum\limits_{k=1}^{n}\cos 2\theta_k(z_k^2-z_{k-1}^2)=\sum\limits_{k=1}^{n}\cos 4\theta_k(z_k^2-z_{k-1}^2)=\sum\limits_{k=1}^{n}\sin 2\theta_k(z_k^2-z_{k-1}^2)=0\\ \sum\limits_{k=1}^{n}\sin 4\theta_k(z_k^2-z_{k-1}^2)\neq 0\end{cases}\tag{5.36}$$

$$\min f_2(\theta_1,\theta_2,\cdots,\theta_n)=-|\overline{N}_x|$$

$$\text{s.t.}\quad\begin{cases}-90°<\theta_i\leqslant 90°,\quad i=1,2,\cdots,n\\ \theta_i=-\theta_{n+1-i}\\ \sum\limits_{k=1}^{n}\cos 2\theta_k=\sum\limits_{k=1}^{n}\sin 2\theta_k=\sum\limits_{k=1}^{n}\sin 4\theta_k(z_k-z_{k-1})=0\\ \sum\limits_{k=1}^{n}\sin 2\theta_k(z_k^3-z_{k-1}^3)=\sum\limits_{k=1}^{n}\sin 4\theta_k(z_k^3-z_{k-1}^3)=0\\ \sum\limits_{k=1}^{n}\cos 2\theta_k(z_k^2-z_{k-1}^2)=\sum\limits_{k=1}^{n}\cos 4\theta_k(z_k^2-z_{k-1}^2)=\sum\limits_{k=1}^{n}\sin 2\theta_k(z_k^2-z_{k-1}^2)=0\\ \sum\limits_{k=1}^{n}\sin 4\theta_k(z_k^2-z_{k-1}^2)\neq 0\end{cases}\tag{5.37}$$

同样采用 SQP 算法法求解此优化问题。在优化过程中，设计变量的初值从区间(−90°, 90°]随机选取进行优化。为了确保优化得到的结果是全局最优解，采用随机选取 10000 组初值进行优化，再从优化得到的多个局部最优解中优选最优解的方法。优化过程中使用 T300/5208 石墨/环氧树脂复合材料单层板，其材料参数如表 4.1 所示。

表 5.4 和表 5.5 分别列出了以拉扭耦合效应及屈曲强度为目标的单目标优化结果，下标“A”代表反对称铺层。

(1) 随着层数的增加，无湿热翘曲变形 $\mathbf{A}_S\mathbf{B}_t\mathbf{D}_S$ 层合板的拉扭耦合效应在逐

渐减小，这时因为随着层合板厚度的增加，其扭转刚度也在变大。

(2) 随着层数的增加，无湿热翘曲变形 $\mathbf{A_S B_t D_S}$ 层合板的屈曲载荷在逐渐增大，这时因为随着层合板厚度的增加，其屈弯曲刚度也在变大。

**表 5.4　以拉扭耦合效应最大为优化目标的无湿热翘曲变形 $\mathbf{A_S B_t D_S}$ 层合板**

| 层数 | 铺层规律 | $\|b_{16}\|/\mathrm{N}^{-1}$ | $\|\overline{N}_x\|/(\mathrm{N\cdot m})^{-1}$ |
|---|---|---|---|
| 6 | $[21.5°/-63.1°/-49.0°]_A$ | $2.47\times10^{-4}$ | $0.51\times10^{3}$ |
| 8 | $[-21.7°/72.0°/57.0°/-30.4°]_A$ | $1.24\times10^{-4}$ | $1.21\times10^{3}$ |
| 10 | $[16.0°/-69.2°/-65.1°/32.0°/41.9°]_A$ | $9.51\times10^{-5}$ | $2.27\times10^{3}$ |
| 12 | $[72.2°/-19.0°/66.7°/-27.8°/-34.6°/51.0°]_A$ | $6.65\times10^{-5}$ | $3.94\times10^{3}$ |
| 14 | $[16.3°/-71.4°/-68.7°/24.6°/29.0°/-55.6°/-48.8°]_A$ | $4.94\times10^{-5}$ | $6.20\times10^{3}$ |

**表 5.5　以屈曲强度最大为优化目标的无湿热翘曲变形 $\mathbf{A_S B_t D_S}$ 层合板**

| 层数 | 铺层规律 | $\|\overline{N}_x\|/(\mathrm{N\cdot m})^{-1}$ | $\|b_{16}\|/\mathrm{N}^{-1}$ |
|---|---|---|---|
| 6 | $[19.6°/-39.2°/-83.6°]_A$ | $0.60\times10^{3}$ | $5.19\times10^{-5}$ |
| 8 | $[-45.0°/45.0°/45.0°/-45.0°]_A$ | $1.80\times10^{3}$ | $5.74\times10^{-7}$ |
| 10 | $[-44.7°/46.2°/47.6°/-64.7°/-20.4°]_A$ | $3.47\times10^{3}$ | $4.30\times10^{-7}$ |
| 12 | $[-44.7°/46.4°/43.8°/-45.7°/2.1°/-84.0°]_A$ | $5.97\times10^{3}$ | $3.33\times10^{-7}$ |
| 14 | $[42.9°/54.0°/-41.2°/-37.3°/-62.4°/-52.4°/-24.2°]_A$ | $9.37\times10^{3}$ | $2.85\times10^{-7}$ |

完成单目标优化后，即可开始多目标优化。无湿热翘曲变形 $\mathbf{A_S B_t D_S}$ 层合板的多目标优化问题的数学模型可表示为

$$
\min F(\theta_1,\theta_2,\cdots,\theta_n)=\alpha_1\frac{|b_{16}|}{|b_{16}|_{\max}}+\alpha_2\frac{|\overline{N}_x|}{|\overline{N}_x|_{\max}}
$$

$$
\text{s.t.}\quad\begin{cases}
-90°\leqslant\theta_i\leqslant 90°,\quad i=1,2,\cdots,n\\
\theta_i=-\theta_{n+1-i}\\
\displaystyle\sum_{k=1}^{n}\cos 2\theta_k=\sum_{k=1}^{n}\sin 2\theta_k=\sum_{k=1}^{n}\sin 4\theta_k(z_k-z_{k-1})=0\\
\displaystyle\sum_{k=1}^{n}\sin 2\theta_k(z_k^3-z_{k-1}^3)=\sum_{k=1}^{n}\sin 4\theta_k(z_k^3-z_{k-1}^3)=0\\
\displaystyle\sum_{k=1}^{n}\cos 2\theta_k(z_k^2-z_{k-1}^2)=\sum_{k=1}^{n}\cos 4\theta_k(z_k^2-z_{k-1}^2)=\sum_{k=1}^{n}\sin 2\theta_k(z_k^2-z_{k-1}^2)=0\\
\displaystyle\sum_{k=1}^{n}\sin 4\theta_k(z_k^2-z_{k-1}^2)\neq 0
\end{cases}\tag{5.38}
$$

以 $\alpha_1=\alpha_2=0.5$ 为例进行优化，表 5.6 给出了 $\alpha_1=\alpha_2=0.5$ 条件下的多目标

优化结果。对比表 5.4～表 5.6 的结果可以发现以下几点。

(1) 随着层数的增加，无湿热翘曲变形 $\mathbf{A}_S\mathbf{B}_l\mathbf{D}_S$ 层合板的拉扭耦合效应在逐渐减小，屈曲载荷在逐渐增大，这时因为扭转刚度和屈曲强度均随着层合板厚度的增加而增加。

(2) 与以拉扭耦合效应为目标的单目标优化结果相比，多目标优化得到的无湿热翘曲变形 $\mathbf{A}_S\mathbf{B}_l\mathbf{D}_S$ 层合板的屈曲强度更高，但是拉扭耦合效应减小。

(3) 与以屈曲强度为目标的单目标优化结果相比，多目标优化得到的无湿热翘曲变形 $\mathbf{A}_S\mathbf{B}_l\mathbf{D}_S$ 层合板的拉扭耦合效应更大，但是屈曲强度降低。

**表 5.6　多目标优化结果($\alpha_1$=$\alpha_2$=0.5)**

| 层数 | 铺层规律 | $\lvert\overline{N}_x\rvert/(\mathrm{N\cdot m})^{-1}$ | $\lvert b_{16}\rvert/\mathrm{N}^{-1}$ |
|---|---|---|---|
| 6 | $[-22.3°/61.3°/45.0°]_A$ | $0.52\times10^3$ | $2.45\times10^{-4}$ |
| 8 | $[-24.0°/69.4°/55.1°/-32.3°]_A$ | $1.25\times10^3$ | $1.23\times10^{-4}$ |
| 10 | $[-72.5°/22.4°/26.3°/-56.8°/-47.8°]_A$ | $2.31\times10^3$ | $9.46\times10^{-5}$ |
| 12 | $[18.3°/-69.5°/25.7°/-60.6°/-54.6°/34.0°]_A$ | $4.00\times10^3$ | $6.59\times10^{-5}$ |
| 14 | $[13.8°/-68.3°/-66.7°/24.7°/31.6°/-58.7°/48.3°]_A$ | $6.30\times10^3$ | $4.58\times10^{-5}$ |

## 5.4　数值仿真验证

### 5.4.1　湿热效应验证

考虑表 5.2 中的 $\mathbf{A}_S\mathbf{B}_l\mathbf{D}_S$ 层合板是由无湿热翘曲变形 $\mathbf{A}_I\mathbf{B}_S\mathbf{D}_F$ 层合板裁剪得到的，因此采用有限元法，对表 5.1 中的无湿热翘曲变形 $\mathbf{A}_I\mathbf{B}_S\mathbf{D}_F$ 层合板和表 5.6 中的自由铺层无湿热翘曲变形 $\mathbf{A}_S\mathbf{B}_l\mathbf{D}_S$ 层合板因温度变化引起的变形进行验证。基于有限元软件 MSC.Patran，建立边长为 100cm×100cm 的方形板有限元模型，共划分 400 个壳单元，如图 5.6 所示。将此方形板的铺层分别设置为表 5.1 中 NN5 型标准铺层无湿热翘曲变形 $\mathbf{A}_I\mathbf{B}_S\mathbf{D}_F$ 层合板和表 5.6 中的 6 层自由铺层无湿热翘曲变形 $\mathbf{A}_S\mathbf{B}_l\mathbf{D}_S$ 层合板。对应的材料参数如表 4.1 所示。为了模拟复合材料层合板降温自由收缩的位移边界条件，仅将方形板有限元模型的几何中心固支。将高温固化过程的典型温差−180℃作用到此有限元模型上。然后，采用有限元软件 MSC.Nastran 的线性静力学计算功能进行计算。

计算得到的无湿热翘曲变形 $\mathbf{A}_I\mathbf{B}_S\mathbf{D}_F$ 层合板和无湿热翘曲变形 $\mathbf{A}_S\mathbf{B}_l\mathbf{D}_S$ 层合板在温度改变条件下的位移云图如图 5.7 和图 5.8 所示。变形的具体结果如表 5.7 所示。

(1) 温度改变条件下，NN5 型 8 层无湿热翘曲变形 $\mathbf{A}_I\mathbf{B}_S\mathbf{D}_F$ 层合板和 6 层无湿热翘曲变形 $\mathbf{A}_S\mathbf{B}_l\mathbf{D}_S$ 层合板的剪应变均等于零。

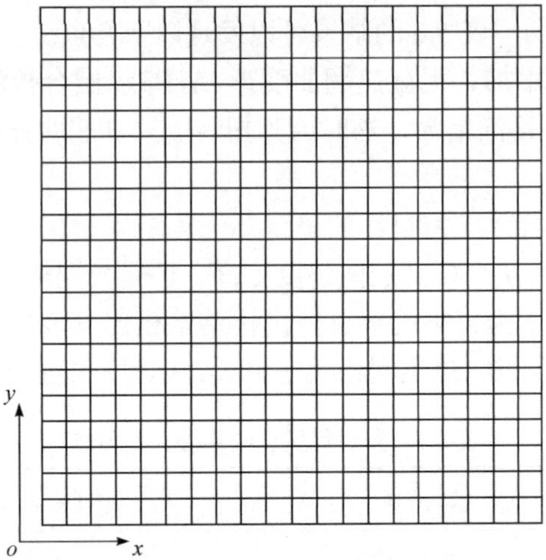


图 5.6　方形板有限元模型

(2) 温度改变条件下，NN5 型 8 层无湿热翘曲变形 $\mathbf{A}_\mathrm{I}\mathbf{B}_\mathrm{S}\mathbf{D}_\mathrm{F}$ 层合板和 6 层无湿热翘曲变形 $\mathbf{A}_\mathrm{S}\mathbf{B}_l\mathbf{D}_\mathrm{S}$ 层合板的线应变相等，验证了 5.2.2 节中理论推导所得的结论，即对于满足式(5.1)所示条件的无湿热翘曲变形复合材料层合板，其由温度变化引起的线应变只与温度变化量和单层板材料属性有关，与复合材料层合板的铺层规律和总层数无关。

(3) 温度改变条件下，NN5 型 8 层无湿热翘曲变形 $\mathbf{A}_\mathrm{I}\mathbf{B}_\mathrm{S}\mathbf{D}_\mathrm{F}$ 层合板和 6 层无湿热翘曲变形 $\mathbf{A}_\mathrm{S}\mathbf{B}_l\mathbf{D}_\mathrm{S}$ 层合板的线应变等于 4.4 节中由相同温度变化引起的无湿热剪切变形 $\mathbf{A}_\mathrm{F}\mathbf{B}_0\mathbf{D}_\mathrm{S}$ 层合板的线应变，验证了 5.2.2 节中理论推导所得的结论，即在单层板材料属性和温差均相同的条件下，任何满足式(5.1)所示条件的无湿热翘曲变形复合材料层合板的热线应变等于无湿热剪切变形 $\mathbf{A}_\mathrm{F}\mathbf{B}_0\mathbf{D}_\mathrm{S}$ 层合板的热线应变。

(4) 温度改变条件下，NN5 型 8 层的无湿热翘曲变形 $\mathbf{A}_\mathrm{I}\mathbf{B}_\mathrm{S}\mathbf{D}_\mathrm{F}$ 层合板和 6 层无湿热翘曲变形 $\mathbf{A}_\mathrm{S}\mathbf{B}_l\mathbf{D}_\mathrm{S}$ 层合板均未发生翘曲变形，即两种类型的无湿热翘曲变形层合板在高温固化过程中均不会发生翘曲变形。

$\mathbf{A}_\mathrm{I}\mathbf{B}_\mathrm{S}\mathbf{D}_\mathrm{F}$ 层合板和 $\mathbf{A}_\mathrm{S}\mathbf{B}_l\mathbf{D}_\mathrm{S}$ 层合板降温自由收缩的有限元分析结果如表 5.7 所示。

**表 5.7　$\mathbf{A}_\mathrm{I}\mathbf{B}_\mathrm{S}\mathbf{D}_\mathrm{F}$ 层合板和 $\mathbf{A}_\mathrm{S}\mathbf{B}_l\mathbf{D}_\mathrm{S}$ 层合板降温自由收缩的有限元分析结果**

| 层合板类型 | $\varepsilon_x^\mathrm{T}$ | $\varepsilon_y^\mathrm{T}$ | $\gamma_{xy}^\mathrm{T}$ | $\kappa_x^\mathrm{T}$ | $\kappa_y^\mathrm{T}$ | $\kappa_{xy}^\mathrm{T}$ |
|---|---|---|---|---|---|---|
| 无湿热翘曲变形 $\mathbf{A}_\mathrm{I}\mathbf{B}_\mathrm{S}\mathbf{D}_\mathrm{F}$ 层合板 | $-2.88\times10^{-4}$ | $-2.88\times10^{-4}$ | 0 | 0 | 0 | 0 |
| 无湿热翘曲变形 $\mathbf{A}_\mathrm{S}\mathbf{B}_l\mathbf{D}_\mathrm{S}$ 层合板 | $-2.88\times10^{-4}$ | $-2.88\times10^{-4}$ | 0 | 0 | 0 | 0 |

表 5.1 中 NN6～NN10 型无湿热翘曲变形 $\mathbf{A}_{\mathrm{I}}\mathbf{B}_{\mathrm{S}}\mathbf{D}_{\mathrm{F}}$ 层合板的湿热效应有限元仿真结果与 NN5 型无湿热翘曲变形 $\mathbf{A}_{\mathrm{I}}\mathbf{B}_{\mathrm{S}}\mathbf{D}_{\mathrm{F}}$ 层合板类似。表 5.2 和表 5.6 中其他无湿热翘曲变形 $\mathbf{A}_{\mathrm{S}}\mathbf{B}_{t}\mathbf{D}_{\mathrm{S}}$ 层合板的湿热效应有限元仿真结果与 6 层无湿热翘曲变形 $\mathbf{A}_{\mathrm{S}}\mathbf{B}_{t}\mathbf{D}_{\mathrm{S}}$ 层合板类似，此处不再逐一给出仿真结果。

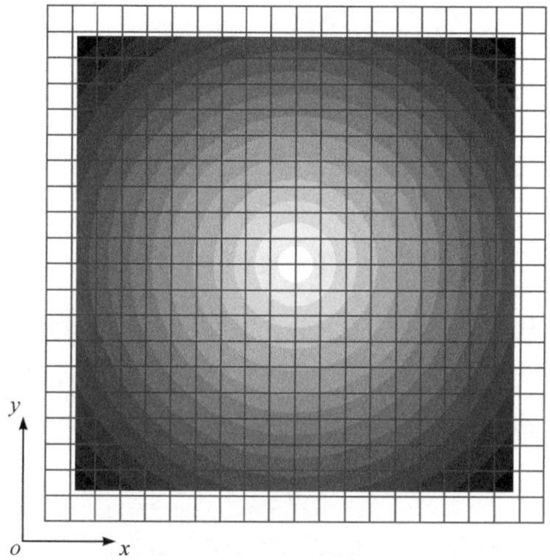


图 5.7　8 层无湿热翘曲变形 $\mathbf{A}_{\mathrm{I}}\mathbf{B}_{\mathrm{S}}\mathbf{D}_{\mathrm{F}}$ 层合板降温自由收缩变形位移云图

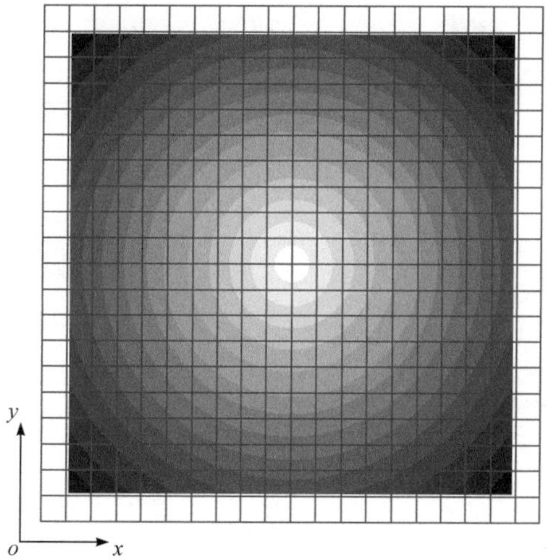


图 5.8　6 层无湿热翘曲变形 $\mathbf{A}_{\mathrm{S}}\mathbf{B}_{t}\mathbf{D}_{\mathrm{S}}$ 层合板降温自由收缩变形位移云图

### 5.4.2　耦合效应验证

采用有限元法，分别验证通过裁剪法和优化法得到的无湿热翘曲变形 $\mathbf{A}_{\mathrm{S}}\mathbf{B}_{t}\mathbf{D}_{\mathrm{S}}$ 层合板的拉扭耦合效应。基于有限元软件 MSC.Patran，建立边长为 20cm×200cm

的矩形板有限元模型(图 5.9)，共划分 160 个壳单元，用多点约束单元(RBE2)连接模型两端 20cm×20cm 区域内的节点，在两端多点约束单元上分别施加 $F=$ 100N 的轴向拉力，矩形板的几何中心处固支。将此矩形板的铺层分别设置为表 5.2 中编号为 1 的 8 层无湿热翘曲变形 $\mathbf{A}_S\mathbf{B}_t\mathbf{D}_S$ 层合板和表 5.6 中 6 层无湿热翘曲变形 $\mathbf{A}_S\mathbf{B}_t\mathbf{D}_S$ 层合板。对应的材料参数如表 4.1 所示。然后，采用有限元软件 MSC.Nastran 的线性静力学计算功能进行计算。

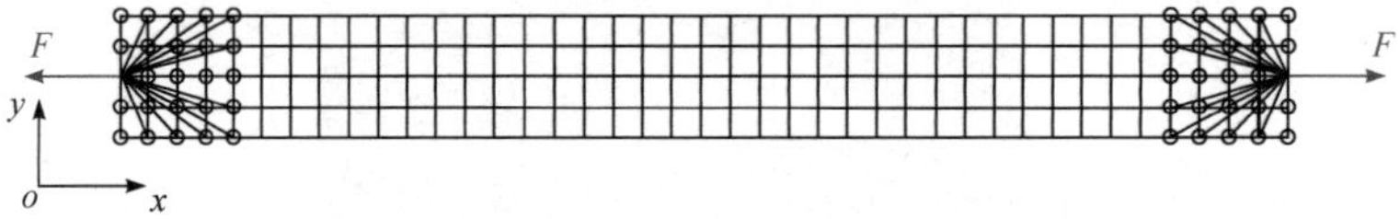


图 5.9　矩形板有限元模型

计算得到的无湿热翘曲变形 $\mathbf{A}_S\mathbf{B}_t\mathbf{D}_S$ 层合板在轴向拉力作用下的位移云图如图 5.10 和图 5.11 所示。变形的具体结果如表 5.8 所示。可以看出，在 100N 的轴向拉力作用下，通过裁剪法和优化法得到的无湿热翘曲变形 $\mathbf{A}_S\mathbf{B}_t\mathbf{D}_S$ 层合板不但发生了轴向变形，还发生了扭转变形。

**表 5.8　无湿热翘曲变形 $\mathbf{A}_S\mathbf{B}_t\mathbf{D}_S$ 层合板受轴向拉力作用的有限元分析结果**

| 层合板类型 | $\varepsilon_x$ | $\gamma_{xy}$ | $\kappa_x$ | $\kappa_y$ | $\kappa_{xy}$ |
|---|---|---|---|---|---|
| 无湿热翘曲变形 $\mathbf{A}_I\mathbf{B}_S\mathbf{D}_F$ 层合板 | $1.25\times10^{-5}$ | 0 | 0 | 0 | 0.0485 |
| 无湿热翘曲变形 $\mathbf{A}_S\mathbf{B}_t\mathbf{D}_S$ 层合板 | $2.38\times10^{-5}$ | 0 | 0 | 0 | 0.1132 |

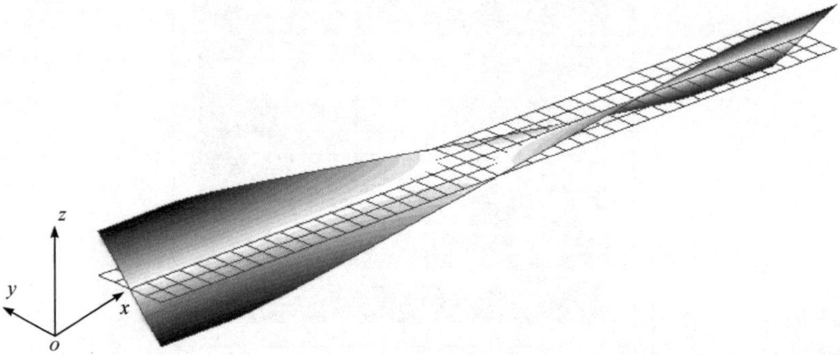


图 5.10　裁剪得到的 8 层无湿热翘曲变形 $\mathbf{A}_S\mathbf{B}_t\mathbf{D}_S$ 层合板在拉力作用下的位移云图

表 5.2 中编号 2～12 的无湿热翘曲变形 $\mathbf{A}_S\mathbf{B}_t\mathbf{D}_S$ 层合板的拉扭耦合效应有限元仿真结果与编号为 1 的无湿热翘曲变形 $\mathbf{A}_S\mathbf{B}_t\mathbf{D}_S$ 层合板类似。表 5.6 中其他层数无湿热翘曲变形 $\mathbf{A}_S\mathbf{B}_t\mathbf{D}_S$ 层合板的拉扭耦合效应有限元仿真结果与 6 层无湿热翘曲变形 $\mathbf{A}_S\mathbf{B}_t\mathbf{D}_S$ 层合板类似，这里不再一一给出仿真结果。

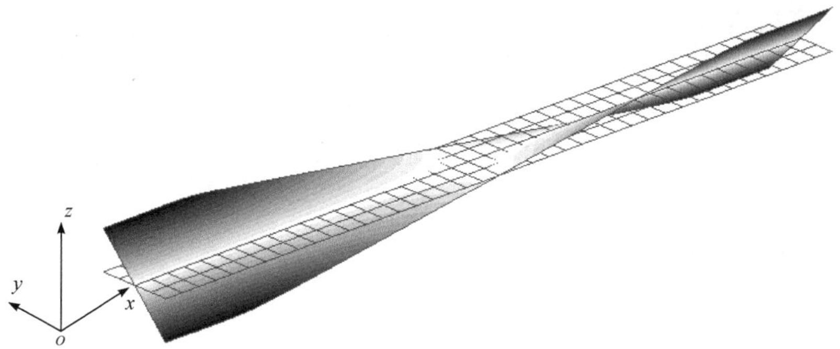


图 5.11　优化得到的 6 层无湿热翘曲变形 $\mathbf{A}_S\mathbf{B}_t\mathbf{D}_S$ 层合板在拉力作用下的位移云图

### 5.4.3　屈曲强度分析

无湿热翘曲变形 $\mathbf{A}_S\mathbf{B}_t\mathbf{D}_S$ 层合板未发生屈曲前，因拉扭耦合效应引起离面变形会降低其屈曲强度。同时，无湿热翘曲变形 $\mathbf{A}_S\mathbf{B}_t\mathbf{D}_S$ 层合板将作为结构元件用于弯曲-扭转耦合结构的设计，而弯曲-扭转耦合结构承受的载荷(力偶矩)易引起结构发生失稳。因此，屈曲强度是无湿热翘曲变形 $\mathbf{A}_S\mathbf{B}_t\mathbf{D}_S$ 层合板的重要设计指标。为了揭示无湿热翘曲变形 $\mathbf{A}_S\mathbf{B}_t\mathbf{D}_S$ 层合板的屈曲强度随层合板长宽比的变化规律，采用 5.3.2 节给出的简支板模型，基于式(5.27)和式(5.30)，分析无湿热翘曲变形 $\mathbf{A}_S\mathbf{B}_t\mathbf{D}_S$ 层合板的屈曲强度。

(1) 对比分析裁剪得到的 8 层 $\mathbf{A}_S\mathbf{B}_t\mathbf{D}_S$ 层合板的屈曲载荷随层合板长宽比的变化曲线。

(2) 对比分析不同层数(8～14 层)的无湿热翘曲变形 $\mathbf{A}_S\mathbf{B}_t\mathbf{D}_S$ 层合板的屈曲载荷随层合板长宽比的变化曲线。

图 5.12 给出了表 5.2 中裁剪得到的 8 层无湿热翘曲变形 $\mathbf{A}_S\mathbf{B}_t\mathbf{D}_S$ 层合板，无量纲化后的屈曲载荷随层合板长宽比的变化曲线。图中给出了等效完全各向同性层合板的屈曲载荷曲线，作为标识各型层合板屈曲强度的基准。当 8 层裁剪得到的无湿热翘曲变形 $\mathbf{A}_S\mathbf{B}_t\mathbf{D}_S$ 层合板的长宽比 $a/b$ 大于 1、小于 2.5 时，可以得出以下结论。

(1) 表 5.2 中大部分无湿热翘曲变形 $\mathbf{A}_S\mathbf{B}_t\mathbf{D}_S$ 层合板的屈曲载荷要小于完全各向同性层合板，其屈曲载荷比等效完全各向同性层合板最大低 19.98%。

(2) 裁剪角度为 22.5°时，表 5.2 中编号为 2、4、6 的无湿热翘曲变形 $\mathbf{A}_S\mathbf{B}_t\mathbf{D}_S$ 层合板的屈曲载荷在长宽比 $a/b$ 等于 1.4 时出现极大值，编号为 1 的无湿热翘曲变形 $\mathbf{A}_S\mathbf{B}_t\mathbf{D}_S$ 层合板的屈曲载荷在长宽比 $a/b$ 等于 1.5 时出现极大值，编号为 3 的无湿热翘曲变形 $\mathbf{A}_S\mathbf{B}_t\mathbf{D}_S$ 层合板的屈曲载荷在长宽比 $a/b$ 等于 1.65 时出现极大值，编号为 5 的无湿热翘曲变形 $\mathbf{A}_S\mathbf{B}_t\mathbf{D}_S$ 层合板的屈曲载荷在长宽比 $a/b$ 等于 2 时出现极大值。

(3) 裁剪角度为 112.5°时，表 5.2 中编号为 8、10、12 的无湿热翘曲变形 $\mathbf{A}_S\mathbf{B}_t\mathbf{D}_S$ 层合板的屈曲载荷在长宽比 $a/b$ 等于 1.4 时出现极大值，编号为 7 的无湿热翘曲变形 $\mathbf{A}_S\mathbf{B}_t\mathbf{D}_S$ 层合板的屈曲载荷在长宽比 $a/b$ 等于 1.325 时出现极大值，编号为 9 的无湿热翘曲变形 $\mathbf{A}_S\mathbf{B}_t\mathbf{D}_S$ 层合板的屈曲载荷在长宽比 $a/b$ 等于 1.2 时出现极大值，编号为 11 的无湿热翘曲变形 $\mathbf{A}_S\mathbf{B}_t\mathbf{D}_S$ 层合板的屈曲载荷在长宽比 $a/b$ 等于 1 时出现极大值。

(4) 裁剪得到的 8 层无湿热翘曲变形 $\mathbf{A}_S\mathbf{B}_t\mathbf{D}_S$ 层合板屈曲载荷曲线的上、下包络分别如表 5.9 和表 5.10 所示。

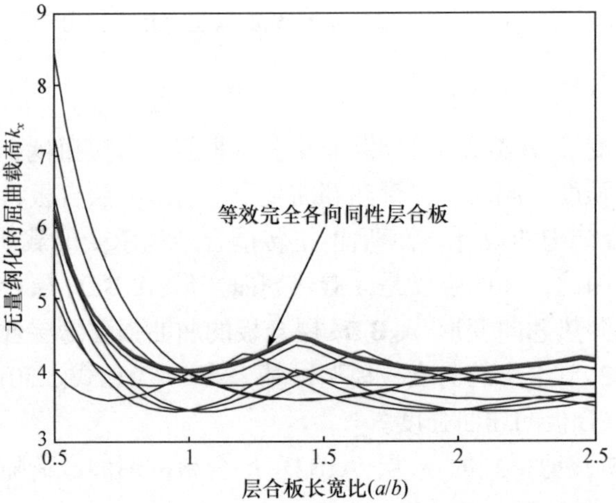


图 5.12 裁剪得到的 8 层 $\mathbf{A}_S\mathbf{B}_t\mathbf{D}_S$ 层合板的屈曲载荷曲线

**表 5.9 裁剪得到的 8 层 $\mathbf{A}_S\mathbf{B}_t\mathbf{D}_S$ 层合板的屈曲载荷的上包络**

| $a/b$ | 上包络 |
|---|---|
| (1.00,1.10] | [–67.5°/–22.5°/22.5°/67.5°/22.5°/67.5°/–67.5°/–22.5°] |
| (1.10,1.25] | [–67.5°/22.5°/67.5°/–22.5°/22.5°/–67.5°/–22.5°/67.5°] |
| (1.25,1.60] | [–67.5°/–22.5°/22.5°/67.5°/22.5°/67.5°/–67.5°/–22.5°] |
| (1.60,1.85] | [22.5°/–67.5°/–22.5°/67.5°/–67.5°/22.5°/67.5°/–22.5°] |
| (1.85,2.00] | [–67.5°/–22.5°/22.5°/67.5°/22.5°/67.5°/–67.5°/–22.5°] |

**表 5.10 裁剪得到的 8 层 $\mathbf{A}_S\mathbf{B}_t\mathbf{D}_S$ 层合板的屈曲载荷的下包络**

| $a/b$ | 下包络 |
|---|---|
| (1.00,1.30] | [22.5°/–67.5°/–67.5°/22.5°/–22.5°/67.5°/67.5°/–22.5°] |
| (1.30,1.55] | [22.5°/–22.5°/–67.5°/67.5°/–67.5°/67.5°/22.5°/–22.5°] |
| (1.55,2.00] | [–67.5°/22.5°/22.5°/–67.5°/67.5°/–22.5°/–22.5°/67.5°] |
| (2.00,2.45] | [22.5°/–67.5°/–67.5°/22.5°/–22.5°/67.5°/67.5°/–22.5°] |
| (2.45,2.50] | [–67.5°/22.5°/22.5°/–67.5°/67.5°/–22.5°/–22.5°/67.5°] |

图 5.13 给出了表 5.6 中无湿热翘曲变形 $\mathbf{A_S B_t D_S}$ 反对称层合板，无量纲化后的屈曲载荷随层合板长宽比的变化曲线。由于完全各向同性层合板的性质依赖层合板的层数，因此无法引入完全各向同性层合板进行比较。可以看出，当无湿热翘曲变形 $\mathbf{A_S B_t D_S}$ 层合板的长宽比 $a/b$ 大于 1、小于 2.5 时；表 5.6 中 6 层、8 层、10 层、12 层和 14 层的无湿热翘曲变形 $\mathbf{A_S B_t D_S}$ 反对称层合板的屈曲载荷分别在长宽比 $a/b$ 等于 1.2、1.5、1.35、1.55 和 1.5 时出现极大值。

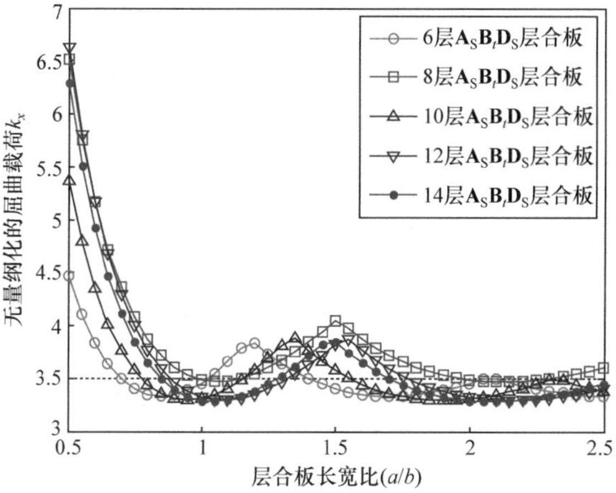


图 5.13　6～14 层无湿热翘曲变形 $\mathbf{A_S B_t D_S}$ 反对称层合板的屈曲载荷曲线

## 5.5　鲁棒性分析

假设层合板第 $k$ 层的铺层角度偏差 $\Delta\theta_k$ 服从均值为 0°、标准差为 0.5°的正态分布，则层合板第 $k$ 层单层板的实际铺层角度为 $(\theta_k + \Delta\theta_k)$，其中 $\theta_k$ 是层合板第 $k$ 层的理论设计铺层角度。采用 4.5.1 节提出的基于 Monte Carlo 法的非对称层合板鲁棒性分析方法，分析铺层角度存在偏差条件下无湿热翘曲变形 $\mathbf{A_I B_S D_F}$ 层合板和无湿热翘曲变形 $\mathbf{A_S B_t D_S}$ 层合板的固化翘曲变形。分析过程中的温度变化条件设为高温固化过程的典型温差−180℃，采用如图 3.2 所示的三点简支层合板模型，采用温度变化引起的自由角点($a$, $b$)处的离面变形表征层合板的固化翘曲变形的大小，并取 $a = b = 100H_n$。分析过程中的材料参数如表 4.1 所示。

### 5.5.1　铺层误差对 $\mathbf{A_I B_S D_F}$ 层合板固化翘曲变形的影响分析

首先，分析铺层角度存在偏差时，表 5.1 中的 8 层标准铺层无湿热翘曲变形 $\mathbf{A_I B_S D_F}$ 层合板在温度变化条件下的离面变形。当不考虑铺层角度偏差时，进行确定性分析，8 层无湿热翘曲变形 $\mathbf{A_S B_t D_S}$ 层合板热离面变形 $\bar{w}$ 均为 0。表 5.11

给出了简单随机抽样 10000 次时，8 层无湿热翘曲变形自由铺层 $\mathbf{A}_\mathrm{I}\mathbf{B}_\mathrm{S}\mathbf{D}_\mathrm{F}$ 层合板热离面变形的统计特征。

**表 5.11　8 层无湿热翘曲变形 $\mathbf{A}_\mathrm{I}\mathbf{B}_\mathrm{S}\mathbf{D}_\mathrm{F}$ 层合板热离面变形的统计特征**

| 层合板类型 | 确定性解 | 均值 | 标准差 |
|---|---|---|---|
| NN5 型 $\mathbf{A}_\mathrm{I}\mathbf{B}_\mathrm{S}\mathbf{D}_\mathrm{F}$ 层合板 | 0 | 0.001072 $H_8$ | 0.274094 $H_8$ |
| NN6 型 $\mathbf{A}_\mathrm{I}\mathbf{B}_\mathrm{S}\mathbf{D}_\mathrm{F}$ 层合板 | 0 | 0.002287 $H_8$ | 0.270590 $H_8$ |
| NN7 型 $\mathbf{A}_\mathrm{I}\mathbf{B}_\mathrm{S}\mathbf{D}_\mathrm{F}$ 层合板 | 0 | 0.002565 $H_8$ | 0.139666 $H_8$ |
| NN8 型 $\mathbf{A}_\mathrm{I}\mathbf{B}_\mathrm{S}\mathbf{D}_\mathrm{F}$ 层合板 | 0 | −0.000752 $H_8$ | 0.138940 $H_8$ |
| NN9 型 $\mathbf{A}_\mathrm{I}\mathbf{B}_\mathrm{S}\mathbf{D}_\mathrm{F}$ 层合板 | 0 | 0.000199 $H_8$ | 0.147629 $H_8$ |
| NN10 型 $\mathbf{A}_\mathrm{I}\mathbf{B}_\mathrm{S}\mathbf{D}_\mathrm{F}$ 层合板 | 0 | 0.001779 $H_8$ | 0.149342 $H_8$ |

图 5.14 给出了 8 层无湿热翘曲变形 $\mathbf{A}_\mathrm{I}\mathbf{B}_\mathrm{S}\mathbf{D}_\mathrm{F}$ 层合板因铺层角度偏差导致的热离面变形的等距频率直方图。可以看出，等距频率直方图非常接近正态概率密度函数曲线。计算可得 NN5～NN10 型 8 层无湿热翘曲变形 $\mathbf{A}_\mathrm{I}\mathbf{B}_\mathrm{S}\mathbf{D}_\mathrm{F}$ 层合板的热离面变形响应的检验统计量分别为 $T_{\mathrm{EP\_NN5}}=0.1566$、$T_{\mathrm{EP\_NN6}}=0.0310$、$T_{\mathrm{EP\_NN7}}=0.2680$、$T_{\mathrm{EP\_NN8}}=0.0643$、$T_{\mathrm{EP\_NN9}}=0.2258$、$T_{\mathrm{EP\_NN10}}=0.0816$，均小于临界值 $c_\alpha=0.379$，不拒绝正态分布零假设。因此，当铺层角的偏差服从正态分布时，认为 NN5～NN10 型 8 层无湿热翘曲变形 $\mathbf{A}_\mathrm{I}\mathbf{B}_\mathrm{S}\mathbf{D}_\mathrm{F}$ 层合板因铺层角度偏差引起的热离面变形同样服从正态分布。

表 5.12 给出了置信水平 $1-\alpha=0.95$ 时，NN5～NN10 型 8 层无湿热翘曲变形 $\mathbf{A}_\mathrm{I}\mathbf{B}_\mathrm{S}\mathbf{D}_\mathrm{F}$ 层合板的热离面变形均值与标准差的置信区间。

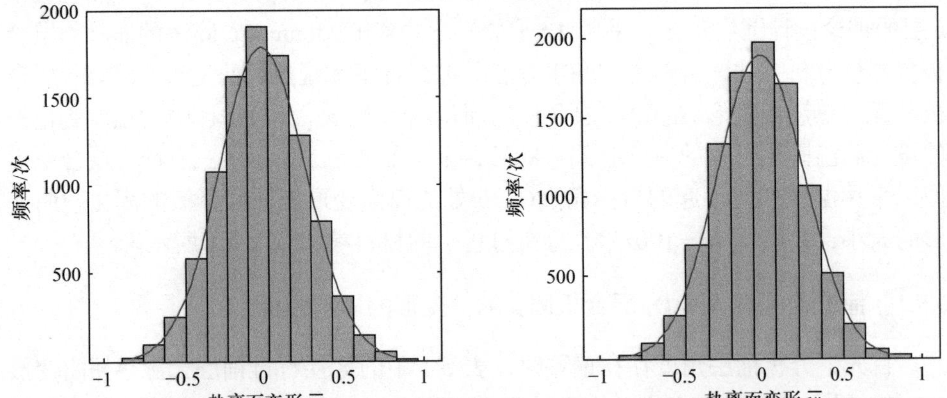


(a) NN5型$\mathbf{A}_\mathrm{I}\mathbf{B}_\mathrm{S}\mathbf{D}_\mathrm{F}$层合板　　(b) NN6型$\mathbf{A}_\mathrm{I}\mathbf{B}_\mathrm{S}\mathbf{D}_\mathrm{F}$层合板

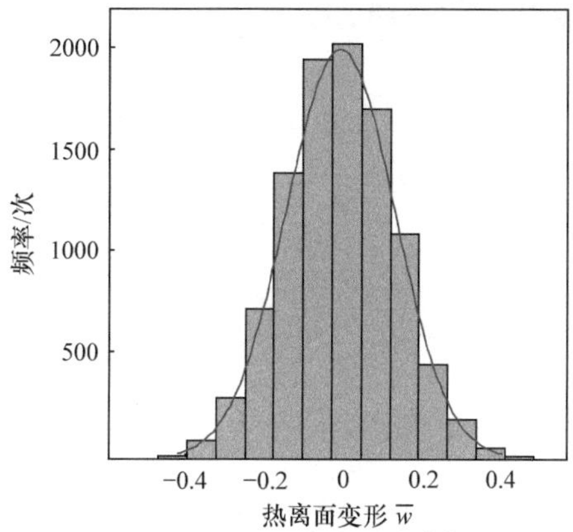

(c) NN7型$\mathbf{A}_\mathrm{I}\mathbf{B}_\mathrm{S}\mathbf{D}_\mathrm{F}$层合板

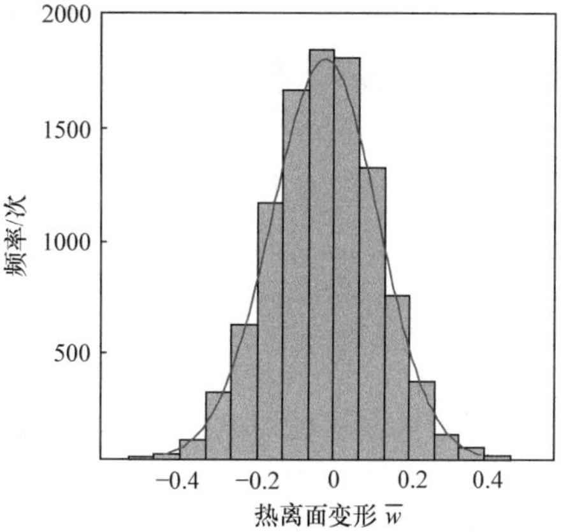

(d) NN8型$\mathbf{A}_\mathrm{I}\mathbf{B}_\mathrm{S}\mathbf{D}_\mathrm{F}$层合板

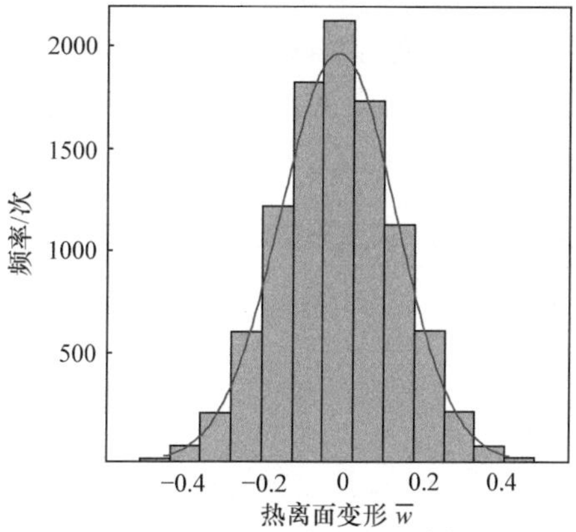

(e) NN9型$\mathbf{A}_\mathrm{I}\mathbf{B}_\mathrm{S}\mathbf{D}_\mathrm{F}$层合板

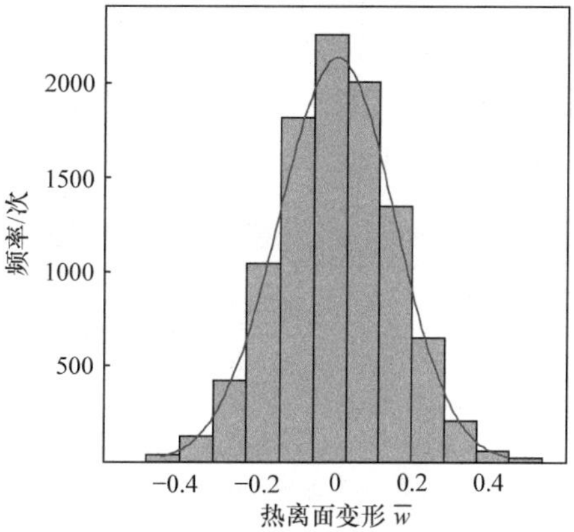

(f) NN10型$\mathbf{A}_\mathrm{I}\mathbf{B}_\mathrm{S}\mathbf{D}_\mathrm{F}$层合板

图 5.14　8 层无湿热翘曲变形 $\mathbf{A}_\mathrm{I}\mathbf{B}_\mathrm{S}\mathbf{D}_\mathrm{F}$ 层合板热离面变形的等距频率直方图

**表 5.12　8 层无湿热翘曲变形 $\mathbf{A}_\mathrm{I}\mathbf{B}_\mathrm{S}\mathbf{D}_\mathrm{F}$ 层合板热离面变形统计特征的置信区间**

| 类型 | 置信水平 | 均值置信区间 | 标准差置信区间 |
|---|---|---|---|
| NN5 型 | | [−0.004300 $H_8$, 0.006445 $H_8$] | [0.270347 $H_8$, 0.277947 $H_8$] |
| NN6 型 | | [−0.003017 $H_8$, 0.007591 $H_8$] | [0.266891 $H_8$, 0.274394 $H_8$] |
| NN7 型 | | [−0.000173 $H_8$, 0.005302 $H_8$] | [0.137757 $H_8$, 0.141630 $H_8$] |
| NN8 型 | $1-\alpha=0.95$ | [−0.003476 $H_8$, 0.001971 $H_8$] | [0.137041 $H_8$, 0.140893 $H_8$] |
| NN9 型 | | [−0.002695 $H_8$, 0.003092 $H_8$] | [0.145612 $H_8$, 0.149705 $H_8$] |
| NN10 型 | | [−0.001149 $H_8$, 0.004706 $H_8$] | [0.147301 $H_8$, 0.151442 $H_8$] |

分析铺层角度存在偏差条件下，8 层无湿热翘曲变形 $\mathbf{A}_\mathrm{I}\mathbf{B}_\mathrm{S}\mathbf{D}_\mathrm{F}$ 层合板的热离面变形可以发现以下几点。

(1) 当铺层角的偏差服从正态分布时，8 层无湿热翘曲变形 $A_IB_SD_F$ 层合板铺层角度偏差引起的热离面变形同样服从正态分布。

(2) 8 层无湿热翘曲变形 $A_IB_SD_F$ 层合板的热离面变形的均值的绝对值及置信水平 $1-\alpha=0.95$ 条件下的均值置信区间上下限的绝对值，均小于层合板厚度的 0.8%。

(3) 8 层无湿热翘曲变形 $A_IB_SD_F$ 层合板的热离面变形的标准差及置信 $1-\alpha=0.95$ 条件下的均值置信区间的上下限，均小于相应层合板厚度的 30%。

### 5.5.2 铺层误差对 $A_SB_tD_S$ 层合板固化翘曲变形的影响分析

下面分析铺层角度存在偏差时，表 5.6 中的 6～14 层无湿热翘曲变形 $A_SB_tD_S$ 反对称层合板在温度变化条件下的离面变形。当不考虑铺层角度偏差时，进行确定性分析，6～14 层无湿热翘曲变形自由铺层 $A_SB_tD_S$ 反对称层合板的热离面变形均为 0。表 5.13 给出了简单随机抽样 10000 次时，6～14 层无湿热翘曲变形自由铺层 $A_SB_tD_S$ 反对称层合板的热离面变形的统计特征。

表 5.13 无湿热翘曲变形自由铺层 $A_SB_tD_S$ 反对称层合板热离面变形的统计特征

| 层数 | 确定性解 | 均值 | 标准差 |
|---|---|---|---|
| 6 | 0 | $0.001218\ H_6$ | $0.339327\ H_6$ |
| 8 | 0 | $-0.000935\ H_8$ | $0.273334\ H_8$ |
| 10 | 0 | $0.003405\ H_{10}$ | $0.308923\ H_{10}$ |
| 12 | 0 | $0.001040\ H_{12}$ | $0.278171\ H_{12}$ |
| 14 | 0 | $-0.003299\ H_{14}$ | $0.260760\ H_{14}$ |

图 5.15 给出了 6～14 层无湿热翘曲变形自由铺层 $A_SB_tD_S$ 反对称层合板由铺层角度偏差导致的热离面变形的等距频率直方图。可以看出，等距频率直方图非常接近正态概率密度函数曲线。取置信水平 $1-\alpha=0.95$，计算可得 6～14 层无湿热翘曲变形自由铺层 $A_SB_tD_S$ 反对称层合板热离面变形的检验统计量分别为 $T_{EP\_6}=0.0544$、$T_{EP\_8}=0.1620$、$T_{EP\_10}=0.0341$、$T_{EP\_12}=0.1627$、$T_{EP\_14}=0.0273$，均小于临界值 $c_\alpha=0.379$，不拒绝正态分布零假设。因此，当铺层角度的偏差服从正态分布时，认为 6～14 层无湿热翘曲变形自由铺层 $A_SB_tD_S$ 反对称层合板由铺层角度偏差引起的热离面变形同样服从正态分布。

表 5.14 给出了置信水平 $1-\alpha=0.95$ 时，6～14 层无湿热翘曲变形自由铺层 $A_SB_tD_S$ 反对称层合板的热离面变形均值与标准差的置信区间。

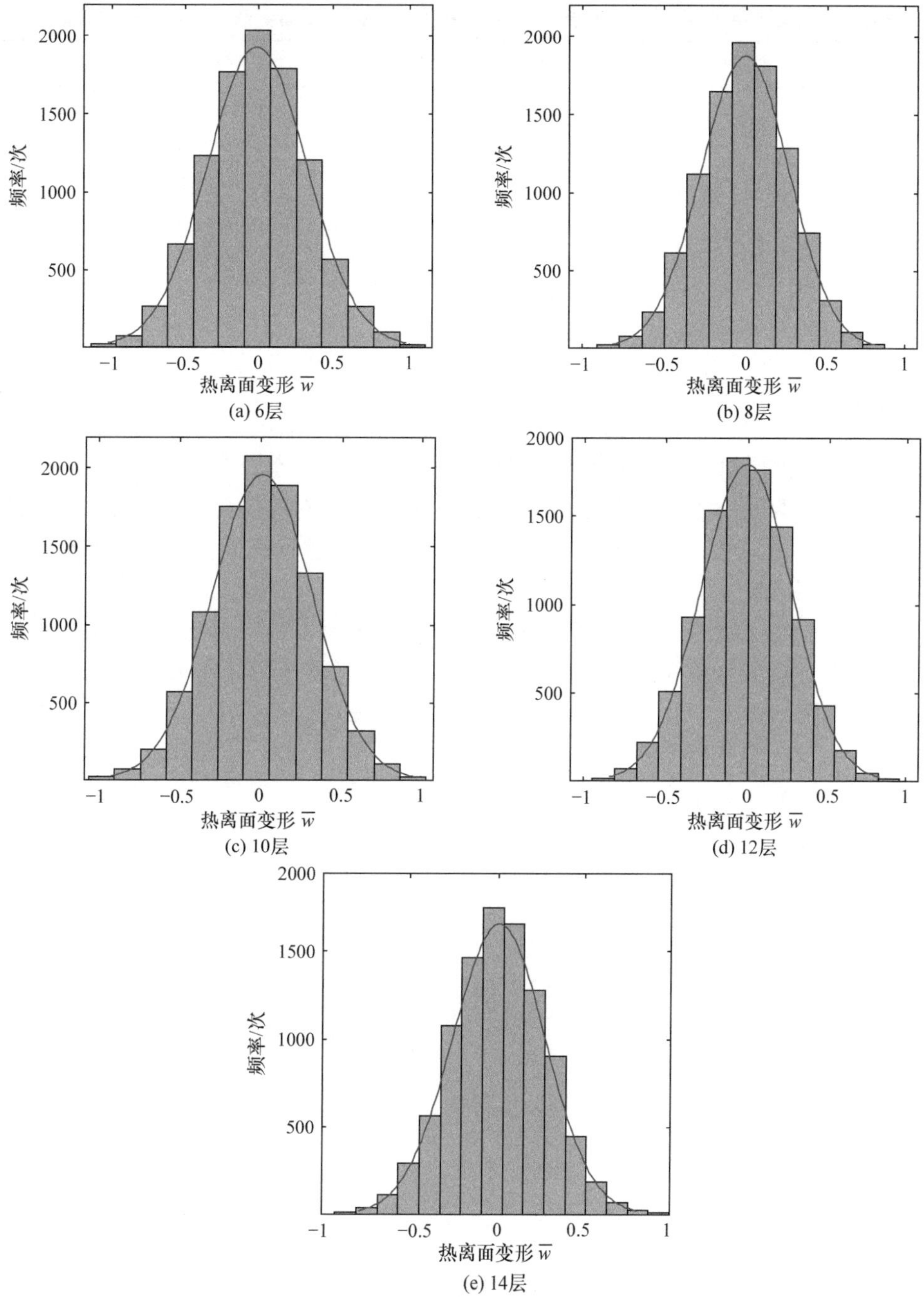


图 5.15　6～14 层无湿热翘曲变形自由铺层 $\mathbf{A}_S\mathbf{B}_t\mathbf{D}_S$ 反对称层合板热离面变形等距频率直方图

**表 5.14　无湿热翘曲变形自由铺层 $\mathbf{A_S B_l D_S}$ 反对称层合板热离面变形统计特征的置信区间**

| 层数 | 置信水平 | 均值置信区间 | 标准差置信区间 |
|---|---|---|---|
| 6 | | $[-0.005434\ H_6, 0.007869\ H_6]$ | $[0.334689\ H_6, 0.344098\ H_6]$ |
| 8 | | $[-0.006293\ H_8, 0.004423\ H_8]$ | $[0.269598\ H_8, 0.277177\ H_8]$ |
| 10 | $1-\alpha=0.95$ | $[-0.002651\ H_{10}, 0.009460\ H_{10}]$ | $[0.304700\ H_{10}, 0.313266\ H_{10}]$ |
| 12 | | $[-0.004413\ H_{12}, 0.006492\ H_{12}]$ | $[0.274369\ H_{12}, 0.282082\ H_{12}]$ |
| 14 | | $[-0.008411\ H_{14}, 0.001812\ H_{14}]$ | $[0.257197\ H_{14}, 0.264427\ H_{14}]$ |

比较铺层角度存在偏差条件下，6～14 层无湿热翘曲变形自由铺层 $\mathbf{A_S B_l D_S}$ 反对称层合板的热离面变形可以发现以下几点。

(1) 当铺层角的偏差服从正态分布时，6～14 层无湿热翘曲变形 $\mathbf{A_S B_l D_S}$ 反对称层合板因铺层角度偏差引起的热离面变形同样服从正态分布。

(2) 6～14 层无湿热翘曲变形自由铺层 $\mathbf{A_S B_l D_S}$ 反对称层合板的热离面变形的均值的绝对值及置信水平 $1-\alpha=0.95$ 条件下的均值置信区间上下限的绝对值，均要小于相应层数层合板厚度的 1%。

(3) 6～14 层无湿热翘曲变形自由铺层 $\mathbf{A_S B_l D_S}$ 反对称层合板的热离面变形的标准差及置信 $1-\alpha=0.95$ 条件下的均值置信区间的上下限，均要小于相应层数层合板厚度的 40%。

# 第 6 章　拉剪多耦合效应层合板

## 6.1　引　　言

拉剪多耦合效应层合板是同时具有拉剪耦合效应和其他耦合效应的复合材料层合板，其他耦合效应包括弯曲-扭转耦合、拉伸-扭转耦合、拉伸-弯曲耦合和剪切-扭转耦合效应当中的一种或多种。第 4 章设计的湿热稳定拉剪单耦合效应层合板存在着设计域窄、耦合效应不够强的问题，由这种层合板构造的弯扭耦合结构的自适应效果也受限。相比之下，多耦合效应层合板具有大幅提升层合板耦合效应的潜力，能够用于提升弯扭耦合结构的变形自适应能力，但也因其具有多种耦合效应，在固化降温过程中更容易出现湿热翘曲问题。因此，如何设计出湿热稳定的拉剪多耦合效应层合板是亟待解决的问题。

本章从层合板的耦合效应类型出发，分别推导各类湿热稳定拉剪多耦合效应层合板的解析充要条件。在此基础上，完成拉剪多耦合效应层合板的铺层优化设计，并分析层合板的多耦合效应对其力学特性的影响规律。最后，完成数值仿真验证和鲁棒性分析。

## 6.2　湿热稳定的解析条件

根据表 2.4 所示的层合板下标标识方法，一共可以划分出 24 种不同耦合类型的层合板，分别包括 $\mathbf{A}_S\mathbf{B}_*\mathbf{D}_S$、$\mathbf{A}_F\mathbf{B}_*\mathbf{D}_S$、$\mathbf{A}_S\mathbf{B}_*\mathbf{D}_F$ 和 $\mathbf{A}_F\mathbf{B}_*\mathbf{D}_F$ 四个系列，如表 6.1 所示。只有当拉伸刚度矩阵为 $\mathbf{A}_F$(即 $\mathbf{A}_F\mathbf{B}_*\mathbf{D}_S$ 和 $\mathbf{A}_F\mathbf{B}_*\mathbf{D}_F$ 系列)时，层合板才具有拉剪耦合效应。此时，共有 12 种层合板具有拉剪耦合效应，如表 6.1 的第 2 列和第 4 列所示。

**表 6.1　复合材料层合板耦合类型**

| $\mathbf{A}_S\mathbf{B}_*\mathbf{D}_S$ 系列 | $\mathbf{A}_F\mathbf{B}_*\mathbf{D}_S$ 系列 | $\mathbf{A}_S\mathbf{B}_*\mathbf{D}_F$ 系列 | $\mathbf{A}_F\mathbf{B}_*\mathbf{D}_F$ 系列 |
|---|---|---|---|
| $\mathbf{A}_S\mathbf{B}_0\mathbf{D}_S$ | $\mathbf{A}_F\mathbf{B}_0\mathbf{D}_S$ | $\mathbf{A}_S\mathbf{B}_0\mathbf{D}_F$ | $\mathbf{A}_F\mathbf{B}_0\mathbf{D}_F$ |
| $\mathbf{A}_S\mathbf{B}_l\mathbf{D}_S$ | $\mathbf{A}_F\mathbf{B}_l\mathbf{D}_S$ | $\mathbf{A}_S\mathbf{B}_l\mathbf{D}_F$ | $\mathbf{A}_F\mathbf{B}_l\mathbf{D}_F$ |
| $\mathbf{A}_S\mathbf{B}_t\mathbf{D}_S$ | $\mathbf{A}_F\mathbf{B}_t\mathbf{D}_S$ | $\mathbf{A}_S\mathbf{B}_t\mathbf{D}_F$ | $\mathbf{A}_F\mathbf{B}_t\mathbf{D}_F$ |
| $\mathbf{A}_S\mathbf{B}_{lt}\mathbf{D}_S$ | $\mathbf{A}_F\mathbf{B}_{lt}\mathbf{D}_S$ | $\mathbf{A}_S\mathbf{B}_{lt}\mathbf{D}_F$ | $\mathbf{A}_F\mathbf{B}_{lt}\mathbf{D}_F$ |
| $\mathbf{A}_S\mathbf{B}_S\mathbf{D}_S$ | $\mathbf{A}_F\mathbf{B}_S\mathbf{D}_S$ | $\mathbf{A}_S\mathbf{B}_S\mathbf{D}_F$ | $\mathbf{A}_F\mathbf{B}_S\mathbf{D}_F$ |
| $\mathbf{A}_S\mathbf{B}_F\mathbf{D}_S$ | $\mathbf{A}_F\mathbf{B}_F\mathbf{D}_S$ | $\mathbf{A}_S\mathbf{B}_F\mathbf{D}_F$ | $\mathbf{A}_F\mathbf{B}_F\mathbf{D}_F$ |

在利用层合板构成弯扭耦合结构时，考虑基于拉剪耦合层合板的设计原理与基于拉扭耦合层合板的设计原理的差异，主要体现在构成弯扭耦合结构上下面板的铺层规律不一致(具体原理将在第 8 章中阐述)，拉扭耦合效应的存在不利于拉剪耦合层合板形成弯扭耦合结构。因此，在总共的 11 种拉剪多耦合效应层合板($\mathbf{A}_F\mathbf{B}_0\mathbf{D}_S$ 为单一拉剪耦合)中，排除同时存在拉扭耦合效应的层合板，还剩下 $\mathbf{A}_F\mathbf{B}_l\mathbf{D}_S$、$\mathbf{A}_F\mathbf{B}_0\mathbf{D}_F$、$\mathbf{A}_F\mathbf{B}_S\mathbf{D}_S$、$\mathbf{A}_F\mathbf{B}_l\mathbf{D}_F$、$\mathbf{A}_F\mathbf{B}_S\mathbf{D}_F$。下面针对这 5 种拉剪多耦合效应层合板，推导其湿热稳定的解析充要条件。

### 6.2.1　具有两种耦合效应层合板的湿热稳定条件

在具有两种耦合效应的拉剪耦合层合板中，层合板除拉剪耦合效应外，可能存在的其他耦合效应包括拉弯耦合效应和弯扭耦合效应，分别为 $\mathbf{A}_F\mathbf{B}_l\mathbf{D}_S$ 层合板和 $\mathbf{A}_F\mathbf{B}_0\mathbf{D}_F$ 层合板。

对于 $\mathbf{A}_F\mathbf{B}_l\mathbf{D}_S$ 层合板，根据经典层合理论，层合板的拉剪耦合刚度系数 $A_{16}$、$A_{26}$ 不能同时为 0，并且拉弯耦合刚度系数 $B_{11}$ 和 $B_{22}$ 不能同时为 0，而其余的耦合刚度系数均为 0。其刚度矩阵为

$$\begin{bmatrix} \boldsymbol{A} & \boldsymbol{B} \\ \boldsymbol{B} & \boldsymbol{D} \end{bmatrix} = \begin{bmatrix} A_{11} & A_{12} & A_{16} & B_{11} & 0 & 0 \\ A_{12} & A_{22} & A_{26} & 0 & B_{22} & 0 \\ A_{16} & A_{26} & A_{66} & 0 & 0 & 0 \\ B_{11} & 0 & 0 & D_{11} & D_{12} & 0 \\ 0 & B_{22} & 0 & D_{12} & D_{22} & 0 \\ 0 & 0 & 0 & 0 & 0 & D_{66} \end{bmatrix} \tag{6.1}$$

结合式(2.60)～式(2.62)，可得由几何因子表示的层合板耦合效应充要条件，即

$$\begin{cases} \xi_6 = \xi_7 = \xi_8 = \xi_{11} = \xi_{12} = 0 \\ |\xi_3| + |\xi_4| \neq 0, \quad \xi_5 \neq 0 \end{cases} \tag{6.2}$$

文献[100]推导了层合板抵抗湿热剪切变形的充要条件，即

$$\xi_1 = \xi_3 = 0 \text{ 或 } \xi_3 = \xi_4 = 0 \tag{6.3}$$

文献[238]推导了层合板抵抗湿热翘曲变形的充要条件，即

$$\xi_1 = \xi_3 = \xi_5 = \xi_7 = 0 \text{ 或 } \xi_5 = \xi_6 = \xi_7 = \xi_8 = 0 \tag{6.4}$$

结合式(6.3)和式(6.4)，可得层合板能够同时抵抗湿热剪切变形和湿热翘曲变形的充要条件，即

$$\xi_1 = \xi_3 = \xi_5 = \xi_7 = 0 \quad \text{或} \quad \xi_3 = \xi_4 = \xi_5 = \xi_6 = \xi_7 = \xi_8 = 0 \tag{6.5}$$

对于具有拉剪耦合效应的层合板，其刚度系数 $A_{16}$ 和 $A_{26}$ 不能同时为 0，根据式(2.60)可知 $\xi_3$ 和 $\xi_4$ 不能同时为 0，即

$$|\xi_3|+|\xi_4|\neq 0 \tag{6.6}$$

结合式(6.5)和式(6.6)，可得拉剪耦合层合板能够湿热稳定的充要条件为

$$\xi_1=\xi_3=\xi_5=\xi_7=0,\quad \xi_4\neq 0 \tag{6.7}$$

发现式(6.2)和式(6.7)不能同时满足，即不存在湿热稳定的 $\mathbf{A}_\mathrm{F}\mathbf{B}_l\mathbf{D}_\mathrm{S}$ 层合板。

对于 $\mathbf{A}_\mathrm{F}\mathbf{B}_0\mathbf{D}_\mathrm{F}$ 层合板，其刚度矩阵为

$$\begin{bmatrix} \boldsymbol{A} & \boldsymbol{B} \\ \boldsymbol{B} & \boldsymbol{D} \end{bmatrix}=\begin{bmatrix} A_{11} & A_{12} & A_{16} & 0 & 0 & 0 \\ A_{12} & A_{22} & A_{26} & 0 & 0 & 0 \\ A_{16} & A_{26} & A_{66} & 0 & 0 & 0 \\ 0 & 0 & 0 & D_{11} & D_{12} & D_{16} \\ 0 & 0 & 0 & D_{12} & D_{22} & D_{26} \\ 0 & 0 & 0 & D_{16} & D_{26} & D_{66} \end{bmatrix} \tag{6.8}$$

结合式(2.60)～式(2.62)可得层合板同时具有拉剪和弯扭耦合效应的充要条件，即

$$\xi_5=\xi_6=\xi_7=\xi_8=0,\quad |\xi_3|+|\xi_4|\neq 0,\quad |\xi_{11}|+|\xi_{12}|\neq 0 \tag{6.9}$$

联立式(6.7)和式(6.9)，可得 $\mathbf{A}_\mathrm{F}\mathbf{B}_0\mathbf{D}_\mathrm{F}$ 层合板的湿热稳定条件，即

$$\xi_1=\xi_3=\xi_5=\xi_6=\xi_7=\xi_8=0,\quad \xi_4\neq 0,\quad |\xi_{11}|+|\xi_{12}|\neq 0 \tag{6.10}$$

综上所述，在对单种纤维拉剪多耦合效应层合板进行铺层设计时，若层合板只具有两种耦合效应，则只存在湿热稳定的 $\mathbf{A}_\mathrm{F}\mathbf{B}_0\mathbf{D}_\mathrm{F}$ 层合板，其湿热稳定解析充要条件为式(6.10)。

### 6.2.2　具有三种耦合效应层合板的湿热稳定条件

在具有三种耦合效应的拉剪耦合层合板中，层合板可能存在的其他两种耦合效应可能是如下耦合效应中的两种，即拉弯耦合效应、剪扭耦合效应、弯扭耦合效应。由于层合板一旦发生剪扭耦合效应就会同时产生拉弯耦合效应，而发生拉弯耦合效应则不一定产生剪扭耦合效应。因此，只具有三种耦合效应的层合板有如下两种，即具有拉剪、拉弯、剪扭耦合效应的 $\mathbf{A}_\mathrm{F}\mathbf{B}_\mathrm{S}\mathbf{D}_\mathrm{S}$ 层合板，以及具有拉剪、拉弯、弯扭耦合效应的 $\mathbf{A}_\mathrm{F}\mathbf{B}_l\mathbf{D}_\mathrm{F}$ 层合板。

对于 $\mathbf{A}_\mathrm{F}\mathbf{B}_\mathrm{S}\mathbf{D}_\mathrm{S}$ 层合板，其刚度矩阵为

$$\begin{bmatrix} \boldsymbol{A} & \boldsymbol{B} \\ \boldsymbol{B} & \boldsymbol{D} \end{bmatrix}=\begin{bmatrix} A_{11} & A_{12} & A_{16} & B_{11} & B_{12} & 0 \\ A_{12} & A_{22} & A_{26} & B_{12} & B_{22} & 0 \\ A_{16} & A_{26} & A_{66} & 0 & 0 & B_{66} \\ B_{11} & B_{12} & 0 & D_{11} & D_{12} & 0 \\ B_{12} & B_{22} & 0 & D_{12} & D_{22} & 0 \\ 0 & 0 & B_{66} & 0 & 0 & D_{66} \end{bmatrix} \tag{6.11}$$

结合式(2.60)～式(2.62)可得层合板同时具有拉剪、拉弯和剪扭耦合效应的充要条件，即

$$\xi_7 = \xi_8 = \xi_{11} = \xi_{12} = 0, \quad |\xi_3| + |\xi_4| \neq 0, \quad \xi_6 \neq 0 \tag{6.12}$$

联立式(6.7)和式(6.12)，可得 $\mathbf{A}_\mathrm{F}\mathbf{B}_\mathrm{S}\mathbf{D}_\mathrm{S}$ 层合板湿热稳定的充要条件，即

$$\xi_1 = \xi_3 = \xi_5 = \xi_7 = \xi_8 = \xi_{11} = \xi_{12} = 0, \quad \xi_4 \neq 0, \quad \xi_6 \neq 0 \tag{6.13}$$

对于 $\mathbf{A}_\mathrm{F}\mathbf{B}_l\mathbf{D}_\mathrm{F}$ 层合板，其刚度矩阵为

$$\begin{bmatrix} \boldsymbol{A} & \boldsymbol{B} \\ \boldsymbol{B} & \boldsymbol{D} \end{bmatrix} = \begin{bmatrix} A_{11} & A_{12} & A_{16} & B_{11} & 0 & 0 \\ A_{12} & A_{22} & A_{26} & 0 & B_{22} & 0 \\ A_{16} & A_{26} & A_{66} & 0 & 0 & 0 \\ B_{11} & 0 & 0 & D_{11} & D_{12} & D_{16} \\ 0 & B_{22} & 0 & D_{12} & D_{22} & D_{26} \\ 0 & 0 & 0 & D_{16} & D_{26} & D_{66} \end{bmatrix} \tag{6.14}$$

结合式(2.60)～式(2.62)可得层合板同时具有拉剪、拉弯和弯扭耦合效应的充要条件，即

$$\xi_6 = \xi_7 = \xi_8 = 0, \quad |\xi_3| + |\xi_4| \neq 0, \quad \xi_5 \neq 0, \quad |\xi_{11}| + |\xi_{12}| \neq 0 \tag{6.15}$$

发现式(6.15)和式(6.7)不能同时满足，即不存在湿热稳定的 $\mathbf{A}_\mathrm{F}\mathbf{B}_l\mathbf{D}_\mathrm{F}$ 层合板。

综上所述，在对单种纤维拉剪多耦合效应层合板进行铺层设计时，若层合板只具有三种耦合效应，则只存在湿热稳定的 $\mathbf{A}_\mathrm{F}\mathbf{B}_\mathrm{S}\mathbf{D}_\mathrm{S}$ 层合板，其湿热稳定解析充要条件为式(6.13)。

### 6.2.3 具有四种耦合效应层合板的湿热稳定条件

若层合板具有四种耦合效应，则层合板的四种耦合效应分别为拉剪、拉弯、剪扭和弯扭耦合效应，即 $\mathbf{A}_\mathrm{F}\mathbf{B}_\mathrm{S}\mathbf{D}_\mathrm{F}$ 层合板。其刚度矩阵为

$$\begin{bmatrix} \boldsymbol{A} & \boldsymbol{B} \\ \boldsymbol{B} & \boldsymbol{D} \end{bmatrix} = \begin{bmatrix} A_{11} & A_{12} & A_{16} & B_{11} & B_{12} & 0 \\ A_{12} & A_{22} & A_{26} & B_{12} & B_{22} & 0 \\ A_{16} & A_{26} & A_{66} & 0 & 0 & B_{66} \\ B_{11} & B_{12} & 0 & D_{11} & D_{12} & D_{16} \\ B_{12} & B_{22} & 0 & D_{12} & D_{22} & D_{26} \\ 0 & 0 & B_{66} & D_{16} & D_{26} & D_{66} \end{bmatrix} \tag{6.16}$$

结合式(2.60)～式(2.62)可得由几何因子表示的层合板耦合效应的充要条件为

$$\xi_7 = \xi_8 = 0, \quad |\xi_3| + |\xi_4| \neq 0, \quad \xi_6 \neq 0, \quad |\xi_{11}| + |\xi_{12}| \neq 0 \tag{6.17}$$

联立式(6.17)和式(6.7)可得 $\mathbf{A}_\mathrm{F}\mathbf{B}_\mathrm{S}\mathbf{D}_\mathrm{F}$ 层合板湿热稳定的充要条件，即

$$\xi_1=\xi_3=\xi_5=\xi_7=\xi_8=0,\quad \xi_4\neq 0,\quad \xi_6\neq 0,\quad |\xi_{11}|+|\xi_{12}|\neq 0 \tag{6.18}$$

现将能满足湿热稳定条件的拉剪多耦合效应层合板进行汇总，如表 6.2 所示。

**表 6.2　拉剪多耦合效应层合板湿热稳定的充要条件**

| 层合板类型 | 耦合效应数量 | 几何因子的充要条件 |
|---|---|---|
| $\mathbf{A}_F\mathbf{B}_0\mathbf{D}_F$ 层合板 | 2 | $\xi_1=\xi_3=\xi_5=\xi_6=\xi_7=\xi_8=0,\ \xi_4\neq 0,\ \lvert\xi_{11}\rvert+\lvert\xi_{12}\rvert\neq 0$ |
| $\mathbf{A}_F\mathbf{B}_S\mathbf{D}_S$ 层合板 | 3 | $\xi_1=\xi_3=\xi_5=\xi_7=\xi_8=\xi_{11}=\xi_{12}=0,\ \xi_4\neq 0,\ \xi_6\neq 0$ |
| $\mathbf{A}_F\mathbf{B}_S\mathbf{D}_F$ 层合板 | 4 | $\xi_1=\xi_3=\xi_5=\xi_7=\xi_8=0,\ \xi_4\neq 0,\ \xi_6\neq 0,\ \lvert\xi_{11}\rvert+\lvert\xi_{12}\rvert\neq 0$ |

# 6.3　铺层优化设计

## 6.3.1　数学模型

为方便对比分析多耦合效应层合板和单耦合效应层合板的耦合刚度性能差异，本节同时对拉剪多耦合效应层合板和拉剪单耦合效应层合板(即 $\mathbf{A}_F\mathbf{B}_0\mathbf{D}_S$ 层合板)进行铺层优化设计。第 4 章推导 $\mathbf{A}_F\mathbf{B}_0\mathbf{D}_S$ 层合板湿热稳定的条件，即

$$\xi_1=\xi_3=\xi_5=\xi_6=\xi_7=\xi_8=\xi_{11}=\xi_{12}=0,\quad \xi_4\neq 0 \tag{6.19}$$

考虑在利用拉剪多耦合效应层合板设计弯扭耦合结构时，层合板拉剪耦合效应的大小是弯扭耦合结构变形自适应能力的重要影响参数，因此该优化问题的优化目标为层合板的最大拉剪耦合效应。优化问题的约束条件是表 6.2 和式(6.19)所示的几何因子的解析充要条件。

对于工程中常见的机翼和风机叶片等结构，其蒙皮厚度一般为 2mm 左右。由于单种纤维层合板的单层板厚度为 0.1397mm，因此在铺层优化设计中，将层合板的最多层数分别设定为 16 层。单层板采用 IM7/8552 型碳纤维/环氧树脂复合材料，具体材料属性如表 6.3 所示。

**表 6.3　复合材料单层板材料属性**

| 材料属性 | | IM7/8552 型<br>碳纤维/环氧树脂 | T300/5208 型<br>碳纤维/环氧树脂 | S1002 型<br>玻璃纤维/环氧树脂 |
|---|---|---|---|---|
| 弹性模量/GPa | $E_1$ | 161.0 | 181 | 38.6 |
| | $E_2$ | 11.38 | 10.2 | 8.3 |
| 剪切模量/GPa | $G_{12}$ | 5.17 | 7.2 | 4.14 |
| 泊松比 | $\nu_{21}$ | 0.38 | 0.28 | 0.26 |
| 单层板厚度/mm | $T$ | 0.1397 | 0.1 | 0.1 |
| 热膨胀系数/($\times10^{-6}$/℃) | $\alpha_1$ | −0.0181 | −0.1 | 8.6 |
| | $\alpha_2$ | 24.3 | 25.6 | 22.1 |

分别对表 6.2 和式(6.19)所示的湿热稳定的四类层合板进行铺层优化设计，其中四类单种纤维层合板($\mathbf{A}_F\mathbf{B}_0\mathbf{D}_S$ 层合板、$\mathbf{A}_F\mathbf{B}_0\mathbf{D}_F$ 层合板、$\mathbf{A}_F\mathbf{B}_S\mathbf{D}_S$ 层合板、$\mathbf{A}_F\mathbf{B}_S\mathbf{D}_F$ 层合板)的优化问题数学模型分别为

$$\max|a_{16}(\theta_1,\theta_2,\cdots,\theta_n)|$$
$$\text{s.t.}\ \begin{cases}-90°\leqslant\theta_i\leqslant 90°, & i=1,2,\cdots,n\\ \xi_1=\xi_3=\xi_5=\xi_6=\xi_7=\xi_8=\xi_{11}=\xi_{12}=0, & \xi_4\neq 0\end{cases} \tag{6.20}$$

$$\max|a_{16}(\theta_1,\theta_2,\cdots,\theta_n)|$$
$$\text{s.t.}\ \begin{cases}-90°\leqslant\theta_i\leqslant 90°, & i=1,2,\cdots,n\\ \xi_1=\xi_3=\xi_5=\xi_6=\xi_7=\xi_8=0,\ \xi_4\neq 0, & |\xi_{11}|+|\xi_{12}|\neq 0\end{cases} \tag{6.21}$$

$$\max|a_{16}(\theta_1,\theta_2,\cdots,\theta_n)|$$
$$\text{s.t.}\ \begin{cases}-90°\leqslant\theta_i\leqslant 90°, & i=1,2,\cdots,n\\ \xi_1=\xi_3=\xi_5=\xi_7=\xi_8=\xi_{11}=\xi_{12}=0, & \xi_4\neq 0,\quad \xi_6\neq 0\end{cases} \tag{6.22}$$

$$\max|a_{16}(\theta_1,\theta_2,\cdots,\theta_n)|$$
$$\text{s.t.}\ \begin{cases}-90°\leqslant\theta_i\leqslant 90°, & i=1,2,\cdots,n\\ \xi_1=\xi_3=\xi_5=\xi_7=\xi_8=0, & \xi_4\neq 0,\quad \xi_6\neq 0,\quad |\xi_{11}|+|\xi_{12}|\neq 0\end{cases} \tag{6.23}$$

### 6.3.2 优化结果

对于四类拉剪多耦合效应层合板，其优化问题的约束条件均包含多个等式约束。这使该优化问题变为非线性强约束问题，进而导致常规优化方法难以获得满足条件的解析解。考虑遗传算法-序列二次规划(genetic algorithm-sequential quadratic program，GA-SQP)混合优化求解算法在处理多等式约束问题的优越性及高效的全局优化能力，在此选取 GA-SQP 算法进行优化。表 6.4～表 6.7 分别给出四类拉剪耦合层合板的铺层优化设计结果及其耦合效应的解析解。

从表 6.4 可以看出，对于 16 层以内的 $\mathbf{A}_F\mathbf{B}_0\mathbf{D}_S$ 层合板，只有 8～16 层层合板存在湿热稳定的非对称铺层可行解，1～7 层无可行解的原因为不能满足式(6.19)表示的层合板几何因子的约束条件；当层数为 10 时，$\mathbf{A}_F\mathbf{B}_0\mathbf{D}_S$ 层合板的拉剪耦合效应达到最大，为 $8.02\times10^{-9}\text{m}\cdot\text{N}^{-1}$。

**表 6.4　湿热稳定的 $\mathbf{A}_F\mathbf{B}_0\mathbf{D}_S$ 层合板**

| 层数 | 铺层优化设计结果 | 耦合效应 $\lvert a_{16}\rvert/(\text{m}\cdot\text{N}^{-1})$ |
| --- | --- | --- |
| 1～7 | 无可行解 | |
| 8 | $[-45.5°/40.8°/59.0°/-18.2°/71.8°/-31.0°/-49.2°/44.5°]_T$ | $7.47\times10^{-9}$ |

续表

| 层数 | 铺层优化设计结果 | 耦合效应 $\lvert a_{16}\rvert/(\mathrm{m}\cdot\mathrm{N}^{-1})$ |
|---|---|---|
| 9 | $[-78.9°/60.4°/-8.3°/-16.3°/68.3°/-16.3°/-8.3°/60.4°/-78.9°]_T$ | $7.94\times10^{-9}$ |
| 10 | $[-40.7°/44.8°/37.4°/-67.3°/-63.8°/26.2°/22.7°/-52.6°/-45.2°/49.3°]_T$ | $8.02\times10^{-9}$ |
| 11 | $[-84.7°/-10.0°/40.8°/79.1°/-21.3°/-23.0°/70.0°/-25.9°/59.6°/2.6°/-82.5°]_T$ | $5.62\times10^{-9}$ |
| 12 | $[37.2°/-47.8°/69.3°/-32.0°/-29.2°/63.9°/-26.1°/60.8°/58.0°/-20.7°/42.2°/-52.8°]_T$ | $6.94\times10^{-9}$ |
| 13 | $[28.4°/-10.7°/-41.7°/-30.7°/73.3°/72.8°/72.7°/72.8°/73.3°/-30.7°/-41.7°/-10.7°/28.4°]_T$ | $5.20\times10^{-9}$ |
| 14 | $[35.9°/-90.0°/-40.1°/-25.9°/-23.1°/64.5°/64.2°/64.0°/-20.4°/-20.0°/62.4°/-18.4°/44.9°/-66.5°]_T$ | $5.67\times10^{-9}$ |
| 15 | $[76.3°/-53.5°/-2.9°/21.0°/-75.2°/22.8°/-71.7°/22.7°/22.5°/-68.6°/-67.3°/20.1°/-60.7°/-3.6°/71.3°]_T$ | $5.26\times10^{-9}$ |
| 16 | $[54.9°/-40.6°/13.6°/-61.8°/90.0°/-63.1°/17.8°/18.0°/18.2°/90.0°/-63.8°/18.7°/19.0°/-63.1°/-39.0°/62.6°]_T$ | $3.77\times10^{-9}$ |

从表 6.5 可以看出，对于 16 层以内的 $\mathbf{A}_F\mathbf{B}_0\mathbf{D}_F$ 层合板，只有 6～16 层层合板存在湿热稳定的非对称铺层可行解，1～5 层无可行解的原因是不能满足式(6.10)的约束条件；当层数为 8 时，$\mathbf{A}_F\mathbf{B}_0\mathbf{D}_F$ 层合板的拉剪耦合效应达到最大，为 $3.79\times10^{-8}\mathrm{m}\cdot\mathrm{N}^{-1}$；相比 $\mathbf{A}_F\mathbf{B}_0\mathbf{D}_S$ 层合板，其各个层数层合板的拉剪耦合效应均得到明显的提升，其中以 8 层 $\mathbf{A}_F\mathbf{B}_0\mathbf{D}_F$ 层合板提升效果最为显著，达到 507.4%。需要说明的是，拉剪耦合效应的提升程度具体计算方式为多耦合效应层合板$\lvert a_{16}\rvert$与 $\mathbf{A}_F\mathbf{B}_0\mathbf{D}_S$ 层合板$\lvert a_{16}\rvert$的比值。

**表 6.5　湿热稳定的 $\mathbf{A}_F\mathbf{B}_0\mathbf{D}_F$ 层合板**

| 层数 | 铺层优化设计结果 | 耦合效应 $\lvert a_{16}\rvert/(\mathrm{m}\cdot\mathrm{N}^{-1})$ |
|---|---|---|
| 1～5 | 无可行解 | |
| 6 | $[19.6°/-62.7°/67.7°/-22.8°/-72.4°/25.3°]_T$ | $6.51\times10^{-9}$ |
| 7 | $[62.7°/-17.7°/-17.7°/-67.5°/62.7°/62.7°/-17.7°]_T$ | $1.56\times10^{-8}$ |
| 8 | $[67.5°/-22.5°/67.5°/-22.5°/-22.5°/67.5°/-22.5°/67.5°]_T$ | $3.79\times10^{-8}$ |
| 9 | $[-90.0°/-14.1°/-14.4°/53.8°/56.4°/-19.6°/-77.5°/74.9°/-10.7°]_T$ | $8.96\times10^{-9}$ |
| 10 | $[12.7°/-70.7°/-70.2°/40.0°/24.0°/-66.0°/-50.0°/19.8°/19.3°/-77.3°]_T$ | $1.62\times10^{-8}$ |
| 11 | $[7.1°/33.4°/-65.0°/-65.3°/-65.6°/71.0°/20.9°/20.5°/-45.2°/-76.4°/19.8°]_T$ | $9.13\times10^{-9}$ |
| 12 | $[-0.1°/-65.3°/-66.2°/37.7°/31.6°/27.4°/-72.3°/-74.6°/20.7°/-80.2°/-42.1°/17.8°]_T$ | $9.94\times10^{-9}$ |
| 13 | $[23.8°/-71.8°/-71.8°/24.5°/-22.9°/-71.3°/26.2°/27.3°/-69.7°/34.1°/-56.7°/-77.9°/13.6°]_T$ | $1.04\times10^{-8}$ |
| 14 | $[48.4°/-24.5°/71.5°/-34.5°/-23.4°/-8.6°/72.2°/79.4°/63.1°/-40.7°/65.3°/-31.7°/51.4°/-14.5°]_T$ | $9.65\times10^{-9}$ |
| 15 | $[9.1°/-84.4°/-66.9°/30.6°/25.1°/-68.7°/-68.9°/20.7°/-31.1°/-69.1°/19.4°/19.2°/90.0°/18.9°/-69.3°]_T$ | $8.70\times10^{-9}$ |
| 16 | $[-54.1°/-1.9°/-90.0°/-90.0°/23.8°/20.2°/19.5°/-71.0°/19.0°/90.0°/-65.0°/18.8°/-63.6°/-20.4°/18.6°/90.0°]_T$ | $4.97\times10^{-9}$ |

从表 6.6 可以看出，对于 16 层以内的 $\mathbf{A_F B_S D_S}$ 层合板，只有 7～16 层层合板存在湿热稳定的自由铺层可行解，1～6 层无可行解的原因为不能满足式(6.13)的约束条件；当层数为 12 时，$\mathbf{A_F B_S D_S}$ 层合板的拉剪耦合效应达到最大，为 $9.51\times10^{-9}\mathrm{m\cdot N^{-1}}$；相比 $\mathbf{A_F B_0 D_S}$ 层合板，其拉剪耦合效应有一定的提升效果，其中以 16 层层合板最为显著(158.9%)，但没有 $\mathbf{A_F B_0 D_F}$ 层合板的提升显著。

**表 6.6　湿热稳定的 $\mathbf{A_F B_S D_S}$ 层合板**

| 层数 | 铺层优化设计结果 | 耦合效应 $\lvert a_{16}\rvert/(\mathrm{m\cdot N^{-1}})$ |
|---|---|---|
| 1～6 | 无可行解 | |
| 7 | $[-77.2°/56.5°/-19.9°/7.8°/9.0°/-59.8°/76.8°]_T$ | $6.12\times10^{-10}$ |
| 8 | $[0.5°/-87.0°/80.5°/-17.9°/72.1°/-9.5°/3.0°/-89.5°]_T$ | $8.60\times10^{-9}$ |
| 9 | $[-81.2°/49.2°/-21.6°/-20.5°/53.7°/-14.5°/81.9°/-0.7°/-88.1°]_T$ | $8.26\times10^{-9}$ |
| 10 | $[-43.7°/29.2°/68.5°/69.4°/-28.1°/-25.9°/74.0°/-21.5°/15.6°/88.3°]_T$ | $7.50\times10^{-9}$ |
| 11 | $[-87.5°/-0.2°/-2.6°/71.2°/-14.4°/76.7°/-30.9°/74.7°/73.9°/-40.6°/13.1°]_T$ | $7.73\times10^{-9}$ |
| 12 | $[0.0°/-85.9°/-90.0°/-9.3°/64.4°/-14.9°/59.7°/-21.7°/54.8°/-40.2°/-53.0°/44.7°]_T$ | $9.51\times10^{-9}$ |
| 13 | $[-86.4°/2.9°/67.3°/-90.0°/-11.9°/-14.8°/-17.1°/-18.9°/68.0°/67.6°/65.6°/0.8°/-63.9°]_T$ | $6.37\times10^{-9}$ |
| 14 | $[82.6°/-88.6°/-61.5°/0.1°/6.4°/11.6°/15.7°/19.3°/-64.6°/-64.1°/35.1°/-76.5°/-40.5°/55.9°]_T$ | $6.18\times10^{-9}$ |
| 15 | $[18.8°/-47.5°/59.7°/80.4°/-26.6°/-23.1°/-20.4°/68.4°/69.1°/-90.0°/72.6°/-6.9°/-3.7°/-0.6°/-85.1°]_T$ | $6.23\times10^{-9}$ |
| 16 | $[-46.1°/61.8°/42.0°/-53.4°/27.3°/-58.1°/22.5°/-61.8°/19.3°/-64.7°/15.2°/12.3°/90.0°/-61.2°/-0.9°/77.0°]_T$ | $5.99\times10^{-9}$ |

从表 6.7 可以看出，对于 16 层以内的 $\mathbf{A_F B_S D_F}$ 层合板，只有 5～16 层层合板存在湿热稳定的自由铺层可行解，1～4 层无可行解的原因为不能满足式(6.18)的约束条件；当层数为 6 时，$\mathbf{A_F B_S D_F}$ 层合板的拉剪耦合效应达到最大，为 $2.77\times10^{-8}\mathrm{m\cdot N^{-1}}$；相比 $\mathbf{A_F B_0 D_S}$ 层合板，其拉剪耦合效应有较为明显的提升效果，尤其是 5～14 层层合板，均能提升到 $1\times10^{-8}\mathrm{m\cdot N^{-1}}$ 以上。

**表 6.7　湿热稳定的 $\mathbf{A_F B_S D_F}$ 层合板**

| 层数 | 铺层优化设计结果 | 耦合效应 $\lvert a_{16}\rvert/(\mathrm{m\cdot N^{-1}})$ |
|---|---|---|
| 1～4 | 无可行解 | |
| 5 | $[-60.3°/15.3°/67.5°/15.3°/-60.3°]_T$ | $1.41\times10^{-8}$ |
| 6 | $[1.5°/-79.2°/-75.4°/30.4°/34.2°/-46.5°]_T$ | $2.77\times10^{-8}$ |
| 7 | $[17.7°/-62.7°/-62.7°/67.5°/17.7°/17.7°/-62.7°]_T$ | $1.56\times10^{-8}$ |
| 8 | $[-88.2°/-11.3°/62.9°/-15.9°/-19.3°/59.0°/57.8°/-47.0°]_T$ | $1.91\times10^{-8}$ |
| 9 | $[-17.1°/62.4°/-69.7°/-18.8°/58.5°/56.4°/-26.7°/51.8°/-39.4°]_T$ | $1.25\times10^{-8}$ |
| 10 | $[-62.6°/-62.8°/40.0°/14.8°/20.3°/21.7°/-66.9°/-82.1°/23.0°/-57.2°]_T$ | $1.77\times10^{-8}$ |

续表

| 层数 | 铺层优化设计结果 | 耦合效应 $\lvert a_{16}\rvert/(\mathrm{m}\cdot\mathrm{N}^{-1})$ |
|---|---|---|
| 11 | $[7.1°/-75.1°/16.3°/-71.9°/-70.3°/19.1°/66.0°/-64.8°/19.6°/19.6°/-56.5°]_T$ | $1.26\times10^{-8}$ |
| 12 | $[-4.0°/-73.9°/-73.6°/-73.2°/22.0°/24.8°/26.9°/28.6°/-71.7°/31.1°/-70.3°/-41.0°]_T$ | $1.38\times10^{-8}$ |
| 13 | $[45.4°/61.6°/-33.0°/-31.7°/-30.4°/72.7°/72.5°/-26.9°/-25.8°/72.0°/27.9°/-23.1°/71.6°]_T$ | $1.06\times10^{-8}$ |
| 14 | $[82.6°/-2.9°/-9.6°/71.7°/70.6°/-17.7°/74.1°/-23.0°/90.0°/-10.7°/-25.4°/-41.8°/53.5°/57.8°]_T$ | $1.08\times10^{-8}$ |
| 15 | $[-1.4°/86.2°/83.9°/80.6°/76.4°/-11.2°/-13.0°/-14.6°/-15.9°/45.6°/-17.8°/-18.5°/-90.0°/54.7°/-90.0°]_T$ | $7.40\times10^{-9}$ |
| 16 | $[45.3°/-42.4°/54.6°/-30.8°/60.9°/-23.8°/-90.0°/-20.1°/-90.0°/66.8°/-16.9°/-16.1°/20.6°/-14.5°/-90.0°/69.4°]_T$ | $5.70\times10^{-9}$ |

# 6.4　数值仿真验证

### 6.4.1　湿热效应验证

为了验证层合板的湿热稳定性，本节采用有限元法，分别对表 6.4～表 6.7 中的四类拉剪多耦合层合板的湿热效应进行模拟。

利用 MSC.Patran/Nastran 软件，建立尺寸为 8.26m×3m 的层合板有限元模型，并将其划分为 900 个壳单元。为了模拟降温自由收缩变形，仅固支层合板的几何中心，并设定温差为 180°C(典型的高温固化温差)，然后采用线性静力学功能进行计算。

计算得到的拉剪耦合层合板降温自由收缩变形如图 6.1 所示。这里只展示 14 层层合板的结果，其余层数层合板结论与此一致。可以看出，在高温固化过程中，四类拉剪耦合层合板的切应变、弯曲曲率和扭曲率均为 0，说明层合板均是湿热稳定的，符合预期设计。

通过图 6.1 还可以发现一个有趣的现象，即四类拉剪耦合层合板的降温自由收缩位移均相同。其原因如下，将式(3.31)和式(3.32)代入式(3.20)可得

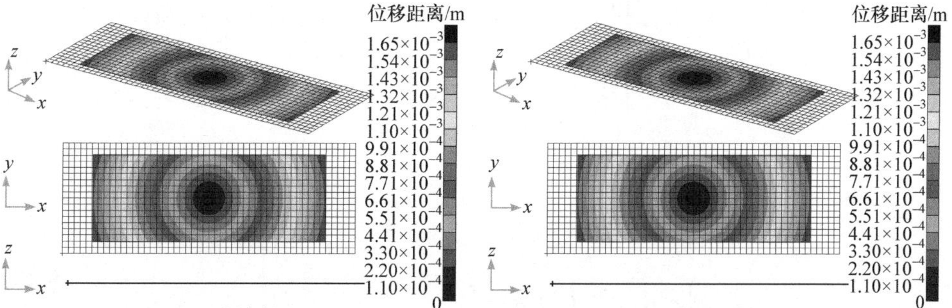


(a) $\mathbf{A}_F\mathbf{B}_0\mathbf{D}_S$层合板　　(b) $\mathbf{A}_F\mathbf{B}_0\mathbf{D}_F$层合板

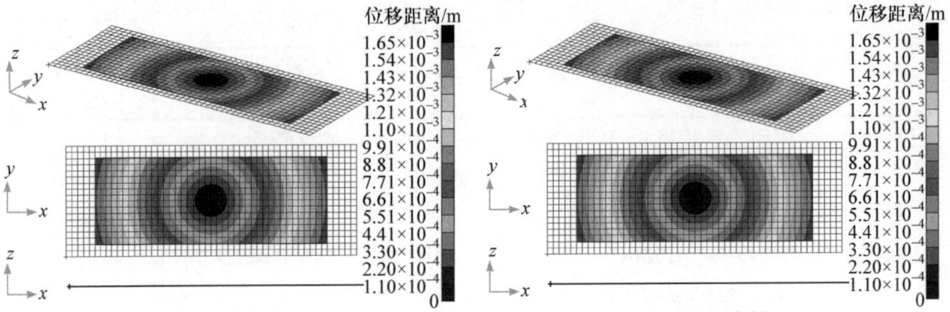


(c) $\mathbf{A}_F\mathbf{B}_S\mathbf{D}_S$层合板　　(d) $\mathbf{A}_F\mathbf{B}_S\mathbf{D}_F$层合板

图 6.1　四类拉剪耦合 14 层层合板降温自由收缩位移云图

$$\begin{cases}\varepsilon_x^{\mathrm{T}}=\dfrac{H\Delta T}{2}[(a_{11}+a_{12})U_1^{\mathrm{T}}+(a_{11}-a_{12})\xi_1U_2^{\mathrm{T}}+a_{16}\xi_3U_2^{\mathrm{T}}]+\dfrac{H^2\Delta T}{8}U_2^{\mathrm{T}}[(b_{11}-b_{12})\xi_5+b_{16}\xi_7]\\ \varepsilon_y^{\mathrm{T}}=\dfrac{H\Delta T}{2}[(a_{12}+a_{22})U_1^{\mathrm{T}}+(a_{12}-a_{22})\xi_1U_2^{\mathrm{T}}+a_{26}\xi_3U_2^{\mathrm{T}}]+\dfrac{H^2\Delta T}{8}U_2^{\mathrm{T}}[(b_{21}-b_{22})\xi_5+b_{26}\xi_7]\end{cases}\tag{6.24}$$

通过表 6.2 和式(6.19)可知，对于湿热稳定的四类拉剪耦合层合板，其共有的充要条件为

$$\xi_1=\xi_3=\xi_5=\xi_7=\xi_8=0,\ \xi_4\neq 0\tag{6.25}$$

将式(6.25)代入式(6.24)可得

$$\begin{Bmatrix}\varepsilon_x^{\mathrm{T}}\\ \varepsilon_y^{\mathrm{T}}\end{Bmatrix}=\frac{H\Delta TU_1^{\mathrm{T}}}{2}\begin{Bmatrix}a_{11}+a_{12}\\ a_{12}+a_{22}\end{Bmatrix}\tag{6.26}$$

再将式(6.25)代入式(2.60)～式(2.62)可得

$$\begin{Bmatrix}A_{11}\\ A_{12}\\ A_{22}\\ A_{66}\\ A_{16}\\ A_{26}\end{Bmatrix}=H\begin{Bmatrix}U_1+\xi_2U_2\\ -\xi_2U_2+U_4\\ U_1+\xi_2U_2\\ -\xi_2U_2+U_5\\ \xi_4U_3\\ -\xi_4U_3\end{Bmatrix},\quad \begin{Bmatrix}B_{11}\\ B_{12}\\ B_{22}\\ B_{66}\\ B_{16}\\ B_{26}\end{Bmatrix}=\frac{H^2}{4}U_3\begin{Bmatrix}\xi_6\\ -\xi_6\\ \xi_6\\ -\xi_6\\ 0\\ 0\end{Bmatrix},\quad \begin{Bmatrix}D_{11}\\ D_{12}\\ D_{22}\\ D_{66}\\ D_{16}\\ D_{26}\end{Bmatrix}=\frac{H^3}{12}\begin{Bmatrix}U_1+\xi_9U_2+\xi_{10}U_3\\ -\xi_{10}U_3+U_4\\ U_1-\xi_9U_2+\xi_{10}U_3\\ -\xi_{10}U_3+U_5\\ \xi_{11}U_2/2+\xi_{12}U_3\\ \xi_{11}U_2/2-\xi_{12}U_3\end{Bmatrix}\tag{6.27}$$

联立式(6.26)和式(6.27)可得

$$\begin{Bmatrix}\varepsilon_x^{\mathrm{T}}\\ \varepsilon_y^{\mathrm{T}}\end{Bmatrix}=\frac{H\Delta TU_1^{\mathrm{T}}}{2(A_{11}+A_{12})}\begin{Bmatrix}1\\ 1\end{Bmatrix}=\frac{\Delta TU_1^{\mathrm{T}}}{2(U_1+U_4)}\begin{Bmatrix}1\\ 1\end{Bmatrix}\tag{6.28}$$

因此，层合板两个主方向的热应变完全相同，其大小与层合板铺层角度无关，在理论层面验证了四类拉剪耦合层合板的降温自由收缩位移是相同的。

### 6.4.2　耦合效应验证

对于四类拉剪多耦合层合板，层合板有限元模型的尺寸、位移边界条件约束和单元划分均与 6.4.1 节湿热稳定性验证的模型相同。此外，层合板不再承受温度载荷，取而代之的是层合板两端的均布拉力，其大小为 12N/m。计算得到层合板的位移云图如图 6.2 所示。这里以 14 层层合板为例说明，其余层数层合板结论与此一致。

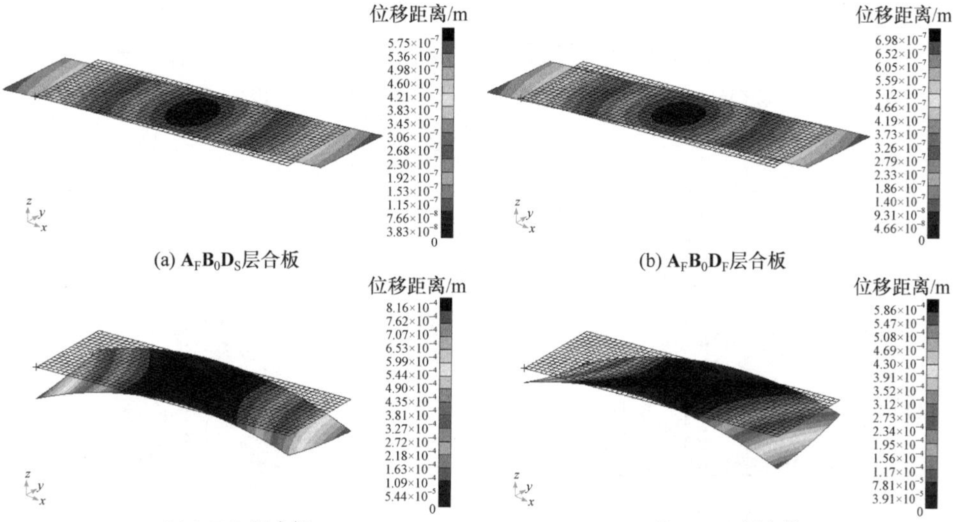


(a) $\mathbf{A_F B_0 D_S}$层合板　(b) $\mathbf{A_F B_0 D_F}$层合板

(c) $\mathbf{A_F B_S D_S}$层合板　(d) $\mathbf{A_F B_S D_F}$层合板

图 6.2　四类拉剪耦合 14 层层合板在轴向拉伸载荷作用下的位移云图

此外，表 6.8 给出了上述层合板切应变 $\gamma_{xy}^0$ 的解析解与数值解。结合表 6.2 和表 6.8 可以看出，层合板的变形符合预期设计，不仅存在拉剪耦合效应，还存在除拉剪耦合效应外的多耦合效应；层合板切应变的仿真结果与理论结果基本一致，误差基本为 0，验证了层合板拉剪耦合效应的正确性。

**表 6.8　四类拉剪耦合 14 层层合板切应变的解析解与数值解**

| 层合板类型 | $\varepsilon_x^0$ 解析解 | $\varepsilon_x^0$ 数值解 | $\Delta\varepsilon_x^0$ | $\gamma_{xy}^0$ 解析解 | $\gamma_{xy}^0$ 数值解 | $\Delta\gamma_{xy}^0$ |
|---|---|---|---|---|---|---|
| $\mathbf{A_F B_0 D_S}$ 层合板 | $1.2665\times10^{-7}$ | $1.2665\times10^{-7}$ | 0% | $6.8066\times10^{-8}$ | $6.8067\times10^{-8}$ | 0.001% |
| $\mathbf{A_F B_0 D_F}$ 层合板 | $1.4620\times10^{-7}$ | $1.4620\times10^{-7}$ | 0% | $1.1589\times10^{-7}$ | $1.1589\times10^{-7}$ | 0% |
| $\mathbf{A_F B_S D_S}$ 层合板 | $1.1390\times10^{-7}$ | $1.1390\times10^{-7}$ | 0% | $7.4098\times10^{-8}$ | $7.4098\times10^{-8}$ | 0% |
| $\mathbf{A_F B_S D_F}$ 层合板 | $1.2766\times10^{-7}$ | $1.2766\times10^{-7}$ | 0% | $1.2961\times10^{-7}$ | $1.2962\times10^{-7}$ | 0.008% |

## 6.5　鲁棒性分析

以表 6.4～表 6.7 中 14 层拉剪多耦合层合板为例，采用 Monte Carlo 法对层合板的拉剪耦合效应进行鲁棒性分析，其余层数层合板结论均与此一致。假设层合板第 $k$ 层单层板的铺层角度为$(\theta_k \pm \Delta\theta_k)$，其中$\theta_k$为理论铺设角度，$\Delta\theta_k$为角度偏差，这里取$\Delta\theta_k$。图 6.3 给出了各单层最大角度偏差为 2°且随机抽样 20000 次时，层合板拉剪耦合效应误差的分布，及其 95%置信水平下的置信区间。

从图 6.3 可以看出，对于单种纤维拉剪耦合层合板，当铺层角度存在误差时，层合板拉剪耦合效应的误差服从正态分布，并且 95%置信水平下的置信区间均控制在±5%之内，说明误差可控，若采用合适的铺层技术可以满足工程精度要求。

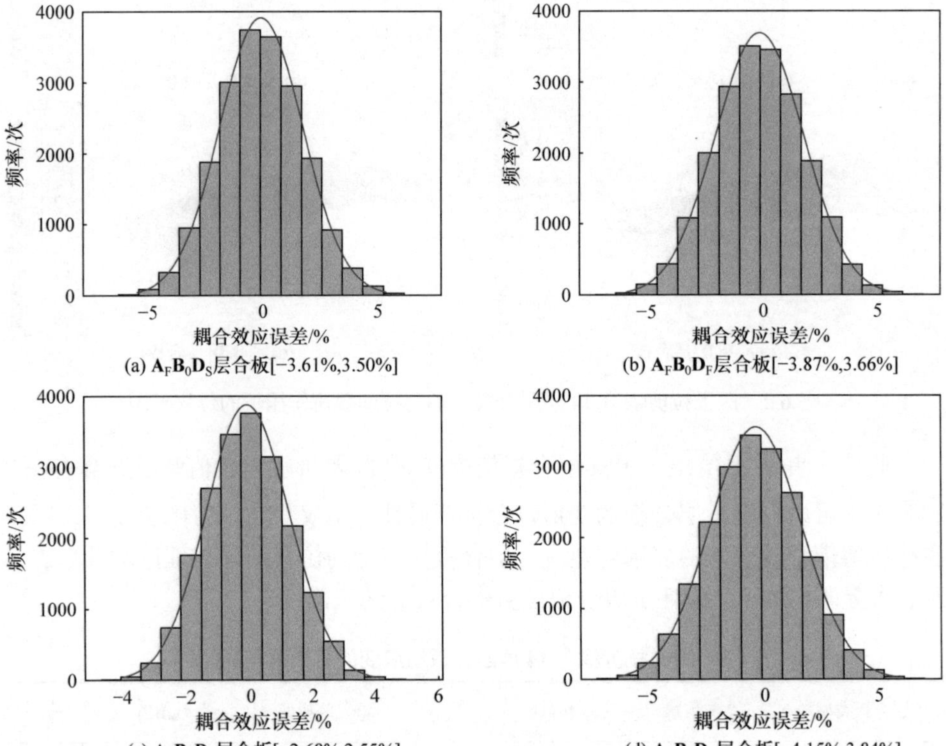

(a) $\mathbf{A}_F\mathbf{B}_0\mathbf{D}_S$层合板[−3.61%,3.50%]　(b) $\mathbf{A}_F\mathbf{B}_0\mathbf{D}_F$层合板[−3.87%,3.66%]

(c) $\mathbf{A}_F\mathbf{B}_S\mathbf{D}_S$层合板[−2.68%,2.55%]　(d) $\mathbf{A}_F\mathbf{B}_S\mathbf{D}_F$层合板[−4.15%,3.84%]

图 6.3　拉剪耦合 14 层层合板拉剪耦合效应的鲁棒性分析结果

# 第 7 章　拉扭多耦合效应层合板

## 7.1　引　　言

拉扭多耦合效应层合板是同时具有拉扭耦合效应和其他耦合效应的复合材料层合板。第 5 章设计的拉扭单耦合效应层合板是依靠气动弹性剪裁技术实现的，即通过对各向异性复合材料层合板进行不同角度的剪裁，使其具有不同的刚度方向和耦合效应。然而，经过剪裁法得到的拉扭耦合层合板存在诸多不足，主要表现在易发生湿热翘曲变形、设计域窄、耦合效应不够强、耦合刚度类型不易控制等方面，这些局限性有可能削弱由此类层合板结构的自适应能力。设计具有湿热稳定性的自由铺层拉扭多耦合效应层合板，能够很好地解决上述问题，并能够大幅提升层合板拉扭耦合效应。

本章从层合板的耦合效应类型出发，研究湿热稳定机理，以获得能够满足湿热稳定性的拉扭多耦合效应层合板类型及其解析充要条件。在此基础上，进一步开展拉扭多耦合效应层合板的铺层优化设计方法研究，并探究层合板的多耦合效应对其力学特性的影响规律。最后，利用数值仿真软件验证理论的正确性，完成鲁棒性分析。

## 7.2　湿热稳定的解析条件

拉扭耦合层合板含有的耦合效应类型有多种形式，包括单一拉扭耦合层合板($\mathbf{A}_S\mathbf{B}_t\mathbf{D}_S$ 层合板)及拉扭多耦合效应层合板。除了拉扭耦合效应，层合板可能具有的其他耦合效应包括下列耦合效应中的一种或多种，即拉剪耦合效应、拉弯耦合效应、剪扭耦合效应和弯扭耦合效应。表 7.1 给出了拉扭耦合层合板类型及其耦合效应形式。其中，拉扭耦合效应和剪弯耦合效应不能分别单独存在，因此只能算一种耦合效应形式。

由表 7.1 可知，一共有 12 种拉扭耦合层合板，包括 1 种单耦合效应层合板和 11 种多耦合效应层合板。需要注意的是，表中所列层合板耦合类型不是耦合效应的简单排列组合。例如，表中没有同时具有拉扭耦合效应和剪扭耦合效应的层合板，此时表示层合板剪扭耦合效应的刚度系数 $B_{66}$ 不能为 0，但是 $B_{12}$ 与 $B_{66}$ 在数值上相同，层合板一旦具有剪扭耦合效应时 $B_{12}$ 也不为 0，即同时存在拉弯耦合效应。因此，不存在只具有拉扭和剪扭耦合效应而不具有其他耦合效应的层合板。

由于本书设计的多耦合效应层合板用于构造弯扭耦合结构，拉剪与拉扭耦合效应的共同存在不利于盒型结构弯扭耦合效应的提升。因此，对于拉扭多耦合效应层合板，除拉扭耦合效应，其他耦合效应不应包括拉剪耦合效应，即编号为(4)、(7)、(8)、(10)、(11)和(12)的层合板不在讨论范围内。下面分别推导表 7.1 中剩余 5 种拉扭多耦合效应层合板湿热稳定的充要条件。

**表 7.1　拉扭耦合层合板的耦合类型**

| 编号 | 层合板类型 | 耦合效应数量 | 耦合效应形式 |
|---|---|---|---|
| (1) | $\mathbf{A}_S\mathbf{B}_t\mathbf{D}_S$ 层合板 | 1 | 拉扭(剪弯) |
| (2) | $\mathbf{A}_S\mathbf{B}_t\mathbf{D}_F$ 层合板 | 2 | 拉扭(剪弯)、弯扭 |
| (3) | $\mathbf{A}_S\mathbf{B}_{lt}\mathbf{D}_S$ 层合板 | 2 | 拉扭(剪弯)、拉弯 |
| (4) | $\mathbf{A}_F\mathbf{B}_t\mathbf{D}_S$ 层合板 | 2 | 拉扭(剪弯)、拉剪 |
| (5) | $\mathbf{A}_S\mathbf{B}_{lt}\mathbf{D}_F$ 层合板 | 3 | 拉扭(剪弯)、拉弯、弯扭 |
| (6) | $\mathbf{A}_S\mathbf{B}_F\mathbf{D}_S$ 层合板 | 3 | 拉扭(剪弯)、拉弯、剪扭 |
| (7) | $\mathbf{A}_F\mathbf{B}_t\mathbf{D}_F$ 层合板 | 3 | 拉扭(剪弯)、拉剪、弯扭 |
| (8) | $\mathbf{A}_F\mathbf{B}_{lt}\mathbf{D}_S$ 层合板 | 3 | 拉扭(剪弯)、拉弯、拉剪 |
| (9) | $\mathbf{A}_S\mathbf{B}_F\mathbf{D}_F$ 层合板 | 4 | 拉扭(剪弯)、拉弯、剪扭、弯扭 |
| (10) | $\mathbf{A}_F\mathbf{B}_{lt}\mathbf{D}_F$ 层合板 | 4 | 拉扭(剪弯)、拉弯、拉剪、弯扭 |
| (11) | $\mathbf{A}_F\mathbf{B}_F\mathbf{D}_S$ 层合板 | 4 | 拉扭(剪弯)、拉弯、剪扭、拉剪 |
| (12) | $\mathbf{A}_F\mathbf{B}_F\mathbf{D}_F$ 层合板 | 5 | 拉扭(剪弯)、拉弯、剪扭、拉剪、弯扭 |

### 7.2.1　具有两种耦合效应层合板的湿热稳定条件

在具有两种耦合效应的拉扭耦合层合板中，除拉扭耦合效应，层合板可能存在的其他耦合效应为拉弯耦合效应和弯扭耦合效应中的一种，即 $\mathbf{A}_S\mathbf{B}_{lt}\mathbf{D}_S$ 层合板和 $\mathbf{A}_S\mathbf{B}_t\mathbf{D}_F$ 层合板。对于 $\mathbf{A}_S\mathbf{B}_{lt}\mathbf{D}_S$ 层合板，其拉扭耦合刚度系数 $B_{16}$、$B_{26}$ 不能同时为 0，并且拉弯耦合刚度系数 $B_{11}$ 和 $B_{22}$ 不能同时为 0，而其余的耦合刚度系数均为 0。其刚度矩阵为

$$
\begin{bmatrix} \boldsymbol{A} & \boldsymbol{B} \\ \boldsymbol{B} & \boldsymbol{D} \end{bmatrix} = \begin{bmatrix} A_{11} & A_{12} & 0 & B_{11} & 0 & B_{16} \\ A_{12} & A_{22} & 0 & 0 & B_{22} & B_{26} \\ 0 & 0 & A_{66} & B_{16} & B_{26} & 0 \\ B_{11} & 0 & B_{16} & D_{11} & D_{12} & 0 \\ 0 & B_{22} & B_{26} & D_{12} & D_{22} & 0 \\ B_{16} & B_{26} & 0 & 0 & 0 & D_{66} \end{bmatrix} \tag{7.1}
$$

利用式(2.60)～式(2.62)，可以将式(7.1)转化为几何因子的解析充要条件，即

$$\begin{cases}\xi_3=\xi_4=\xi_6=\xi_{11}=\xi_{12}=0\\ |\xi_5|+|\xi_6|\neq 0,\ \ |\xi_7|+|\xi_8|\neq 0\end{cases}\tag{7.2}$$

对于具有拉扭耦合效应的层合板，其刚度系数 $B_{16}$ 和 $B_{26}$ 不能同时为 0，根据式(2.61)，可知 $\xi_7$ 和 $\xi_8$ 不能同时为 0，即

$$|\xi_7|+|\xi_8|\neq 0\tag{7.3}$$

结合式(6.5)和式(7.3)，可得拉扭耦合层合板能够湿热稳定的充要条件为

$$\xi_1=\xi_3=\xi_5=\xi_7=0,\quad \xi_8\neq 0\tag{7.4}$$

将式(7.2)与式(7.4)联立发现不能同时成立，说明不存在湿热稳定的 $\mathbf{A}_\mathrm{S}\mathbf{B}_{lt}\mathbf{D}_\mathrm{S}$ 层合板。

对于 $\mathbf{A}_\mathrm{S}\mathbf{B}_t\mathbf{D}_\mathrm{F}$ 层合板，其刚度矩阵为

$$\begin{bmatrix}\boldsymbol{A} & \boldsymbol{B}\\ \boldsymbol{B} & \boldsymbol{D}\end{bmatrix}=\begin{bmatrix}A_{11} & A_{12} & 0 & 0 & 0 & B_{16}\\ A_{12} & A_{22} & 0 & 0 & 0 & B_{26}\\ 0 & 0 & A_{66} & B_{16} & B_{26} & 0\\ 0 & 0 & B_{16} & D_{11} & D_{12} & D_{16}\\ 0 & 0 & B_{26} & D_{12} & D_{22} & D_{26}\\ B_{16} & B_{26} & 0 & D_{16} & D_{26} & D_{66}\end{bmatrix}\tag{7.5}$$

将式(7.5)转化为几何因子的解析充要条件为

$$\xi_3=\xi_4=\xi_5=\xi_6=0,\quad |\xi_7|+|\xi_8|\neq 0,\quad |\xi_{11}|+|\xi_{12}|\neq 0\tag{7.6}$$

联立式(7.6)和式(7.4)，可得 $\mathbf{A}_\mathrm{S}\mathbf{B}_t\mathbf{D}_\mathrm{F}$ 层合板湿热稳定的解析充要条件，即

$$\xi_1=\xi_3=\xi_4=\xi_5=\xi_6=\xi_7=0,\quad \xi_8\neq 0,\quad |\xi_{11}|+|\xi_{12}|\neq 0\tag{7.7}$$

综上所述，在对单种纤维拉扭多耦合效应层合板进行铺层设计时，若层合板只具有两种耦合效应，则只存在湿热稳定的 $\mathbf{A}_\mathrm{S}\mathbf{B}_t\mathbf{D}_\mathrm{F}$ 层合板，其湿热稳定解析充要条件如式(7.7)所示。

### 7.2.2　具有三种耦合效应层合板的湿热稳定条件

在具有三种耦合效应的拉扭耦合层合板中，层合板存在的其他两种耦合效应可能为拉弯耦合效应、剪扭耦合效应和弯扭耦合效应。由于层合板一旦发生剪扭耦合效应就会同时产生拉弯耦合效应，而发生拉弯耦合效应则不一定产生剪扭耦合效应，因此只具有三种耦合效应的拉扭耦合层合板有如下两种，即具有拉扭、拉弯和剪扭耦合效应的 $\mathbf{A}_\mathrm{S}\mathbf{B}_\mathrm{F}\mathbf{D}_\mathrm{S}$ 层合板，具有拉扭、拉弯和弯扭耦合效应的 $\mathbf{A}_\mathrm{S}\mathbf{B}_{lt}\mathbf{D}_\mathrm{F}$ 层合板。对于 $\mathbf{A}_\mathrm{S}\mathbf{B}_\mathrm{F}\mathbf{D}_\mathrm{S}$ 层合板，其刚度矩阵为

$$\begin{bmatrix} \boldsymbol{A} & \boldsymbol{B} \\ \boldsymbol{B} & \boldsymbol{D} \end{bmatrix} = \begin{bmatrix} A_{11} & A_{12} & 0 & B_{11} & B_{12} & B_{16} \\ A_{12} & A_{22} & 0 & B_{12} & B_{22} & B_{26} \\ 0 & 0 & A_{66} & B_{16} & B_{26} & B_{66} \\ B_{11} & B_{12} & B_{16} & D_{11} & D_{12} & 0 \\ B_{12} & B_{22} & B_{26} & D_{12} & D_{22} & 0 \\ B_{16} & B_{26} & B_{66} & 0 & 0 & D_{66} \end{bmatrix} \tag{7.8}$$

将式(7.8)转换为层合板几何因子的关系式为

$$\xi_3 = \xi_4 = \xi_{11} = \xi_{12} = 0, \quad \xi_6 \neq 0, \quad |\xi_7| + |\xi_8| \neq 0 \tag{7.9}$$

联立式(7.9)和式(7.4)，可得 $\mathbf{A_S B_F D_S}$ 层合板湿热稳定的解析充要条件为

$$\xi_1 = \xi_3 = \xi_4 = \xi_5 = \xi_7 = \xi_{11} = \xi_{12} = 0, \quad \xi_6 \neq 0, \quad \xi_8 \neq 0 \tag{7.10}$$

对于 $\mathbf{A_S B}_{\boldsymbol{lt}}\mathbf{D_F}$ 层合板，其刚度矩阵为

$$\begin{bmatrix} \boldsymbol{A} & \boldsymbol{B} \\ \boldsymbol{B} & \boldsymbol{D} \end{bmatrix} = \begin{bmatrix} A_{11} & A_{12} & 0 & B_{11} & 0 & B_{16} \\ A_{12} & A_{22} & 0 & 0 & B_{22} & B_{26} \\ 0 & 0 & A_{66} & B_{16} & B_{26} & 0 \\ B_{11} & 0 & B_{16} & D_{11} & D_{12} & D_{16} \\ 0 & B_{22} & B_{26} & D_{12} & D_{22} & D_{26} \\ B_{16} & B_{26} & 0 & D_{16} & D_{26} & D_{66} \end{bmatrix} \tag{7.11}$$

将式(7.11)转换为层合板几何因子的关系式为

$$\xi_3 = \xi_4 = \xi_6 = 0, \quad \xi_5 \neq 0, \quad |\xi_7| + |\xi_8| \neq 0, \quad |\xi_{11}| + |\xi_{12}| \neq 0 \tag{7.12}$$

联立式(7.12)和式(7.4)，发现层合板的几何因子不能同时满足这两个关系式，因此不存在湿热稳定的 $\mathbf{A_S B}_{\boldsymbol{lt}}\mathbf{D_F}$ 层合板。

综上所述，在对单种纤维拉扭多耦合效应层合板进行铺层设计时，若层合板只具有三种耦合效应，则只存在湿热稳定的 $\mathbf{A_S B_F D_S}$ 层合板，其湿热稳定解析充要条件如式(7.10)所示。

### 7.2.3　具有四种耦合效应层合板的湿热稳定条件

若层合板具有四种耦合效应，则层合板的四种耦合效应分别为拉扭耦合效应、拉弯耦合效应、剪扭耦合效应和弯扭耦合效应，即 $\mathbf{A_S B_F D_F}$ 层合板，其刚度矩阵为

$$\begin{bmatrix} \boldsymbol{A} & \boldsymbol{B} \\ \boldsymbol{B} & \boldsymbol{D} \end{bmatrix} = \begin{bmatrix} A_{11} & A_{12} & 0 & B_{11} & B_{12} & B_{16} \\ A_{12} & A_{22} & 0 & B_{12} & B_{22} & B_{26} \\ 0 & 0 & A_{66} & B_{16} & B_{26} & B_{66} \\ B_{11} & B_{12} & B_{16} & D_{11} & D_{12} & D_{16} \\ B_{12} & B_{22} & B_{26} & D_{12} & D_{22} & D_{26} \\ B_{16} & B_{26} & B_{66} & D_{16} & D_{26} & D_{66} \end{bmatrix} \tag{7.13}$$

将式(7.13)转换为几何因子的关系式为

$$\xi_3 = \xi_4 = 0, \quad \xi_6 \neq 0, \quad |\xi_7| + |\xi_8| \neq 0, \quad |\xi_{11}| + |\xi_{12}| \neq 0 \tag{7.14}$$

联立式(7.14)和式(7.4)，可得 $\mathbf{A}_S\mathbf{B}_F\mathbf{D}_F$ 层合板湿热稳定的解析充要条件，即

$$\xi_1 = \xi_3 = \xi_4 = \xi_5 = \xi_7 = 0, \quad \xi_6 \neq 0, \quad \xi_8 \neq 0, \quad |\xi_{11}| + |\xi_{12}| \neq 0 \tag{7.15}$$

现将能满足湿热稳定条件的拉扭多耦合效应层合板进行汇总，如表 7.2 所示。

**表 7.2　拉扭多耦合效应层合板湿热稳定的充要条件**

| 层合板类型 | 耦合效应的数量 | 几何因子的解析充要条件 |
|---|---|---|
| $\mathbf{A}_S\mathbf{B}_t\mathbf{D}_F$ 层合板 | 2 | $\xi_1 = \xi_3 = \xi_4 = \xi_5 = \xi_6 = \xi_7 = 0, \quad \xi_8 \neq 0, \quad |\xi_{11}| + |\xi_{12}| \neq 0$ |
| $\mathbf{A}_S\mathbf{B}_F\mathbf{D}_S$ 层合板 | 3 | $\xi_1 = \xi_3 = \xi_4 = \xi_5 = \xi_7 = \xi_{11} = \xi_{12} = 0, \quad \xi_6 \neq 0, \quad \xi_8 \neq 0$ |
| $\mathbf{A}_S\mathbf{B}_F\mathbf{D}_F$ 层合板 | 4 | $\xi_1 = \xi_3 = \xi_4 = \xi_5 = \xi_7 = 0, \xi_6 \neq 0, \quad \xi_8 \neq 0, \quad |\xi_{11}| + |\xi_{12}| \neq 0$ |

# 7.3　铺层优化设计

### 7.3.1　优化数学模型

为方便对比分析多耦合效应层合板和单耦合效应层合板的耦合刚度性能差异，本节同时对拉扭多耦合效应层合板和拉扭单耦合效应层合板(即 $\mathbf{A}_S\mathbf{B}_t\mathbf{D}_S$ 层合板)进行铺层优化设计。第 5 章推导了单种纤维 $\mathbf{A}_S\mathbf{B}_t\mathbf{D}_S$ 层合板湿热稳定的条件，即

$$\xi_1 = \xi_3 = \xi_4 = \xi_5 = \xi_6 = \xi_7 = \xi_{11} = \xi_{12} = 0, \quad \xi_8 \neq 0 \tag{7.16}$$

考虑层合板的拉扭耦合效应是构成结构自适应能力的主导因素，是主要刚度性能，可用拉扭耦合系数 $b_{16}$ 来衡量，因此该优化问题的优化目标为层合板的拉扭耦合效应达到最大。优化问题的约束条件为表 7.2 和式(7.16)中相应的几何因子充要条件。对于四类单种纤维拉扭多耦合效应层合板($\mathbf{A}_S\mathbf{B}_t\mathbf{D}_S$ 层合板、$\mathbf{A}_S\mathbf{B}_t\mathbf{D}_F$ 层合板、$\mathbf{A}_S\mathbf{B}_F\mathbf{D}_S$ 层合板、$\mathbf{A}_S\mathbf{B}_F\mathbf{D}_F$ 层合板)，其优化问题的数学模型分别为

$$\begin{aligned} &\max |b_{16}(\theta_1, \theta_2, \cdots, \theta_n)| \\ &\text{s.t.} \quad \begin{cases} -90° \leqslant \theta_i \leqslant 90°, \quad i = 1, 2, \cdots, n \\ \xi_1 = \xi_3 = \xi_4 = \xi_5 = \xi_6 = \xi_7 = \xi_{11} = \xi_{12} = 0, \quad \xi_8 \neq 0 \end{cases} \end{aligned} \tag{7.17}$$

$$\begin{aligned} &\max |b_{16}(\theta_1, \theta_2, \cdots, \theta_n)| \\ &\text{s.t.} \quad \begin{cases} -90° \leqslant \theta_i \leqslant 90°, \quad i = 1, 2, \cdots, n \\ \xi_1 = \xi_3 = \xi_4 = \xi_5 = \xi_6 = \xi_7 = 0, \quad \xi_8 \neq 0, \quad |\xi_{11}| + |\xi_{12}| \neq 0 \end{cases} \end{aligned} \tag{7.18}$$

$$\max |b_{16}(\theta_1,\theta_2,\cdots,\theta_n)|$$
$$\text{s.t.}\ \begin{cases}-90° \leqslant \theta_i \leqslant 90°, \quad i=1,2,\cdots,n \\ \xi_1=\xi_3=\xi_4=\xi_5=\xi_7=\xi_{11}=\xi_{12}=0, \quad \xi_6 \neq 0, \quad \xi_8 \neq 0\end{cases} \tag{7.19}$$

$$\max |b_{16}(\theta_1,\theta_2,\cdots,\theta_n)|$$
$$\text{s.t.}\ \begin{cases}-90° \leqslant \theta_i \leqslant 90°, \quad i=1,2,\cdots,n \\ \xi_1=\xi_3=\xi_4=\xi_5=\xi_7=0, \quad \xi_6 \neq 0, \quad \xi_8 \neq 0, \quad |\xi_{11}|+|\xi_{12}| \neq 0\end{cases} \tag{7.20}$$

### 7.3.2 优化结果

利用 GA-SQP 算法对拉扭多耦合效应层合板进行铺层优化设计。为最大程度发挥层合板的铺层优势，层合板的铺层形式不再局限于标准铺层、对称铺层等特殊形式，采取自由铺层的形式进行铺设。拉扭多耦合层合板的单层板材料采用 IM7/8552 型碳纤维/环氧树脂复合材料。考虑蒙皮厚度一般为 2mm，而单层板厚度为 0.1397mm，在此分别以 12～16 层层合板为例进行设计。表 7.3 给出了湿热稳定的四类拉扭多耦合层合板铺层优化结果及其拉扭耦合柔度系数。

通过分析表中数据可得如下结论。

(1) 利用 GA-SQP 算法可以实现对于给定层数的湿热稳定拉扭耦合层合板的铺层优化设计。

(2) 相比单一拉扭耦合 $\mathbf{A}_S\mathbf{B}_t\mathbf{D}_S$ 层合板，相应层数的拉扭多耦合效应层合板($\mathbf{A}_S\mathbf{B}_t\mathbf{D}_F$ 层合板、$\mathbf{A}_S\mathbf{B}_F\mathbf{D}_S$ 层合板和 $\mathbf{A}_S\mathbf{B}_F\mathbf{D}_F$ 层合板)的拉扭耦合效应获得了大幅度提升，其中以 16 层 $\mathbf{A}_S\mathbf{B}_F\mathbf{D}_S$ 层合板提升效果最为显著(高达 363.1%)，说明多耦合效应的引入能够大幅提升层合板的拉扭耦合效应。

需要说明的是，拉扭耦合效应的提升程度具体计算方式为多耦合效应层合板 $|b_{16}|$ 与 $\mathbf{A}_S\mathbf{B}_t\mathbf{D}_S$ 层合板 $|b_{16}|$ 的比值。

层合板刚度性能提升的主要原因在于如下两方面。

(1) 相比 $\mathbf{A}_S\mathbf{B}_t\mathbf{D}_S$ 层合板，多耦合效应层合板能够满足湿热稳定性的几何因子约束条件数量变少，导致其可设计域大幅增加。

(2) 相比 $\mathbf{A}_S\mathbf{B}_t\mathbf{D}_S$ 层合板，多耦合效应层合板的拉扭耦合柔度系数影响因素更为复杂，并且耦合效应数量越多，拉扭耦合柔度系数表达式的多项式项越多。因此，若对层合板的铺层进行合理设计，可以大幅提升拉扭耦合效应。

**表 7.3　湿热稳定的拉扭耦合层合板**

| 层合板类型 | 层数 | 铺层优化设计结果 | $|b_{16}|$/N$^{-1}$ |
|---|---|---|---|
| $\mathbf{A}_S\mathbf{B}_t\mathbf{D}_S$ 层合板 | 12 | [74.8°/–13.5°/–27.4°/65.9°/58.4°/–51.2°/–36.0°/28.9°/24.4°/–64.6°/19.6°/–78.1°]$_T$ | $4.06\times10^{-5}$ |
| | 13 | [–18.3°/71.4°/–90.0°/56.5°/–22.6°/–26.7°/39.1°/1.5°/–64.6°/–70.7°/36.5°/13.0°/–76.9°]$_T$ | $1.99\times10^{-5}$ |
| | 14 | [69.8°/–6.7°/–17.1°/79.4°/–30.4°/76.9°/–53.0°/37.3°/13.8°/81.5°/–63.2°/8.5°/16.9°/–72.2°]$_T$ | $1.69\times10^{-5}$ |

续表

| 层合板类型 | 层数 | 铺层优化设计结果 | $\lvert b_{16}\rvert/\mathrm{N}^{-1}$ |
|---|---|---|---|
| $\mathbf{A}_S\mathbf{B}_t\mathbf{D}_S$ 层合板 | 15 | [4.9°/–74.5°/25.8°/–69.8°/90.0°/3.5°/46.1°/–40.8°/–27.0°/39.5°/–90.0°/–90.0°/–12.7°/67.2°/–11.2°]$_T$ | $1.14\times10^{-5}$ |
| | 16 | [88.2°/2.6°/69.1°/–29.4°/–28.2°/–26.8°/49.7°/42.2°/32.5°/90.0°/–65.1°/–67.8°/18.4°/–31.8°/90.0°/16.5°]$_T$ | $7.27\times10^{-6}$ |
| $\mathbf{A}_S\mathbf{B}_t\mathbf{D}_F$ 层合板 | 12 | [74.9°/–21.1°/–24.0°/62.6°/55.3°/–52.3°/–34.3°/32.3°/27.1°/–66.9°/19.9°/–72.4°]$_T$ | $4.33\times10^{-5}$ |
| | 13 | [73.4°/71.6°/–17.9°/–19.7°/–19.5°/–56.4°/44.9°/35.4°/27.7°/–56.2°/–69.1°/90.0°/13.4°]$_T$ | $2.74\times10^{-5}$ |
| | 14 | [12.9°/–64.1°/–63.5°/–58.9°/29.5°/–3.3°/40.3°/55.6°/51.3°/–43.0°/84.7°/70.3°/–19.7°/–26.2°]$_T$ | $2.25\times10^{-5}$ |
| | 15 | [–17.5°/–18.9°/81.6°/–22.9°/75.4°/70.5°/90.0°/47.1°/26.7°/15.7°/–62.1°/7.7°/–67.9°/–69.8°/2.4°]$_T$ | $2.25\times10^{-5}$ |
| | 16 | [–77.7°/–76.6°/9.7°/–72.7°/13.1°/9.2°/27.0°/48.7°/–30.0°/–25.3°/62.0°/–90.0°/–90.0°/–15.8°/–14.5°/79.0°]$_T$ | $1.70\times10^{-5}$ |
| $\mathbf{A}_S\mathbf{B}_F\mathbf{D}_S$ 层合板 | 12 | [71.4°/–16.3°/–34.0°/62.5°/56.5°/–46.7°/–37.6°/30.0°/24.7°/–66.7°/19.2°/–77.2°]$_T$ | $4.10\times10^{-5}$ |
| | 13 | [–73.7°/13.8°/36.2°/–65.9°/–52.2°/16.2°/47.9°/–90.0°/–20.2°/–18.8°/64.0°/–17.0°/80.2°]$_T$ | $2.31\times10^{-5}$ |
| | 14 | [–8.5°/73.8°/–24.6°/64.8°/64.1°/–38.3°/–48.6°/29.5°/–88.0°/0.8°/24.9°/–75.1°/–72.7°/12.0°]$_T$ | $2.17\times10^{-5}$ |
| | 15 | [–75.1°/17.8°/18.5°/–41.7°/90.0°/90.0°/22.5°/24.1°/–43.0°/–36.7°/62.3°/–15.1°/77.6°/78.9°/–9.0°]$_T$ | $1.33\times10^{-5}$ |
| | 16 | [75.3°/–19.5°/–21.2°/67.3°/62.7°/–29.5°/43.3°/–39.9°/–46.4°/38.5°/36.3°/–63.3°/–67.0°/21.6°/17.3°/–74.0°]$_T$ | $2.64\times10^{-5}$ |
| $\mathbf{A}_S\mathbf{B}_F\mathbf{D}_F$ 层合板 | 12 | [–67.1°/19.4°/23.2°/–56.6°/–67.0°/42.0°/49.9°/–33.4°/62.5°/–24.6°/–21.2°/73.1°]$_T$ | $4.48\times10^{-5}$ |
| | 13 | [16.8°/18.3°/–79.6°/–75.9°/90.0°/–65.5°/44.2°/–25.1°/–11.9°/–8.0°/–5.4°/73.1°/74.6°]$_T$ | $2.91\times10^{-5}$ |
| | 14 | [–11.3°/83.4°/–16.7°/65.7°/–23.5°/70.9°/86.9°/–57.8°/33.8°/7.2°/28.8°/–70.8°/5.9°/–66.3°]$_T$ | $2.07\times10^{-5}$ |
| | 15 | [–14.7°/–90.0°/–18.0°/72.0°/65.7°/–26.4°/44.9°/53.2°/–45.9°/–55.7°/15.0°/18.4°/–71.6°/15.1°/–75.3°]$_T$ | $2.44\times10^{-5}$ |
| | 16 | [–11.1°/76.7°/–13.6°/72.3°/–90.0°/–13.8°/53.7°/43.1°/–36.0°/–53.0°/–57.8°/21.7°/19.2°/–69.6°/90.0°/14.1°]$_T$ | $1.68\times10^{-5}$ |

## 7.4 数值仿真验证

### 7.4.1 湿热效应

为验证设计的单种纤维拉扭耦合层合板是湿热稳定的，采用有限元法验证表 7.3 中多耦合效应层合板的湿热稳定性。利用 MSC.Patran/Nastran 软件建立层合板的有限元模型，尺寸设定为长 0.18m、宽 0.1m，共划分 800 个壳单元，层合板的几何中心固支，设定温差为 180℃，采用线性静力学功能进行计算。计算得到的降温自由收缩位移云图如图 7.1 所示。在此只展示 14 层层合板的结果，其余层数层合板结论与此一致。可以看出，在高温固化过程中，层合板及其弯扭耦合结构的切应变、弯曲曲率和扭曲率均为 0，说明其是湿热稳定的，符合预期设计。

此外，由图 7.1 可知，具有不同铺层角度的拉扭耦合层合板会产生相同的热线应变。其原因如下，拉扭耦合层合板的热线应变可以通过如下关系求解，即

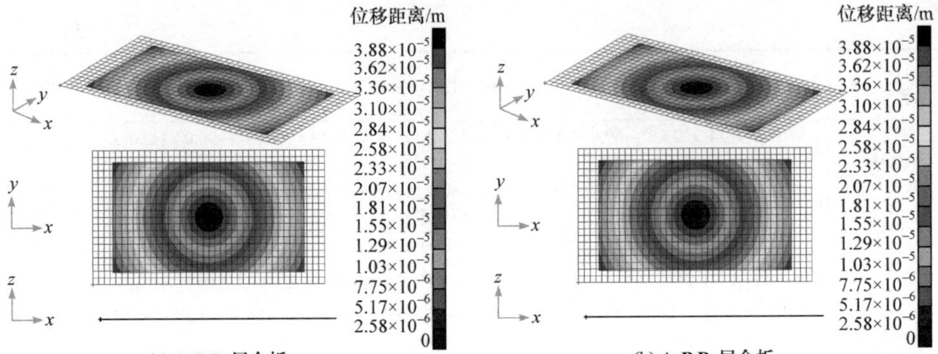


(a) $\mathbf{A}_S\mathbf{B}_l\mathbf{D}_S$层合板　　(b) $\mathbf{A}_S\mathbf{B}_l\mathbf{D}_F$层合板

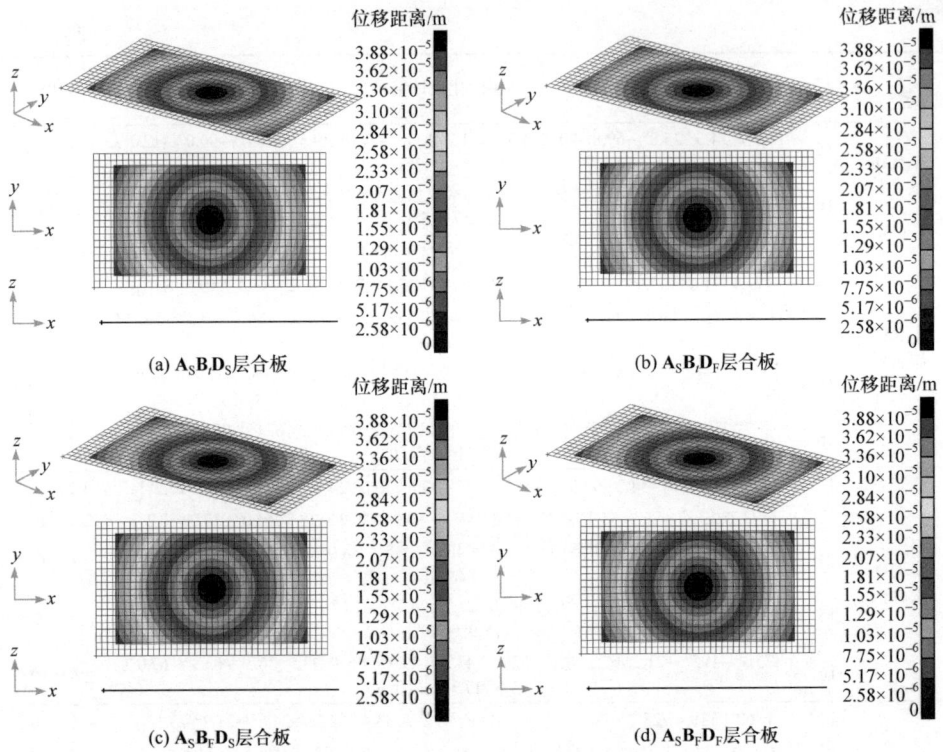

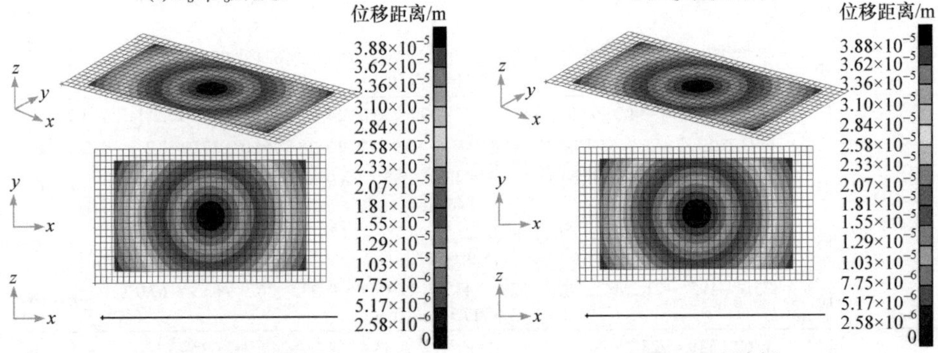


(c) $\mathbf{A}_S\mathbf{B}_F\mathbf{D}_S$层合板　　(d) $\mathbf{A}_S\mathbf{B}_F\mathbf{D}_F$层合板

图 7.1　四类拉扭耦合 14 层层合板降温自由收缩位移云图

$$
\begin{Bmatrix} \varepsilon_x^{\mathrm{T}} \\ \varepsilon_y^{\mathrm{T}} \\ \gamma_{xy}^{\mathrm{T}} \\ \kappa_x^{\mathrm{T}} \\ \kappa_y^{\mathrm{T}} \\ \kappa_{xy}^{\mathrm{T}} \end{Bmatrix} = \begin{bmatrix} a_{11} & a_{12} & 0 & b_{11} & b_{12} & b_{16} \\ a_{12} & a_{22} & 0 & b_{12} & b_{22} & b_{26} \\ 0 & 0 & a_{66} & b_{16} & b_{26} & b_{66} \\ b_{11} & b_{12} & b_{16} & d_{11} & d_{12} & d_{16} \\ b_{12} & b_{22} & b_{26} & d_{12} & d_{22} & d_{26} \\ b_{16} & b_{26} & b_{66} & d_{16} & d_{26} & d_{66} \end{bmatrix} \begin{Bmatrix} N_x^{\mathrm{T}} \\ N_y^{\mathrm{T}} \\ N_{xy}^{\mathrm{T}} \\ M_x^{\mathrm{T}} \\ M_y^{\mathrm{T}} \\ M_{xy}^{\mathrm{T}} \end{Bmatrix} \tag{7.21}
$$

拉扭多耦合层合板热内力和热力矩可以通过式(3.27)和式(3.28)求解。由表 7.2 和式(7.16)可知四类拉扭多耦合层合板湿热稳定的共有解析条件为

$$
\xi_1 = \xi_3 = \xi_4 = \xi_5 = \xi_7 = 0 \tag{7.22}
$$

联立式(7.22)、式(3.27)和式(3.28)可得

$$
\begin{Bmatrix} N_x^{\mathrm{T}} \\ N_y^{\mathrm{T}} \\ N_{xy}^{\mathrm{T}} \end{Bmatrix} = \frac{H\Delta T U_1^{\mathrm{T}}}{2} \begin{Bmatrix} 1 \\ 1 \\ 0 \end{Bmatrix}, \quad \begin{Bmatrix} M_x^{\mathrm{T}} \\ M_y^{\mathrm{T}} \\ M_{xy}^{\mathrm{T}} \end{Bmatrix} = \begin{Bmatrix} 0 \\ 0 \\ 0 \end{Bmatrix} \tag{7.23}
$$

此时，将式(7.23)代入式(7.21)可得

$$\begin{Bmatrix} \varepsilon_x^{\mathrm{T}} \\ \varepsilon_y^{\mathrm{T}} \\ \gamma_{xy}^{\mathrm{T}} \\ \kappa_x^{\mathrm{T}} \\ \kappa_y^{\mathrm{T}} \\ \kappa_{xy}^{\mathrm{T}} \end{Bmatrix} = \frac{H\Delta T U_1^{\mathrm{T}}}{2} \begin{Bmatrix} a_{11}+a_{12} \\ a_{12}+a_{22} \\ 0 \\ b_{11}+b_{12} \\ b_{12}+b_{22} \\ b_{16}+b_{26} \end{Bmatrix} \tag{7.24}$$

将式(7.23)代入式(2.60)和式(2.61)可得

$$\begin{Bmatrix} A_{11} \\ A_{12} \\ A_{22} \\ A_{66} \\ A_{16} \\ A_{26} \end{Bmatrix} = H \begin{Bmatrix} U_1+\xi_2 U_3 \\ U_4-\xi_2 U_3 \\ U_1+\xi_2 U_3 \\ U_5-\xi_2 U_3 \\ 0 \\ 0 \end{Bmatrix}, \quad \begin{Bmatrix} B_{11} \\ B_{12} \\ B_{22} \\ B_{66} \\ B_{16} \\ B_{26} \end{Bmatrix} = \frac{H^2}{4} U_3 \begin{Bmatrix} \xi_6 \\ -\xi_6 \\ \xi_6 \\ -\xi_6 \\ \xi_8 \\ -\xi_8 \end{Bmatrix} \tag{7.25}$$

联立式(7.25)和式(7.24)可得

$$\begin{Bmatrix} \varepsilon_x^{\mathrm{T}} \\ \varepsilon_y^{\mathrm{T}} \\ \gamma_{xy}^{\mathrm{T}} \end{Bmatrix} = \frac{H\Delta T U_1^{\mathrm{T}}}{2(A_{11}+A_{12})} \begin{Bmatrix} 1 \\ 1 \\ 0 \end{Bmatrix} = \frac{\Delta T U_1^{\mathrm{T}}}{2(U_1+U_4)} \begin{Bmatrix} 1 \\ 1 \\ 0 \end{Bmatrix} \tag{7.26}$$

由式(7.26)可知，层合板的两个主轴方向的热线应变相同，并且只与材料常量 $U_1$ 及 $U_4$、材料热弹性不变量$U_1^{\mathrm{T}}$ 和温差 $\Delta T$ 有关，与层合板的层数与铺层角度无关。对比式(6.28)和式(7.26)发现二者完全相同，说明无论是拉剪耦合层合板还是拉扭耦合层合板，其两个主轴方向热线应变的求解公式是相同的。

### 7.4.2　耦合效应

采用与 7.4.1 节中湿热稳定性验证相同的层合板有限元模型验证其拉扭耦合效应，层合板尺寸、单元划分及位移边界条件均保持不变，不同之处在于增加了轴向均布拉力载荷 400N/m 且不再设定固化温差变化。图 7.2 以 14 层层合板为例，展示了层合板在轴向拉伸载荷作用下的位移云图。表 7.4 给出了层合板在轴向拉伸载荷作用时扭曲率 $\kappa_{xy}$ 的解析解与数值解，以及相同层数多耦合效应层合板相比 **A<sub></sub>**$\mathbf{A_S B_l D_S}$层合板的拉扭耦合效应提升效果。其中，$\kappa_{xy}$ 数值解可通过式(7.27)求解，即

$$\kappa_{xy} = \frac{2\varphi}{L} \tag{7.27}$$

此时，需要先提取出层合板一短边中心节点的扭转角 $\varphi$，然后代入式(7.27)求解；$\kappa_{xy}$ 的解析解可通过式(7.21)直接求解。从表 7.4 可以看出，单种纤维拉扭耦合层合板的扭曲率理论与仿真结果吻合非常好，验证了拉扭耦合效应的正确性。

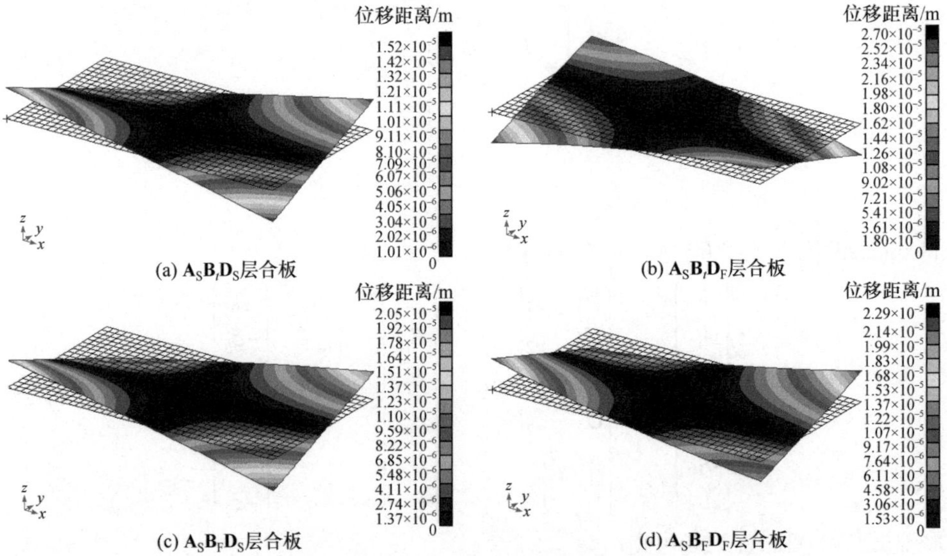


图 7.2　四类拉扭耦合 14 层层合板轴向拉伸时的位移云图

**表 7.4　拉扭耦合层合板轴向拉伸时扭曲率变形解析解与数值解**

| 层合板类型 | 层数 | $\kappa_{xy}$ 解析解 | $\kappa_{xy}$ 数值解 | 误差 | 提升/% |
|---|---|---|---|---|---|
| $\mathbf{A}_S\mathbf{B}_t\mathbf{D}_S$层合板 | 12 | $1.61\times10^{-2}$ | $1.61\times10^{-2}$ | 0 | — |
| | 13 | $0.80\times10^{-2}$ | $0.80\times10^{-2}$ | 0 | — |
| | 14 | $0.68\times10^{-2}$ | $0.68\times10^{-2}$ | 0 | — |
| | 15 | $0.46\times10^{-2}$ | $0.46\times10^{-2}$ | 0 | — |
| | 16 | $0.29\times10^{-2}$ | $0.29\times10^{-2}$ | 0 | — |
| $\mathbf{A}_S\mathbf{B}_t\mathbf{D}_F$层合板 | 12 | $1.72\times10^{-2}$ | $1.72\times10^{-2}$ | 0 | 6.79 |
| | 13 | $1.10\times10^{-2}$ | $1.10\times10^{-2}$ | 0 | 37.50 |
| | 14 | $0.90\times10^{-2}$ | $0.90\times10^{-2}$ | 0 | 32.35 |
| | 15 | $0.90\times10^{-2}$ | $0.90\times10^{-2}$ | 0 | 95.65 |
| | 16 | $0.68\times10^{-2}$ | $0.68\times10^{-2}$ | 0 | 134.48 |
| $\mathbf{A}_S\mathbf{B}_F\mathbf{D}_S$层合板 | 12 | $1.63\times10^{-2}$ | $1.63\times10^{-2}$ | 0 | 1.23 |
| | 13 | $0.92\times10^{-2}$ | $0.92\times10^{-2}$ | 0 | 15.00 |
| | 14 | $0.87\times10^{-2}$ | $0.87\times10^{-2}$ | 0 | 27.94 |
| | 15 | $0.53\times10^{-2}$ | $0.53\times10^{-2}$ | 0 | 15.22 |
| | 16 | $1.06\times10^{-2}$ | $1.06\times10^{-2}$ | 0 | 265.52 |
| $\mathbf{A}_S\mathbf{B}_F\mathbf{D}_F$层合板 | 12 | $1.78\times10^{-2}$ | $1.78\times10^{-2}$ | 0 | 10.49 |
| | 13 | $1.16\times10^{-2}$ | $1.16\times10^{-2}$ | 0 | 45.00 |
| | 14 | $0.83\times10^{-2}$ | $0.83\times10^{-2}$ | 0 | 22.06 |

续表

| 层合板类型 | 层数 | $\kappa_{xy}$ 解析解 | $\kappa_{xy}$ 数值解 | 误差 | 提升/% |
|---|---|---|---|---|---|
| $\mathbf{A}_S\mathbf{B}_F\mathbf{D}_F$ 层合板 | 15 | $0.98\times10^{-2}$ | $0.98\times10^{-2}$ | 0 | 113.04 |
| | 16 | $0.67\times10^{-2}$ | $0.67\times10^{-2}$ | 0 | 131.03 |

## 7.5　鲁棒性分析

为了确保拉扭多耦合效应层合板的实用性，设备和人为误差等因素引起的铺层角度偏差不应引起过大的层合板耦合刚度性能偏差，因此同样采用 Monte Carlo 法，分别对单种纤维/层间混杂纤维拉扭耦合层合板的耦合效应进行鲁棒性分析。层合板第 $k$ 层的铺层角度为 $(\theta_k \pm \Delta\theta_k)$，这里设随机角度偏差为 $\Delta\theta_k = 2°$。

图 7.3 以表 7.3 中的 14 层层合板为例，给出随机抽样 20000 次时层合板拉扭耦合效应误差的分布，及其 95%置信水平下的置信区间。可以看出，当铺层角度存在误差时，层合板的拉扭耦合效应误差服从正态分布，并且 95%置信水平的置信区间控制在±5%之内，具有较高的可控性；三类拉扭多耦合效应层合板的鲁棒性均优于单一拉扭耦合的 $\mathbf{A}_S\mathbf{B}_t\mathbf{D}_S$ 层合板。

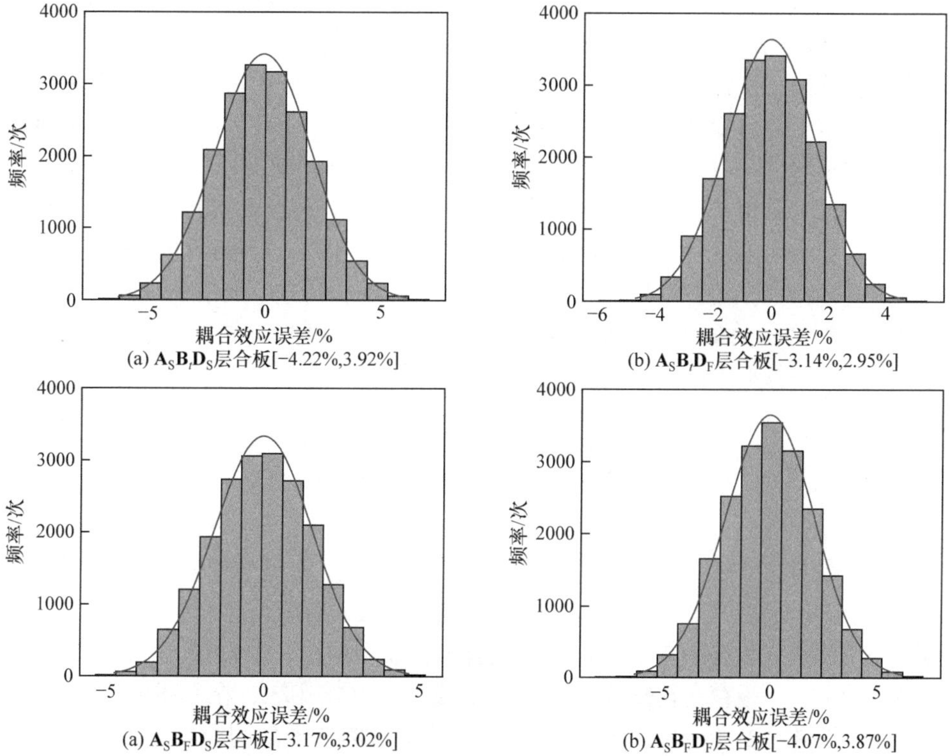


图 7.3　拉扭耦合 14 层层合板拉扭耦合效应的鲁棒性分析结果

# 第 8 章　基于拉剪耦合层合板的弯扭耦合盒型结构设计

## 8.1　引　　言

弯扭耦合结构在风力发电机叶片和前掠翼飞机机翼的结构设计中具有重要的应用价值。利用具有特殊耦合效应的复合材料设计的弯扭耦合结构可以应用于风力发电机叶片的结构设计当中，使叶片可以依据其受到的载荷自发地改变气动扭转角，进而调整载荷的分布，以达到提高结构强度和控制叶片输出功率的目的；利用弯扭耦合自适应结构设计的前掠翼飞机机翼，可以在气动力的作用下产生有利变形，进而解决扭转发散速度过低的问题，提高机翼的气动性能。

现有文献中弯扭耦合结构的设计主要是基于对称复合材料实现的，但是对称复合材料存在耦合效应不强、设计域窄等缺点；少数基于非对称复合材料设计的弯扭耦合结构，存在由固化变形导致的加工困难、残余应力过大等问题。因此，本章开展基于湿热稳定非对称层合板的弯扭耦合盒型结构设计研究，利用湿热稳定的非对称层合板设计不会发生固化变形的弯扭耦合盒型结构。

本章首先介绍基于拉剪耦合层合板的弯扭耦合盒型结构的设计原理，分析弯扭耦合盒型结构的设计思路。然后，基于第 4 章和第 6 章设计的拉剪耦合层合板，构造弯扭耦合盒型结构，推导结构的刚度方程，并进行数值仿真验证；以弯扭耦合盒型结构的最大弯扭耦合效应为优化目标，对盒型结构进行铺层优化设计。最后，对盒型结构的力学性能进行鲁棒性分析。

## 8.2　设 计 原 理

弯扭耦合盒型结构由上、下面板和两块腹板组成。盒型悬臂梁的组成如图 8.1 所示。上、下面板采用的是具有特殊耦合刚度的非对称复合材料层合板，左、右腹板采用的是无耦合效应的复合材料层合板。盒型结构一端固支，一端自由。由于结构的上、下板存在特殊耦合效应(拉剪或拉扭耦合效应)，在力偶矩 $\boldsymbol{M}$(大小为 $M$，方向如图 8.2 所示)的作用下，结构在发生弯曲变形的同时还会发生扭转变形。弯扭耦合效应如图 8.2 所示。

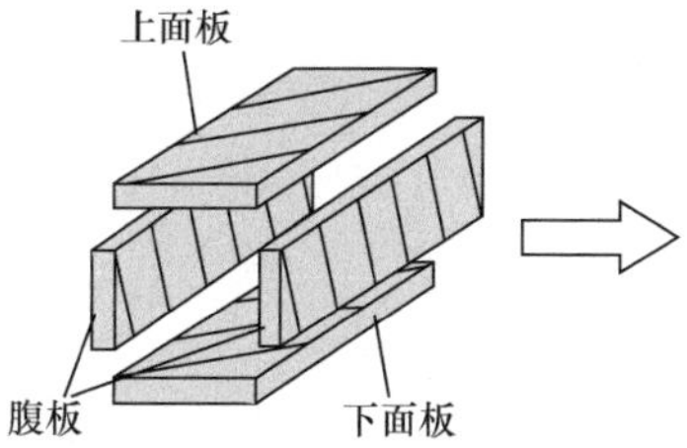

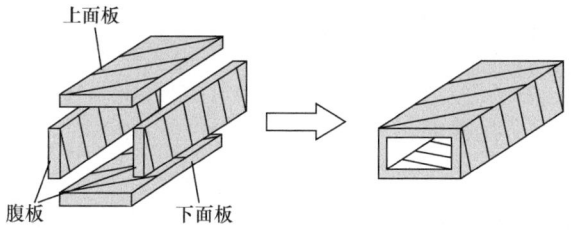

图 8.1　盒型悬臂梁的组成

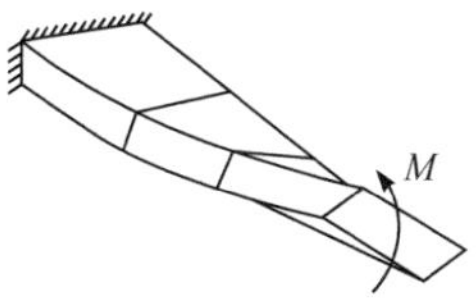


图 8.2　弯扭耦合效应

为了便于计算盒型结构在弯矩作用下的扭转变形，需要对结构的受力进行简化。当不考虑腹板时，作用于盒形悬臂梁自由端的力偶矩 $\boldsymbol{M}$ 可以等效为分别作用于结构上、下面板的拉、压力和弯矩。截面力偶矩等效如图 8.3 所示。当上、下面板的厚度相比盒型结构的高度很小时，可以将力偶矩 $\boldsymbol{M}$ 近似等效为作用于上、下面板自由端处方向相反、大小相等的轴力。这样就将结构受弯矩作用时的变形近似等效成上、下板受轴向力时所发生的变形。

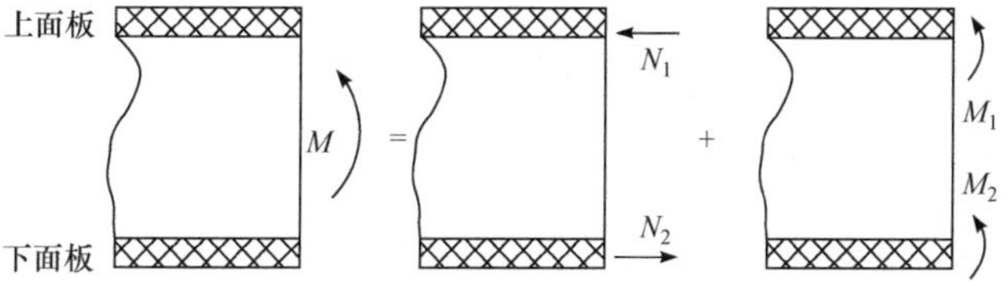


图 8.3　截面力偶矩等效

为了构造具有弯扭耦合效应的盒型结构，将第 4 章和第 6 章设计的湿热稳定拉剪耦合层合板布置为盒型悬臂梁的上、下面板，分别命名为板 1、板 2，板 1 与板 2 的铺层相同；左、右两侧腹板为无任何耦合效应的复合材料层合板。在简化受力的条件下，设板 1 和板 2 分别受到大小相同、方向相反的轴向力 $\boldsymbol{N}_x^{(1)}$、$\boldsymbol{N}_x^{(2)}$ (大小分别为 $N_x^{(1)}$、$N_x^{(2)}$，方向分别沿着几何中面坐标系 $x$ 轴的正向和反向)的作用。由式(2.30)可得，无湿热剪切变形 $\mathbf{A}_\mathrm{F}\mathbf{B}_0\mathbf{D}_\mathrm{S}$ 层合板的刚度方程，即

$$
\begin{Bmatrix} N_x \\ N_y \\ N_{xy} \\ M_x \\ M_y \\ M_{xy} \end{Bmatrix} = \begin{bmatrix} A_{11} & A_{12} & A_{16} & 0 & 0 & 0 \\ A_{12} & A_{22} & A_{26} & 0 & 0 & 0 \\ A_{16} & A_{26} & A_{66} & 0 & 0 & 0 \\ 0 & 0 & 0 & D_{11} & D_{12} & 0 \\ 0 & 0 & 0 & D_{12} & D_{22} & 0 \\ 0 & 0 & 0 & 0 & 0 & D_{66} \end{bmatrix} \begin{Bmatrix} \varepsilon_x \\ \varepsilon_y \\ \gamma_{xy} \\ \kappa_x \\ \kappa_y \\ \kappa_{xy} \end{Bmatrix} \tag{8.1}
$$

当板 1、板 2 受到 $x$ 向的轴向力作用时，复合材料层合板所受外力与变形间的关系可表示为

$$N_x^{(1)} = A_{11}^{(1)}\varepsilon_x^{(1)} + A_{12}^{(1)}\varepsilon_y^{(1)} + A_{16}^{(1)}\gamma_{xy}^{(1)} \tag{8.2}$$

$$N_x^{(2)} = A_{11}^{(2)}\varepsilon_x^{(2)} + A_{12}^{(2)}\varepsilon_y^{(2)} + A_{16}^{(2)}\gamma_{xy}^{(2)} \tag{8.3}$$

由于板 1、板 2 的铺层角相同，因此两板的刚度矩阵系数对应相等，进而式(8.3)可以表示为

$$N_x^{(2)} = A_{11}^{(1)}\varepsilon_x^{(2)} + A_{12}^{(1)}\varepsilon_y^{(2)} + A_{16}^{(1)}\gamma_{xy}^{(2)} \tag{8.4}$$

考虑 $N_x^{(1)} = -N_x^{(2)}$，同时忽略 $N_y$、$N_{xy}$ 的影响，可得 $\varepsilon_x^{(1)} = -\varepsilon_x^{(2)}$、$\varepsilon_y^{(1)} = -\varepsilon_y^{(2)}$。进而可得 $\gamma_{xy}^{(1)} = -\gamma_{xy}^{(2)}$，即板 1 和板 2 在方向相反、大小相同的轴向力作用下会产生方向相反的剪切变形，进而引起结构整体的扭转变形(图 8.4)。

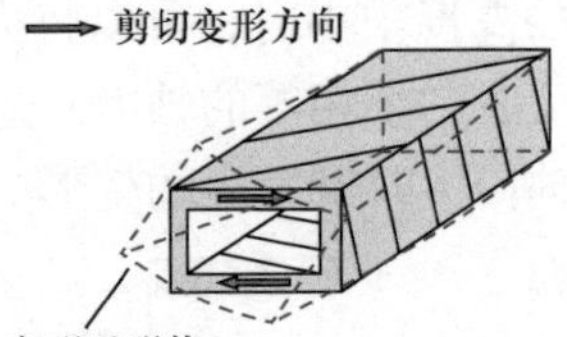


图 8.4　面板剪切变形引起的盒型结构扭转变形示意图

在设计弯扭耦合盒型结构时，先从上、下面板的刚度方程出发，在简化受力的条件下得到上、下面板的变形规律，进而分析盒型结构的变形特点，并推导出盒型结构的刚度方程，分析结构的弯扭耦合效应。在此基础之上，以结构的最大弯扭耦合效应为优化目标，在满足耦合效应和湿热稳定约束的条件下，利用 GA-SQP 算法混合优化算法对上、下面板的铺层规律进行优化，得到满足设计要求的铺层规律。

## 8.3　基于拉剪单耦合效应层合板的盒型结构设计

### 8.3.1　等截面弯扭耦合盒型结构刚度方程

为了便于求解出在给定弯矩作用下该结构扭转变形的解析表达式，先对弯扭耦合结构的力学等效模型做进一步的简化，即忽略无任何耦合效应的腹板，只考虑上、下面板。同时，假设结构的自由端截面为刚性面。设简化模型的长为 $L$、宽为 $b$、高度为 $h$，板 1、板 2 仍为铺层相同的无湿热翘曲变形 $\mathbf{A_F B_0 D_S}$ 层合板，规定计算坐标系的坐标原点 $O$ 为固支端面的几何中心、$x$ 轴沿盒型结构轴向向外、$z$ 轴垂直于板面向上、$y$ 轴方向由右手法则确定，如图 8.5 所示。

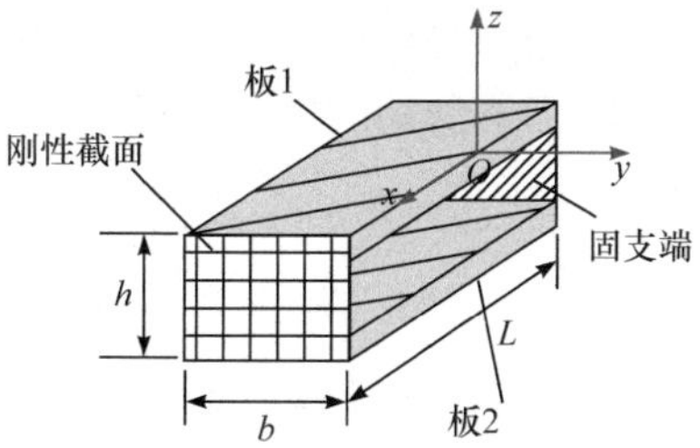


图 8.5　弯扭耦合结构简化力学等效模型

当只考虑面内力作用时，其刚度方程可以表示为

$$\begin{Bmatrix} N_x \\ N_y \\ N_{xy} \end{Bmatrix} = \begin{bmatrix} A_{11} & A_{12} & A_{16} \\ A_{12} & A_{22} & A_{26} \\ A_{16} & A_{26} & A_{66} \end{bmatrix} \begin{Bmatrix} \varepsilon_x \\ \varepsilon_y \\ \gamma_{xy} \end{Bmatrix} \tag{8.5}$$

考虑板 1、板 2 的 $y$ 向内力 $N_y$=0，代入式(8.5)可得

$$\varepsilon_y = -\frac{A_{12}\varepsilon_x + A_{26}\gamma_{xy}}{A_{22}} \tag{8.6}$$

代入式(8.5)可得

$$\begin{Bmatrix} N_x \\ N_{xy} \end{Bmatrix} = \begin{bmatrix} A_{11} - \dfrac{A_{12}^2}{A_{22}} & A_{16} - \dfrac{A_{12}A_{26}}{A_{22}} \\ A_{16} - \dfrac{A_{12}A_{26}}{A_{22}} & A_{66} - \dfrac{A_{26}^2}{A_{22}} \end{bmatrix} \begin{Bmatrix} \varepsilon_x \\ \gamma_{xy} \end{Bmatrix} = \begin{bmatrix} K_{11} & K_{12} \\ K_{12} & K_{22} \end{bmatrix} \begin{Bmatrix} \varepsilon_x \\ \gamma_{xy} \end{Bmatrix} \tag{8.7}$$

其中，$K_{11} = A_{11} - \dfrac{A_{12}^2}{A_{22}}$；$K_{12} = A_{16} - \dfrac{A_{12}A_{26}}{A_{22}}$；$K_{22} = A_{66} - \dfrac{A_{26}^2}{A_{22}}$。

当只考虑内力矩作用时，板 1、板 2 的刚度方程可以表述为

$$\begin{Bmatrix} M_x \\ M_y \\ M_{xy} \end{Bmatrix} = \begin{bmatrix} D_{11} & D_{12} & 0 \\ D_{12} & D_{22} & 0 \\ 0 & 0 & D_{66} \end{bmatrix} \begin{Bmatrix} \kappa_x \\ \kappa_y \\ \kappa_{xy} \end{Bmatrix} \tag{8.8}$$

设弯扭耦合结构在自由端受到力偶矩 $\boldsymbol{M}$ 的作用，力偶矩 $\boldsymbol{M}$(大小为 $M$)可近似等效为分别作用于板 1 和板 2 的自由端大小相等、方向相反的内力 $\boldsymbol{N}_x^{(1)}$、$\boldsymbol{N}_x^{(2)}$，即

$$M = N_x^{(1)} b\frac{h}{2} - N_x^{(2)} b\frac{h}{2} = N_x^{(1)} bh \tag{8.9}$$

由式(8.7)可知，面内力作用下，板 1 和板 2 不仅会产生线应变 $\varepsilon_x^{(1)}$、$\varepsilon_x^{(2)}$，还会产生方向相反的剪切变形 $\gamma_{xy}^{(1)}$、$\gamma_{xy}^{(2)}$。由于刚性面的限制，板 1 和板 2 不会

自由地产生方向相反的剪切变形，刚性面和板 1、板 2 之间会产生相互作用的剪力 $N_{xy}^{(1)}$、$N_{xy}^{(2)}$，限制板 1、板 2 的剪切变形。此时，大小相同、方向相反的剪力 $N_{xy}^{(1)}$、$N_{xy}^{(2)}$，会相对于刚性面的几何中心形成扭矩。为了平衡此扭矩，刚性面和板 1、板 2 之间会产生相互作用的扭矩 $M_{xy}^{(1)}$、$M_{xy}^{(2)}$，并且扭矩大小相同、方向相同。自由端刚性面受力示意图如图 8.6 所示。

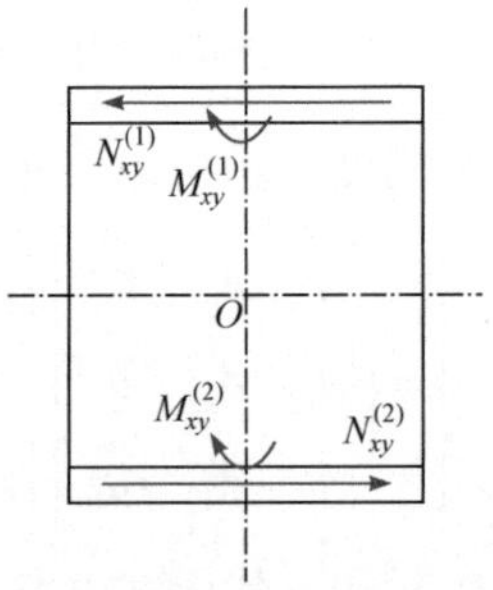


图 8.6　自由端刚性面受力示意图

由刚性面的受力平衡，可得

$$\begin{aligned} &N_{xy}^{(1)}b\frac{h}{2}+N_{xy}^{(2)}b\frac{h}{2}=M_{xy}^{(1)}b+M_{xy}^{(2)}b \\ &N_{xy}^{(1)}+N_{xy}^{(2)}=0 \end{aligned} \tag{8.10}$$

考虑 $M_{xy}^{(1)}=M_{xy}^{(2)}$，可得

$$M_{xy}^{(1)}=\frac{h}{2}N_{xy}^{(1)} \tag{8.11}$$

当板 1 受 $N_{x}^{(1)}$、$N_{xy}^{(1)}$ 作用时，由式(8.7)可得

$$N_{x}^{(1)}=K_{11}\varepsilon_{x}^{(1)}+K_{12}\gamma_{xy}^{(1)} \tag{8.12}$$

$$N_{xy}^{(1)}=K_{12}\varepsilon_{x}^{(1)}+K_{22}\gamma_{xy}^{(1)} \tag{8.13}$$

由式(8.12)可得

$$\varepsilon_{x}^{(1)}=\frac{N_{x}^{(1)}-K_{12}\gamma_{xy}^{(1)}}{K_{11}} \tag{8.14}$$

将式(8.14)代入式(8.13)可得

$$N_{xy}^{(1)}=\frac{K_{12}}{K_{11}}N_{x}^{(1)}+\left(K_{22}-\frac{K_{12}^{2}}{K_{11}}\right)\gamma_{xy}^{(1)} \tag{8.15}$$

当板 1 受扭矩 $M_{xy}^{(1)}$ 作用时，由式(8.8)可得

$$M_{xy}^{(1)} = D_{66}\kappa_{xy}^{(1)} \tag{8.16}$$

联立式(8.11)、式(8.15)和式(8.16)可得

$$\kappa_{xy}^{(1)} = \frac{h}{2D_{66}}\left[\frac{K_{12}}{K_{11}}N_x^{(1)} + \left(K_{22} - \frac{K_{12}^2}{K_{11}}\right)\gamma_{xy}^{(1)}\right] \tag{8.17}$$

自由端刚性面变形示意图如图 8.7 所示。图中 $O$ 为自由端刚性面的几何中心，$A$ 为上面板自由端变形前的几何中点，$A'$ 为上面板自由端变形后的几何中点，$\phi_1$ 为弯扭耦合结构自由端的扭转角，$\phi_2$ 为弯扭耦合结构上面板自由端的扭转角，下面板的扭转角与上面板相同。

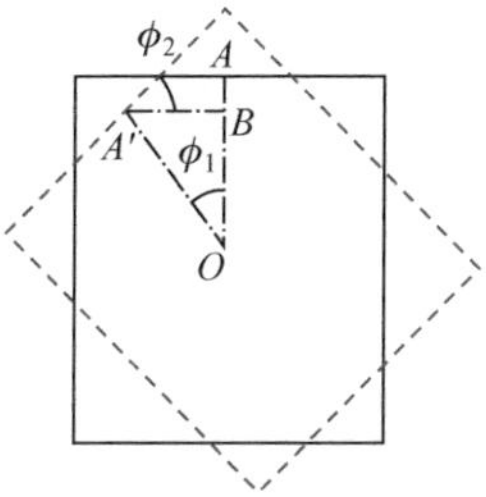


图 8.7　自由端刚性面变形示意图

由于自由端为刚性面，结合图 8.7 可得

$$\phi_1 = \phi_2 \tag{8.18}$$

从 $A'$ 向 $OA$ 作垂线，垂足为 $B$，则 $BA'$ 即上面板因剪切变形而产生的横向位移，可以近似表示为

$$BA' = \gamma_{xy}^{(1)} L \tag{8.19}$$

在小变形条件下，弯扭耦合结构自由端的扭转角 $\phi_1$ 可以近似表示为

$$\phi_1 = \frac{BA'}{OA'} = \frac{BA'}{\dfrac{h}{2}} = \frac{2\gamma_{xy}^{(1)} L}{h} \tag{8.20}$$

若不考虑横向剪切效应的影响，即 $\gamma_{xz}^{(1)} = 0$，板 1 的扭曲率 $\kappa_{xy}^{(1)}$ 和自由端扭转角 $\phi_2$ 之间的关系可以表示为

$$\kappa_{xy}^{(1)} = \frac{2\phi_2}{L} \tag{8.21}$$

联立式(8.18)、式(8.20)和式(8.21)可得

$$\kappa_{xy}^{(1)} = \frac{4\gamma_{xy}^{(1)}}{h} \tag{8.22}$$

将式(8.17)代入式(8.22)可得

$$\frac{4\gamma_{xy}^{(1)}}{h}=\frac{h}{2D_{66}}\left[\frac{K_{12}}{K_{11}}N_x^{(1)}+\left(K_{22}-\frac{K_{12}^2}{K_{11}}\right)\gamma_{xy}^{(1)}\right] \tag{8.23}$$

化简可得

$$\gamma_{xy}^{(1)}=\frac{\dfrac{K_{12}}{K_{11}}N_x^{(1)}}{\dfrac{8D_{66}}{h^2}-\left(K_{22}-\dfrac{K_{12}^2}{K_{11}}\right)} \tag{8.24}$$

将式(8.24)代入式(8.20)中，可得基于无湿热翘曲变形 $\mathbf{A}_F\mathbf{B}_0\mathbf{D}_S$ 层合板设计的弯扭耦合结构在力偶矩(大小为 $M$)作用下的自由端的扭转角 $\phi$ 为

$$\phi=\frac{\dfrac{2L}{bh^2}\dfrac{K_{12}}{K_{11}}M}{\dfrac{8D_{66}}{h^2}-\left(K_{22}-\dfrac{K_{12}^2}{K_{11}}\right)} \tag{8.25}$$

如果近似认为扭转角 $\phi$ 沿弯扭耦合结构的长度方向线性分布，则在力偶矩(大小为 $M$)作用下，弯扭耦合结构上距固支端距离为 $x$ 处的扭转角为

$$\phi(x)=\frac{\dfrac{2}{bh^2}\dfrac{K_{12}}{K_{11}}M}{\dfrac{8D_{66}}{h^2}-\left(K_{22}-\dfrac{K_{12}^2}{K_{11}}\right)}x \tag{8.26}$$

### 8.3.2 数值仿真验证

1. 基于简化力学等效模型的弯扭耦合结构数值仿真

首先，基于图 8.5 所示的弯扭耦合结构的简化力学等效模型，分析弯扭耦合结构在自由端力偶矩 $\boldsymbol{M}$ 作用下的扭转变形，验证弯扭耦合结构简化力学等效模型的耦合效应。

基于有限元软件 MSC.Patran，建立边长为 20mm×200mm 的矩形板有限元模型，将这样两块矩形板有限元模型组合为弯扭耦合结构的简化力学等效模型，共划分 320 个壳单元。弯扭耦合结构的简化模型高 $h$ 为 20mm，长 $L$ 为 200mm，宽 $b$ 为 20mm。弯扭耦合结构的一端固支，自由端的节点用多点约束单元(RBE2)连接，模拟刚性面连接。弯扭耦合结构简化力学等效模型的有限元模型如图 8.8 所示。单层板的材料参数如表 4.1 所示。

将弯扭耦合结构上、下面板的铺层设置为表 4.2 中的 14 层无湿热剪切变形 $\mathbf{A}_F\mathbf{B}_0\mathbf{D}_S$ 层合板。数值仿真的位移边界条件为，弯扭耦合结构有限元模型的一端固

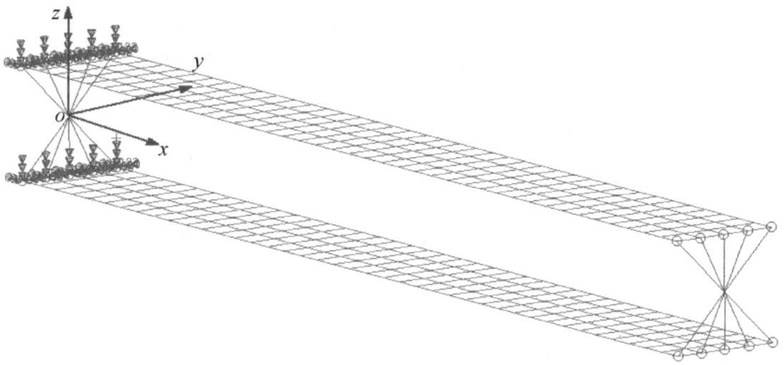


图 8.8　弯扭耦合结构简化力学等效模型的有限元模型

支，一端自由。数值仿真的载荷条件为，在弯扭耦合结构自由端施加 200N · m 的力偶矩，具体施加方式为在上、下面板的自由端分别施加 10kN 的均布拉/压力。然后，采用有限元软件 MSC.Nastran 的线性静力学计算功能进行计算。

图 8.9 给出了基于 14 层无湿热剪切变形 $\mathbf{A}_F\mathbf{B}_0\mathbf{D}_S$ 层合板的弯扭耦合结构简化力学等效模型在力偶矩作用下的位移云图。可以看出，基于 14 层无湿热剪切变形 $\mathbf{A}_F\mathbf{B}_0\mathbf{D}_S$ 层合板的弯扭耦合结构在力偶矩作用下，不但发生了弯曲变形，还发生了扭转变形(这一点可以从沿弯结构宽度方向的位移看出)。

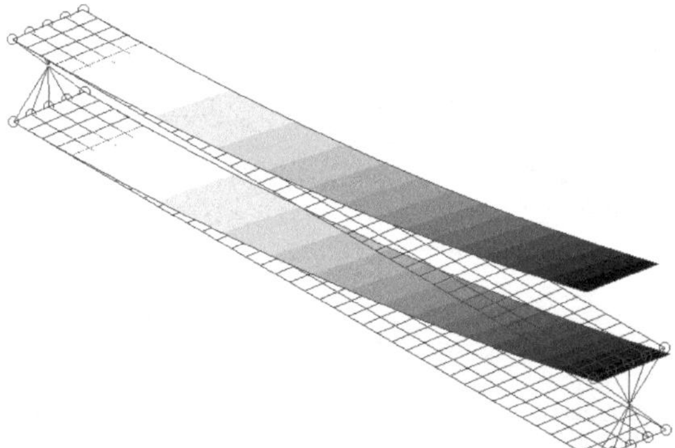

图 8.9　弯扭耦合结构简化力学等效模型在力偶矩作用下的位移云图

基于表 4.2 中 8～13 层无湿热剪切变形 $\mathbf{A}_F\mathbf{B}_0\mathbf{D}_S$ 层合板设计的弯扭耦合结构的耦合效应仿真结果与基于 14 层无湿热剪切变形 $\mathbf{A}_F\mathbf{B}_0\mathbf{D}_S$ 层合板的弯扭耦合结构类似，此处不再逐一列出仿真结果。

接下来将有限元仿真结果与 8.3.1 节中推导得到的力偶矩作用下弯扭耦合结构简化力学等效模型的扭转角解析解进行对比，验证理论推导的正确性。基于式(8.26)计算力偶矩作用下，弯扭耦合结构简化力学等效模型的扭转角的解析解结果。解析解中的相关材料参数取值与有限元仿真相同，力偶矩大小为 $M=200\text{N}\cdot\text{m}$。

图 8.10 给出了在力偶矩作用下，基于表 4.2 中 8～14 层的无湿热剪切变形

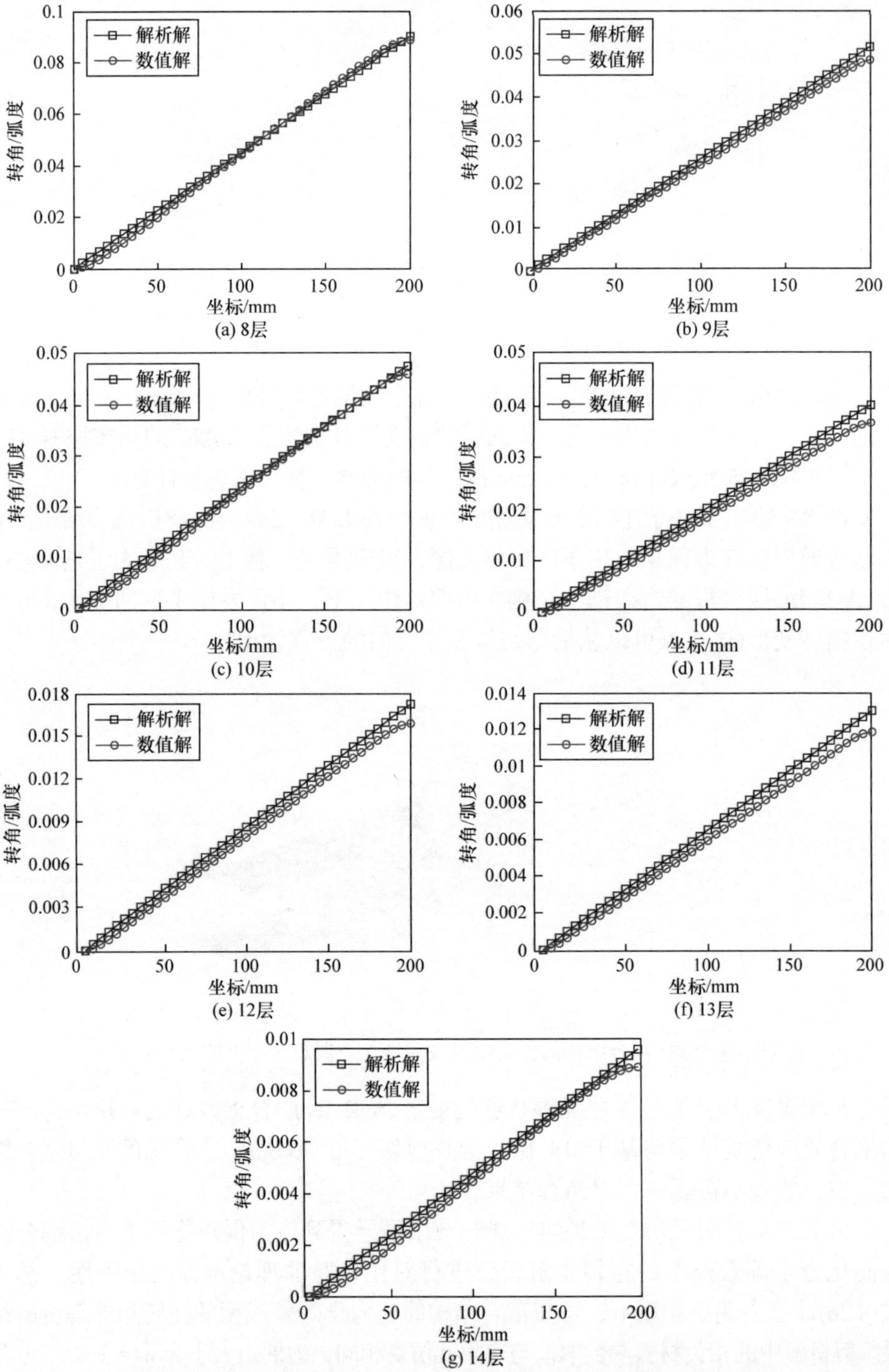


图 8.10　基于 8～14 层无湿热剪切变形 $A_FB_0D_S$ 层合板的弯扭耦合结构扭转变形解析解与数值解

$\mathbf{A}_F\mathbf{B}_0\mathbf{D}_S$ 层合板构成的弯扭耦合结构简化力学等效模型的扭转角解析解与数值解沿结构长度方向的变化规律。需要说明的是，弯扭耦合结构扭转角的数值解取的是结构有限元模型上面板沿长度方向中轴线上节点的扭转角(之后的弯扭耦合结构扭转角的数值解取值均是如此，不再特殊说明)。可以看出，解析解与数值解吻合的较好，沿结构长度方向的变化趋势基本相同，验证了理论推导的正确性。

2. 基于完整力学等效模型的弯扭耦合结构数值仿真

弯扭耦合结构简化力学等效模型中忽略了腹板的影响；为了进一步验证设计方案的可行性，引入包含腹板的弯扭耦合结构完整力学等效模型，进行数值仿真验证。基于有限元软件 MSC.Patran，建立高 $h$ = 20mm、长 $L$ = 200mm、宽 $b$ = 20mm 的弯扭耦合结构完整力学等效模型的有限元模型，包含上下面板、左右腹板，共划分 480 个壳单元，如图 8.11 所示。腹板的铺层选取无任何耦合效应的 18 层完全各向同性层合板，其铺层为

$$[60^\circ/-60^\circ/-60^\circ/0^\circ/0^\circ/0^\circ/60^\circ/60^\circ/0^\circ/-60^\circ/60^\circ/60^\circ/-60^\circ/-60^\circ/-60^\circ/0^\circ/0^\circ/60^\circ] \tag{8.27}$$

单层板的材料参数仍如表 4.1 所示。

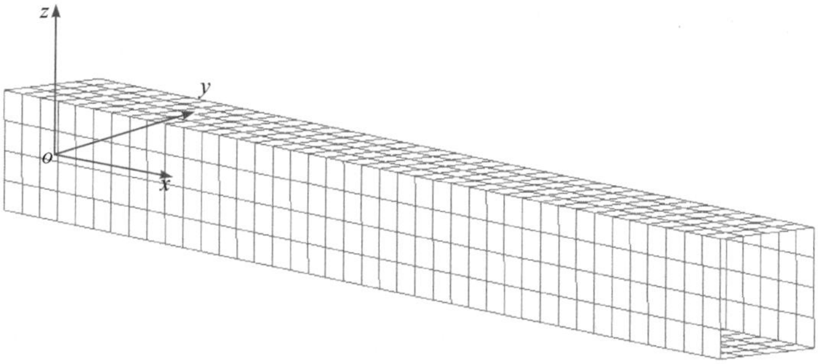


图 8.11　弯扭耦合结构完整力学等效模型的有限元模型

首先，分析弯扭耦合结构完整力学等效模型在自由端力偶矩(大小为 $M$)作用下的扭转变形，验证弯扭耦合结构完整力学等效模型的耦合效应。将弯扭耦合结构完整力学等效模型中上、下面板的铺层设置为表 4.2 中的 14 层无湿热剪切变形 $\mathbf{A}_F\mathbf{B}_0\mathbf{D}_S$ 层合板。数值仿真的位移边界条件为，弯扭耦合结构有限元模型的一端固支，一端自由。数值仿真的载荷条件为，在弯扭耦合结构自由端施加 200N · m 的力偶矩。具体施加方式是在上、下面板的自由端分别施加 10kN 的均布拉/压力。采用有限元软件 MSC.Nastran 的线性静力学计算功能进行计算。

图 8.12 给出了基于 14 层无湿热剪切变形 $\mathbf{A}_F\mathbf{B}_0\mathbf{D}_S$ 层合板的弯扭耦合结构完

整力学等效模型在力偶矩作用下的位移云图。可以看出，基于 14 层无湿热剪切变形 $\mathbf{A}_F\mathbf{B}_0\mathbf{D}_S$ 层合板的弯扭耦合结构在力偶矩作用下，不但发生了弯曲变形，还发生了扭转变形。

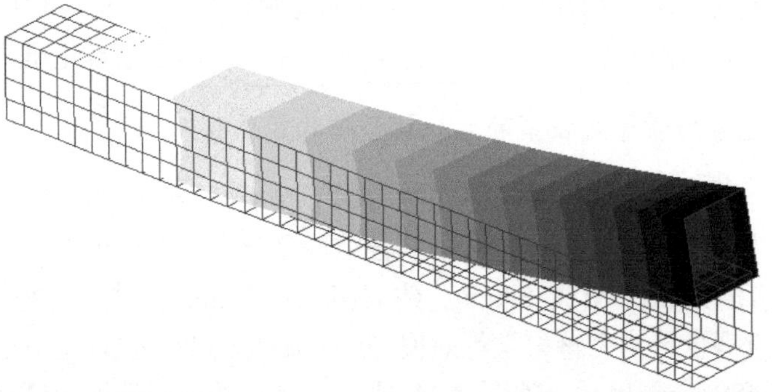

图 8.12　弯扭耦合结构完整力学等效模型在力偶矩作用下的位移云图

图 8.13 给出了力偶矩作用下，基于 14 层无湿热剪切变形 $\mathbf{A}_F\mathbf{B}_0\mathbf{D}_S$ 层合板构成的弯扭耦合结构完整力学等效模型的扭转角沿结构长度方向的变化规律。可以看出，结构固支端附近的扭转角均近似为 0，这是由于有限元仿真中同时限制了固支端的转角及转角的变化率；在力偶矩作用下，基于 14 层无湿热剪切变形 $\mathbf{A}_F\mathbf{B}_0\mathbf{D}_S$ 层合板设计的弯扭耦合结构完整力学等效模型产生的扭转角沿结构长度方向近似呈线性分布。

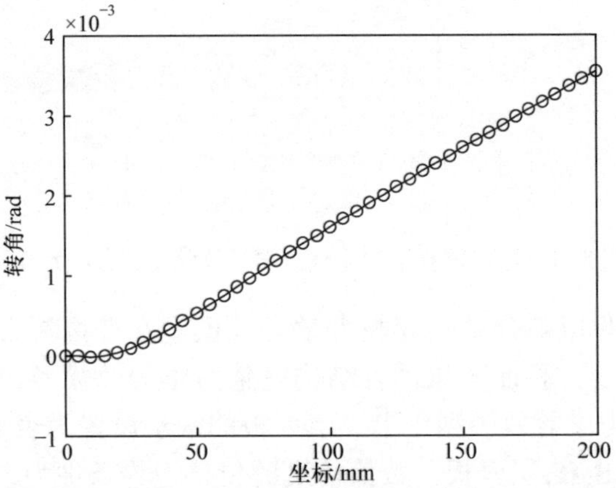


图 8.13　弯扭耦合结构完整力学等效模型在力偶矩作用下的扭转角

基于表 4.2 中 8～13 层的无湿热剪切变形 $\mathbf{A}_F\mathbf{B}_0\mathbf{D}_S$ 层合板设计的弯扭耦合结构的耦合效应仿真结果与基于 14 层无湿热剪切变形 $\mathbf{A}_F\mathbf{B}_0\mathbf{D}_S$ 层合板的弯扭耦合结构类似。

### 3. 完整力学等效模型在固化降温过程中的曲率稳定性分析

弯扭耦合结构的共固化成型工艺是指复合材料元件按照设计的方式铺层后一起放入模具中，上、下面板和腹板共同固化后得到一体化成型的弯扭耦合结构。为了保证结构件的外形精度，弯扭耦合结构在共固化过程中不应发生较大的固化翘曲变形，因此有必要针对基于无湿热剪切变形 $\mathbf{A}_F\mathbf{B}_0\mathbf{D}_S$ 层合板的弯扭耦合结构在高温固化典型温差条件下的变形进行仿真分析。

基于图 8.11 所示的弯扭耦合结构完整力学等效模型的有限元模型开展仿真分析。位移边界条件为，弯扭耦合结构有限元模型的一端固支，一端自由。载荷条件为，将高温固化过程的典型温差−180℃作用到此有限元模型上。

为了直观展示无湿热剪切变形 $\mathbf{A}_F\mathbf{B}_0\mathbf{D}_S$ 层合板与有湿热剪切变形 $\mathbf{A}_F\mathbf{B}_0\mathbf{D}_S$ 层合板构成的弯扭耦合结构的在共固化过程中变形的差异，选取有湿热剪切变形的标准铺层 $\mathbf{A}_F\mathbf{B}_0\mathbf{D}_S$ 层合板，进行对比分析。分别将弯扭耦合结构面板的铺层设置为表 4.2 中的 14 层无湿热剪切变形 $\mathbf{A}_F\mathbf{B}_0\mathbf{D}_S$ 层合板和表 4.3 中的 14 层 NN1 型有湿热剪切变形 $\mathbf{A}_F\mathbf{B}_0\mathbf{D}_S$ 层合板；腹板的铺层保持不变。单层板的材料参数仍如表 4.1 所示。采用有限元软件 MSC.Nastran 的线性静力学计算功能进行计算。

图 8.14 和图 8.15 分别给出了基于两种类型 $\mathbf{A}_F\mathbf{B}_0\mathbf{D}_S$ 层合板的弯扭耦合结构降温收缩位移云图。可以看出，基于 14 层无湿热剪切变形 $\mathbf{A}_F\mathbf{B}_0\mathbf{D}_S$ 层合板的弯扭耦合结构在降温过程中没有发生翘曲变形，而基于 14 层 NN1 型有湿热剪切变形 $\mathbf{A}_F\mathbf{B}_0\mathbf{D}_S$ 层合板的弯扭耦合结构发生了明显的翘曲变形。

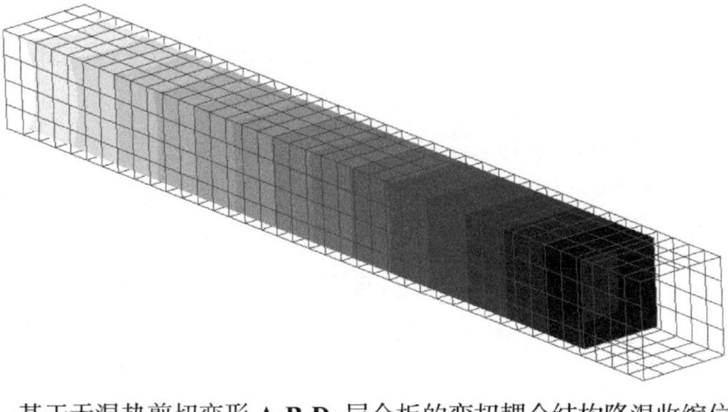

图 8.14　基于无湿热剪切变形 $\mathbf{A}_F\mathbf{B}_0\mathbf{D}_S$ 层合板的弯扭耦合结构降温收缩位移云图

基于表 4.2 中 8～13 层的无湿热剪切变形 $\mathbf{A}_F\mathbf{B}_0\mathbf{D}_S$ 层合板构成弯扭耦合结构的固化变形有限元仿真结果与基于 14 层无湿热剪切变形 $\mathbf{A}_F\mathbf{B}_0\mathbf{D}_S$ 层合板的弯扭耦合结构类似。

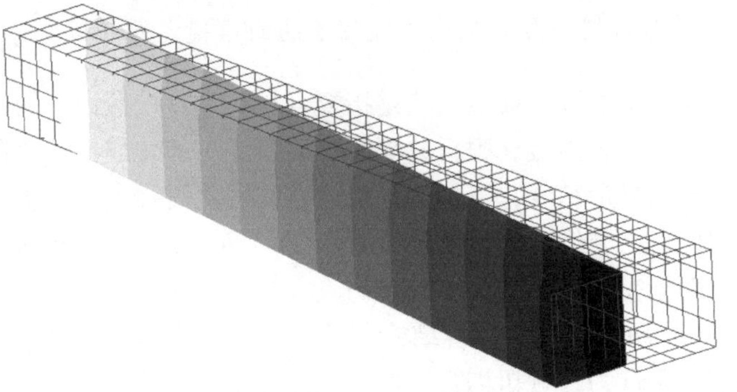

图 8.15　基于有湿热剪切变形 $\mathbf{A_FB_0D_S}$ 层合板的弯扭耦合结构降温收缩位移云图

## 8.4　基于拉剪多耦合效应层合板的盒型结构设计

第 6 章研究结果表明，相比拉剪单耦合效应层合板，多耦合效应的引入能够大幅提升层合板的拉剪耦合效应，但对弯扭耦合结构性能的影响不明。此外，8.3 节在利用拉剪耦合层合板设计弯扭耦合结构的现有研究中，还存在三方面问题：一是普遍采用等截面盒型结构模型，而真实叶片或机翼结构沿展弦方向的横截面积是逐渐减小的，等截面盒型结构不能准确反映结构构型，以及面板和腹板间的相互作用规律；二是在弯扭耦合结构力学行为的现有研究方法中，大多依靠数值仿真来实现，优化效率低且设计域有限，不便于设计；三是在理论推导方面仅实现了忽略腹板的简化模型研究，但是面板和腹板间的相互作用、腹板尺寸对盒型结构的力学行为均有影响，需要建立带腹板的变截面弯扭耦合盒型结构。因此，本节对如何利用拉剪多耦合效应层合板合理设计弯扭耦合结构这一问题展开研究。

本节利用湿热稳定的拉剪多耦合效应层合板设计带腹板的弯扭耦合盒型结构，分别建立基于拉剪多耦合效应层合板的等截面弯扭耦合盒型结构刚度方程和变截面弯扭耦合盒型结构刚度方程。在此基础上，进一步开展基于拉剪多耦合效应层合板的弯扭耦合结构优化设计方法研究，并探究层合板的多耦合效应、变截面盒型结构尺寸对其力学特性的影响规律，为复合材料弯扭耦合结构走向工程应用奠定基础。

### 8.4.1　等截面弯扭耦合盒型结构刚度方程

1. 刚度方程推导

等截面弯扭耦合盒型结构由两块面板和两块腹板构成，其中上、下面板为拉剪多耦合效应层合板，并且铺层角度完全相同，分别记板 1、板 2，两块腹板为无任何耦合效应的层合板，分别记为板 3、板 4，如图 8.16(a)所示。盒型结构一端固定、一端自由，横截面尺寸为 $b\times h$ 的矩形，长度为 $L$，自由端承受矢量方向分别为 $y$ 方向和 $x$ 方向、大小分别为 $M$ 和 $T$ 的力偶矩。其弯扭耦合变形原理为，盒型结构的内力弯矩可以等效为上下面板的拉力和压力。在此作用下，上下面板会产生大小相同、方向相反的剪切变形，从而形成盒型结构的扭转变形，如图 8.16(b)所示。

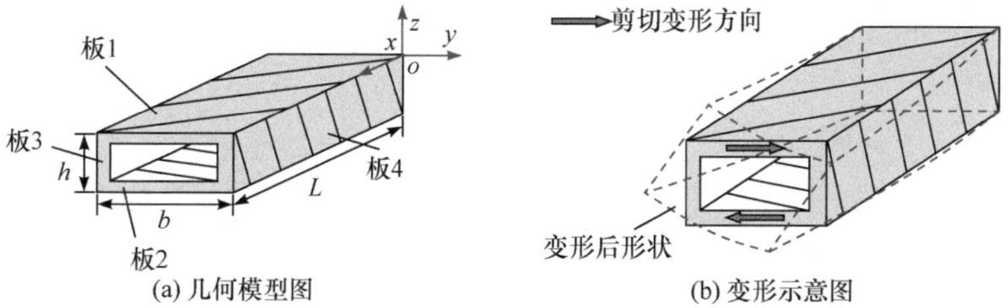


图 8.16　基于拉剪多耦合效应层合板的等截面弯扭耦合盒型结构示意图

下面推导由拉剪多耦合效应层合板构成的等截面弯扭耦合盒型结构刚度方程。由于主要研究盒型结构存在 $y$ 向弯矩和 $x$ 向扭矩时的力学行为，因此对于板 1，可以忽略 $N_{y\text{-}1}$ 和 $M_{y\text{-}1}$(下标“–1”表示板 1，下同)的作用，只考虑其横截面上单位宽度(长度)上的内力 $N_{x-1}$、$N_{xy-1}$ 及内力矩 $M_{x-1}$、$M_{xy-1}$；板 2 的内力 $N_{x-2}$、$N_{xy-2}$(下标“–2”表示板 2，下同)与板 1 大小相同、方向相反，内力矩 $M_{x-2}$、$M_{xy-2}$ 与板 1 大小相同、方向相同；对于板 3，其内力有 $N_{xy-3}$(下标“–3”表示板 3，下同)，内力矩有 $M_{xy-3}$、$M_{z-3}$ 的作用；板 4 内力 $N_{xy-4}$(下标“–4”表示板 4，下同)与板 3 大小相同、方向相反，内力矩 $M_{xy-4}$ 和弯矩 $M_{z-4}$ 与板 3 大小相同、方向相同。基于拉剪多耦合效应层合板的等截面弯扭耦合盒型结构内力示意图如图 8.17 所示。

此时，由于板 1 为拉剪多耦合效应层合板，不具有拉扭耦合效应，其柔度方程为

$$\begin{Bmatrix} \varepsilon_{x-1}^0 \\ \varepsilon_{y-1}^0 \\ \gamma_{xy-1}^0 \\ \kappa_{x-1} \\ \kappa_{y-1} \\ \kappa_{xy-1} \end{Bmatrix} = \begin{bmatrix} a_{11-1} & a_{12-1} & a_{16-1} & b_{11-1} & b_{12-1} & 0 \\ a_{12-1} & a_{22-1} & a_{26-1} & b_{21-1} & b_{22-1} & 0 \\ a_{16-1} & a_{26-1} & a_{66-1} & 0 & 0 & b_{66-1} \\ b_{11-1} & b_{21-1} & 0 & d_{11-1} & d_{12-1} & d_{16-1} \\ b_{12-1} & b_{22-1} & 0 & d_{12-1} & d_{22-1} & d_{26-1} \\ 0 & 0 & b_{66-1} & d_{16-1} & d_{26-1} & d_{66-1} \end{bmatrix} \begin{Bmatrix} N_{x-1} \\ 0 \\ N_{xy-1} \\ M_{x-1} \\ 0 \\ M_{xy-1} \end{Bmatrix} \tag{8.28}$$

由式(8.28)可得

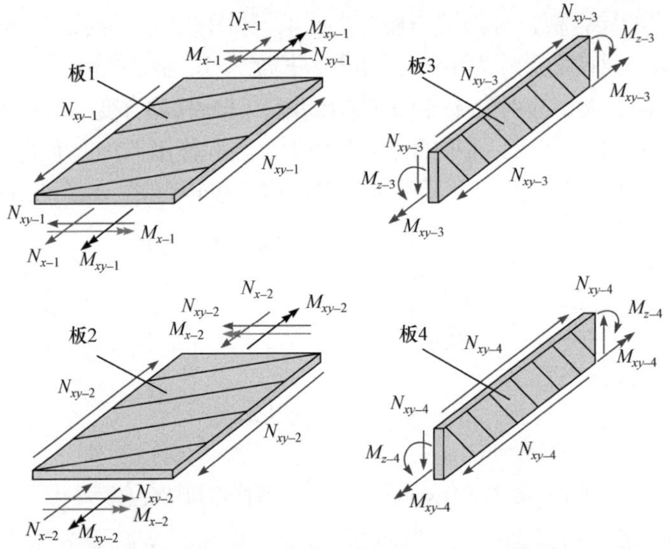


图 8.17　基于拉剪多耦合效应层合板的等截面弯扭耦合盒型结构内力示意图

$$\begin{Bmatrix} \varepsilon_{x-1}^0 \\ \gamma_{xy-1}^0 \\ \kappa_{x-1} \\ \kappa_{xy-1} \end{Bmatrix} = \begin{bmatrix} a_{11-1} & a_{16-1} & b_{11-1} & 0 \\ a_{16-1} & a_{66-1} & 0 & b_{66-1} \\ b_{11-1} & 0 & d_{11-1} & d_{16-1} \\ 0 & b_{66-1} & d_{16-1} & d_{66-1} \end{bmatrix} \begin{Bmatrix} N_{x-1} \\ N_{xy-1} \\ M_{x-1} \\ M_{xy-1} \end{Bmatrix} \tag{8.29}$$

也可以改写为

$$\begin{Bmatrix} N_{x-1} \\ N_{xy-1} \\ M_{x-1} \\ M_{xy-1} \end{Bmatrix} = \begin{bmatrix} c_{1-1} & c_{2-1} & c_{3-1} & c_{4-1} \\ c_{2-1} & c_{5-1} & c_{6-1} & c_{7-1} \\ c_{3-1} & c_{6-1} & c_{8-1} & c_{9-1} \\ c_{4-1} & c_{7-1} & c_{9-1} & c_{10-1} \end{bmatrix} \begin{Bmatrix} \varepsilon_{x-1}^0 \\ \gamma_{xy-1}^0 \\ \kappa_{x-1} \\ \kappa_{xy-1} \end{Bmatrix} \tag{8.30}$$

由于腹板 3 不含有任何耦合效应，其中面切应变 $\gamma_{xy-3}^0$ 和中面扭曲率 $\kappa_{xy-3}$ 为

$$\gamma_{xy-3}^0 = \frac{N_{xy-3}}{A_{66-3}}, \quad \kappa_{xy-3} = \frac{M_{xy-3}}{D_{66-3}} \tag{8.31}$$

其中，$A_{66-3}$ 和 $D_{66-3}$ 为板 3 的刚度矩阵系数。

图 8.18 给出了板 1 和板 3 的剪切变形示意图，基于小变形假设，板 1 的自由端剪切变形 $\delta_1$ 与其切应变 $\gamma_{xy-1}$ 及盒型件自由端扭转角 $\phi_1$ 满足如下关系，即

$$\phi_1 = \frac{2\delta_1}{h}, \quad \gamma_{xy-1}^0 = \frac{\delta_1}{L} \tag{8.32}$$

同理，板 3 自由端剪切变形 $\delta_3$ 与其切应变 $\gamma_{xy-3}$ 及盒型件自由端扭转角 $\phi_3$ 满足如下关系，即

$$\phi_3 = \frac{2\delta_3}{b}, \quad \gamma_{xy-3}^0 = \frac{\delta_3}{L} \tag{8.33}$$

板 1 和板 3 的自由端扭转角与盒型结构的自由端扭转角 $\phi$ 相同，即

$$\phi_1 = \phi_3 = \phi \tag{8.34}$$

联立式(8.32)～式(8.34)可得

$$\gamma_{xy-1}^0 = \frac{h}{2}\frac{\phi}{L}, \quad \gamma_{xy-3}^0 = \frac{b}{2}\frac{\phi}{L} \tag{8.35}$$

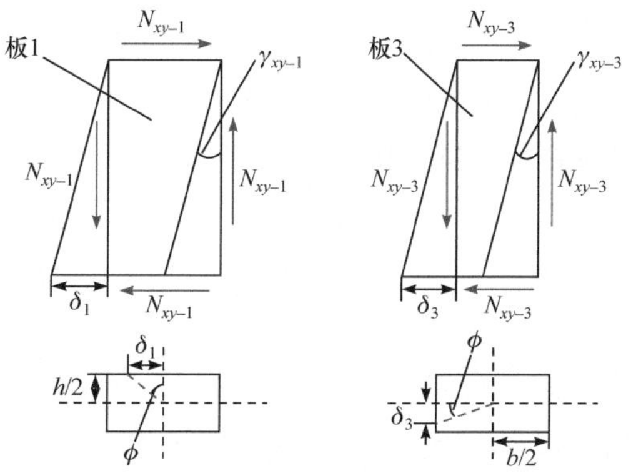


图 8.18　等截面盒型结构上面板和腹板的剪切变形示意图

若不考虑层合板的横向剪切，则

$$\kappa_{xy-1} = \frac{2\phi}{L}, \quad \kappa_{xy-3} = \frac{2\phi}{L} \tag{8.36}$$

由于是矩形截面，当盒型结构发生扭转变形时，各横截面的周界线实际上已变为空间曲线，此时平面假设不再适用，这种现象称作翘曲。盒型结构的扭转可分为自由扭转和约束扭转。当盒型结构发生自由扭转时，盒型结构各横截面的翘曲程度相同，各截面扭转曲率相同；当盒型结构发生约束扭转时，由于约束条件或受力条件的限制，盒型结构各横截面的翘曲程度不同，因此扭转角沿悬臂方向非线性变化。

考虑盒型结构发生约束扭转时的复杂性，现对其简化并进行理想假设，即假设盒型结构变形后各截面的弯曲曲率(扭曲率)相同，也就是弯曲角(扭转角)沿悬臂方向的变化率相同，即

$$\frac{\mathrm{d}\phi}{\mathrm{d}x}=\frac{\phi}{L}, \quad \frac{\mathrm{d}\theta}{\mathrm{d}x}=\frac{\theta}{L} \tag{8.37}$$

此时，盒型结构在力偶矩大小为 $M$ 和 $T$ 作用时的变形，可以理解为是盒型悬臂梁的纯弯曲变形和自由扭转变形的叠加。因此，对于盒型结构自由端面的弯曲角 $\theta$，可以通过如下两种方式求解。

(1) 将板 1 和板 2 当做为盒型悬臂梁的上下表面，基于小变形假设和梁纯弯曲变形时的几何关系可得

$$\frac{\varepsilon_{x-1}^{0}L-\varepsilon_{x-2}^{0}L}{h}=\tan\theta\approx\theta \tag{8.38}$$

板 2 的正应变 $\varepsilon_{x-2}^{0}$ 与板 1 的正应变 $\varepsilon_{x-1}^{0}$ 互为相反数，则有 $\varepsilon_{x-2}^{0}=-\varepsilon_{x-1}^{0}$，将其代入式(8.38)可得

$$\theta=\frac{2\varepsilon_{x-1}^{0}L}{h} \tag{8.39}$$

(2) 盒型结构自由端面的弯曲角是板 1 弯曲曲率沿 $x$ 方向的积分，而梁纯弯曲变形时各横截面弯曲曲率相同，则

$$\theta=\kappa_{x-1}L \tag{8.40}$$

联立式(8.39)和式(8.40)可得

$$\varepsilon_{x-1}^{0}=\frac{h}{2}\kappa_{x-1} \tag{8.41}$$

根据等截面盒型结构自由端面的静力关系，可得

$$T=2N_{xy-1}b\left(\frac{h}{2}\right)+2N_{xy-3}h\left(\frac{b}{2}\right)+2bM_{xy-1}+2hM_{xy-3} \tag{8.42}$$

$$M=N_{x-1}bh+2M_{x-1}b+2M_{z-3} \tag{8.43}$$

联立式(8.30)、式(8.31)、式(8.35)、式(8.36)、式(8.41)、式(8.42)，可得

$$T=\begin{pmatrix}\frac{1}{2}c_{5-1}bh^{2}+3c_{7-1}bh+4c_{10-1}b\\+\frac{1}{2}A_{66-3}b^{2}h+4hD_{66-3}\end{pmatrix}\frac{\phi}{L}+\begin{pmatrix}\frac{1}{2}c_{2-1}bh^{2}+c_{4-1}bh\\+c_{6-1}bh+2c_{9-1}b\end{pmatrix}\kappa_{x-1} \tag{8.44}$$

令

$$\begin{cases}T_{0}=\left(\frac{1}{2}c_{5-1}bh^{2}+3c_{7-1}bh+4c_{10-1}b+\frac{1}{2}A_{66-3}b^{2}h+4hD_{66-3}\right)\frac{\phi}{L}\\T_{k}=\left(\frac{1}{2}c_{2-1}bh^{2}+c_{4-1}bh+c_{6-1}bh+2c_{9-1}b\right)\kappa_{x-1}\end{cases} \tag{8.45}$$

则

$$T = T_0 + T_k \tag{8.46}$$

其中，$T_0$ 为 $T$ 的纯扭转效应部分；$T_k$ 为 $T$ 的弯曲耦合效应部分。

对于板 3，其自由端面处的弯矩为

$$M_{z-3} = \int_{-\frac{h}{2}}^{\frac{h}{2}} A_{11-3} z^2 \mathrm{d}z \kappa_{x-1} = \frac{1}{12} A_{11-3} h^3 \kappa_{x-1} \tag{8.47}$$

联立式(8.30)、式(8.31)、式(8.35)、式(8.36)、式(8.41)、式(8.47)、式(8.43)，可以推导出

$$M = \begin{pmatrix} \frac{1}{2}c_{1-1}bh^2 + 2c_{3-1}bh \\ +2c_{8-1}b + \frac{1}{6}A_{11-3}h^3 \end{pmatrix} \kappa_{x-1} + \begin{pmatrix} \frac{1}{2}c_{2-1}bh^2 + 2c_{4-1}bh \\ +c_{6-1}bh + 4c_{9-1}b \end{pmatrix} \frac{\phi}{L} \tag{8.48}$$

令

$$\begin{cases} M_0 = \left( \frac{1}{2}c_{1-1}bh^2 + 2c_{3-1}bh + 2c_{8-1}b + \frac{1}{6}A_{11-3}h^3 \right) \kappa_{x-1} \\ M_k = \left( \frac{1}{2}c_{2-1}bh^2 + 2c_{4-1}bh + c_{6-1}bh + 4c_{9-1}b \right) \frac{\phi}{L} \end{cases} \tag{8.49}$$

则

$$M = M_0 + M_k \tag{8.50}$$

其中，$M_0$ 为 $M$ 的纯弯曲效应部分；$M_k$ 为 $M$ 的扭转耦合效应部分。

记

$$\begin{cases} C_T = \frac{1}{2}c_{5-1}bh^2 + 3c_{7-1}bh + 4c_{10-1}b + \frac{1}{2}A_{66-3}b^2h + 4hD_{66-3} \\ C_M = \frac{1}{2}c_{1-1}bh^2 + 2c_{3-1}bh + 2c_{8-1}b + \frac{1}{6}A_{11-3}h^3 \\ K_T = \frac{1}{2}c_{2-1}bh^2 + c_{4-1}bh + c_{6-1}bh + 2c_{9-1}b \\ K_M = \frac{1}{2}c_{2-1}bh^2 + 2c_{4-1}bh + c_{6-1}bh + 4c_{9-1}b \end{cases} \tag{8.51}$$

则

$$\begin{Bmatrix} T \\ M \end{Bmatrix} = \begin{bmatrix} C_T & K_T \\ K_M & C_M \end{bmatrix} \begin{Bmatrix} \frac{\phi}{L} \\ \kappa_{x-1} \end{Bmatrix} \tag{8.52}$$

因此，针对基于拉剪多耦合效应层合板的等截面弯扭耦合盒型结构，式(8.52)为其自由端面处的扭转变形、弯曲变形与扭矩、弯矩的解析关系。将式(8.37)代入式(8.52)，可得整个盒段剖面的力学行为，即

$$\begin{Bmatrix} \dfrac{\mathrm{d}\phi}{\mathrm{d}x} \\ \dfrac{\mathrm{d}\theta}{\mathrm{d}x} \end{Bmatrix} = \begin{bmatrix} C_T & K_T \\ K_M & C_M \end{bmatrix}^{-1} \begin{Bmatrix} T \\ M \end{Bmatrix} \tag{8.53}$$

对式(8.53)的等式两边分别积分，可得

$$\begin{cases} \phi(x) = \dfrac{TC_M - MK_T}{C_T C_M - K_T K_M} x \\ \theta(x) = \dfrac{MC_T - TK_M}{C_T C_M - K_T K_M} x \end{cases} \tag{8.54}$$

2. 耦合刚度修正

采用有限元法验证式(8.54)的精度，分别选取表 6.4～表 6.7 中湿热稳定的 14 层层合板作为算例进行分析。湿热稳定的 14 层拉剪耦合层合板如表 8.1 所示。弯扭耦合盒型结构的上下面板分别采用这四种铺层，腹板采用无任何耦合效应的层合板进行铺层，其铺层角为[60°/–60°/–60°/0°/0°/0°/60°/60°/0°/–60°/60°/60°/–60°/–60°/–60°/0°/0°/60°]$_T$，铺层材料选取碳纤维/环氧树脂 IM7/8552 型复合材料。弯扭耦合盒型结构横截面尺寸设为 $L$ = 0.2m、$b$ = 0.02m、$h$ 在 0.005～0.04m 每间隔 0.001m 取值(即 0.005m，0.006m，0.007m，…，0.04m)，以达到不同长宽比 $b/h$ 的目的。

**表 8.1　湿热稳定的 14 层拉剪耦合层合板**

| 层合板类型 | 铺层角度 | $\lvert a_{16}\rvert$/(m · N$^{-1}$) |
|---|---|---|
| $\mathbf{A_F B_0 D_S}$ 层合板 | [35.9°/90°/–40.1°/–25.9°/–23.1°/64.5°/64.2°/64.0°/–20.4°/–20.0°/62.4°/–18.4°/44.9°/–66.5°]$_T$ | $5.67\times10^{-9}$ |
| $\mathbf{A_F B_0 D_F}$ 层合板 | [48.4°/–24.5°/71.5°/–34.5°/–23.4°/–8.6°/72.2°/79.4°/63.1°/–40.7°/65.3°/–31.7°/51.4°/–14.5°]$_T$ | $9.65\times10^{-9}$ |
| $\mathbf{A_F B_S D_S}$ 层合板 | [82.6°/–88.6°/–61.5°/0.1°/6.4°/11.6°/15.7°/19.3°/–64.6°/–64.1°/35.1°/–76.5°/–40.5°/55.9°]$_T$ | $6.18\times10^{-9}$ |
| $\mathbf{A_F B_S D_F}$ 层合板 | [82.6°/–2.9°/–9.6°/71.7°/70.6°/–17.7°/74.1°/–23.0°/90.0°/–10.7°/–25.4°/–41.8°/53.5°/57.8°]$_T$ | $1.08\times10^{-8}$ |

盒型结构变形的数值解是基于有限元软件 MSC.Patran/Nastran 求解的，盒型结构的有限元模型如图 8.19 所示。其中，盒型结构一端固支、一端自由，利用 RBE2 单元对自由端面的所有节点进行六自由度刚性约束，每个面板划分为 400 个壳单元、每个腹板划分 160 个壳单元、整个盒型结构共划分为 1120 个壳单元。自由端承受 $M$ = 1N · m 的作用。

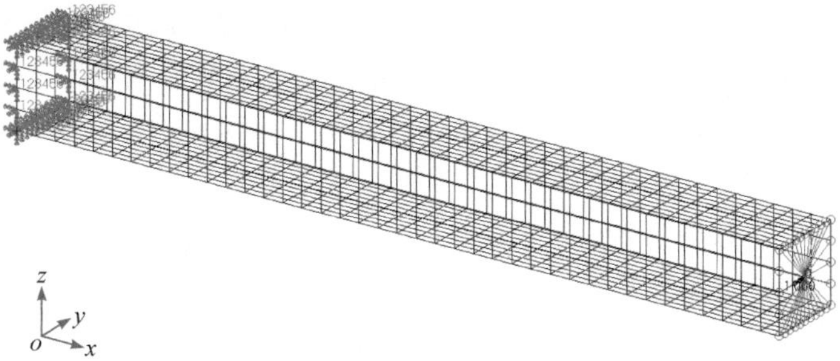


图 8.19　等截面弯扭耦合盒型结构有限元模型图

为方便表述，记 $\phi_{\mathrm{num}}$ 和 $\theta_{\mathrm{num}}$ 分别为盒型结构扭转角和弯曲角的数值解，$\delta\phi$ 和 $\delta\theta$ 分别为盒型结构自由端面扭转角和弯曲角的解析解与数值解偏差，其表达式为

$$\delta\phi=\frac{\phi(L)-\phi_{\mathrm{num}}(L)}{\phi_{\mathrm{num}}(L)},\quad \delta\theta=\frac{\theta(L)-\theta_{\mathrm{num}}(L)}{\theta_{\mathrm{num}}(L)} \tag{8.55}$$

图 8.20 给出了基于拉剪耦合层合板的等截面弯扭耦合结构自由端面变形解析

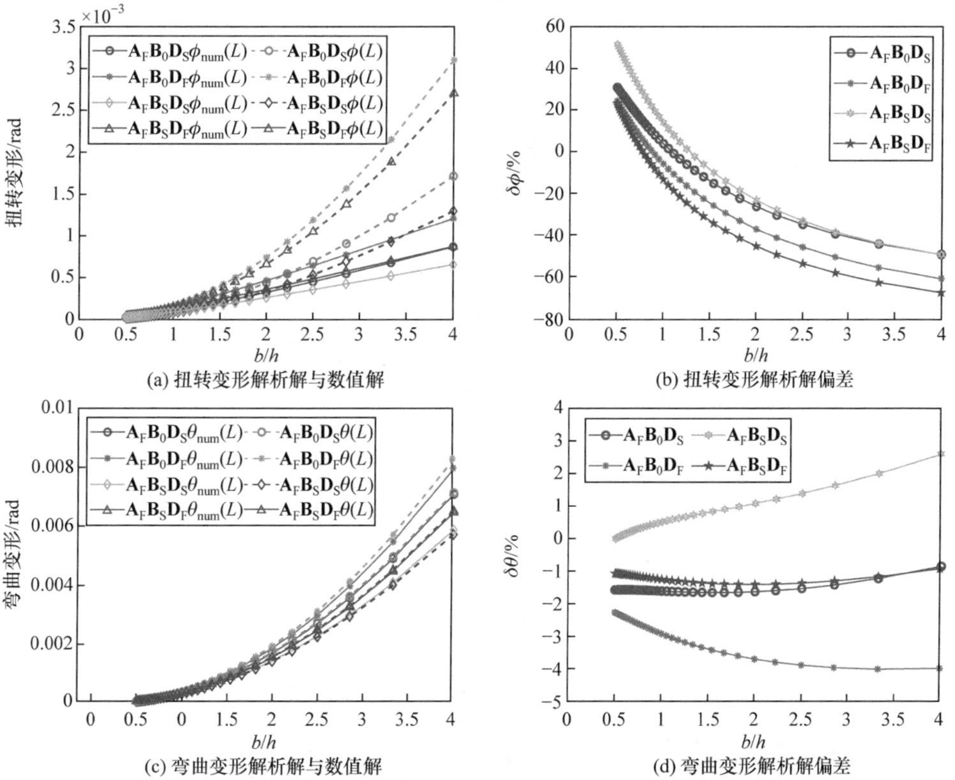


图 8.20　基于拉剪耦合层合板的等截面弯扭耦合结构自由端面变形解析解与数值解

解与数值解。由图 8.20(a)和图 8.20(b)可知，在$0.5 < b/h < 4$时，$\delta\phi$随着截面尺寸$b/h$的变化而大幅度变化，并且与$b/h$近似成反比例关系，当$b/h$的值远离 1 时扭转变形的解析解偏差呈逐渐增加趋势，最大偏差可达到 60%以上。由图 8.20(c)和图 8.20(d)可知，$\delta\theta$均可控制在±5%以内，说明盒型结构自由端面弯曲变形的解析解与数值解吻合较好。

盒型结构扭转变形产生较大误差的原因是，刚度方程推导过程是建立在盒型悬臂梁纯弯曲变形和自由扭转变形的理想假设基础上进行的。盒型结构在一端固支、一端自由的边界条件约束下，层合板间的相互作用规律变得复杂，属于约束扭转，盒型结构各横截面的扭转变形并非线性变化，进而造成推导出的理想扭转变形结果与实际变形存在较大偏差。因此，需要在式(8.54)的基础上进行耦合刚度修正，拟合含有边界条件的弯扭耦合盒型结构刚度方程。弯扭耦合盒型结构耦合刚度修正思路如图 8.21 所示。

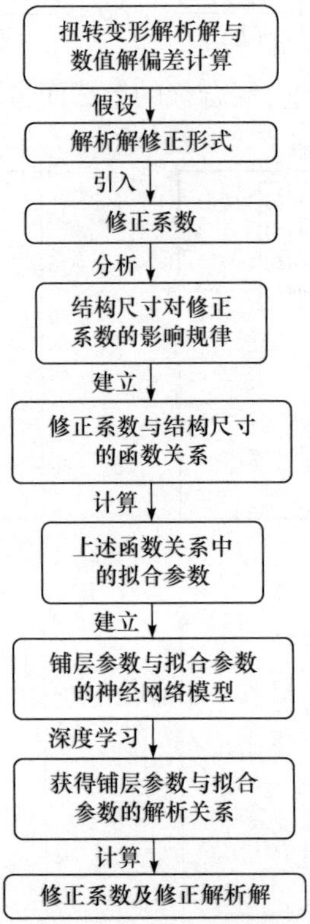


图 8.21　弯扭耦合盒型结构耦合刚度修正思路

为了解决约束扭转引入的耦合刚度偏差问题，按照图 8.21 所示的流程，对式(8.54)中的刚度系数 $K_T$ 和 $K_M$ 进行修正。记$\phi_{\text{ana}}$和$\theta_{\text{ana}}$分别为盒型结构扭转变形和弯曲变形的修正解析解，$\delta\phi_{\text{ana}}$ 和 $\delta\theta_{\text{ana}}$ 分别为盒型结构自由端面扭转角和弯曲角的修正解析解与数值解偏差，其表达式为

$$\delta\phi_{\text{ana}}=\frac{\phi_{\text{ana}}(L)-\phi_{\text{num}}(L)}{\phi_{\text{num}}(L)},\quad \delta\theta_{\text{ana}}=\frac{\theta_{\text{ana}}(L)-\theta_{\text{num}}(L)}{\theta_{\text{num}}(L)} \tag{8.56}$$

考虑 $K_T$ 和 $K_M$ 的大小差异不明显，引入修正系数 $\eta(\eta>0)$，采用一种最直接的方式，同时对 $K_T$ 和 $K_M$ 进行修正。记修正后的耦合刚度系数分别为 $K'_T$ 和 $K'_M$，则

$$K'_T=\eta K_T,\quad K'_M=\eta K_M \tag{8.57}$$

对于由拉剪多耦合效应层合板构成的弯扭耦合盒型结构，在相同力偶矩作用下，其变形大小仅受面板的铺层角度及盒型结构尺寸的变化影响。为了探究这些影响规律，需要首先计算出 $\eta$，将式(8.57)代入式(8.54)可得

$$\begin{cases}\phi_{\text{ana}}(x)=\dfrac{TC_M-M\eta K_T}{C_TC_M-\eta^2K_TK_M}x\\ \theta_{\text{ana}}(x)=\dfrac{MC_T-T\eta K_T}{C_TC_M-\eta^2K_TK_M}x\end{cases} \tag{8.58}$$

当 $T=0$ 且 $M=1$ 时，有

$$\begin{cases}\phi_{\text{ana}}(x)=\dfrac{-\eta K_T}{C_TC_M-\eta^2K_TK_M}x\\ \theta_{\text{ana}}(x)=\dfrac{C_T}{C_TC_M-\eta^2K_TK_M}x\end{cases} \tag{8.59}$$

联立式(8.54)和式(8.59)可得

$$\frac{\dfrac{-K_T}{C_TC_M-K_TK_M}L}{\dfrac{-\eta K_T}{C_TC_M-\eta K_TK_M}L}=\frac{\phi(L)}{\phi_{\text{num}}(L)} \tag{8.60}$$

令

$$\lambda=\frac{C_TC_M}{K_TK_M},\quad f=\frac{\phi(L)}{\phi_{\text{num}}(L)} \tag{8.61}$$

则

$$\eta^2+(\lambda-1)f\eta-\lambda=0 \tag{8.62}$$

由于 $\eta>0$，对式(8.62)求解可得

$$\eta = \frac{1}{2}\left\{(1-\lambda)f + \sqrt{[(\lambda-1)f]^2 + 4\lambda}\right\} \tag{8.63}$$

利用式(8.63)并借助数值仿真软件，便可以求出任意铺层角度及等截面盒型结构尺寸下的$\eta$。以基于表 8.1 中四种层合板的等截面弯扭耦合盒型结构为例进行研究。图 8.22 给出了各种弯扭耦合盒型结构的修正系数$\eta$与$b/h$的关系曲线。由此可知，对于不同铺层角的盒型结构，$\eta$与$b/h$近似呈线性增加趋势，并且经过更多算例分析发现均满足这个规律，这里不一一列举结果。因此，假设$\eta$与$b/h$的函数关系为线性关系，即

$$\eta = \zeta_1 \frac{b}{h} + \zeta_2 \tag{8.64}$$

其中，$\zeta_1$和$\zeta_2$为拟合参数，其大小仅随盒型结构铺层角的变化而变化。

对于某一铺层情况下的弯扭耦合盒型结构，只要获得$\zeta_1$和$\zeta_2$，便可以通过式(8.64)计算出不同结构尺寸下的$\eta$，进而获得该铺层角度的盒型结构在任意横截面尺寸下的变形修正解析解。下面基于机器学习方法，建立铺层参数(可以代表面板铺层信息的参数，如层合板的角度、几何因子或刚度系数等)与拟合参数$\zeta_1$、$\zeta_2$间的解析关系。

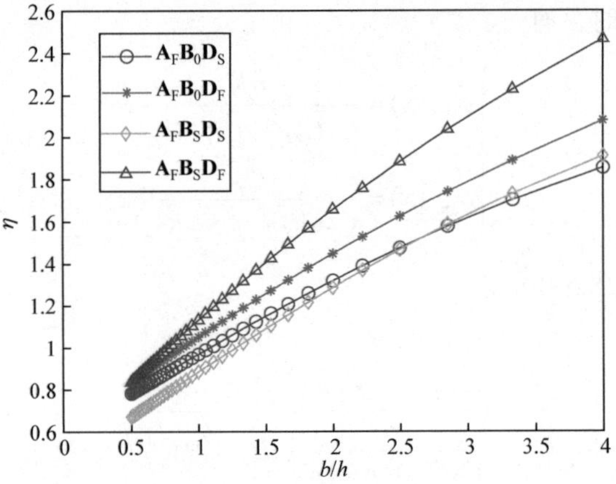


图 8.22　基于拉剪耦合层合板的等截面弯扭耦合盒型结构尺寸对修正系数的影响规律

采用反向传播(back propagation，BP)算法建立盒型结构铺层参数与$\zeta_1$、$\zeta_2$的神经网络。机器学习的训练模型输出数据选取$\zeta_1$和$\zeta_2$。对于输入数据的选择，有很多数据可以作为与面板铺层角相关的参量。为了便于获得高精度的学习模型，输入端数据不宜过多，否则会导致神经网络模型的精度难以满足要求。因此，选取 $b$=$h$ 时盒型结构的刚度系数$C_T^0$、$C_M^0$、$K_T^0$、$K_M^0$作为训练模型的输入数据源。其表达式为

$$
\begin{cases}
C_T^0=\dfrac{b^3}{2}c_3+\dfrac{b^3}{2}A_{66-3}+4bD_{66-1}+4bD_{66-3}+\dfrac{b^3h}{4L}c_5A_{66-3}\\
C_M^0=\dfrac{b^3}{2}c_1+\dfrac{1}{6}A_{11-3}b^3+2b\left(D_{11-1}-\dfrac{D_{12-1}^2}{D_{22-1}}\right)\\
K_T^0=\dfrac{b^3}{2}c_2+\dfrac{b^3h}{4L}c_4A_{66-3}\\
K_M^0=\dfrac{b^3}{2}c_2
\end{cases}
\tag{8.65}
$$

值得注意的是，$C_T^0$、$C_M^0$、$K_T^0$、$K_M^0$ 的大小与盒型结构尺寸 $b$ 直接相关。当 $b$ 变化较大时，$C_T^0$、$C_M^0$、$K_T^0$、$K_M^0$ 的数值会发生很大的变化，甚至产生数量级的变化。若直接将其作为训练模型的输入，会造成训练模型适用性降低的局限性。因此，需要对 $C_T^0$、$C_M^0$、$K_T^0$、$K_M^0$ 进行归一化。记 $\bar{C}_T$、$\bar{C}_M$、$\bar{K}_T$、$\bar{K}_M$ 为归一化后的数值，测试发现通过如下方式可较好地实现输入数据的归一化效果，即

$$
\begin{cases}
\bar{C}_T=\dfrac{C_T^0}{\sqrt{C_T^0C_M^0-K_T^0K_M^0}},\quad \bar{C}_M=\dfrac{C_M^0}{\sqrt{C_T^0C_M^0-K_T^0K_M^0}}\\
\bar{K}_T=\dfrac{K_T^0}{\sqrt{C_T^0C_M^0-K_T^0K_M^0}},\quad \bar{K}_M=\dfrac{K_M^0}{\sqrt{C_T^0C_M^0-K_T^0K_M^0}}
\end{cases}
\tag{8.66}
$$

此时，机器学习的训练模型输入数据分别为 $\bar{C}_T$、$\bar{C}_M$、$\bar{K}_T$、$\bar{K}_M$。弯扭耦合盒型结构耦合刚度修正的神经网络模型示意图如图 8.23 所示。其中，$w_{ij}^{(p)}(i=1,2,\cdots,m(n);\ j=1,2,3,\cdots;\ p=1,2,\cdots)$ 为相应输入信号的权重，上角标 $p$ 表示神经网络的层数。

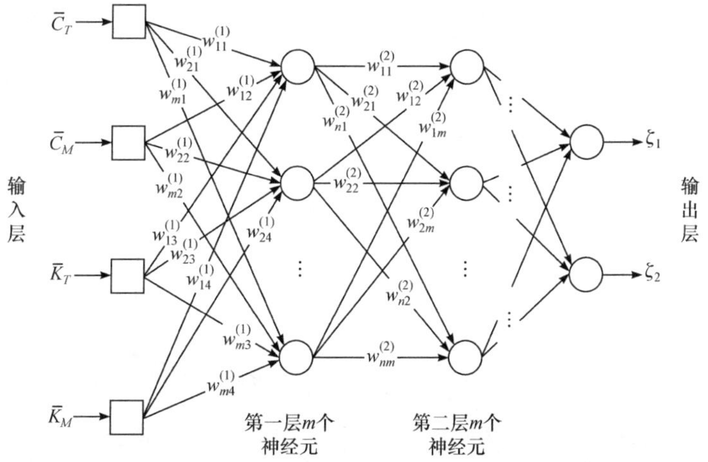


图 8.23　弯扭耦合盒型结构耦合刚度修正的神经网络模型示意图

由于拟设计湿热稳定的弯扭耦合结构，因此用来构造的层合板也需满足湿热稳定条件。针对每一类拉剪耦合层合板构造的弯扭耦合结构，分别利用 SQP 算法首先得到 100 组湿热稳定层合板铺层，然后将其按照 70%、15%和 15%的比例作为训练集、测试集和验证集进行随机分组，并建立训练模型。测试发现，经过变学习率梯度下降算法 traingda 训练出的模型不仅能在训练数据上获得较高精度，还能在测试集和验证集数据中表现出良好精度。当训练模型的关键参数设置为如下数值时可以在验证集中获得 5%以内的精度，即神经网络层数为 1，每次训练的最大训练次数为 10000 次，训练目标为 $10^{-4}$，学习率设置为 0.02，神经单元数量设置范围为 1 至 30，最终取值为能够使测试集的最大偏差取得最小值时的神经单元数量。若选用其他算法或多层神经网络进行训练，虽然会在训练集上获得更高的精度，但是会导致过拟合现象，即训练模型在测试集和验证集的精度很差。

利用上述方法可以训练出合适的 $w_{ij}^{(p)}$，分别用于求解不同铺层盒型结构的 $\zeta_1$ 和 $\zeta_2$。对于由同一种拉剪耦合层合板设计的弯扭耦合盒型结构，图 8.23 展示的仅为一种铺层角度下的神经网络模型，而实际训练集中有 70 组数据，这意味着 $w_{ij}^{(p)}$ 的数据较多，在此不详细给出 $\zeta_1$ 和 $\zeta_2$ 的具体表达式。然后，将 $\zeta_1$ 和 $\zeta_2$ 代入式(8.64)即可获得 $\eta$，将 $\eta$ 代入式(8.58)可计算修正后的变形解析解。

3. 精度验证

同样以基于表 8.1 中四类层合板的等截面弯扭耦合盒型结构为例进行分析。如图 8.24 上述，当 $0.5 < b/h < 4$ 时，$\delta\phi_{\mathrm{ana}}$ 和 $\delta\theta_{\mathrm{ana}}$ 均可控制在±5%以内，说明修正后的解析解精度可以达到 5%以内，大幅提升了耦合刚度的精度，利用 BP 神经网络模型对盒型结构扭转变形解析解拟合是可行的。

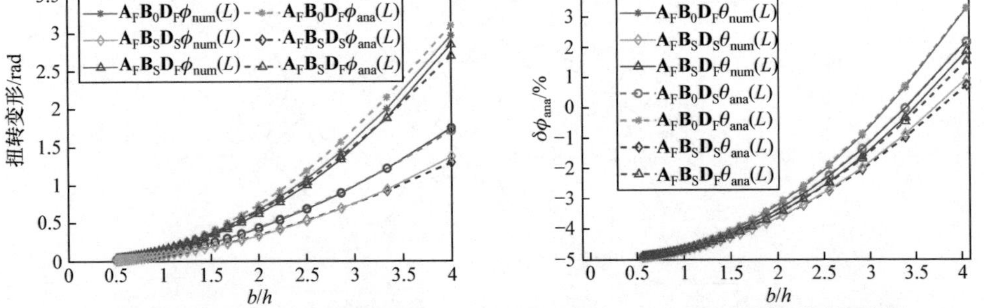


(a) 扭转变形修正解析解与数值解　　(b) 扭转变形修正解析解偏差

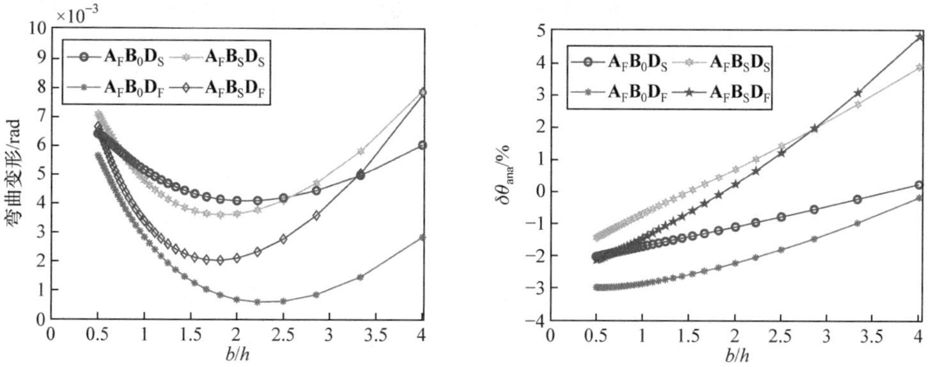


(c) 弯曲变形修正解析解与数值解　　(d) 弯曲变形修正解析解偏差

图 8.24　基于拉剪耦合层合板的等截面弯扭耦合结构自由端面变形修正解析解与数值解

为了验证模型的适用性，针对上述四类等截面弯扭耦合盒型结构，图 8.25 分别给出了在不同力偶矩作用时的盒型结构变形情况，包括 $T=1$、$M=0$ 和 $T=0.5$、$M=0.5$ 两种情况，盒型结构的尺寸设定保持不变。结果表明，在另外两种

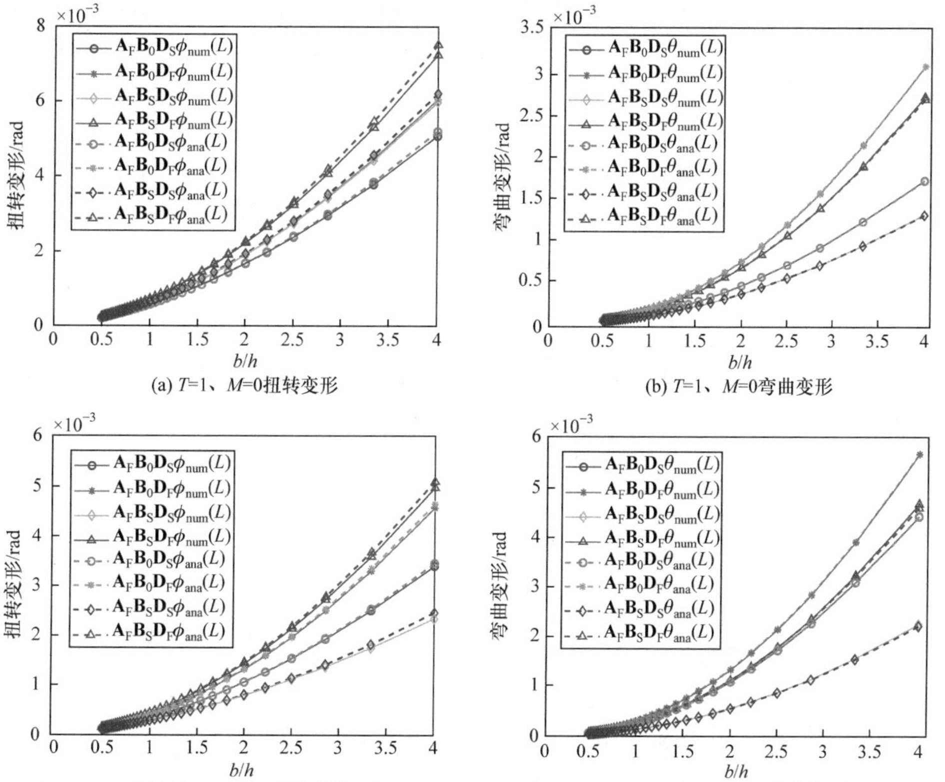


(a) $T$=1、$M$=0扭转变形　　(b) $T$=1、$M$=0弯曲变形

(c) $T$=0.5、$M$=0.5扭转变形　　(d) $T$=0.5、$M$=0.5弯曲变形

图 8.25　不同力偶矩作用时等截面弯扭耦合盒型结构自由端面变形的修正解析解与数值解

力偶矩作用时，四类弯扭耦合盒型结构自由端面的变形修正解析解仍与数值解吻合较好，验证了修正方法的准确性和有效性，说明可以用式(8.58)预测弯扭耦合盒型结构的力学行为。

需要说明的是，影响修正解析解精度的原因如下，图 8.22 中$\eta$随$b/h$的变化关系并非完全的线性递增函数，只是近似呈线性增加趋势，式(8.64)的线性函数假设会给修正模型带来误差；神经网络模型在训练输入和输出数据的解析关系时存在误差。

因此，若要进一步提升拟合精度，一方面可以建立更精确的$\eta$与$b/h$的函数关系来代替假设的线性递增函数关系，但是这会引入更多的参数作为神经网络的输出，进而影响神经网络的训练精度和训练效率；另一方面可以通过增加训练数据来获得更提升拟合精度，但是同时会增加运算成本。

### 8.4.2 变截面弯扭耦合盒型结构刚度方程

1. 刚度方程推导

变截面弯扭耦合盒型结构由两块面板和两块腹板构成，如图 8.26 所示。同样，记上下面板分别为板 1 和板 2，左右腹板分别为板 3 和板 4，上下面板和左右腹板的耦合特性，以及盒型结构的弯扭耦合变形原理与等截面盒型结构一致。盒型结构长度为 $L$，固定端面为 $b_1 \times h_1$ 的矩形，自由端面为 $b_2 \times h_2$ 的矩形。两块面板与水平面的夹角分别为 $\beta_1$ 和 $\beta_2$，两块腹板与固定端面的法线方向夹角为 $\gamma_1$ 和 $\gamma_2$。因此，盒型结构距离固定端 $x$ 处的横截面尺寸 $b(x)$和 $h(x)$分别为

$$b(x) = b_1 - \frac{x}{L}(b_1 - b_2), \quad h(x) = h_1 - \frac{x}{L}(h_1 - h_2) \tag{8.67}$$

并且有

$$b_1 - b_2 = L(\tan\gamma_1 + \tan\gamma_2), \quad h_1 - h_2 = L(\tan\beta_1 + \tan\beta_2) \tag{8.68}$$

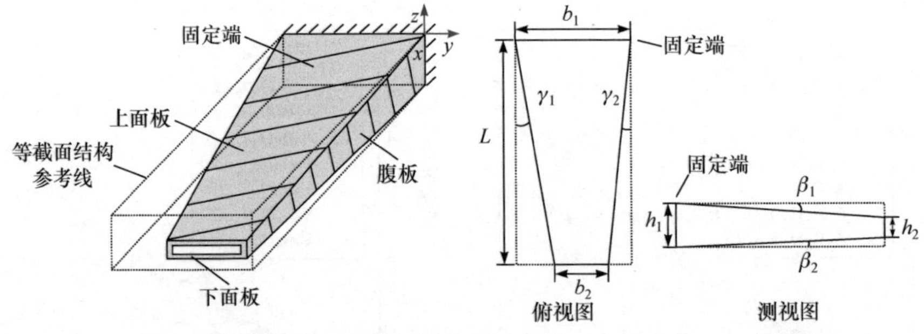


图 8.26 变截面弯扭耦合盒型结构几何示意图

变截面弯扭耦合盒型结构自由端承受矢量方向为 $y$ 方向和 $x$ 方向大小为 $M$ 和 $T$ 的力偶矩。采用微元法对盒型结构的各面板和腹板微段进行内力分析。对于板

1，由于主要研究变截面盒型结构存在力偶矩(大小为 $M$)作用时的变形，因此可以忽略板 1 的 $y$ 方向内力 $N_{y-1}(x)$ 和 $M_{y-1}(x)$，只考虑其横截面上的内力 $N_{x-1}(x)$、$N_{xy-1}(x)$，以及内力矩 $M_{x-1}(x)$、$M_{xy-1}(x)$。板 2 的内力与板 1 大小相同、方向相反，内力矩与板 1 大小相同、方向相同。对于板 3，其内力有 $N_{xy-3}(x)$，内力矩有 $M_{xy-3}(x)$，此外还有 $M_{z-3}(x)$ 的作用；板 4 的内力矩与板 3 相同，内力与板 3 大小相同、方向相反。变截面盒型结构的微段内力简化示意图如图 8.27 所示。

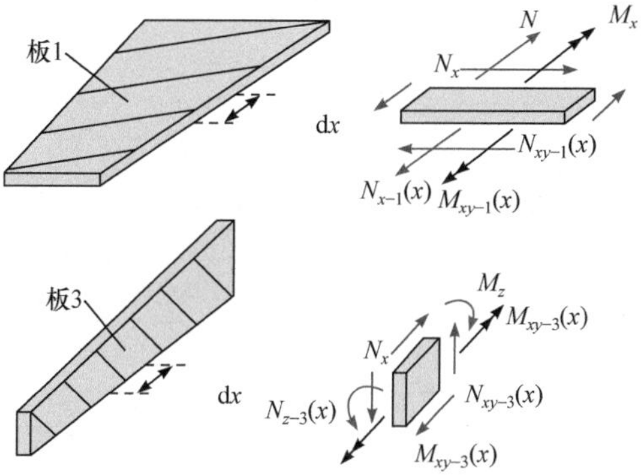


图 8.27　变截面盒型结构的微段内力简化示意图

在上述内力情况下，板 1 的 $x$ 截面处的中面应变 $\varepsilon_{x-1}^0(x)$、$\varepsilon_{y-1}^0(x)$、$\gamma_{xy-1}^0(x)$ 和中面曲率 $\kappa_{x-1}(x)$、$\kappa_{y-1}(x)$、$\kappa_{xy-1}(x)$ 分别为

$$\begin{Bmatrix} \varepsilon_{x-1}^0(x) \\ \varepsilon_{y-1}^0(x) \\ \gamma_{xy-1}^0(x) \\ \kappa_{x-1}(x) \\ \kappa_{y-1}(x) \\ \kappa_{xy-1}(x) \end{Bmatrix} = \begin{bmatrix} a_{11} & a_{12} & a_{16} & b_{11} & b_{12} & 0 \\ a_{12} & a_{22} & a_{26} & b_{21} & b_{22} & 0 \\ a_{16} & a_{26} & a_{66} & 0 & 0 & b_{66} \\ b_{11} & b_{21} & 0 & d_{11} & d_{12} & d_{16} \\ b_{12} & b_{22} & 0 & d_{12} & d_{22} & d_{26} \\ 0 & 0 & b_{66} & d_{16} & d_{26} & d_{66} \end{bmatrix}_1 \begin{Bmatrix} N_{x-1}(x) \\ 0 \\ N_{xy-1}(x) \\ M_{x-1}(x) \\ 0 \\ M_{xy-1}(x) \end{Bmatrix} \tag{8.69}$$

由式(8.69)可得

$$\begin{Bmatrix} \varepsilon_{x-1}^0(x) \\ \gamma_{xy-1}^0(x) \\ \kappa_{x-1}(x) \\ \kappa_{xy-1}(x) \end{Bmatrix} = \begin{bmatrix} a_{11} & a_{16} & b_{11} & 0 \\ a_{16} & a_{66} & 0 & b_{66} \\ b_{11} & 0 & d_{11} & d_{16} \\ 0 & b_{66} & d_{16} & d_{66} \end{bmatrix} \begin{Bmatrix} N_{x-1}(x) \\ N_{xy-1}(x) \\ M_{x-1}(x) \\ M_{xy-1}(x) \end{Bmatrix} \tag{8.70}$$

也可以改写为

$$\begin{Bmatrix} N_{x-1}(x) \\ N_{xy-1}(x) \\ M_{x-1}(x) \\ M_{xy-1}(x) \end{Bmatrix} = \begin{bmatrix} c_1 & c_2 & c_3 & c_4 \\ c_2 & c_5 & c_6 & c_7 \\ c_3 & c_6 & c_8 & c_9 \\ c_4 & c_7 & c_9 & c_{10} \end{bmatrix} \begin{Bmatrix} \varepsilon_{x-1}^0(x) \\ \gamma_{xy-1}^0(x) \\ \kappa_{x-1}(x) \\ \kappa_{xy-1}(x) \end{Bmatrix} \tag{8.71}$$

变截面盒型结构上面板和腹板微段的剪切变形示意图如图 8.28 所示。

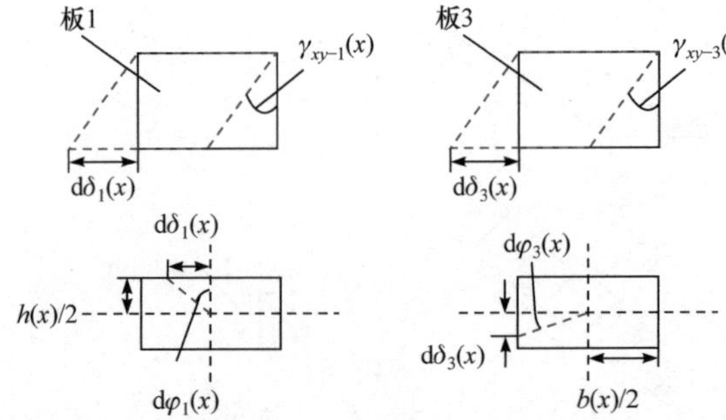


图 8.28　变截面盒型结构上面板和腹板微段的剪切变形示意图

基于小变形假设，板 1 的剪切变形 $\delta_1(x)$ 与板 1 的切应变 $\gamma_{xy-1}(x)$ 及由板 1 切应变引起的扭转角 $\phi_1(x)$ 满足如下关系，即

$$\mathrm{d}\phi_1(x) = \frac{2\mathrm{d}\delta_1(x)}{h(x)}, \quad \gamma_{xy-1}^0(x) = \frac{\mathrm{d}\delta_1(x)}{\mathrm{d}x} \tag{8.72}$$

同理，板 3 的剪切变形 $\delta_3(x)$ 与板 3 的切应变 $\gamma_{xy-3}(x)$ 及由板 3 切应变引起的扭转角 $\phi_3(x)$ 满足如下关系，即

$$\mathrm{d}\phi_3(x) = \frac{2\mathrm{d}\delta_3(x)}{b(x)}, \quad \gamma_{xy-3}^0(x) = \frac{\mathrm{d}\delta_3(x)}{\mathrm{d}x} \tag{8.73}$$

板 1 和板 3 的扭转角与盒型结构的扭转角 $\phi(x)$ 相同，即

$$\phi_1(x) = \phi_3(x) = \phi(x) \tag{8.74}$$

联立式(8.72)～式(8.74)可得

$$\gamma_{xy-1}^0(x) = \frac{h(x)\mathrm{d}\phi(x)}{2\mathrm{d}x}, \quad \gamma_{xy-3}^0(x) = \frac{b(x)\mathrm{d}\phi(x)}{2\mathrm{d}x} \tag{8.75}$$

由于腹板不含有任何耦合效应，因此

$$N_{xy-3}(x) = A_{66-3}\gamma_{xy-3}^0(x), \quad M_{xy-3}(x) = D_{66-3}\kappa_{xy-1}(x) \tag{8.76}$$

与等截面盒型结构分析方法类似，这里同样认为变截面盒型悬臂梁的变形是

纯弯曲变形和自由扭转变形的叠加。因此，对于盒型结构 $x$ 截面处的弯曲角 $\theta(x)$，可以通过如下两种方式求解，即

$$\frac{\varepsilon_{x-1}^{0}(x)\mathrm{d}x(\cos\beta_1+\cos\beta_2)}{h(x)}\approx\tan\mathrm{d}\theta(x)\approx\mathrm{d}\theta(x) \tag{8.77}$$

$$\mathrm{d}\theta(x)=\kappa_{x-1}(x)\mathrm{d}x \tag{8.78}$$

联立式(8.77)和式(8.78)可得

$$\varepsilon_{x-1}^{0}(x)(\cos\beta_1+\cos\beta_2)=h(x)\kappa_{x-1}(x) \tag{8.79}$$

忽略横向剪切的作用，板 1 和板 3 的扭曲率与变截面盒型结构的扭转角满足

$$\kappa_{xy-1}(x)=\kappa_{xy-3}(x)=\frac{2\mathrm{d}\phi(x)}{\mathrm{d}x} \tag{8.80}$$

根据变截面盒型结构 $x$ 截面处的静力关系，有

$$\begin{aligned}T(x)=&2N_{xy-1}(x)b(x)\frac{h(x)}{2}+2N_{xy-3}(x)h(x)\frac{b(x)}{2}\\&+2M_{xy-1}(x)b(x)+2M_{xy-3}(x)h(x)\end{aligned} \tag{8.81}$$

$$M(x)=N_{x-1}(x)\left(\frac{1}{\cos\beta_1}+\frac{1}{\cos\beta_2}\right)b(x)\frac{h(x)}{2}+2M_{z-3}(x)+2M_{x-1}(x)b(x) \tag{8.82}$$

联立式(8.71)、式(8.75)、式(8.76)、式(8.79)～式(8.81)，可得

$$\begin{aligned}T(x)=&\left[\frac{1}{2}c_5b(x)h^2(x)+\frac{1}{2}A_{66-3}b^2(x)h(x)+3c_7b(x)h(x)+4c_{10}b(x)+4D_{66-3}h(x)\right]\frac{\mathrm{d}\phi(x)}{\mathrm{d}x}\\&+\left[\frac{c_2b(x)h^2(x)+2c_4b(x)h(x)}{\cos\beta_1+\cos\beta_2}+c_6b(x)h(x)+2c_9b(x)\right]\kappa_{x-1}(x)\end{aligned} \tag{8.83}$$

令

$$\begin{cases}T_0(x)=\left[\dfrac{1}{2}c_5b(x)h^2(x)+\dfrac{1}{2}A_{66-3}b^2(x)h(x)+3c_7b(x)h(x)+4c_{10}b(x)+4D_{66-3}h(x)\right]\dfrac{\mathrm{d}\phi(x)}{\mathrm{d}x}\\T_k(x)=\left[\dfrac{c_2b(x)h^2(x)+2c_4b(x)h(x)}{\cos\beta_1+\cos\beta_2}+c_6b(x)h(x)+2c_9b(x)\right]\kappa_{x-1}(x)\end{cases} \tag{8.84}$$

则

$$T(x)=T_0(x)+T_k(x) \tag{8.85}$$

其中，$T_0(x)$ 为 $T(x)$ 的纯扭转效应部分；$T_k(x)$ 为 $T(x)$ 的弯曲耦合效应部分。

对于板 3，其 $x$ 截面处的弯矩 $M_{z-3}(x)$ 为

$$M_{z-3}(x)=\int_{-\frac{h(x)}{2}}^{\frac{h(x)}{2}} A_{11-3}z^2\mathrm{d}z\kappa_{x-1}(x)=\frac{1}{12}A_{11-3}h(x)^3\kappa_{x-1}(x) \tag{8.86}$$

联立式(8.71)、式(8.75)、式(8.76)、式(8.79)、式(8.80)、式(8.82)和式(8.86)，可得

$$\begin{aligned}M(x)=&\left[\frac{c_1b(x)h^2(x)}{2\cos\beta_1\cos\beta_2}+2c_8b(x)+\frac{1}{6}A_{11-3}h(x)^3+\left(\frac{2}{\cos\beta_1+\cos\beta_2}+\frac{\cos\beta_1+\cos\beta_2}{2\cos\beta_1\cos\beta_2}\right)c_3b(x)h(x)\right]\kappa_{x-1}(x)\\&+\left[\frac{\cos\beta_1+\cos\beta_2}{4\cos\beta_1\cos\beta_2}c_2b(x)h^2(x)+4c_9b(x)+\left(\frac{\cos\beta_1+\cos\beta_2}{\cos\beta_1\cos\beta_2}c_4+c_6\right)b(x)h(x)\right]\frac{\mathrm{d}\phi(x)}{\mathrm{d}x}\end{aligned} \tag{8.87}$$

令

$$\begin{cases}M_0(x)=\left[\dfrac{c_1b(x)h^2(x)}{2\cos\beta_1\cos\beta_2}+2c_8b(x)+\dfrac{1}{6}A_{11-3}h(x)^3+\left(\dfrac{2}{\cos\beta_1+\cos\beta_2}+\dfrac{\cos\beta_1+\cos\beta_2}{2\cos\beta_1\cos\beta_2}\right)c_3b(x)h(x)\right]\kappa_{x-1}(x)\\M_k(x)=\left[\dfrac{\cos\beta_1+\cos\beta_2}{4\cos\beta_1\cos\beta_2}c_2b(x)h^2(x)+4c_9b(x)+\left(\dfrac{\cos\beta_1+\cos\beta_2}{\cos\beta_1\cos\beta_2}c_4+c_6\right)b(x)h(x)\right]\dfrac{\mathrm{d}\phi(x)}{\mathrm{d}x}\end{cases} \tag{8.88}$$

则

$$M(x)=M_0(x)+M_k(x) \tag{8.89}$$

其中，$M_0(x)$ 为 $M(x)$ 的纯弯曲效应部分；$M_k(x)$ 为 $M(x)$ 的扭转耦合效应部分。

记

$$\begin{cases}C_T(x)=\left[\dfrac{1}{2}c_5b(x)h^2(x)+\dfrac{1}{2}A_{66-3}b^2(x)h(x)+3c_7b(x)h(x)+4c_{10}b(x)+4D_{66-3}h(x)\right]\\C_M(x)=\left[\dfrac{c_1b(x)h^2(x)}{2\cos\beta_1\cos\beta_2}+2c_8b(x)+\dfrac{1}{6}A_{11-3}h(x)^3+\left(\dfrac{2}{\cos\beta_1+\cos\beta_2}+\dfrac{\cos\beta_1+\cos\beta_2}{2\cos\beta_1\cos\beta_2}\right)c_3b(x)h(x)\right]\\K_T(x)=\dfrac{c_2b(x)h^2(x)+2c_4b(x)h(x)}{\cos\beta_1+\cos\beta_2}+c_6b(x)h(x)+2c_9b(x)\\K_M(x)=\left[\dfrac{\cos\beta_1+\cos\beta_2}{4\cos\beta_1\cos\beta_2}c_2b(x)h^2(x)+4c_9b(x)+\left(\dfrac{\cos\beta_1+\cos\beta_2}{\cos\beta_1\cos\beta_2}c_4+c_6\right)b(x)h(x)\right]\end{cases} \tag{8.90}$$

则

$$\begin{Bmatrix}T(x)\\M(x)\end{Bmatrix}=\begin{bmatrix}C_T(x) & K_T(x)\\K_M(x) & C_M(x)\end{bmatrix}\begin{Bmatrix}\dfrac{\mathrm{d}\phi(x)}{\mathrm{d}x}\\\kappa_{x-1}(x)\end{Bmatrix} \tag{8.91}$$

根据截面法，变截面盒型结构任意横截面处的弯矩大小 $T(x)$ 和扭矩大小 $M(x)$ 均与力偶矩大小 $T$ 和 $M$ 保持相同，进而可以由式(8.91)拓展得到变截面盒段剖面的力学行为，即

$$\begin{Bmatrix} \dfrac{\mathrm{d}\phi(x)}{\mathrm{d}x} \\ \dfrac{\mathrm{d}\theta(x)}{\mathrm{d}x} \end{Bmatrix} = \begin{bmatrix} C_T(x) & K_T(x) \\ K_M(x) & C_M(x) \end{bmatrix}^{-1} \begin{Bmatrix} T \\ M \end{Bmatrix} \tag{8.92}$$

积分可得变截面盒型结构任意横截面处的扭转变形和弯曲变形，即

$$\begin{cases} \phi(x) = \displaystyle\int_0^x \frac{TC_M(x) - MK_T(x)}{C_T(x)C_M(x) - K_T(x)K_M(x)} \mathrm{d}x \\ \theta(x) = \displaystyle\int_0^x \frac{MC_T(x) - TK_M(x)}{C_T(x)C_M(x) - K_T(x)K_M(x)} \mathrm{d}x \end{cases} \tag{8.93}$$

2. 耦合刚度修正

与等截面弯扭耦合盒型结构一样，变截面弯扭耦合结构刚度方程推导过程是建立在纯弯曲变形和自由扭转变形的理想假设基础上进行的。变截面盒型结构在一端固支边界条件下的变形同样属于约束扭转，各横截面的扭转变形并非线性变化，进而造成式(8.93)与实际变形存在较大偏差。因此，需要在式(8.93)的基础上进一步修正，拟合约束扭转时的变截面弯扭耦合盒型结构力学行为。

用于拟合的变形数值结果是基于有限元软件 MSC.Patran/Nastran 求解得到的。变截面盒型结构有限元模型图如图 8.29 所示。其中，盒型结构一端固支、另一端自由，自由端进行 RBE2 单元刚性约束，每个面板划分为 400 个壳单元、每个腹板划分为 160 个壳单元，共划分 1120 个壳单元，自由端承受 $M = 1\mathrm{N} \cdot \mathrm{m}$ 的作用。

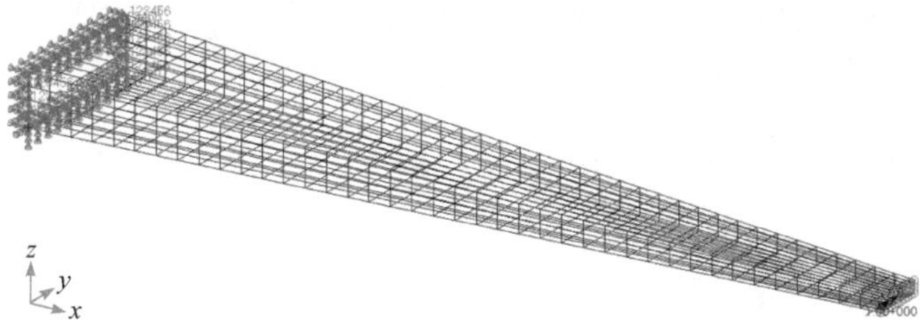


图 8.29　变截面盒型结构有限元模型图

变截面盒型结构的扭转变形拟合方法与等截面盒型结构类似，采用图 8.21 中的流程进行耦合刚度修正。记修正后的耦合刚度系数分别为 $K_T'(x)$ 和 $K_M'(x)$，同样采用修正系数 $\eta$ 对耦合刚度系数 $K_T(x)$ 和 $K_M(x)$ 进行修正，如式(8.57)所示。将式(8.57)代入式(8.93)可得修正后的扭转变形解析解 $\phi_{\mathrm{ana}}(x)$ 和弯

曲变形解析解 $\theta_{\text{ana}}(x)$，即

$$\begin{cases}\phi_{\text{ana}}(x)=\int_0^x \dfrac{TC_M(x)-M\eta K_T(x)}{C_T(x)C_M(x)-\eta^2 C_T(x)C_M(x)}\mathrm{d}x \\ \theta_{\text{ana}}(x)=\int_0^x \dfrac{MC_T(x)-T\eta K_T(x)}{C_T(x)C_M(x)-\eta^2 C_T(x)C_M(x)}\mathrm{d}x\end{cases} \tag{8.94}$$

当 $T=0$ 、$M=1$ 时，有

$$\begin{cases}\phi_{\text{ana}}(x)=\int_0^x \dfrac{-\eta K_T(x)}{C_T(x)C_M(x)-\eta^2 C_T(x)C_M(x)}\mathrm{d}x \\ \theta_{\text{ana}}(x)=\int_0^x \dfrac{C_T(x)}{C_T(x)C_M(x)-\eta^2 C_T(x)C_M(x)}\mathrm{d}x\end{cases} \tag{8.95}$$

联立式(8.93)和式(8.95)可得

$$\frac{\displaystyle\int_0^L \frac{-K_T(x)}{C_T(x)C_M(x)-C_T(x)C_M(x)}\mathrm{d}x}{\displaystyle\int_0^L \frac{-\eta K_T(x)}{C_T(x)C_M(x)-\eta^2 C_T(x)C_M(x)}\mathrm{d}x}=\frac{\phi(L)}{\phi_{\text{num}}(L)} \tag{8.96}$$

此时，令

$$f=\frac{\phi(L)}{\phi_{\text{num}}(L)},\quad \lambda=\frac{C_T(x)C_M(x)}{K_T(x)K_M(x)} \tag{8.97}$$

可得如式(8.63)所示的修正因子的求解公式。通过数值仿真计算发现，对于不同铺层角的盒型结构，其 $\eta$ 与 $b_1/h_1$ 近似呈线性增加趋势，即

$$\eta=\zeta_1\frac{b_1}{h_1}+\zeta_2 \tag{8.98}$$

采用 BP 神经网络建立盒型结构铺层参数与 $\zeta_1$、$\zeta_2$ 的解析关系。机器学习的训练模型输出层选取 $\zeta_1$ 和 $\zeta_2$，输入数据选取 $b_1=h_1$ 时盒型结构的刚度系数 $C_T^0$、$C_M^0$、$K_T^0$、$K_M^0$ 作为训练模型的输入数据源，其表达式为

$$\begin{cases}C_T^0=\dfrac{1}{2}(c_5+A_{66-3})b_1^3+3c_7b_1^2+4(c_{10}+D_{66-3})b_1 \\ C_M^0=\left[\left(\dfrac{c_1}{2\cos\beta_1\cos\beta_2}+\dfrac{A_{11-3}}{6}\right)b_1^3+2c_8b_1+\left(\dfrac{2}{\cos\beta_1+\cos\beta_2}+\dfrac{\cos\beta_1+\cos\beta_2}{2\cos\beta_1\cos\beta_2}\right)c_3b_1^2\right] \\ K_T^0=\dfrac{c_2}{\cos\beta_1+\cos\beta_2}b_1^3+\left(\dfrac{2c_4}{\cos\beta_1+\cos\beta_2}+c_6\right)b_1^2+2c_9b_1 \\ K_M^0=\dfrac{\cos\beta_1+\cos\beta_2}{4\cos\beta_1\cos\beta_2}c_2b_1^3+\left(\dfrac{\cos\beta_1+\cos\beta_2}{\cos\beta_1\cos\beta_2}c_4+c_6\right)b_1^2+4c_9b_1\end{cases} \tag{8.99}$$

然后，将 $C_T^0$、$C_M^0$、$K_T^0$、$K_M^0$ 按照式(8.66)所示的方式进行归一化，得到 $\bar{C}_T$、$\bar{C}_M$、$\bar{K}_T$、$\bar{K}_M$ 作为输入层。对于由每一类拉剪耦合层合板构成的变截面弯扭耦合结构，利用 SQP 算法分别得到 100 组湿热稳定的面板铺层，并作为输入建立训练模型，采用变学习率梯度下降算法。按照 8.4.1 节相同的方法和流程，可求得修正系数 $\eta$。最后，再将 $\eta$ 代入式(8.94)可以计算出修正后的变形解析解。

3. 精度验证

分别选取表 8.1 中四类湿热稳定拉剪耦合层合板($\mathbf{A}_F\mathbf{B}_0\mathbf{D}_S$ 层合板、$\mathbf{A}_F\mathbf{B}_0\mathbf{D}_F$ 层合板、$\mathbf{A}_F\mathbf{B}_S\mathbf{D}_S$ 层合板、$\mathbf{A}_F\mathbf{B}_S\mathbf{D}_F$ 层合板)构造变截面弯扭耦合盒型结构，并验证其刚度方程的精度。变截面尺寸设定为 $L=0.2\text{m}$、$b_1=0.02\text{m}$、$\beta_1=\beta_2=1°$、$\gamma_1=\gamma_2=1°$，$h_1$ 在 0.01～0.04m 间隔 0.001m 取值。图 8.30(a)给出了这四类弯扭耦合结构自由端面解析解 $\phi(L)$ 与数值解 $\phi_{\text{num}}(L)$ 的偏差 $\delta\phi$。图 8.30(b)给出了修正后的解析解 $\phi_{\text{ana}}(L)$ 与数值解 $\phi_{\text{num}}(L)$ 的偏差 $\delta\phi_{\text{ana}}$。

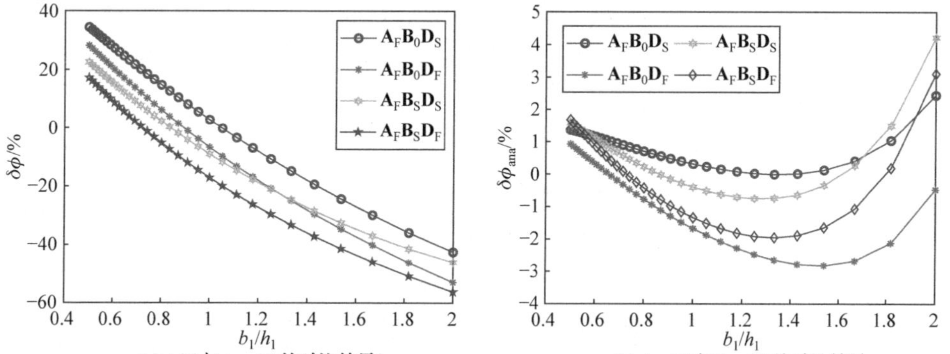


(a) $\phi(L)$与$\phi_{\text{num}}(L)$的对比结果　(b) $\phi_{\text{ana}}(L)$与$\phi_{\text{num}}(L)$的对比结果

图 8.30　基于拉剪耦合层合板的变截面弯扭耦合盒型结构自由端面扭转角解析解与数值解偏差

从图 8.30 可知，当 $0.5<b_1/h_1<2$ 时，$\delta\phi$ 随着截面尺寸 $b_1/h_1$ 的变化而大幅度变化，与 $b_1/h_1$ 近似呈反比例关系，最大偏差可达到 50%以上；当 $0.5<b_1/h_1<2$ 时，$\delta\phi_{\text{ana}}$ 可控制在±5%以内，说明修正后的解析解精度可达到 5%以内，大幅提升耦合刚度的精度。

如图 8.31 所示，可以看出扭转变形和弯曲变形的修正解析解均与数值解吻合较好，验证了修正模型的精度。

### 8.4.3　弯扭耦合结构的优化设计

1. 优化对象

对于给定结构尺寸的等截面/变截面弯扭耦合结构，优化设计目标均为盒型结

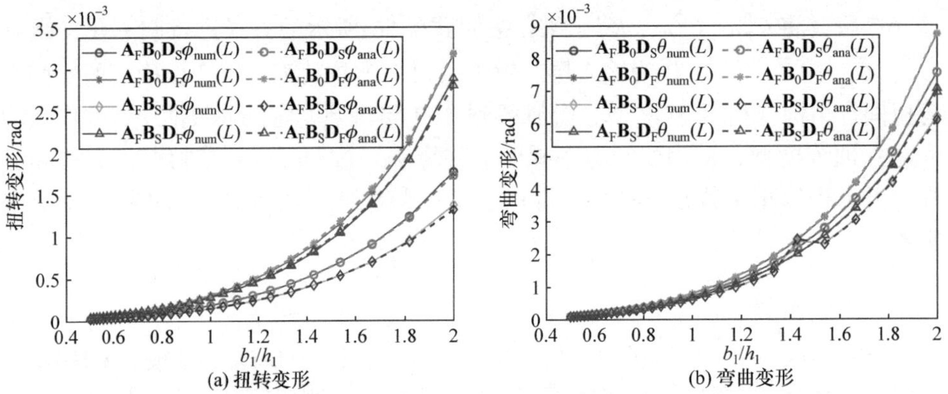


图 8.31 基于拉剪耦合层合板的变截面弯扭耦合盒型结构自由端面变形修正解析解

构获得最大弯扭耦合效应，即盒型结构自由端面在相同弯矩 $M$ 作用下能够产生最大的扭转角变形 $\max\left|\phi_{\text{ana}}(L)\right|$。优化问题的约束条件为表 6.2 和式(6.19)中四类湿热稳定的拉剪耦合层合板解析条件的等式约束 $f(\xi_i)=0$ 和非等式约束 $g(\xi_i)\neq 0$。优化算法采用处理等式约束能力较强的 GA-SQP 混合优化求解算法。由于板 2 和板 1 铺层完全相同，设计变量为板 1 的各铺层角 $\theta_{i-1}(i=1,2,\cdots,n)$，因此该优化设计问题的数学模型为

$$\max F(\theta_{1-1},\theta_{2-1},\cdots,\theta_{n-1})=\left|\phi_{\text{ana}}(L)\right|$$
$$\text{s.t.}\quad\begin{cases}-90^\circ\leqslant\theta_{i-1}\leqslant 90^\circ, & i=1,2,\cdots,n\\ f(\xi_i)=0, & i=1,2,\cdots,12\\ g(\xi_i)\neq 0, & i=1,2,\cdots,12\end{cases}\tag{8.100}$$

以某型机翼[239]为例进行算例分析，根据该结构的相对尺寸，可以将等截面盒型结构的尺寸设定为 $L=290\text{mm}$、$b=51\text{mm}$ 和 $h=17\text{mm}$，将变截面盒型结构的尺寸设定为 $L=290\text{mm}$、$b_1=51\text{mm}$、$h_1=17\text{mm}$、$\beta_1=\beta_2=1.284^\circ$、$\gamma_1=\gamma_2=3.35^\circ$。铺层材料为 IM7/8552 型碳纤维/环氧树脂复合材料，单层板厚度为 0.1397mm，板 1 和板 2 层数为 14 层。

2. 优化结果

1) 等截面盒型结构

表 8.2 给出了优化目标分别为盒型结构最大扭转角和面板最大拉剪耦合效应的铺层优化设计结果，其中载荷条件是 $T=0$、$M=1\text{N/m}$。可以看出，对于由 $\mathbf{A}_F\mathbf{B}_0\mathbf{D}_S$ 层合板构成的盒型结构，当层合板达到最大拉剪耦合效应时，即可获得盒型结构的最大扭转角；对于由拉剪多耦合效应层合板构成的盒型结构，当层合板的拉剪耦合效应达到最大时，盒型结构不一定具有最大的弯扭耦合效应。例

如，当 $\mathbf{A}_F\mathbf{B}_S\mathbf{D}_F$ 层合板的$|a_{16}|$达到最大时$(1.080\times10^{-8}\mathrm{m}\cdot\mathrm{N}^{-1})$，其盒型结构的$|\phi_{ana}(L)|$ $(1.304\times10^{-4}\mathrm{rad})$小于以最大$|\phi_{ana}(L)|$为目标的优化结果$(1.623\times10^{-4}\mathrm{rad})$。相比由 $\mathbf{A}_F\mathbf{B}_0\mathbf{D}_S$ 层合板构成的盒型结构，由拉剪多耦合效应层合板($\mathbf{A}_F\mathbf{B}_0\mathbf{D}_F$ 层合板、$\mathbf{A}_F\mathbf{B}_S\mathbf{D}_S$ 层合板和 $\mathbf{A}_F\mathbf{B}_S\mathbf{D}_F$ 层合板)构成的盒型结构可以获得更高的扭转角，其中由 $\mathbf{A}_F\mathbf{B}_S\mathbf{D}_F$ 层合板构成的盒型结构提升效果最为显著(提升了 80.13%)，说明由多耦合效应层合板设计盒型结构可以获得更高的弯扭耦合效应。

**表 8.2　基于拉剪耦合层合板的等截面弯扭耦合盒形结构的面板铺层优化设计结果**

| 优化目标 | 层合板类型 | 铺层优化设计结果 | $\|a_{16}\|/(\mathrm{m}\cdot\mathrm{N}^{-1})$ | $\|\phi_{ana}(L)\|/\mathrm{rad}$ |
|---|---|---|---|---|
| 最大 $\|\phi_{ana}(L)\|$ | $\mathbf{A}_F\mathbf{B}_0\mathbf{D}_S$层合板 | [35.9°/90.0°/–40.1°/–25.9°/–23.1°/64.5°/64.2°/64.0°/–20.4°/–20.0°/62.4°/–18.4°/44.9°/–66.5°]$_T$ | $5.672\times10^{-9}$ | $9.010\times10^{-5}$ |
| | $\mathbf{A}_F\mathbf{B}_0\mathbf{D}_F$层合板 | [84.5°/–22.4°/76.7°/–2.8°/–8.2°/–6.5°/78.4°/–1.0°/80.1°/73.9°/–84.2°/76.1°/–9.1°/–15.4°]$_T$ | $8.997\times10^{-9}$ | $1.518\times10^{-4}$ |
| | $\mathbf{A}_F\mathbf{B}_S\mathbf{D}_S$层合板 | [–81.8°/–2.7°/44.1°/–20.1°/–22.2°/76.7°/74.0°/71.3°/–23.4°/64.9°/–21.1°/–17.6°/–69.9°/40.7°]$_T$ | $4.771\times10^{-9}$ | $8.392\times10^{-5}$ |
| | $\mathbf{A}_F\mathbf{B}_S\mathbf{D}_F$层合板 | [46.5°/–21.8°/–28.2°/67.3°/73.8°/65.4°/–44.8°/–21.1°/–31.5°/70.0°/–14.6°/58.8°/–34.3°/51.8°]$_T$ | $1.013\times10^{-8}$ | $1.623\times10^{-4}$ |
| 最大$\|a_{16}\|$ | $\mathbf{A}_F\mathbf{B}_0\mathbf{D}_S$层合板 | [35.9°/90.0°/–40.1°/–25.9°/–23.1°/64.5°/64.2°/64.0°/–20.4°/–20.0°/62.4°/–18.4°/44.9°/–66.5°]$_T$ | $5.672\times10^{-9}$ | $9.010\times10^{-5}$ |
| | $\mathbf{A}_F\mathbf{B}_0\mathbf{D}_F$层合板 | [48.4°/–24.5°/71.5°/–34.5°/–23.4°/–8.6°/72.2°/79.4°/63.1°/–40.7°/65.3°/–31.7°/51.4°/–14.5°]$_T$ | $9.646\times10^{-9}$ | $1.512\times10^{-4}$ |
| | $\mathbf{A}_F\mathbf{B}_S\mathbf{D}_S$层合板 | [82.6°/–88.6°/–61.5°/0.1°/6.4°/11.6°/15.7°/19.3°/–64.6°/–64.1°/35.1°/–76.5°/–40.5°/55.9°]$_T$ | $6.180\times10^{-9}$ | $6.914\times10^{-5}$ |
| | $\mathbf{A}_F\mathbf{B}_S\mathbf{D}_F$层合板 | [82.6°/–2.9°/–9.6°/71.7°/70.6°/–17.7°/74.1°/–23.0°/90.0°/–10.7°/–25.4°/–41.8°/53.5°/57.8°]$_T$ | $1.080\times10^{-8}$ | $1.304\times10^{-4}$ |

2) 变截面盒型结构

如表 8.3 所示，对于 $\mathbf{A}_F\mathbf{B}_0\mathbf{D}_S$ 层合板构成的盒型结构，当层合板达到最大拉剪耦合效应时，盒型结构的扭转角达到最大；对于由拉剪多耦合效应层合板构成的变截面弯扭耦合盒型结构，当层合板具有最大拉剪耦合效应时，盒型结构不一定具有最大的弯扭耦合效应。例如，当 $\mathbf{A}_F\mathbf{B}_0\mathbf{D}_F$ 层合板的$|a_{16}|$达到最大时$(9.646\times10^{-9}\mathrm{m}\cdot\mathrm{N}^{-1})$，其盒型结构的$|\phi_{ana}(L)|$$(1.258\times10^{-3}\mathrm{rad})$小于以最大$|\phi_{ana}(L)|$为目标的优化结果$(1.301\times10^{-3}\mathrm{rad})$。相比 $\mathbf{A}_F\mathbf{B}_0\mathbf{D}_S$ 层合板构成的盒型结构，由 $\mathbf{A}_F\mathbf{B}_0\mathbf{D}_F$ 层合板和 $\mathbf{A}_F\mathbf{B}_S\mathbf{D}_F$ 层合板构成的盒型结构可以获得更高的扭转角，其中由 $\mathbf{A}_F\mathbf{B}_0\mathbf{D}_F$ 层合板构成的盒型结构提升效果最为显著(提升 73.12%)，说明层合板多耦合效应的引入有利于提升变截面弯扭耦合结构的耦合效应。

**表 8.3　基于拉剪耦合层合板的变截面弯扭耦合盒形结构的面板铺层优化设计结果**

| 优化目标 | 类型 | 铺层优化设计结果 | $\|a_{16}\|$/(m · N$^{-1}$) | $\|\phi_{ana}(L)\|$/rad |
|---|---|---|---|---|
| 最大 $\|\phi_{ana}(L)\|$ | $\mathbf{A_FB_0D_S}$ 层合板 | [35.9°/90.0°/–40.1°/–25.9°/–23.1°/64.5°/64.2°/64.0°/–20.4°/–20.0°/62.4°/–18.4°/44.9°/–66.5°]$_T$ | $5.672\times10^{-9}$ | $7.515\times10^{-4}$ |
| | $\mathbf{A_FB_0D_F}$ 层合板 | [84.0°/52.1°/–7.3°/–16.5°/79.5°/–24.1°/–15.2°/77.8°/76.0°/–23.0°/–27.3°/82.6°/5.0°/66.2°]$_T$ | $8.997\times10^{-9}$ | $1.301\times10^{-3}$ |
| | $\mathbf{A_FB_SD_S}$ 层合板 | [–64.0°/55.7°/–0.8°/75.2°/–17.3°/56.2°/–23.2°/–21.4°/–23.1°/63.0°/81.4°/63.1°/–62.4°/2.0°]$_T$ | $4.771\times10^{-9}$ | $6.373\times10^{-4}$ |
| | $\mathbf{A_FB_SD_F}$ 层合板 | [90.0°/–67.2°/36.9°/–67.2°/5.7°/10.0°/–67.7°/11.3°/11.5°/11.5°/11.5°/–74.0°/–78.8°/–89.6°]$_T$ | $1.013\times10^{-8}$ | $1.229\times10^{-3}$ |
| 最大 $\|a_{16}\|$ | $\mathbf{A_FB_0D_S}$ 层合板 | [35.9°/90.0°/–40.1°/–25.9°/–23.1°/64.5°/64.2°/64.0°/–20.4°/–20.0°/62.4°/–18.4°/44.9°/–66.5°]$_T$ | $5.672\times10^{-9}$ | $7.515\times10^{-4}$ |
| | $\mathbf{A_FB_0D_F}$ 层合板 | [48.4°/–24.5°/71.5°/–34.5°/–23.4°/–8.6°/72.2°/79.4°/63.1°/–40.7°/65.3°/–31.7°/51.4°/–14.5°]$_T$ | $9.646\times10^{-9}$ | $1.258\times10^{-3}$ |
| | $\mathbf{A_FB_SD_S}$ 层合板 | [82.6°/–88.6°/–61.5°/0.1°/6.4°/11.6°/15.7°/19.3°/–64.6°/–64.1°/35.1°/–76.5°/–40.5°/55.9°]$_T$ | $6.180\times10^{-9}$ | $5.619\times10^{-4}$ |
| | $\mathbf{A_FB_SD_F}$ 层合板 | [82.6°/–2.9°/–9.6°/71.7°/70.6°/–17.7°/74.1°/–23.0°/90.0°/–10.7°/–25.4°/–41.8°/53.5°/57.8°]$_T$ | $1.080\times10^{-8}$ | $1.141\times10^{-3}$ |

### 8.4.4　力学特性验证及鲁棒性分析

1. 等截面盒型结构

1) 湿热效应

以温度变化为例，采用有限元法，基于软件 MSC.Patran/Nastran 验证表 8.2 中基于拉剪耦合层合板的等截面弯扭耦合盒型结构的湿热稳定性。湿度变化对结构的影响与温度变化过程类似，这里不再赘述，以表 8.2 中优化目标为最大 $|\phi_{ana}(L)|$ 的盒型结构为例进行说明。

固化过程的温差设置为 180℃，层合板有限元模型的单元划分方式和边界条件设置与图 8.19 相同，不同之处在于盒型结构尺寸不同。如图 8.32 所示，盒型结构未发生剪切变形和翘曲变形，说明其是湿热稳定的，符合预期设计，并且四类等截面盒型结构收缩变形结果均相同。其原因与 6.4.1 节拉剪多耦合效应层合板湿热变形相同(图 6.1)的原因相一致。

2) 耦合效应

采用与湿热效应验证中相同尺寸的有限元模型，验证盒型结构的弯扭耦合效应。其中，不再设置温差变化，盒型结构自由端部承受 $M = 1\text{N}\cdot\text{m}$ 的作用。图 8.33 给出了四类等截面弯扭耦合盒型结构的位移云图，同时表 8.4 给出了盒型结构自由端面扭转角和弯曲角的变形结果。

综合图 8.33 和表 8.4 可以看出，盒型结构存在弯扭耦合效应，符合预期设计，并且自由端面变形的解析解与数值解吻合较好，最大误差为 3.11%，具有较高的可控性，符合预期精度设计需求。

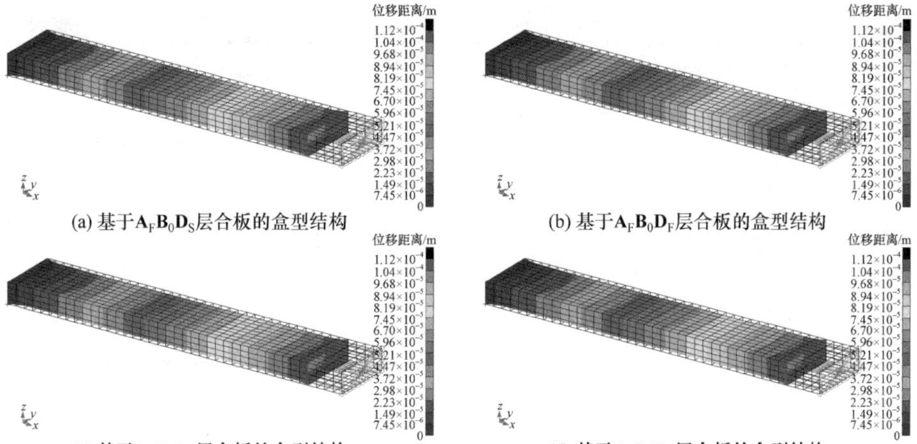


(a) 基于$\mathbf{A}_F\mathbf{B}_0\mathbf{D}_S$层合板的盒型结构　(b) 基于$\mathbf{A}_F\mathbf{B}_0\mathbf{D}_F$层合板的盒型结构

(c) 基于$\mathbf{A}_F\mathbf{B}_S\mathbf{D}_S$层合板的盒型结构　(d) 基于$\mathbf{A}_F\mathbf{B}_S\mathbf{D}_F$层合板的盒型结构

图 8.32　基于拉剪耦合层合板的等截面弯扭耦合盒型结构降温自由收缩变形图

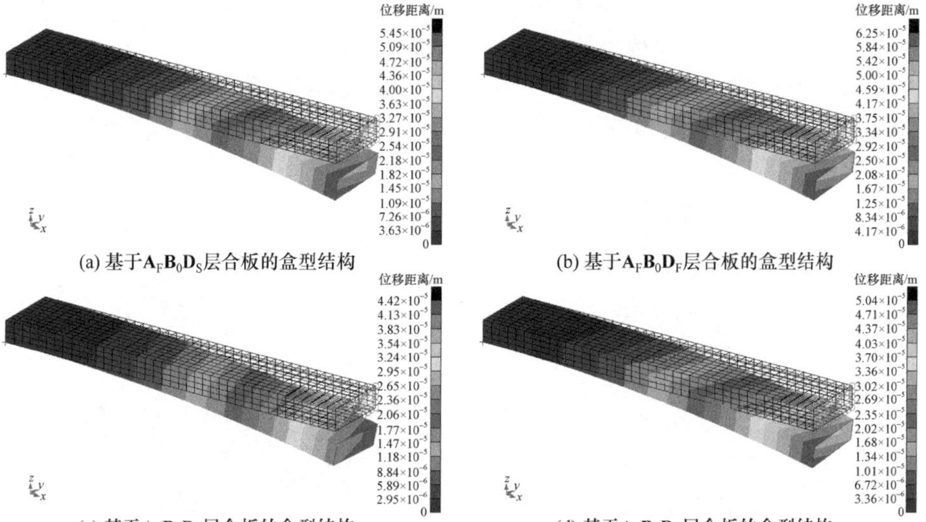


(a) 基于$\mathbf{A}_F\mathbf{B}_0\mathbf{D}_S$层合板的盒型结构　(b) 基于$\mathbf{A}_F\mathbf{B}_0\mathbf{D}_F$层合板的盒型结构

(c) 基于$\mathbf{A}_F\mathbf{B}_S\mathbf{D}_S$层合板的盒型结构　(d) 基于$\mathbf{A}_F\mathbf{B}_S\mathbf{D}_F$层合板的盒型结构

图 8.33　基于拉剪耦合层合板的等截面弯扭耦合盒型结构在弯矩作用下的位移云图

**表 8.4　基于拉剪耦合层合板的等截面弯扭耦合盒型结构自由端面变形结果**

| 优化目标 | 层合板类型 | $\lvert\phi_{ana}(L)\rvert$ /rad | $\lvert\phi_{num}(L)\rvert$ /rad | 扭转变形误差 | $\lvert\theta_{ana}(L)\rvert$ /rad | $\lvert\theta_{num}(L)\rvert$ /rad | 弯曲变形误差 |
|---|---|---|---|---|---|---|---|
| 最大 $\lvert\phi_{ana}(L)\rvert$ | $\mathbf{A}_F\mathbf{B}_0\mathbf{D}_S$层合板 | $9.010\times10^{-5}$ | $9.235\times10^{-5}$ | −2.44% | $3.525\times10^{-4}$ | $3.596\times10^{-4}$ | −1.97% |
| | $\mathbf{A}_F\mathbf{B}_0\mathbf{D}_F$层合板 | $1.518\times10^{-4}$ | $1.537\times10^{-4}$ | −1.24% | $2.660\times10^{-4}$ | $2.657\times10^{-4}$ | 0.11% |
| | $\mathbf{A}_F\mathbf{B}_S\mathbf{D}_S$层合板 | $8.392\times10^{-5}$ | $8.259\times10^{-5}$ | 1.61% | $3.057\times10^{-4}$ | $3.041\times10^{-4}$ | 0.53% |
| | $\mathbf{A}_F\mathbf{B}_S\mathbf{D}_F$层合板 | $1.623\times10^{-4}$ | $1.654\times10^{-4}$ | −1.87% | $4.367\times10^{-4}$ | $4.506\times10^{-4}$ | −3.08% |

续表

| 优化目标 | 层合板类型 | $\lvert\phi_{ana}(L)\rvert$ /rad | $\lvert\phi_{num}(L)\rvert$ /rad | 扭转变形误差 | $\lvert\theta_{ana}(L)\rvert$ /rad | $\lvert\theta_{num}(L)\rvert$ /rad | 弯曲变形误差 |
|---|---|---|---|---|---|---|---|
| 最大 $\lvert a_{16}\rvert$ | $\mathbf{A}_F\mathbf{B}_0\mathbf{D}_S$ 层合板 | $9.010\times10^{-5}$ | $9.235\times10^{-5}$ | −2.44% | $3.525\times10^{-4}$ | $3.596\times10^{-4}$ | −1.97% |
| | $\mathbf{A}_F\mathbf{B}_0\mathbf{D}_F$ 层合板 | $1.512\times10^{-4}$ | $1.496\times10^{-4}$ | 1.07% | $3.959\times10^{-4}$ | $4.044\times10^{-4}$ | −2.10% |
| | $\mathbf{A}_F\mathbf{B}_S\mathbf{D}_S$ 层合板 | $6.914\times10^{-5}$ | $7.060\times10^{-5}$ | −2.07% | $3.017\times10^{-4}$ | $2.926\times10^{-4}$ | 3.11% |
| | $\mathbf{A}_F\mathbf{B}_S\mathbf{D}_F$ 层合板 | $1.304\times10^{-4}$ | $1.342\times10^{-4}$ | −2.83% | $3.289\times10^{-4}$ | $3.241\times10^{-4}$ | 1.48% |

3) 鲁棒性分析

采用 Monte Carlo 法，对表 8.2 中的等截面弯扭耦合结构的力学性能进行鲁棒性分析。以优化目标为最大$\lvert\phi_{ana}(L)\rvert$的盒型结构计算结果为例进行说明。取每一单层的角度偏差$\Delta\theta_k = 2°$，则各单层实际铺层角度为$(\theta_k \pm \Delta\theta_k)$。图 8.34 和图 8.35 分别给出了随机抽样 20000 次时，层合板拉剪耦合效应和等截面弯扭耦合盒型结构自由端扭转角的误差分布，及其 95%置信水平下的置信区间。

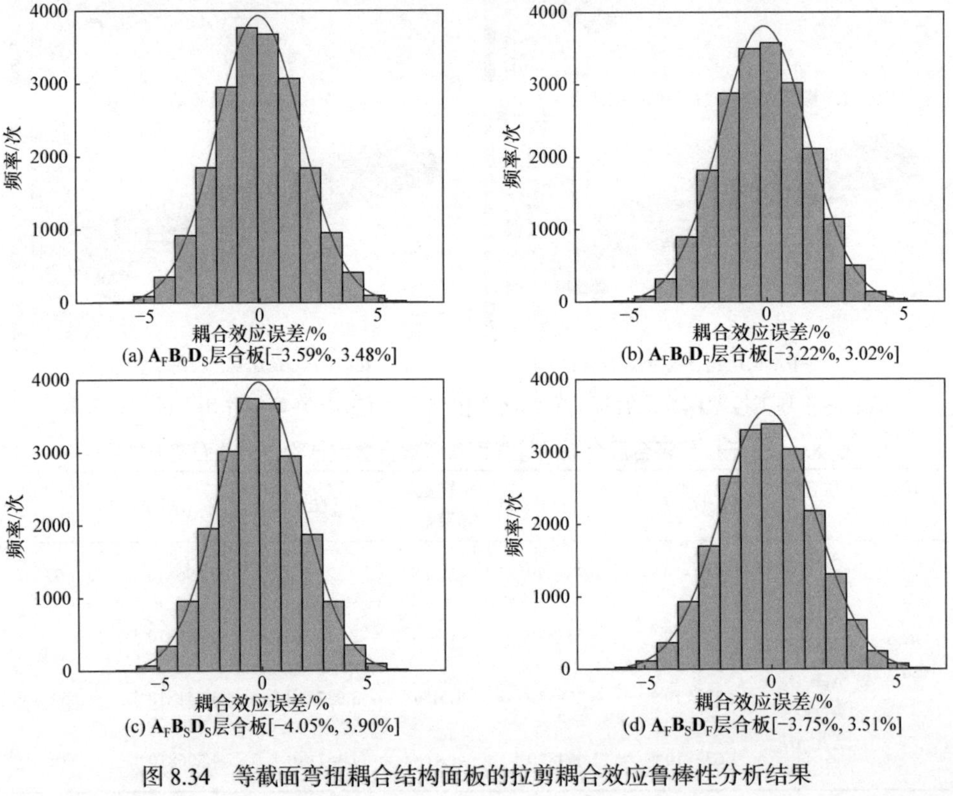


(a) $\mathbf{A}_F\mathbf{B}_0\mathbf{D}_S$层合板[−3.59%, 3.48%]　(b) $\mathbf{A}_F\mathbf{B}_0\mathbf{D}_F$层合板[−3.22%, 3.02%]

(c) $\mathbf{A}_F\mathbf{B}_S\mathbf{D}_S$层合板[−4.05%, 3.90%]　(d) $\mathbf{A}_F\mathbf{B}_S\mathbf{D}_F$层合板[−3.75%, 3.51%]

图 8.34　等截面弯扭耦合结构面板的拉剪耦合效应鲁棒性分析结果

从图 8.34 和图 8.35 可以看出，当铺层角度存在随机误差时，无论是层合板拉剪耦合效应的误差还是等截面盒型结构自由端扭转角的误差，均符合正态分布规律，并且 95%置信水平下的置信区间范围均在±5%之内，说明误差可控。

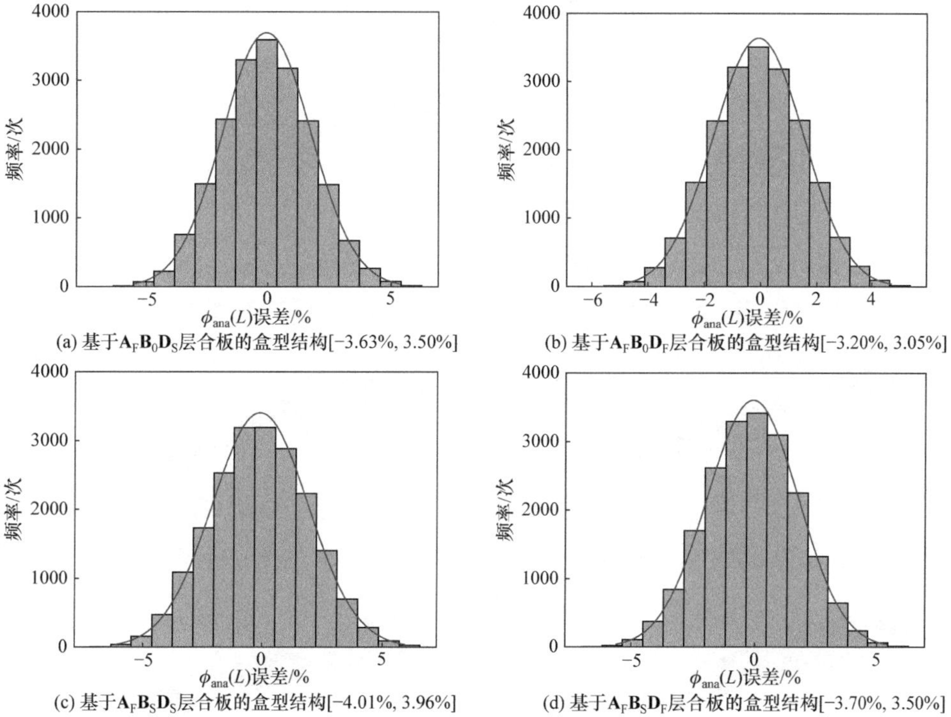


图 8.35　基于拉剪耦合层合板的等截面弯扭耦合盒型结构自由端扭转角的鲁棒性分析结果

2. 变截面盒型结构

1) 湿热效应

利用有限元法，验证表 8.3 中变截面弯扭耦合盒型结构的湿热稳定性。以温度变化为例进行验证，高温固化过程的温差设置为 180℃，计算得到的变截面弯扭盒型结构降温自由收缩变形如图 8.36 所示。下面以表 8.3 中优化目标为最大$|\phi_{ana}(L)|$的变截面盒型结构为例进行计算结果说明。结果表明，四类变截面盒型结构收缩变形结果均相同，未发生剪切变形和翘曲变形，说明其是湿热稳定的，并且四类变截面盒型结构收缩变形结果均相同。

2) 耦合效应

采用相同尺寸的有限元模型验证变截面盒型结构的弯扭耦合效应，盒型结构自由端部承受 $M = 1\text{N} \cdot \text{m}$ 的作用。图 8.37 给出了四种算例变截面弯扭耦合盒型结构的位移云图，从图 8.37 可以看出，盒型结构在弯矩作用下不仅发生了弯曲变形还产生了扭转变形。

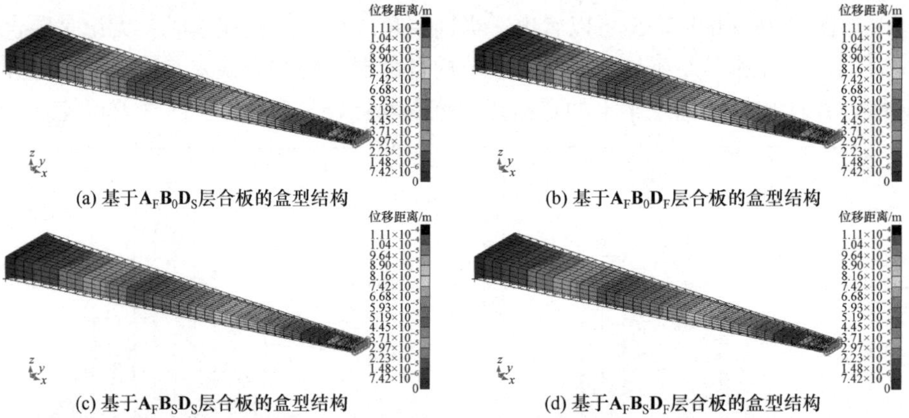


(a) 基于$\mathbf{A}_F\mathbf{B}_0\mathbf{D}_S$层合板的盒型结构　(b) 基于$\mathbf{A}_F\mathbf{B}_0\mathbf{D}_F$层合板的盒型结构

(c) 基于$\mathbf{A}_F\mathbf{B}_S\mathbf{D}_S$层合板的盒型结构　(d) 基于$\mathbf{A}_F\mathbf{B}_S\mathbf{D}_F$层合板的盒型结构

图 8.36　基于拉剪耦合层合板的变截面弯扭盒型结构降温自由收缩变形图

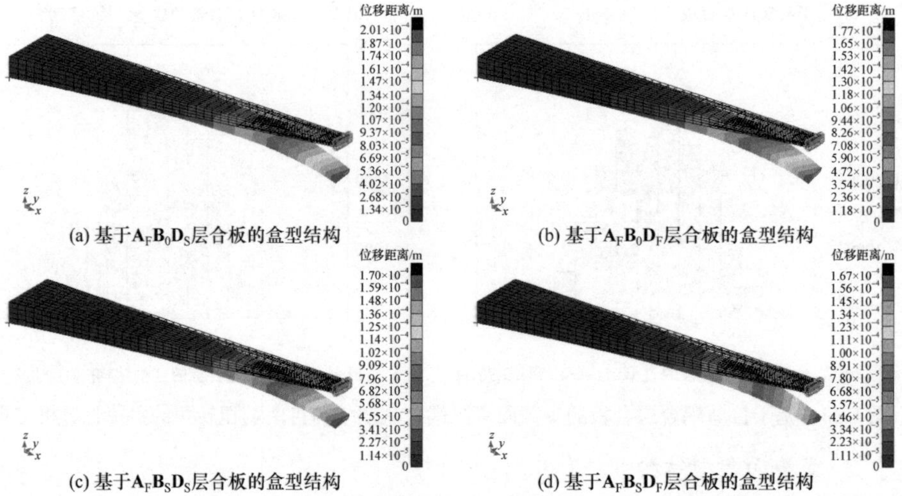


(a) 基于$\mathbf{A}_F\mathbf{B}_0\mathbf{D}_S$层合板的盒型结构　(b) 基于$\mathbf{A}_F\mathbf{B}_0\mathbf{D}_F$层合板的盒型结构

(c) 基于$\mathbf{A}_F\mathbf{B}_S\mathbf{D}_S$层合板的盒型结构　(d) 基于$\mathbf{A}_F\mathbf{B}_S\mathbf{D}_F$层合板的盒型结构

图 8.37　基于拉剪耦合层合板的变截面弯扭盒型结构在弯矩作用下的位移云图

同时，如表 8.5 所示，变截面盒型结构自由端面变形的解析解与数值解吻合较好，最大误差为 2.80%，具有较高的可控性，符合预期精度设计需求。

**表 8.5　基于拉剪耦合层合板的变截面弯扭耦合盒型结构自由端面变形结果**

| 优化目标 | 层合板类型 | $\phi_{ana}(L)$ /rad | $\phi_{num}(L)$ /rad | 扭转变形误差 | $\theta_{ana}(L)$ /rad | $\theta_{num}(L)$ /rad | 弯曲变形误差 |
|---|---|---|---|---|---|---|---|
| 最大 $\lvert\phi_{ana}(L)\rvert$ | $\mathbf{A}_F\mathbf{B}_0\mathbf{D}_S$ 层合板 | $7.515\times10^{-4}$ | $7.387\times10^{-4}$ | 1.73% | $3.174\times10^{-3}$ | $3.166\times10^{-3}$ | 0.25% |
| | $\mathbf{A}_F\mathbf{B}_0\mathbf{D}_F$ 层合板 | $1.301\times10^{-3}$ | $1.302\times10^{-3}$ | –0.08% | $2.816\times10^{-3}$ | $2.755\times10^{-3}$ | 2.21% |
| | $\mathbf{A}_F\mathbf{B}_S\mathbf{D}_S$ 层合板 | $6.373\times10^{-4}$ | $6.248\times10^{-4}$ | 2.00% | $2.699\times10^{-3}$ | $2.724\times10^{-3}$ | –0.91% |
| | $\mathbf{A}_F\mathbf{B}_S\mathbf{D}_F$ 层合板 | $1.229\times10^{-3}$ | $1.209\times10^{-3}$ | 1.68% | $2.600\times10^{-3}$ | $2.581\times10^{-3}$ | 0.72% |

续表

| 优化目标 | 层合板类型 | $\phi_{ana}(L)$ /rad | $\phi_{num}(L)$ /rad | 扭转变形误差 | $\theta_{ana}(L)$ /rad | $\theta_{num}(L)$ /rad | 弯曲变形误差 |
|---|---|---|---|---|---|---|---|
| 最大 $\lvert a_{16}\rvert$ | $\mathbf{A_F B_0 D_S}$ 层合板 | $7.515\times10^{-4}$ | $7.387\times10^{-4}$ | 1.73% | $3.174\times10^{-3}$ | $3.166\times10^{-3}$ | 0.25% |
| | $\mathbf{A_F B_0 D_F}$ 层合板 | $1.258\times10^{-3}$ | $1.268\times10^{-3}$ | –0.81% | $3.588\times10^{-3}$ | $3.617\times10^{-3}$ | –0.80% |
| | $\mathbf{A_F B_S D_S}$ 层合板 | $5.619\times10^{-4}$ | $5.577\times10^{-4}$ | 0.75% | $2.597\times10^{-3}$ | $2.575\times10^{-3}$ | 0.83% |
| | $\mathbf{A_F B_S D_F}$ 层合板 | $1.141\times10^{-3}$ | $1.128\times10^{-3}$ | 1.19% | $2.973\times10^{-3}$ | $2.892\times10^{-3}$ | 2.80% |

3) 参数影响分析

为了揭示弯扭耦合结构变截面结构尺寸参数对力学性能的影响规律，分别以面板倾角变化及腹板倾角变化为例进行研究。研究对象采用算例变截面盒型结构(表 8.3 中优化目标为最大$\lvert\phi_{ana}(L)\rvert$的变截面盒型结构)，分别计算各类变截面盒型结构在上述尺寸参数变化时的自由端面变形，包括解析解和数值解。解析解通过式(8.94)求解，数值解通过有限元方法计算。图 8.38 给出了算例变截面盒型结

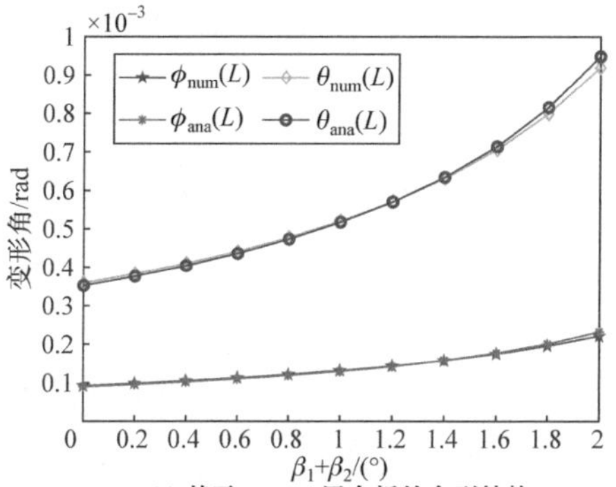

(a) 基于$\mathbf{A_F B_0 D_S}$层合板的盒型结构

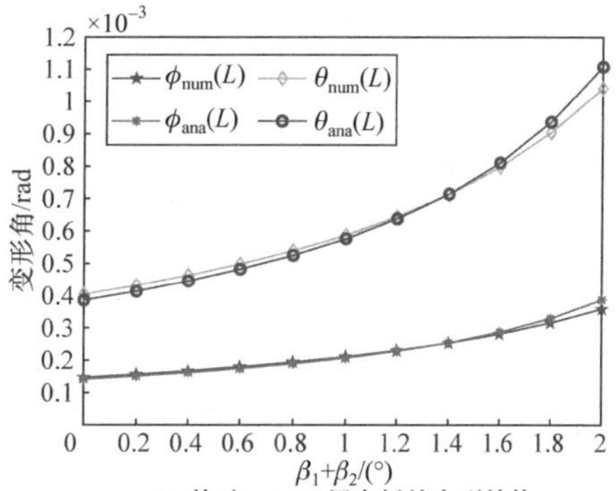

(b) 基于$\mathbf{A_F B_0 D_F}$层合板的盒型结构

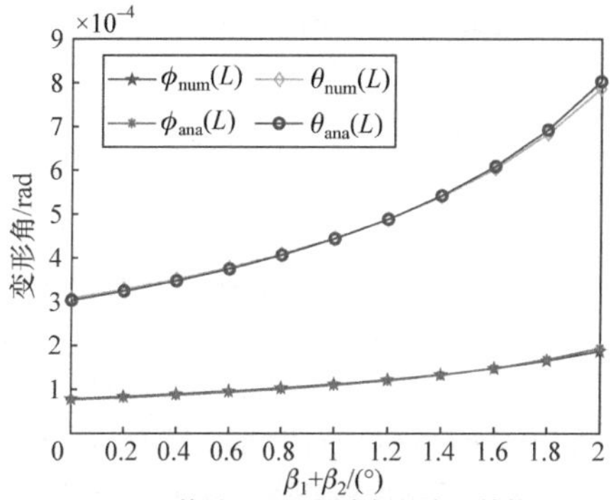

(c) 基于$\mathbf{A_F B_S D_S}$层合板的盒型结构

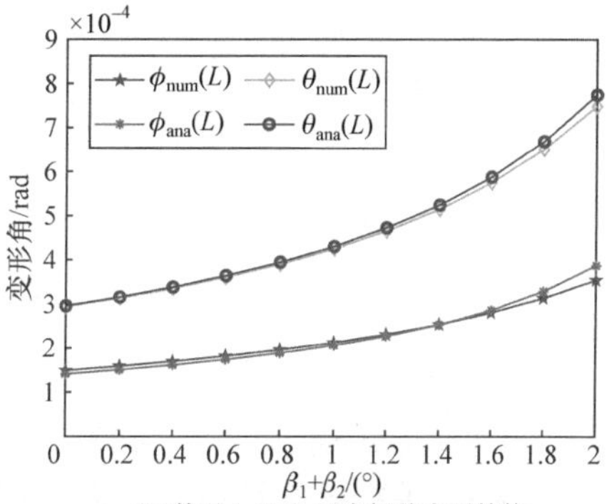

(d) 基于$\mathbf{A_F B_S D_F}$层合板的盒型结构

图 8.38　基于拉剪耦合层合板的变截面弯扭盒型结构随面板倾角变化的变形结果图

构随面板倾角变化的变形结果，此时腹板无倾角，即 $\gamma_1=\gamma_2=0°$。

从图 8.38 可以看出，变截面盒型结构的扭转变形和弯曲变形的解析解和数值解结果吻合较好，进一步验证了式(8.94)的精度；当变截面盒型结构的面板 1 和 2 的倾角增加时，自由端面的弯曲角和扭转角呈非线性增加趋势。

基于拉剪耦合层合板的变截面弯扭盒型结构随腹板倾角变化的变形结果图如图 8.39 所示。此时面板无倾角，即 $\beta_1=\beta_2=0°$。结果表明，变截面盒型结构的扭转变形和弯曲变形的解析解和数值解结果吻合较好；当变截面盒型结构的腹板倾角增加时，自由端面的弯曲角和扭转角呈非线性增加趋势。对比图 8.39 和图 8.38 可知，腹板倾角变化对盒型结构变形的影响要弱于面板倾角变化对盒型结构变形的影响，即面板倾角变化占据主导作用。

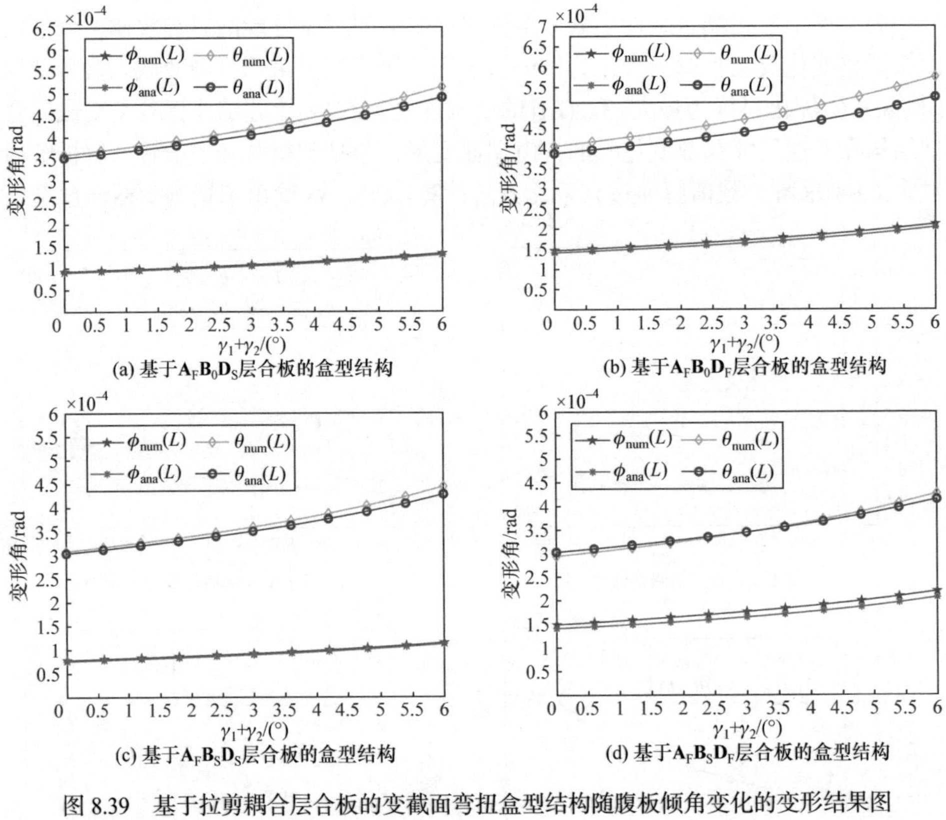


(a) 基于 $A_FB_0D_S$ 层合板的盒型结构　(b) 基于 $A_FB_0D_F$ 层合板的盒型结构

(c) 基于 $A_FB_SD_S$ 层合板的盒型结构　(d) 基于 $A_FB_SD_F$ 层合板的盒型结构

图 8.39　基于拉剪耦合层合板的变截面弯扭盒型结构随腹板倾角变化的变形结果图

4) 鲁棒性分析

采用 Monte Carlo 法，对铺层角度偏差引起的变截面弯扭耦合盒型结构的力学性能偏差进行鲁棒性分析，同样以湿热效应验证中的算例变截面盒型结构为例，取各单层的铺层角度偏差为 $\Delta\theta_k=2°$。图 8.40 和图 8.41 分别给出了随机抽样 20000 次时，层合板拉剪耦合效应和变截面弯扭耦合盒型结构自由端扭转角的误差分布，及其 95%置信水平下的置信区间。

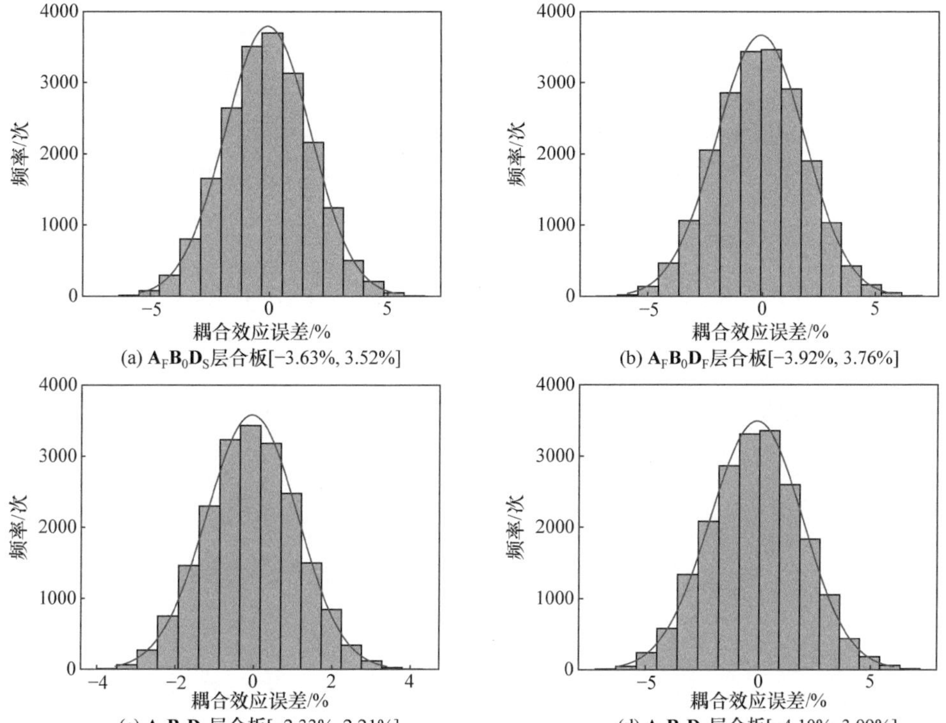


(a) $\mathbf{A}_F\mathbf{B}_0\mathbf{D}_S$层合板[−3.63%, 3.52%]　(b) $\mathbf{A}_F\mathbf{B}_0\mathbf{D}_F$层合板[−3.92%, 3.76%]

(c) $\mathbf{A}_F\mathbf{B}_S\mathbf{D}_S$层合板[−2.33%, 2.21%]　(d) $\mathbf{A}_F\mathbf{B}_S\mathbf{D}_F$层合板[−4.10%, 3.99%]

图 8.40　变截面弯扭耦合结构面板的拉剪耦合效应鲁棒性分析结果

从图 8.40 和图 8.41 可以看出，层合板拉剪耦合效应的误差和变截面弯扭耦合盒型结构自由端扭转角的误差均符合正态分布规律，并且 95%置信水平下的置信区间范围均在±5%之内，说明误差可控。

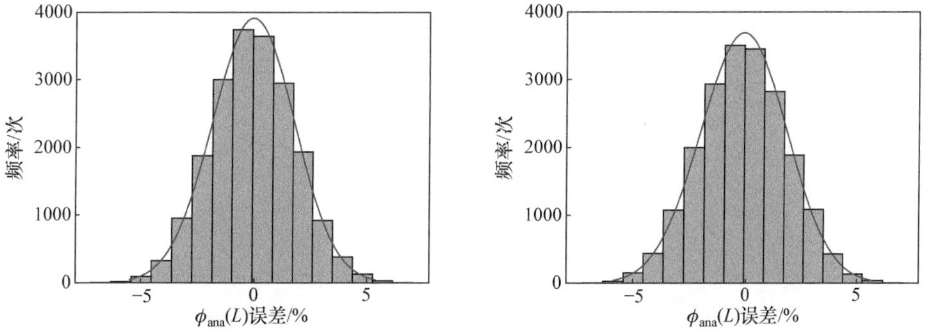


(a) 基于$\mathbf{A}_F\mathbf{B}_0\mathbf{D}_S$层合板的盒型结构[−3.57%, 3.46%]　(b) 基于$\mathbf{A}_F\mathbf{B}_0\mathbf{D}_F$层合板的盒型结构[−3.87%, 3.66%]

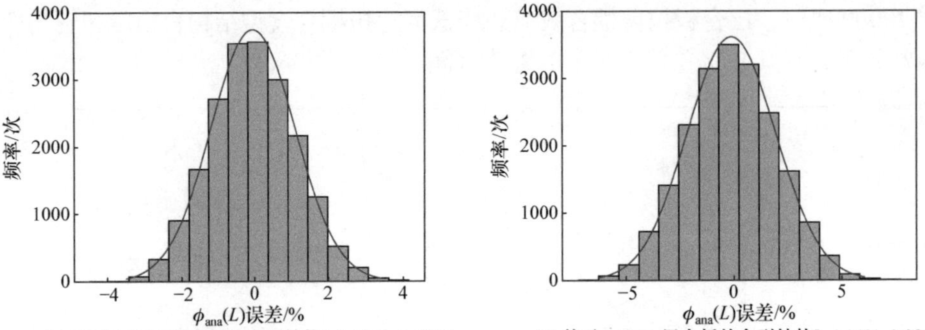

(c) 基于$\mathbf{A}_F\mathbf{B}_S\mathbf{D}_S$层合板的盒型结构[−2.25%, 2.18%]　　(d) 基于$\mathbf{A}_F\mathbf{B}_S\mathbf{D}_F$层合板的盒型结构[−4.14%, 3.92%]

图 8.41　基于拉剪耦合层合板的变截面弯扭耦合盒型结构自由端扭转角的鲁棒性分析结果

# 第 9 章　基于拉扭耦合层合板的弯扭耦合盒型结构设计

## 9.1　引　　言

除了第 8 章使用的拉剪耦合层合板，拉扭耦合层合板也可以用于构造弯扭耦合盒型结构。在现有的弯扭耦合结构设计研究中，常用的是对称复合材料，不具有拉扭耦合效应。若利用非对称层合板的拉扭耦合效应设计弯扭耦合结构，面板的离面变形与盒型结构耦合变形间的相互作用变得复杂，尤其是拉扭多耦合效应层合板。因此，有必要研究面板的拉扭耦合效应与弯扭耦合盒型结构变形的解析关系。

本章首先介绍基于拉扭耦合层合板的弯扭耦合盒型结构的设计原理，分析弯扭耦合盒型结构的设计思路。然后，基于第 5 章和第 7 章设计的拉扭耦合层合板，构造弯扭耦合盒型结构，推导结构的刚度方程，并进行数值仿真验证。最后，以弯扭耦合盒型结构的最大弯扭耦合效应为优化目标，对盒型结构进行铺层优化设计，完成基于多耦合效应层合板设计的盒型结构力学性能的鲁棒性分析。

## 9.2　设 计 原 理

同基于无湿热剪切变形 $\mathbf{A_F B_0 D_S}$ 层合板的弯扭耦合结构设计类似，将弯扭耦合结构等效为图 9.1 所示的盒型悬臂梁的形式。盒型悬臂梁由上、下面板和两侧腹板组成，一端固支，一端自由，并且自由端作用有力偶矩 $\boldsymbol{M}$。将各相应单层的铺层角互为相反数的两块湿热稳定的拉扭耦合层合板分别布置为悬臂梁的上、下面板。当结构受到力偶矩 $\boldsymbol{M}$ 作用时，上、下两个面板会发生相同方向的扭转变形，进而引起结构的扭转变形，如图 9.1 所示。

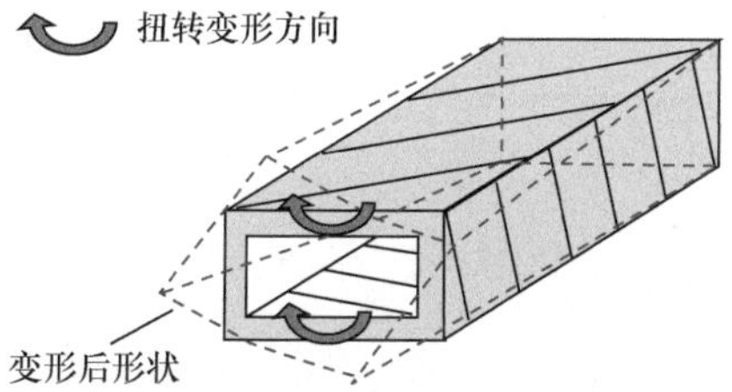


图 9.1　面板扭转变形引起的盒型结构扭转变形示意图

# 9.3 基于拉扭单耦合效应层合板的盒型结构设计

## 9.3.1 等截面弯扭耦合盒型结构设计

将第 5 章设计的无湿热翘曲变形 $\mathbf{A}_S\mathbf{B}_t\mathbf{D}_S$ 层合板反向布置为盒型悬臂梁的上、下面板，分别命名为板 1、板 2；左、右两侧腹板为无耦合效应的层合板。将作用于自由端的力偶矩 $\boldsymbol{M}$ 近似等效为作用于板 1 和板 2 自由端的大小相同、方向相反的轴向力 $\boldsymbol{N}_x^{(1)}$、$\boldsymbol{N}_x^{(2)}$。由式(2.30)可得无湿热翘曲变形 $\mathbf{A}_S\mathbf{B}_t\mathbf{D}_S$ 层合板的刚度方程，即

$$\begin{Bmatrix} N_x \\ N_y \\ N_{xy} \\ M_x \\ M_y \\ M_{xy} \end{Bmatrix} = \begin{bmatrix} A_{11} & A_{12} & 0 & 0 & 0 & B_{16} \\ A_{12} & A_{22} & 0 & 0 & 0 & B_{26} \\ 0 & 0 & A_{66} & B_{16} & B_{26} & 0 \\ 0 & 0 & B_{16} & D_{11} & D_{12} & 0 \\ 0 & 0 & B_{26} & D_{12} & D_{22} & 0 \\ B_{16} & B_{26} & 0 & 0 & 0 & D_{66} \end{bmatrix} \begin{Bmatrix} \varepsilon_x \\ \varepsilon_y \\ \gamma_{xy} \\ \kappa_x \\ \kappa_y \\ \kappa_{xy} \end{Bmatrix} \tag{9.1}$$

当板 1、板 2 受到 $x$ 向的轴向力作用时，外力与变形间的关系可以表示为

$$N_x^{(1)} = A_{11}^{(1)}\varepsilon_x^{(1)} + A_{12}^{(1)}\varepsilon_y^{(1)} + B_{16}^{(1)}\kappa_{xy}^{(1)} \tag{9.2}$$

$$N_x^{(2)} = A_{11}^{(2)}\varepsilon_x^{(2)} + A_{12}^{(2)}\varepsilon_y^{(2)} + B_{16}^{(2)}\kappa_{xy}^{(2)} \tag{9.3}$$

将式(2.60)、式(2.61)、式(5.9)代入式(9.2)、(9.3)中，可得

$$N_x^{(1)} = H[(U_1 + \xi_2^{(1)}U_3)\varepsilon_x^{(1)} + (-\xi_2^{(1)}U_3 + U_4)\varepsilon_y^{(1)}] + \frac{H^2}{4}[(\xi_8^{(1)}U_3)\kappa_{xy}^{(1)}] \tag{9.4}$$

$$N_x^{(2)} = H[(U_1 + \xi_2^{(2)}U_3)\varepsilon_x^{(2)} + (-\xi_2^{(2)}U_3 + U_4)\varepsilon_y^{(2)}] + \frac{H^2}{4}[(\xi_8^{(2)}U_3)\kappa_{xy}^{(2)}] \tag{9.5}$$

由于板 2 各单层的铺层角与相应板 1 各单层的铺层角相反，由式(2.43)可知，$\xi_2$ 是铺层角 $\theta$ 的偶函数，$\xi_8$ 是铺层角 $\theta$ 的奇函数，则式(9.5)可以变为

$$N_x^{(2)} = H[(U_1 + \xi_2^{(1)}U_3)\varepsilon_x^{(2)} + (-\xi_2^{(1)}U_3 + U_4)\varepsilon_y^{(2)}] + \frac{H^2}{4}[(-\xi_8^{(1)}U_3)\kappa_{xy}^{(2)}] \tag{9.6}$$

同时，考虑 $N_x^{(1)} = -N_x^{(2)}$，所以

$$\begin{aligned} &H[(U_1 + \xi_2^{(1)}U_3)\varepsilon_x^{(1)} + (-\xi_2^{(1)}U_3 + U_4)\varepsilon_y^{(1)}] + \frac{H^2}{4}[(\xi_8^{(1)}U_3)\kappa_{xy}^{(1)}] \\ &= H[(U_1 + \xi_2^{(1)}U_3)(-\varepsilon_x^{(2)}) + (-\xi_2^{(1)}U_3 + U_4)(-\varepsilon_y^{(2)})] + \frac{H^2}{4}[(\xi_8^{(1)}U_3)\kappa_{xy}^{(2)}] \end{aligned} \tag{9.7}$$

忽略 $N_y$ 、$N_{xy}$ 的影响，由式(9.2)和式(9.3)可得 $\varepsilon_x^{(1)} = -\varepsilon_x^{(2)}$，$\varepsilon_y^{(1)} = -\varepsilon_y^{(2)}$，则由式(9.7)可得 $\kappa_{xy}^{(1)} = \kappa_{xy}^{(2)}$，即板 1 和板 2 在方向相反、大小相同的轴向力作用下会产生相同的扭转角，即当结构受到力偶矩 $\boldsymbol{M}$ 作用时，上、下两个面板就会发生相同方向的扭转变形，进而引起结构的扭转变形(图 9.1)，这从理论上证明了 9.2 节设计原理的正确性。

### 9.3.2　数值仿真验证

1. 基于简化力学等效模型的弯扭耦合结构数值仿真

首先，基于图 9.1 所示的弯扭耦合结构的简化力学等效模型，分析弯扭耦合结构在自由端力偶矩 $\boldsymbol{M}$ 作用下的扭转变形，验证弯扭耦合结构简化力学等效模型的耦合效应。

基于有限元软件 MSC.Patran，建立边长为 20mm×200mm 的矩形板有限元模型，将这样两块矩形板有限元模型组合为弯扭耦合结构的简化模型，共划分 320 个壳单元。弯扭耦合结构的简化模型高 $h$ = 20mm、长 $L$ = 200mm、宽 $b$ = 20mm。弯扭耦合结构的一端固支，自由端用多点约束单元(RBE2)连接，模拟刚性面连接，如图 9.2 所示。单层板的材料参数如表 4.1 所示。

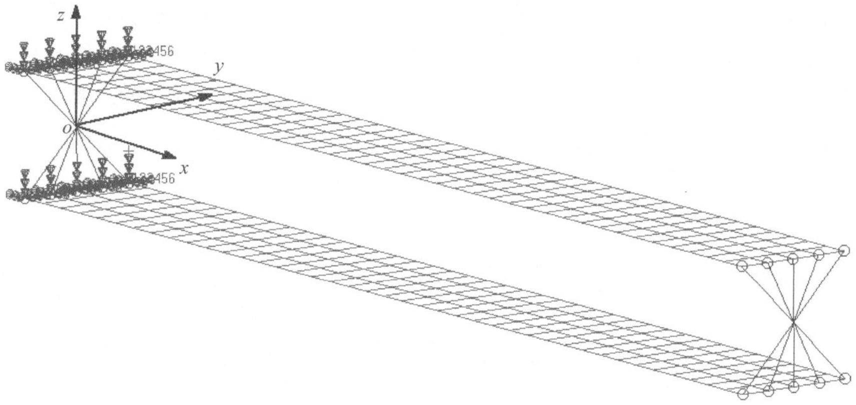


图 9.2　弯扭耦合结构简化力学等效模型的有限元模型

将弯扭耦合结构中上面板的铺层设置为表 5.6 中 6 层无湿热翘曲变形 $\mathbf{A}_S\mathbf{B}_t\mathbf{D}_S$ 层合板，其铺层为

$$[-22.294° / 61.343° / 49.956° / -49.956° / -61.343° / 22.294°] \tag{9.8}$$

下面板的铺层与上面板互为相反数，即

$$[22.294° / -61.343° / -49.956° / 49.956° / 61.343° / -22.294°] \tag{9.9}$$

数值仿真的位移边界条件为，弯扭耦合结构有限元模型的一端固支，一端自

由。数值仿真的载荷条件为，在弯扭耦合结构自由端施加 200 N · m 的力偶矩，具体施加方式是在上/下面板的自由端分别施加 10kN 的均布拉/压力。采用有限元软件 MSC.Nastran 的线性静力学计算功能进行计算。

图 9.3 给出了基于 6 层无湿热翘曲变形 $\mathbf{A}_S\mathbf{B}_l\mathbf{D}_S$ 层合板的弯扭耦合结构简化力学等效模型在力偶矩作用下的位移云图。可以看出，基于 6 层无湿热翘曲变形 $\mathbf{A}_S\mathbf{B}_l\mathbf{D}_S$ 层合板的弯扭耦合结构在力偶矩作用下，不但发生了弯曲变形，还发生了扭转变形。

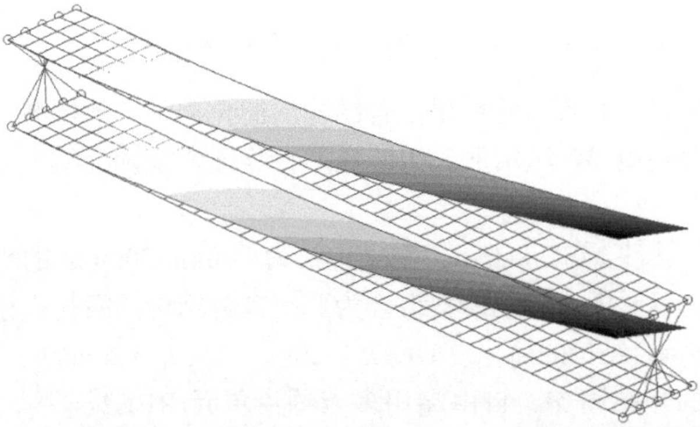

图 9.3 弯扭耦合结构简化力学等效模型在力偶矩作用下的位移云图

以上面板轴向中线上节点的扭转角作为弯扭耦合结构简化力学等效模型在该节点位置的扭转角。图 9.4 给出了力偶矩作用下，基于 6 层无湿热翘曲变形 $\mathbf{A}_S\mathbf{B}_l\mathbf{D}_S$ 层合板构成的弯扭耦合结构简化力学等效模型在力偶矩作用下的扭转角。可以看出，在力偶矩 $\boldsymbol{M}$ 的作用下，基于 6 层无湿热翘曲变形 $\mathbf{A}_S\mathbf{B}_l\mathbf{D}_S$ 层合板设计的弯扭耦合结构简化力学等效模型产生了显著的扭转变形，并且扭转角沿结构长度方向近似呈线性分布。

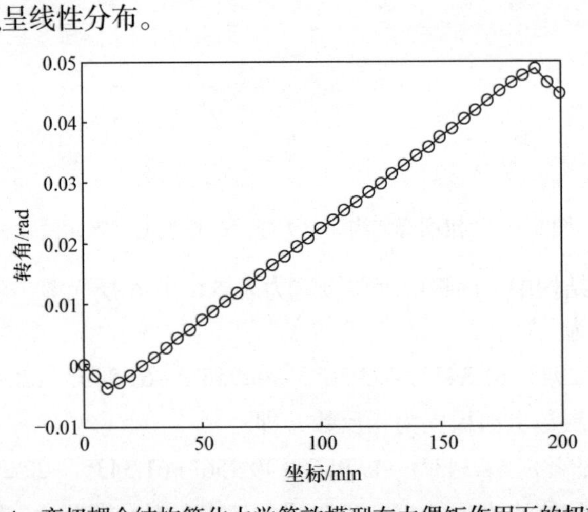


图 9.4 弯扭耦合结构简化力学等效模型在力偶矩作用下的扭转角

基于表 5.2 和表 5.6 中其他无湿热翘曲变形 $\mathbf{A}_S\mathbf{B}_l\mathbf{D}_S$ 层合板设计的弯扭耦合结构的耦合效应仿真结果与基于 6 层无湿热翘曲变形 $\mathbf{A}_S\mathbf{B}_l\mathbf{D}_S$ 层合板的弯扭耦合结构类似，此处不再逐一列出仿真结果。

2. 基于完整力学等效模型的弯扭耦合结构数值仿真

弯扭耦合结构简化力学等效模型中忽略了腹板的影响。为了进一步验证设计方案的可行性，引入包含腹板的弯扭耦合结构完整力学等效模型，进行数值仿真验证。基于有限元软件 MSC.Patran，建立高 $h = 20\text{mm}$、长 $L = 200\text{mm}$、宽 $b = 20\text{mm}$ 的弯扭耦合结构真实模型的有限元模型，包含上下面板、左右腹板，共划分 480 个壳单元，如图 9.5 所示。腹板的铺层仍然选取无任何耦合效应的 18 层完全各向同性层合板，如式(8.27)所示。单层板的材料参数如表 4.1 所示。

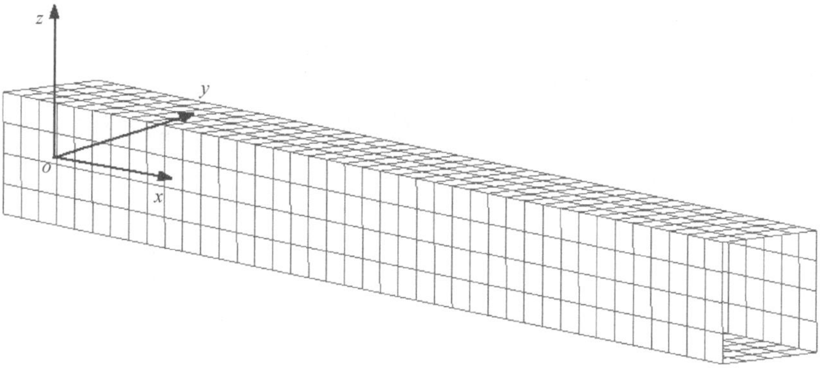


图 9.5　弯扭耦合结构完整力学等效模型的有限元模型

首先，分析弯扭耦合结构完整力学等效模型在自由端力偶矩 $\boldsymbol{M}$ 作用下的扭转变形，验证弯扭耦合结构完整力学等效模型的耦合效应。弯扭耦合结构完整力学等效模型上、下面板的铺层分别设置为如式(9.8)和式(9.9)所示的 6 层无湿热翘曲变形 $\mathbf{A}_S\mathbf{B}_l\mathbf{D}_S$ 层合板。数值仿真的位移边界条件为，弯扭耦合结构有限元模型的一端固支，一端自由。数值仿真的载荷条件为，在弯扭耦合结构自由端施加 200N · m 的力偶矩，即在上、下面板的自由端分别施加 10kN 的均布拉/压力，采用有限元软件 MSC.Nastran 的线性静力学计算功能进行计算。

图 9.6 给出了基于 6 层无湿热翘曲变形 $\mathbf{A}_S\mathbf{B}_l\mathbf{D}_S$ 层合板的弯扭耦合结构完整力学等效模型在力偶矩作用下的位移云图。可以看出，基于 6 层无湿热翘曲变形 $\mathbf{A}_S\mathbf{B}_l\mathbf{D}_S$ 层合板的弯扭耦合结构完整力学等效模型在力偶矩作用下，不但发生了弯曲变形，还发生了扭转变形。

以上面板轴向中线节点的扭转角作为弯扭耦合结构完整力学等效模型在该节点位置的扭转角。图 9.7 给出了力偶矩作用下，基于 6 层无湿热翘曲变形 $\mathbf{A}_S\mathbf{B}_l\mathbf{D}_S$

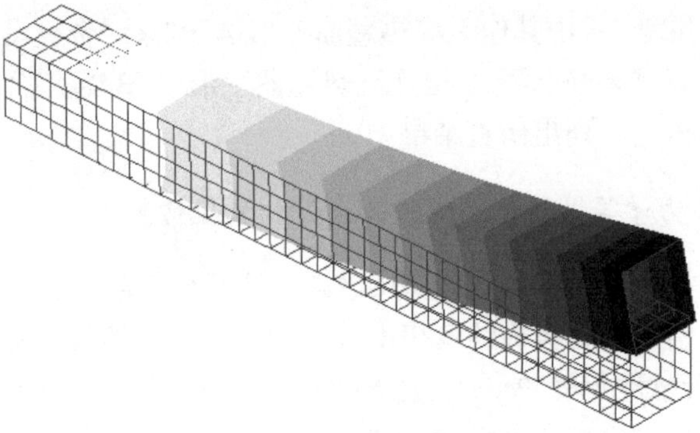

图 9.6　弯扭耦合结构完整力学等效模型在力偶矩作用下的位移云图

层合板构成的弯扭耦合结构完整力学等效模型在力偶矩作用下的扭转角。可以看出，在力偶矩 $\boldsymbol{M}$ 作用下，基于 6 层无湿热翘曲变形 $\mathbf{A}_{\mathrm{S}}\mathbf{B}_{t}\mathbf{D}_{\mathrm{S}}$ 层合板设计的弯扭耦合结构完整力学等效模型产生了显著的扭转变形。

基于表 5.2 和表 5.6 中其他无湿热翘曲变形 $\mathbf{A}_{\mathrm{S}}\mathbf{B}_{t}\mathbf{D}_{\mathrm{S}}$ 层合板设计的弯扭耦合结构的耦合效应仿真结果与基于 6 层无湿热翘曲变形 $\mathbf{A}_{\mathrm{S}}\mathbf{B}_{t}\mathbf{D}_{\mathrm{S}}$ 层合板的弯扭耦合结构类似，此处不再逐一列出仿真结果。

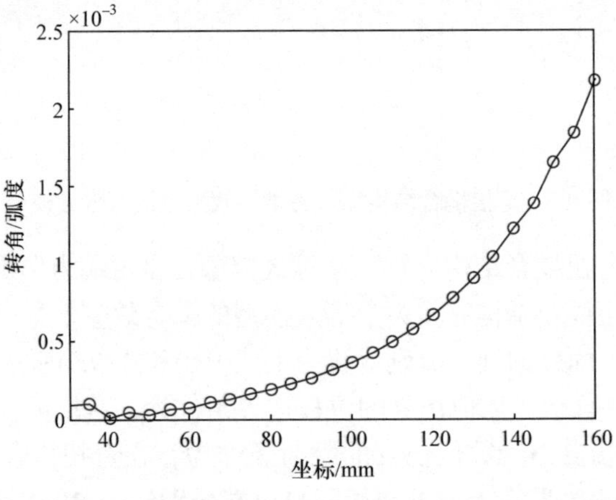


图 9.7　弯扭耦合结构完整力学等效模型在力偶矩作用下的扭转角

3. 完整力学等效模型在固化降温过程中的曲率稳定性分析

共固化工艺是指复合材料元件按照设计的方式铺层后一起放入模具中，上、下面板和腹板共同固化后得到整体化的弯扭耦合结构。为了结构件的外形精度，弯扭耦合结构在共固化过程中不应发生较大的固化翘曲变形。因此，有必要针对基于无湿热翘曲变形 $\mathbf{A}_{\mathrm{S}}\mathbf{B}_{t}\mathbf{D}_{\mathrm{S}}$ 层合板的弯扭耦合结构在高温固化典型温差条件下的变形进行分析。

基于图 9.5 所示的弯扭耦合结构完整力学等效模型的有限元模型开展仿真分析。位移边界条件为，弯扭耦合结构有限元模型的一端固支，一端自由。载荷条件为，将高温固化过程的典型温差–180℃作用到此有限元模型上。弯扭耦合结构完整力学等效模型上、下面板的铺层分别设置为式(9.8)和式(9.9)所示的 6 层无湿热翘曲变形 $\mathbf{A}_S\mathbf{B}_t\mathbf{D}_S$ 层合板。腹板的铺层仍然选取无任何耦合效应的 18 层完全各向同性层合板，如式(8.27)所示。单层板的材料参数如表 4.1 所示。采用基于有限元软件 MSC.Nastran 的线性静力学计算功能进行计算。

图 9.8 给出了基于 6 层无湿热翘曲变形 $\mathbf{A}_S\mathbf{B}_t\mathbf{D}_S$ 层合板的弯扭耦合结构降温收缩位移云图。可以看出，基于 6 层无湿热翘曲变形 $\mathbf{A}_S\mathbf{B}_t\mathbf{D}_S$ 层合板的弯扭耦合结构在降温过程中没有发生翘曲变形。

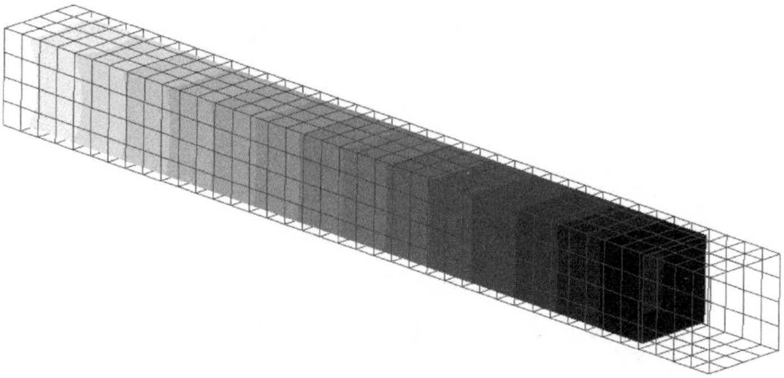

图 9.8　基于无湿热翘曲变形 $\mathbf{A}_S\mathbf{B}_t\mathbf{D}_S$ 层合板的弯扭耦合结构降温收缩位移云图

基于表 5.2 和表 5.6 中其他无湿热翘曲变形 $\mathbf{A}_S\mathbf{B}_t\mathbf{D}_S$ 层合板设计的弯扭耦合结构的固化变形仿真结果与基于 6 层无湿热翘曲变形 $\mathbf{A}_S\mathbf{B}_t\mathbf{D}_S$ 层合板的弯扭耦合结构类似，此处不再逐一列出仿真结果。

## 9.4　基于拉扭多耦合效应层合板的盒型结构设计

本节针对基于拉扭多耦合效应层合板的弯扭耦合结构开展研究，利用湿热稳定的拉扭多耦合效应层合板设计带腹板的弯扭耦合盒型结构，建立基于拉扭多耦合效应层合板的等截面弯扭耦合盒型结构刚度方程、变截面弯扭耦合盒型结构刚度方程。在此基础上，进一步开展基于拉扭多耦合效应层合板的弯扭耦合结构优化设计方法的研究，并探究拉扭耦合层合板的多耦合效应、变截面尺寸对盒型结构力学特性的影响规律。

### 9.4.1　等截面弯扭耦合盒型结构刚度方程

1. 解析模型建立

与拉剪多耦合效应层合板类似，对于拉扭耦合层合板构成的等截面弯扭耦合盒型结构，同样由两块面板和两块腹板构成。其中，上下面板为拉扭多耦合效应层合板，并且铺层角度互为相反数，分别记为板 1、板 2；两块腹板为无任何耦合效应的层合板，分别记为板 3、板 4，如图 9.9(a)所示。盒型结构一端固定、一端自由，横截面尺寸为 $b\times h$ 的矩形，长度为 $L$，自由端承受矢量方向为 $y$ 方向和 $x$ 方向，大小为 $M$ 和 $T$ 的力偶矩，其弯扭耦合变形原理为，盒型结构的内力弯矩可以等效为上下面板的拉力和压力。在此作用下，上下面板会产生大小相同、方向相同的扭转变形，从而形成盒型结构的扭转变形，如图 9.9(b)所示。

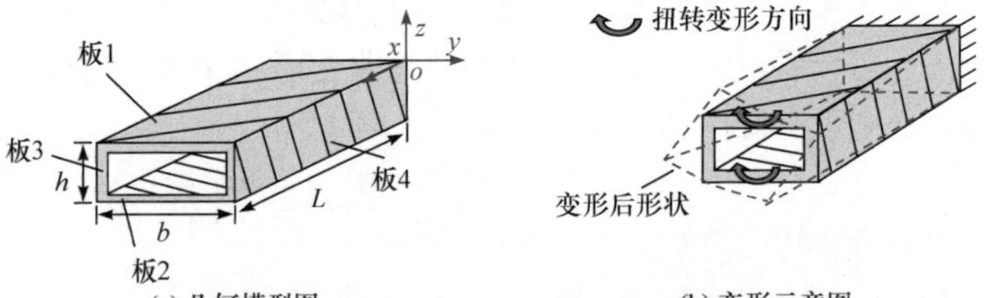


图 9.9 基于拉扭多耦合效应层合板的等截面弯扭耦合盒型结构示意图

由于板 1 和板 2 均是第 7 章设计的拉扭多耦合效应层合板($\mathbf{A}_S\mathbf{B}_t\mathbf{D}_S$ 层合板、$\mathbf{A}_S\mathbf{B}_t\mathbf{D}_F$ 层合板、$\mathbf{A}_S\mathbf{B}_F\mathbf{D}_S$ 层合板、$\mathbf{A}_S\mathbf{B}_F\mathbf{D}_F$ 层合板)，不含有拉剪耦合效应，即拉剪耦合柔度系数 $a_{16-1}$ 和 $a_{26-1}$ 均为零，因此板 1 的柔度方程为

$$\begin{Bmatrix} \varepsilon_{x-1}^0 \\ \varepsilon_{y-1}^0 \\ \gamma_{xy-1}^0 \\ \kappa_{x-1} \\ \kappa_{y-1} \\ \kappa_{xy-1} \end{Bmatrix} = \begin{bmatrix} a_{11-1} & a_{12-1} & 0 & b_{11-1} & b_{12-1} & b_{16-1} \\ a_{12-1} & a_{22-1} & 0 & b_{21-1} & b_{22-1} & b_{26-1} \\ 0 & 0 & a_{66-1} & b_{61-1} & b_{62-1} & b_{66-1} \\ b_{11-1} & b_{21-1} & b_{61-1} & d_{11-1} & d_{12-1} & d_{16-1} \\ b_{12-1} & b_{22-1} & b_{62-1} & d_{12-1} & d_{22-1} & d_{26-1} \\ b_{16-1} & b_{26-1} & b_{66-1} & d_{16-1} & d_{26-1} & d_{66-1} \end{bmatrix} \begin{Bmatrix} N_{x-1} \\ 0 \\ N_{xy-1} \\ M_{x-1} \\ 0 \\ M_{xy-1} \end{Bmatrix} \tag{9.10}$$

由式(9.10)可得

$$\begin{Bmatrix} \varepsilon_{x-1}^0 \\ \gamma_{xy-1}^0 \\ \kappa_{x-1} \\ \kappa_{xy-1} \end{Bmatrix} = \begin{bmatrix} a_{11-1} & 0 & b_{11-1} & b_{16-1} \\ 0 & a_{66-1} & b_{61-1} & b_{66-1} \\ b_{11-1} & b_{61-1} & d_{11-1} & d_{16-1} \\ b_{16-1} & b_{66-1} & d_{16-1} & d_{66-1} \end{bmatrix} \begin{Bmatrix} N_{x-1} \\ N_{xy-1} \\ M_{x-1} \\ M_{xy-1} \end{Bmatrix} \tag{9.11}$$

也可以改写为

$$\begin{Bmatrix} N_{x-1} \\ N_{xy-1} \\ M_{x-1} \\ M_{xy-1} \end{Bmatrix} = \begin{bmatrix} c_{1-1} & c_{2-1} & c_{3-1} & c_{4-1} \\ c_{2-1} & c_{5-1} & c_{6-1} & c_{7-1} \\ c_{3-1} & c_{6-1} & c_{8-1} & c_{9-1} \\ c_{4-1} & c_{7-1} & c_{9-1} & c_{10-1} \end{bmatrix} \begin{Bmatrix} \varepsilon_{x-1}^0 \\ \gamma_{xy-1}^0 \\ \kappa_{x-1} \\ \kappa_{xy-1} \end{Bmatrix} \tag{9.12}$$

基于拉扭多耦合效应层合板的弯扭耦合结构同样满足 8.4.1 节静力关系和变形协调等关系。此时，通过将式(9.12)与式(8.31)、式(8.35)、式(8.36)、式(8.41)～式(8.43)、式(8.47)联立，可得基于拉扭多耦合效应层合板的等截面弯扭耦合盒型结构的刚度方程，即

$$\begin{cases} \phi(x) = \dfrac{TC_M - MK_T}{C_T C_M - K_T K_M} x \\ \theta(x) = \dfrac{MC_T - TK_M}{C_T C_M - K_T K_M} x \end{cases} \tag{9.13}$$

然而，该弯扭耦合盒型结构的刚度方程同样仅适用于自由扭转变形的理想情况。在一端固支、一端自由边界条件下的扭转变形属于约束扭转变形，若直接用式(9.13)求解会造成耦合变形的偏差。因此，需要对式(8.54)中的耦合刚度系数 $K_T$ 和 $K_M$ 进行修正。与 8.4 节基于拉剪多耦合效应层合板的弯扭耦合结构修正方法相同，设修正系数为 $\eta$，可得修正后的变形解析解 $\phi_{\text{ana}}$ 和 $\theta_{\text{ana}}$，即

$$\begin{cases} \phi_{\text{ana}}(x) = \dfrac{TC_M - M\eta K_T}{C_T C_M - \eta^2 K_T K_M} x \\ \theta_{\text{ana}}(x) = \dfrac{MC_T - T\eta K_T}{C_T C_M - \eta^2 K_T K_M} x \end{cases} \tag{9.14}$$

此时借助数值仿真软件，同样可以求出基于拉扭多耦合效应层合板的等截面弯扭耦合结构的修正系数 $\eta$。

然后，分别选取表 7.3 中的 14 层拉扭耦合层合板作为算例进行分析。表 9.1 给出了相应的拉扭多耦合效应层合板的铺层角度，材料选取碳纤维/环氧树脂复合材料。弯扭耦合盒型结构的上面板分别采用这四类铺层，下面板采用与表 7.3 中互为相反数的铺层，腹板采用无任何耦合效应的层合板进行铺层。其铺层角度为 $[60°/-60°/-60°/0°/0°/0°/60°/60°/0°/-60°/60°/60°/-60°/-60°/-60°/0°/0°/60°]_{\text{T}}$。

**表 9.1　湿热稳定的 14 层拉扭耦合层合板的铺层角度**

| 层合板类型 | 铺层角度 | $\lvert b_{16}\rvert$/N$^{-1}$ |
| --- | --- | --- |
| $\mathbf{A}_\text{S}\mathbf{B}_t\mathbf{D}_\text{S}$ 层合板 | $[69.8°/-6.7°/-17.1°/79.4°/-30.4°/76.9°/-53.0°/37.3°/13.8°/81.5°/-63.2°/8.5°/16.9°/-72.2°]_\text{T}$ | $1.69\times10^{-5}$ |
| $\mathbf{A}_\text{S}\mathbf{B}_t\mathbf{D}_\text{F}$ 层合板 | $[12.9°/-64.1°/-63.5°/-58.9°/29.5°/-3.3°/40.3°/55.6°/51.3°/-43.0°/84.7°/70.3°/-19.7°/-26.2°]_\text{T}$ | $2.25\times10^{-5}$ |

续表

| 层合板类型 | 铺层角度 | $\lvert b_{16}\rvert$/N$^{-1}$ |
|---|---|---|
| $\mathbf{A}_S\mathbf{B}_F\mathbf{D}_S$层合板 | [−8.5°/73.8°/−24.6°/64.8°/64.1°/−38.3°/−48.6°/29.5°/−88.0°/0.8°/24.9°/−75.1°/−72.7°/12.0°]$_T$ | $2.17\times10^{-5}$ |
| $\mathbf{A}_S\mathbf{B}_F\mathbf{D}_F$层合板 | [−11.3°/83.4°/−16.7°/65.7°/−23.5°/70.9°/86.9°/−57.8°/33.8°/7.2°/28.8°/−70.8°/5.9°/−66.3°]$_T$ | $2.07\times10^{-5}$ |

弯扭耦合盒型结构横截面尺寸设为$L=0.2$m、$b=0.02$m、$h$在0.005～0.04m每间隔0.001m取值(即0.005m, 0.006m, 0.007m, …, 0.04m)，以达到不同长宽比$b/h$的目的。基于拉扭耦合层合板的等截面弯扭耦合盒型结构尺寸对修正系数的影响规律如图9.10所示。

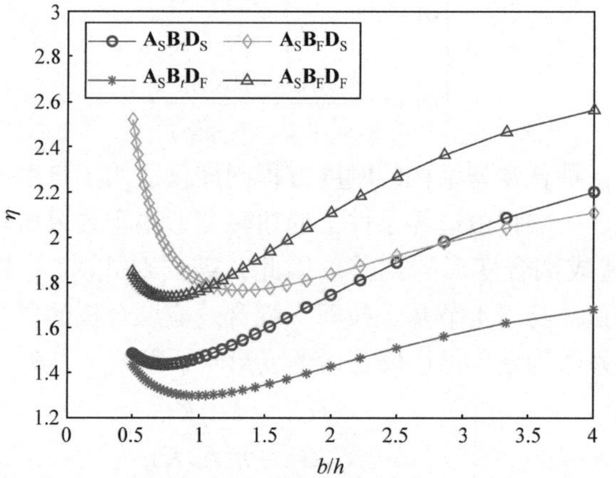


图9.10　基于拉扭耦合层合板的等截面弯扭耦合盒型结构尺寸对修正系数的影响规律

由图9.10可知，对于不同铺层角的盒型结构，$\eta$与$b/h$近似呈对勾函数关系，并且经过更多算例分析发现均满足这个规律，这里不一一列举结果。因此，假设$\eta$与$b/h$的函数关系为对勾函数关系，即

$$\eta=\zeta_1\frac{b}{h}+\zeta_2\frac{h}{b}+\zeta_3 \tag{9.15}$$

采用深度学习方法，利用traingda算法可得从$\bar{C}_T$、$\bar{C}_M$、$\bar{K}_T$、$\bar{K}_M$到$\zeta_1$、$\zeta_2$、$\zeta_3$的高精度解析关系。其中，神经网络模型参数的设置与8.4节保持一致。按照图8.21所示的流程，建立基于拉扭耦合层合板的等截面弯扭耦合盒型结构修正模型，便可获得修正因子$\eta$。然后，将$\eta$代入式(9.14)中即可获得修正后的变形解析解。

2. 精度验证

以基于四类层合板的等截面弯扭耦合盒型结构为例进行分析，盒型结构横截

面尺寸为 $L = 2\text{m}$ 、$b = 0.2\text{m}$ ，$h$ 在 0.04～0.2m 每间隔 0.01m 取值(即 0.04m，0.05m，0.06m，…，0.2m)，以达到不同长宽比 $b/h$ 的目的。图 8.14(a)给出了这四类弯扭耦合结构自由端面变形修正前的解析解 $\phi(L)$ 与数值解 $\phi_{\text{num}}(L)$ 的偏差 $\delta\phi$ ，图 8.14(b)给出了修正后的解析解 $\phi_{\text{ana}}(L)$ 与数值解 $\phi_{\text{num}}(L)$ 的偏差 $\delta\phi_{\text{ana}}$ 。$\delta\phi$ 与 $\delta\phi_{\text{ana}}$ 的求解方法如式(8.55)和式(8.56)所示。

由图 9.11 可知，当 $1 < b/h < 4$ 时，$\delta\phi$ 随着截面尺寸 $b/h$ 的变化而大幅度变化，偏差值最大可达到 70%以上，而 $\delta\phi_{\text{ana}}$ 均可控制在±4%以内，说明修正后的解析解精度可以达到 5%以内，大幅提升耦合刚度的精度，利用修正因子 $\eta$ 修正弯扭耦合盒型结构刚度系数的方法是可行的。

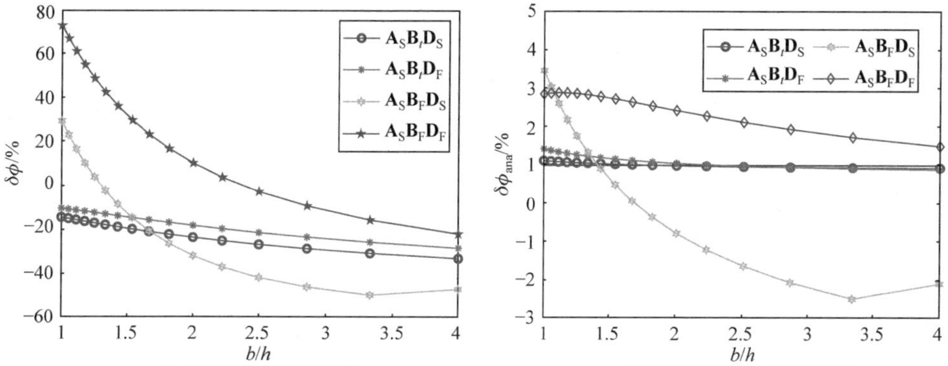


(a) 解析解与数值解偏差　　(b) 修正解析解与数值解偏差

图 9.11　基于拉扭耦合层合板的弯扭耦合盒型结构自由端面扭转变形解析解与数值解偏差

针对这四类基于拉扭耦合层合板的弯扭耦合盒型结构，图 9.12 分别给出了其自由端面扭转和弯曲变形数值解和解析解随 $b/h$ 的变化规律。其中，为了验证模型的适用性，该图还给出了 $T = 1$、$M = 0$、$T = M = 0.5$ 外载荷条件下的变形情况，盒型结构的尺寸设定与 $T = 0$、$M = 1$ 外载荷条件时完全相同。结果表明，弯扭耦合盒型结构变形的数值解和解析解均吻合良好，验证了修正模型的准确性和有效性。

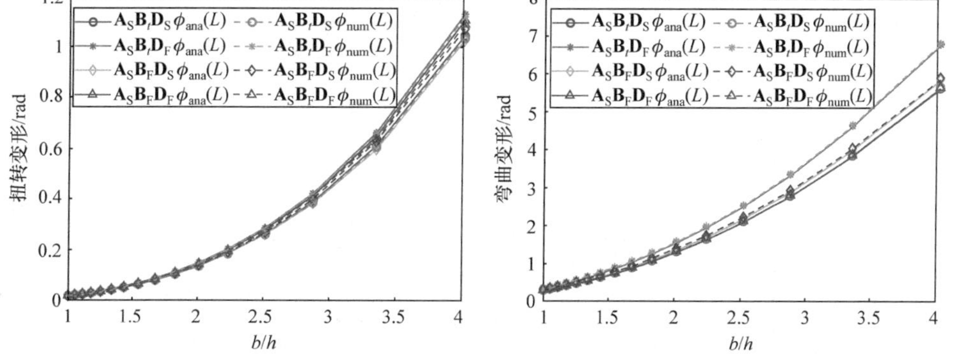


(a) $T$=0、$M$=1 扭转变形　　(b) $T$=0、$M$=1 弯曲变形

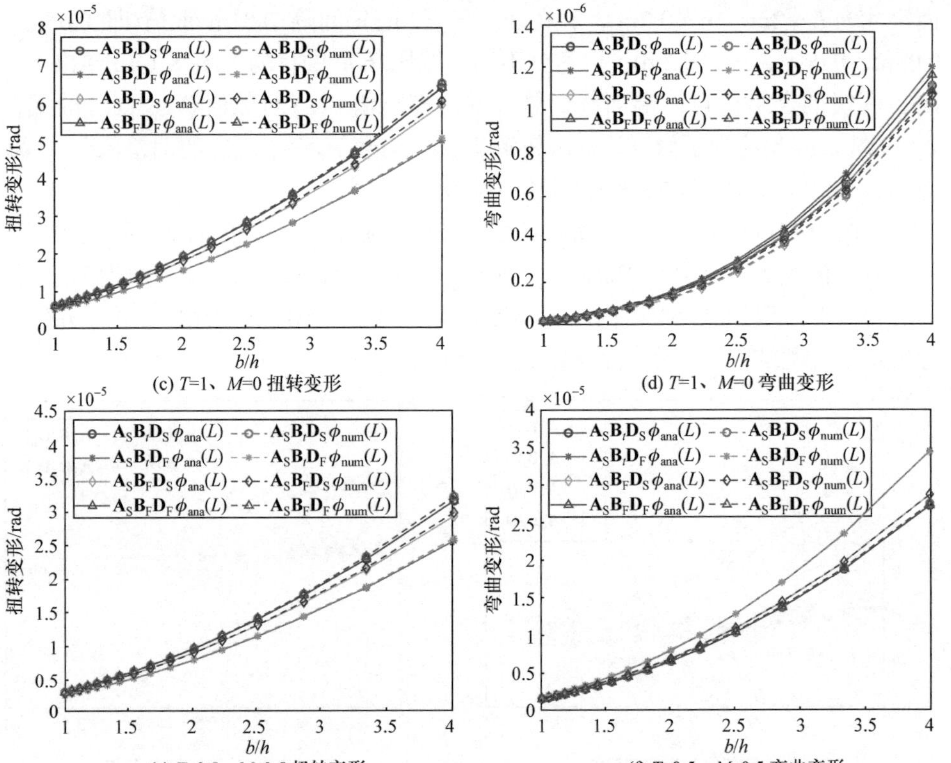


(c) $T$=1、$M$=0 扭转变形　(d) $T$=1、$M$=0 弯曲变形

(e) $T$=0.5、$M$=0.5 扭转变形　(f) $T$=0.5、$M$=0.5 弯曲变形

图 9.12　基于拉扭耦合层合板的弯扭耦合盒型结构自由端面变形

### 9.4.2　变截面弯扭耦合盒型结构刚度方程

1. 解析模型建立

在利用拉扭多耦合效应层合板设计变截面弯扭耦合盒型结构时，采用微元法对各面板和腹板微段的内力进行分析，各板微段的内力分析与图 8.27 一致。此时，板 1 的中面应变 $\varepsilon_{x-1}^0(x)$ 、 $\varepsilon_{y-1}^0(x)$ 、 $\gamma_{xy-1}^0(x)$ 和中面曲率 $\kappa_{x-1}(x)$ 、 $\kappa_{y-1}(x)$ 、 $\kappa_{xy-1}(x)$ 分别为

$$\begin{Bmatrix} \varepsilon_{x-1}^0(x) \\ \varepsilon_{y-1}^0(x) \\ \gamma_{xy-1}^0(x) \\ \kappa_{x-1}(x) \\ \kappa_{y-1}(x) \\ \kappa_{xy-1}(x) \end{Bmatrix} = \begin{bmatrix} a_{11} & a_{12} & 0 & b_{11} & b_{12} & b_{16} \\ a_{12} & a_{22} & 0 & b_{21} & b_{22} & b_{26} \\ 0 & 0 & a_{66} & b_{61} & b_{62} & b_{66} \\ b_{11} & b_{21} & b_{61} & d_{11} & d_{12} & d_{16} \\ b_{12} & b_{22} & b_{62} & d_{12} & d_{22} & d_{26} \\ b_{16} & b_{26} & b_{66} & d_{16} & d_{26} & d_{66} \end{bmatrix}_1 \begin{Bmatrix} N_{x-1}(x) \\ 0 \\ N_{xy-1}(x) \\ M_{x-1}(x) \\ 0 \\ M_{xy-1}(x) \end{Bmatrix} \tag{9.16}$$

由式(9.16)可得

$$\begin{Bmatrix} \varepsilon_{x-1}^0(x) \\ \gamma_{xy-1}^0(x) \\ \kappa_{x-1}(x) \\ \kappa_{xy-1}(x) \end{Bmatrix} = \begin{bmatrix} a_{11} & 0 & b_{11} & b_{16} \\ 0 & a_{66} & b_{61} & b_{66} \\ b_{11} & b_{61} & d_{11} & d_{16} \\ b_{16} & b_{66} & d_{16} & d_{66} \end{bmatrix}_1 \begin{Bmatrix} N_{x-1}(x) \\ N_{xy-1}(x) \\ M_{x-1}(x) \\ M_{xy-1}(x) \end{Bmatrix} \tag{9.17}$$

也可以改写为

$$\begin{Bmatrix} N_{x-1}(x) \\ N_{xy-1}(x) \\ M_{x-1}(x) \\ M_{xy-1}(x) \end{Bmatrix} = \begin{bmatrix} c_1 & c_2 & c_3 & c_4 \\ c_2 & c_5 & c_6 & c_7 \\ c_3 & c_6 & c_8 & c_9 \\ c_4 & c_7 & c_9 & c_{10} \end{bmatrix} \begin{Bmatrix} \varepsilon_{x-1}^0(x) \\ \gamma_{xy-1}^0(x) \\ \kappa_{x-1}(x) \\ \kappa_{xy-1}(x) \end{Bmatrix} \tag{9.18}$$

基于拉扭多耦合效应层合板的变截面弯扭耦合盒型结构同样满足 8.5.2 节静力关系和变形协调等关系。此时，通过将式(9.18)与式(8.71)、式(8.75)、式(8.76)、式(8.79)～式(8.82)、式(8.86)联立，可得变截面盒型结构任意横截面处的扭转变形和弯曲变形，即

$$\begin{cases} \phi(x) = \displaystyle\int_0^x \frac{TC_M(x) - MK_T(x)}{C_T(x)C_M(x) - K_T(x)K_M(x)} \mathrm{d}x \\ \theta(x) = \displaystyle\int_0^x \frac{MC_T(x) - TK_M(x)}{C_T(x)C_M(x) - K_T(x)K_M(x)} \mathrm{d}x \end{cases} \tag{9.19}$$

利用修正系数$\eta$对式(9.19)进行修正，可得修正后的变形解析解$\phi_{\text{ana}}$和$\theta_{\text{ana}}$，即

$$\begin{cases} \phi_{\text{ana}}(x) = \displaystyle\int_0^x \frac{TC_M(x) - M\eta K_T(x)}{C_T(x)C_M(x) - \eta^2 C_T(x)C_M(x)} \mathrm{d}x \\ \theta_{\text{ana}}(x) = \displaystyle\int_0^x \frac{MC_T(x) - T\eta K_T(x)}{C_T(x)C_M(x) - \eta^2 C_T(x)C_M(x)} \mathrm{d}x \end{cases} \tag{9.20}$$

通过数值仿真计算发现，对于拥有不同铺层的变截面盒型结构，$\eta$与$b_1/h_1$同样近似呈式(9.15)所示的对勾函数关系，即

$$\eta = \zeta_1 \frac{b_1}{h_1} + \zeta_2 \frac{h_1}{b_1} + \zeta_3 \tag{9.21}$$

按照图 8.21 所示的流程，建立基于拉扭耦合层合板的变截面弯扭耦合盒型结构修正模型，便可获得修正因子$\eta$，其中神经网络模型参数的设置与 8.4 节保持一致。然后，将$\eta$代入式(9.20)中即可获得修正后的变形解析解。

2. 精度验证

分别选取四类湿热稳定拉扭耦合层合板作为上面板，构造弯扭耦合变截面盒型结构，并验证其刚度方程的精度，下面板分别采用与表 9.1 完全互为相反数的铺层，腹板为无耦合效应的层合板。弯扭耦合盒型结构的变截面尺寸设定为 $L=2\text{m}$ 、$b_1=0.2\text{m}$ 、$\beta_1=\beta_2=1°$ 、$\gamma_1=\gamma_2=1°$ ，$h_1$ 在 0.1～0.2m 间隔 0.01m 取值(即 0.1m，0.11m，0.12m，…，0.2m)。图 9.13(a)给出了这四类弯扭耦合结构自由端面解析解 $\phi(L)$ 与数值解 $\phi_{\text{num}}(L)$ 的偏差 $\delta\phi$ ，图 9.13(b)给出了修正后的解析解 $\phi_{\text{ana}}(L)$ 与数值解 $\phi_{\text{num}}(L)$ 的偏差 $\delta\phi_{\text{ana}}$ 。

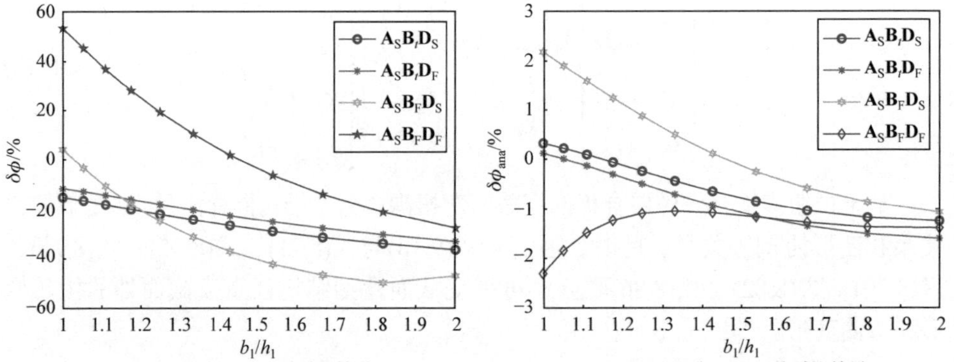


(a) $\phi(L)$与$\phi_{\text{num}}(L)$的对比结果　　(b) $\phi_{\text{ana}}(L)$与$\phi_{\text{num}}(L)$的对比结果

图 9.13　基于拉扭耦合层合板的弯扭耦合变截面盒型结构自由端面扭转角解析解与数值解偏差

从图 9.13 可以看出，当$1<b_1/h_1<2$时，$\delta\phi$ 随着截面尺寸 $b_1/h_1$ 的变化而大幅度变化，最大偏差可达到 50%以上，$\delta\phi_{\text{ana}}$ 可控制在±3%以内，说明修正后的解析解 $\varphi_{\text{ana}}$ 精度可达到3%以内，大幅提升耦合刚度的精度。

基于拉扭耦合层合板的弯扭耦合变截面盒型结构自由端面扭转变形与弯曲变形修正解如图 9.14 所示。可以看出，修正后的解析解与数值解吻合较好，验证了修正模型的精度。

### 9.4.3　弯扭耦合结构的优化设计

1. 优化对象

对于给定结构尺寸的等截面/变截面弯扭耦合结构，优化设计目标均为盒型结构获得最大弯扭耦合效应，即盒型结构自由端面在相同弯矩 $M$ 作用下能够产生最大的扭转角变形 $\max|\phi_{\text{ana}}(L)|$ 。优化问题的约束条件为表 7.2 和式(7.16)中四类湿热稳定的拉扭耦合层合板解析条件的等式约束 $f(\xi_i)=0$ 和非等式约束 $g(\xi_i)\neq 0$ ，优化算法采用处理等式约束能力较强的 GA-SQP 混合优化求解算法。由于板 2 和板 1

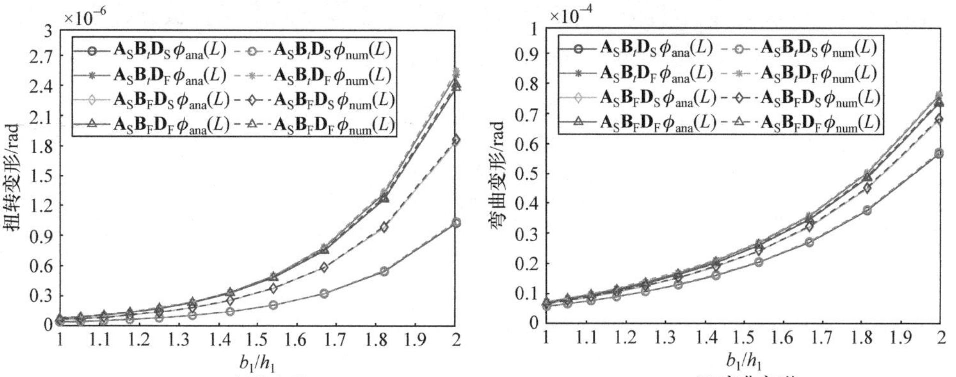


(a) 扭转变形　　(b) 弯曲变形

图 9.14　基于拉扭耦合层合板的弯扭耦合变截面盒型结构自由端面扭转变形与弯曲变形修正解

铺层完全互为相反数，则只对板 1 进行铺层设计即可，设计变量为板 1 的各铺层角 $\theta_{i\text{-}1}(i=1,2,\cdots,n)$。等截面/变截面弯扭耦合结构优化设计问题的数学模型为

$$\max F(\theta_{1\text{-}1},\theta_{2\text{-}1},\cdots,\theta_{n\text{-}1})=|\phi_{\text{ana}}(L)|$$
$$\text{s.t.}\ \begin{cases}-90^\circ\leqslant\theta_{i\text{-}1}\leqslant 90^\circ, & i=1,2,\cdots,n\\ f(\xi_i)=0, & i=1,2,\cdots,12\\ g(\xi_i)\neq 0, & i=1,2,\cdots,12\end{cases}\tag{9.22}$$

选取与 8.4.3 节相同的盒型结构尺寸进行算例分析，根据该结构的相对尺寸，可以将等截面盒型结构的尺寸设定为 $L=290\text{mm}$ 、$b=51\text{mm}$ 和 $h=17\text{mm}$ ，将变截面盒型结构的尺寸设定为 $L=290\text{mm}$、$b_1=51\text{mm}$、$h_1=17\text{mm}$、$\beta_1=\beta_2=1.284^\circ$ 、$\gamma_1=\gamma_2=3.35^\circ$ 。铺层材料为碳纤维/环氧树脂复合材料，单层板厚度为 0.1397mm，板 1 和板 2 层数为 14 层。

2. 优化结果

1) 等截面盒型结构

表 9.2 给出了优化目标分别为盒型结构最大扭转角和面板最大拉扭耦合效应的铺层优化结果，其中载荷条件为 $T=0$、$M=1\text{N/m}$。可以看出，对于由 $\mathbf{A}_S\mathbf{B}_l\mathbf{D}_S$ 层合板构成的盒型结构，当层合板达到最大拉扭耦合效应时，即可获得盒型结构的最大扭转角；对于由拉扭多耦合效应层合板构成的盒型结构，当层合板具有最大拉扭耦合效应时，盒型结构不一定具有最大的弯扭耦合效应。例如，当 $\mathbf{A}_S\mathbf{B}_l\mathbf{D}_F$ 层合板的 $|b_{16}|$ 达到最大时($2.25\times10^{-5}\text{N}^{-1}$)，其盒型结构的 $|\phi_{\text{ana}}(L)|$ ($1.625\times10^{-4}$rad)小于以最大 $|\phi_{\text{ana}}(L)|$ 为目标的优化结果($1.692\times10^{-4}$rad)。相比 $\mathbf{A}_S\mathbf{B}_l\mathbf{D}_S$ 层合板构成的盒型结构，由拉扭多耦合效应层合板($\mathbf{A}_S\mathbf{B}_l\mathbf{D}_S$ 层合板、$\mathbf{A}_S\mathbf{B}_F\mathbf{D}_S$ 层合板和 $\mathbf{A}_S\mathbf{B}_F\mathbf{D}_F$ 层合板)构成的盒型结构可以获得更高的扭转角，其中由 $\mathbf{A}_S\mathbf{B}_F\mathbf{D}_F$ 层合板构成的盒型

结构提升效果最为显著(提升了 22.65%)，说明由多耦合效应层合板设计弯扭耦合盒型结构可以获得使盒型结构更高的弯扭耦合效应。

**表 9.2 基于拉扭耦合层合板的等截面弯扭耦合结构的上面板铺层优化设计结果**

| 优化目标 | 层合板类型 | 铺层优化设计结果 | $\lvert b_{16}\rvert$ / $N^{-1}$ | $\lvert\phi_{ana}(L)\rvert$ /rad |
|---|---|---|---|---|
| 最大 $\lvert\phi_{ana}(L)\rvert$ | $\mathbf{A_SB_tD_S}$层合板 | $[69.8°/-6.7°/-17.1°/79.4°/-30.4°/76.9°/-53.0°/37.3°/13.8°/81.5°/-63.2°/8.5°/16.9°/-72.2°]_T$ | $1.69\times10^{-5}$ | $1.470\times10^{-4}$ |
| | $\mathbf{A_SB_tD_F}$层合板 | $[16.9°/16.4°/-71.2°/-77.1°/-80.1°/-85.9°/14.6°/58.1°/-30.4°/-15.0°/-4.4°/-13.4°/76.8°/72.5°]_T$ | $2.19\times10^{-5}$ | $1.692\times10^{-4}$ |
| | $\mathbf{A_SB_FD_S}$层合板 | $[-76.5°/-63.7°/25.7°/38.8°/26.6°/-46.7°/32.4°/-39.5°/-13.7°/77.8°/-40.3°/66.1°/-14.4°/73.7°]_T$ | $2.09\times10^{-5}$ | $1.599\times10^{-4}$ |
| | $\mathbf{A_SB_FD_F}$层合板 | $[74.7°/-24.6°/71.0°/-20.5°/-12.6°/66.4°/-84.0°/1.3°/-73.7°/12.7°/20.2°/18.8°/-65.3°/-83.0°]_T$ | $1.76\times10^{-5}$ | $1.803\times10^{-4}$ |
| 最大 $\lvert b_{16}\rvert$ | $\mathbf{A_SB_tD_S}$层合板 | $[69.8°/-6.7°/-17.1°/79.4°/-30.4°/76.9°/-53.0°/37.3°/13.8°/81.5°/-63.2°/8.5°/16.9°/-72.2°]_T$ | $1.69\times10^{-5}$ | $1.470\times10^{-4}$ |
| | $\mathbf{A_SB_tD_F}$层合板 | $[12.9°/-64.1°/-63.5°/-58.9°/29.5°/-3.3°/40.3°/55.6°/51.3°/-43.0°/84.7°/70.3°/-19.7°/-26.2°]_T$ | $2.25\times10^{-5}$ | $1.625\times10^{-4}$ |
| | $\mathbf{A_SB_FD_S}$层合板 | $[-8.5°/73.8°/-24.6°/64.8°/64.1°/-38.3°/-48.6°/29.5°/-88.0°/0.8°/24.9°/-75.1°/-72.7°/12.0°]_T$ | $2.17\times10^{-5}$ | $1.488\times10^{-4}$ |
| | $\mathbf{A_SB_FD_F}$层合板 | $[-11.3°/83.4°/-16.7°/65.7°/-23.5°/70.9°/86.9°/-57.8°/33.8°/7.2°/28.8°/-70.8°/5.9°/-66.3°]_T$ | $2.07\times10^{-5}$ | $1.517\times10^{-4}$ |

2) 变截面盒型结构

如表 9.3 所示，相比 $\mathbf{A_SB_tD_S}$ 层合板构成的盒型结构，由拉扭多耦合效应层合板构成的盒型结构可以获得更高的扭转角，其中 $\mathbf{A_SB_FD_F}$ 层合板构成的盒型结构提升效果最为显著(提升了 25.49%)，说明多耦合效应有利于提升变截面弯扭耦合结构的耦合效应；对于拉扭耦合层合板构成的变截面弯扭耦合盒型结构，无论是单一耦合效应层合板还是多耦合效应层合板，当层合板具有最大拉扭耦合效应时，变截面盒型结构不一定具有最大的弯扭耦合效应。例如，当 $\mathbf{A_SB_FD_F}$ 层合板的 $\lvert b_{16}\rvert$ 达到最大时($2.07\times10^{-5}N^{-1}$)，其盒型结构的 $\lvert\phi_{ana}(L)\rvert$($3.464\times10^{-4}$ rad)小于以最大 $\lvert\phi_{ana}(L)\rvert$ 为目标的优化结果($4.150\times10^{-4}$ rad)。

**表 9.3 基于拉扭耦合层合板的变截面弯扭耦合结构的面板铺层优化设计结果**

| 优化目标 | 层合板类型 | 铺层优化设计结果 | $\lvert b_{16}\rvert$ /$N^{-1}$ | $\lvert\phi_{ana}(L)\rvert$ /rad |
|---|---|---|---|---|
| 最大 $\lvert\phi_{ana}(L)\rvert$ | $\mathbf{A_SB_tD_S}$层合板 | $[78.0°/-15.1°/64.9°/-23.3°/-39.7°/-2.7°/36.4°/50.5°/-75.9°/82.2°/-61.9°/17.3°/-63.0°/13.9°]_T$ | $1.64\times10^{-5}$ | $3.307\times10^{-4}$ |
| | $\mathbf{A_SB_tD_F}$层合板 | $[-19.5°/47.4°/57.9°/67.1°/-28.4°/-23.9°/-49.4°/68.2°/-65.4°/20.5°/-60.3°/-61.9°/25.9°/32.0°]_T$ | $1.74\times10^{-5}$ | $3.967\times10^{-4}$ |
| | $\mathbf{A_SB_FD_S}$层合板 | $[-66.9°/18.6°/-56.6°/27.6°/40.9°/85.4°/-64.6°/46.2°/-0.8°/-29.4°/-32.1°/-19.3°/63.9°/76.4°]_T$ | $1.67\times10^{-5}$ | $3.711\times10^{-4}$ |
| | $\mathbf{A_SB_FD_F}$层合板 | $[74.7°/-24.6°/71.0°/-20.5°/-12.6°/66.4°/-84.0°/1.3°/-73.7°/12.7°/20.2°/18.8°/-65.3°/-83.0°]_T$ | $1.76\times10^{-5}$ | $4.150\times10^{-4}$ |

续表

| 优化目标 | 层合板类型 | 铺层优化设计结果 | $\lvert b_{16}\rvert$/N$^{-1}$ | $\lvert\phi_{ana}(L)\rvert$/rad |
|---|---|---|---|---|
| 最大$\lvert b_{16}\rvert$ | $\mathbf{A}_S\mathbf{B}_t\mathbf{D}_S$层合板 | [69.8°/−6.7°/−17.1°/79.4°/−30.4°/76.9°/−53.0°/37.3°/13.8°/81.5°/−63.2°/8.5°/16.9°/−72.2°]$_T$ | $1.69\times10^{-5}$ | $3.297\times10^{-4}$ |
| | $\mathbf{A}_S\mathbf{B}_t\mathbf{D}_F$层合板 | [12.9°/−64.1°/−63.5°/−58.9°/29.5°/−3.3°/40.3°/55.6°/51.3°/−43.0°/84.7°/70.3°/−19.7°/−26.2°]$_T$ | $2.25\times10^{-5}$ | $3.593\times10^{-4}$ |
| | $\mathbf{A}_S\mathbf{B}_F\mathbf{D}_S$层合板 | [−8.5°/73.8°/−24.6°/64.8°/64.1°/−38.3°/−48.6°/29.5°/−88.0°/0.8°/24.9°/−75.1°/−72.7°/12.0°]$_T$ | $2.17\times10^{-5}$ | $3.527\times10^{-4}$ |
| | $\mathbf{A}_S\mathbf{B}_F\mathbf{D}_F$层合板 | [−11.3°/83.4°/−16.7°/65.7°/−23.5°/70.9°/86.9°/−57.8°/33.8°/7.2°/28.8°/−70.8°/5.9°/−66.3°]$_T$ | $2.07\times10^{-5}$ | $3.464\times10^{-4}$ |

### 9.4.4 力学特性验证及鲁棒性分析

1. 等截面盒型结构

1) 湿热效应

以温度变化为例，采用有限元法验证由表 9.2 中基于拉扭耦合层合板的等截面弯扭耦合盒型结构的湿热稳定性。湿度变化对结构的影响与温度变化类似，这里不再赘述。选取表 9.2 中优化目标为最大$\lvert\phi_{ana}(L)\rvert$的盒型结构为例进行验证。层合板有限元模型的单元划分方式和边界条件设置与图 8.19 相同，不同之处仅在于不同的盒型结构尺寸。如图 9.15 所示，四类等截面盒型结构收缩变形结果均相同。盒型结构未发生剪切变形和翘曲变形，说明其是湿热稳定的，符合预期设计。

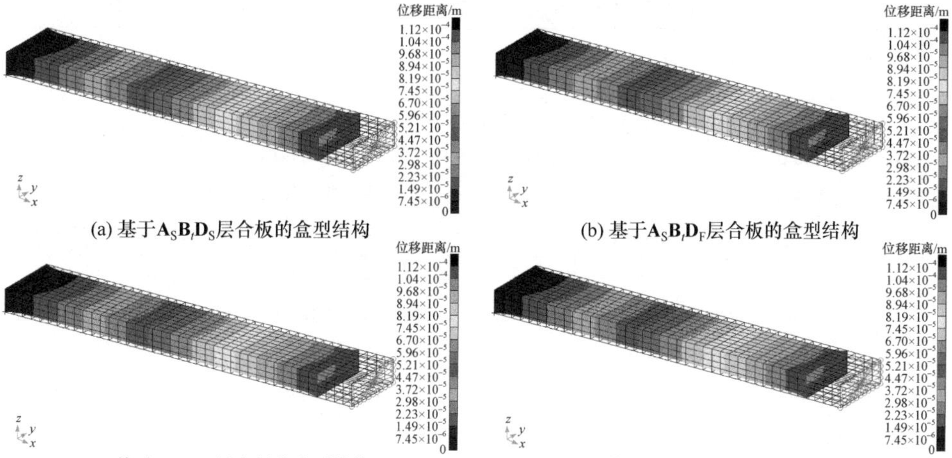


(a) 基于$\mathbf{A}_S\mathbf{B}_t\mathbf{D}_S$层合板的盒型结构　(b) 基于$\mathbf{A}_S\mathbf{B}_t\mathbf{D}_F$层合板的盒型结构

(c) 基于$\mathbf{A}_S\mathbf{B}_F\mathbf{D}_S$层合板的盒型结构　(d) 基于$\mathbf{A}_S\mathbf{B}_F\mathbf{D}_F$层合板的盒型结构

图 9.15　基于拉扭耦合层合板的等截面弯扭盒型结构降温自由收缩变形图

2) 耦合效应

采用相同尺寸的有限元模型验证盒型结构的弯扭耦合效应，盒型结构自由端

部仅承受 $M = 1\text{N} \cdot \text{m}$ 的作用。如图 9.16 所示，盒型结构在弯矩作用下不仅发生了弯曲变形，还产生了扭转变形。

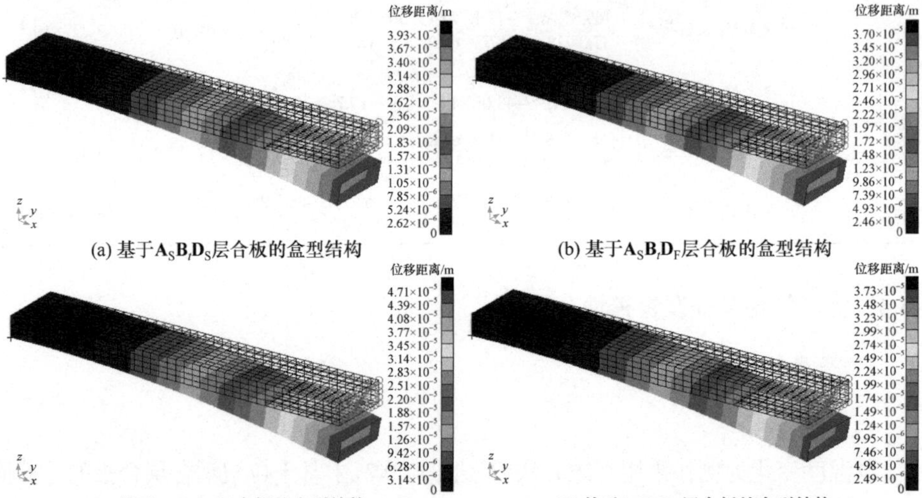


(a) 基于 $\mathbf{A}_S\mathbf{B}_t\mathbf{D}_S$ 层合板的盒型结构　　(b) 基于 $\mathbf{A}_S\mathbf{B}_t\mathbf{D}_F$ 层合板的盒型结构

(c) 基于 $\mathbf{A}_S\mathbf{B}_F\mathbf{D}_S$ 层合板的盒型结构　　(d) 基于 $\mathbf{A}_S\mathbf{B}_F\mathbf{D}_F$ 层合板的盒型结构

图 9.16　基于拉扭耦合层合板的等截面弯扭盒型结构在弯矩作用下的位移云图

同时，表 9.4 分别给出了盒型结构自由端扭转角和弯曲角的数值解具体结果。由表 9.4 可知，优化得到的盒型结构自由端面变形的解析解与数值解吻合较好，最大误差的大小为 2.20%，满足预期精度设计需求。

**表 9.4　基于拉扭耦合层合板的等截面弯扭耦合盒型结构自由端面变形结果**

| 优化目标 | 层合板类型 | $\lvert\phi_{ana}(L)\rvert$ /rad | $\lvert\phi_{num}(L)\rvert$ /rad | 扭转变形误差 | $\theta_{ana}(L)$ /rad | $\theta_{num}(L)$ /rad | 弯曲变形误差 |
|---|---|---|---|---|---|---|---|
| 最大 $\lvert\phi_{ana}(L)\rvert$ | $\mathbf{A}_S\mathbf{B}_t\mathbf{D}_S$ 层合板 | $1.470\times10^{-4}$ | $1.465\times10^{-4}$ | 0.32% | $2.667\times10^{-4}$ | $2.678\times10^{-4}$ | −0.42% |
| | $\mathbf{A}_S\mathbf{B}_t\mathbf{D}_F$ 层合板 | $1.692\times10^{-4}$ | $1.727\times10^{-4}$ | −2.03% | $2.493\times10^{-4}$ | $2.514\times10^{-4}$ | −0.85% |
| | $\mathbf{A}_S\mathbf{B}_F\mathbf{D}_S$ 层合板 | $1.599\times10^{-4}$ | $1.630\times10^{-4}$ | −1.93% | $3.185\times10^{-4}$ | $3.213\times10^{-4}$ | −0.88% |
| | $\mathbf{A}_S\mathbf{B}_F\mathbf{D}_F$ 层合板 | $1.803\times10^{-4}$ | $1.818\times10^{-4}$ | −0.86% | $2.514\times10^{-4}$ | $2.537\times10^{-4}$ | −0.89% |
| 最大 $\lvert b_{16}\rvert$ | $\mathbf{A}_S\mathbf{B}_t\mathbf{D}_S$ 层合板 | $1.470\times10^{-4}$ | $1.465\times10^{-4}$ | 0.32% | $2.667\times10^{-4}$ | $2.678\times10^{-4}$ | −0.42% |
| | $\mathbf{A}_S\mathbf{B}_t\mathbf{D}_F$ 层合板 | $1.625\times10^{-4}$ | $1.598\times10^{-4}$ | 1.66% | $3.231\times10^{-4}$ | $3.214\times10^{-4}$ | 0.54% |
| | $\mathbf{A}_S\mathbf{B}_F\mathbf{D}_S$ 层合板 | $1.488\times10^{-4}$ | $1.521\times10^{-4}$ | −2.20% | $2.758\times10^{-4}$ | $2.793\times10^{-4}$ | −1.25% |
| | $\mathbf{A}_S\mathbf{B}_F\mathbf{D}_F$ 层合板 | $1.517\times10^{-4}$ | $1.541\times10^{-4}$ | −1.54% | $2.676\times10^{-4}$ | $2.680\times10^{-4}$ | −0.15% |

3) 鲁棒性分析

对由于铺层角度偏差引起的层合板及盒型结构的力学性能偏差进行评估，采用 Monte Carlo 法对表 9.2 中的等截面弯扭耦合结构进行鲁棒性分析，这里仅展示优化目标为最大 $\lvert\phi_{ana}(L)\rvert$ 的盒型结构计算结果。取每一单层的角度偏差 $\Delta\theta_k = 2°$，则层合板的每一层实际铺层角度为$(\theta_k \pm \Delta\theta_k)$。图 9.17 和图 9.18 别给出了随机抽样 20000 次时，层合板拉扭耦合效应和等截面弯扭耦合盒型结构自由端扭转角的误差分布及其 95%的置信区间。

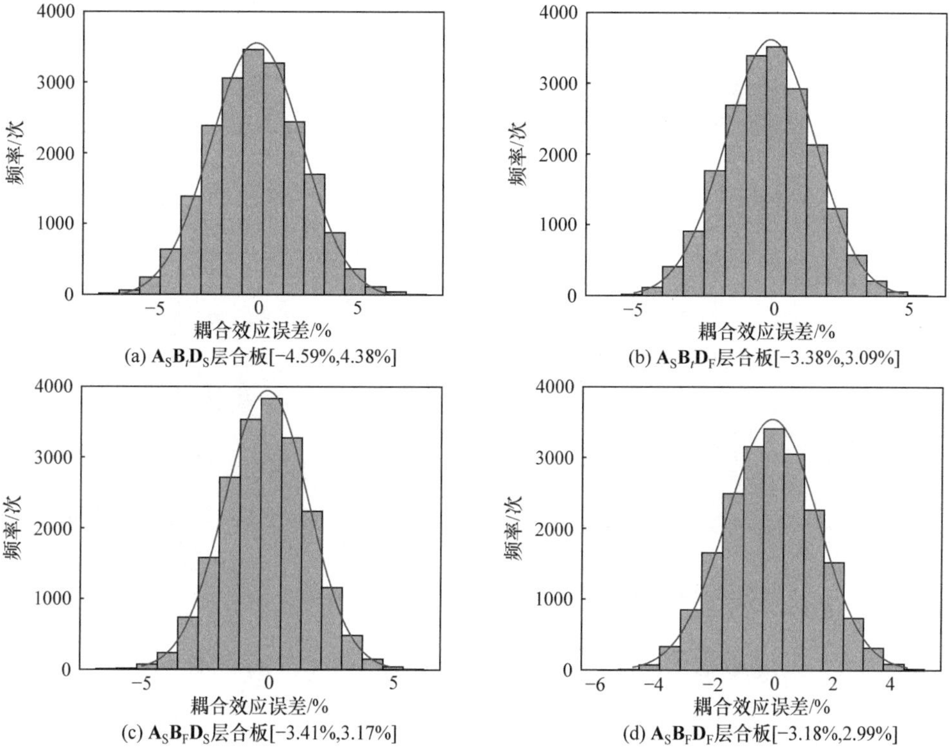


(a) $\mathbf{A}_S\mathbf{B}_t\mathbf{D}_S$层合板[−4.59%,4.38%]　(b) $\mathbf{A}_S\mathbf{B}_t\mathbf{D}_F$层合板[−3.38%,3.09%]

(c) $\mathbf{A}_S\mathbf{B}_F\mathbf{D}_S$层合板[−3.41%,3.17%]　(d) $\mathbf{A}_S\mathbf{B}_F\mathbf{D}_F$层合板[−3.18%,2.99%]

图 9.17　等截面弯扭耦合结构面板的拉扭耦合效应鲁棒性分析结果

由图 9.17 和图 9.18 可知，当铺层角度存在随机误差时，无论是层合板拉扭耦合效应的误差还是等截面盒型结构自由端扭转角的误差，均符合正态分布规律，并且 95%的置信区间范围均在±5%之内，说明误差可控。

2. 变截面盒型结构

1) 湿热效应

采用有限元法，验证表 9.3 中变截面弯扭耦合盒型结构的湿热稳定性。以温度变化为例进行验证，湿度变化对结构的影响与温度变化类似，这里不再赘述。高温固化过程的温差设置为 180℃，计算得到的变截面盒型结构降温自由收缩变形如图 9.19 所示。其中，以表 9.3 中优化目标为最大$|\phi_{\text{ana}}(L)|$的变截面盒型结构作为算例变截面盒型结构进行计算结果展示，其余变截面盒型结构结论与此一

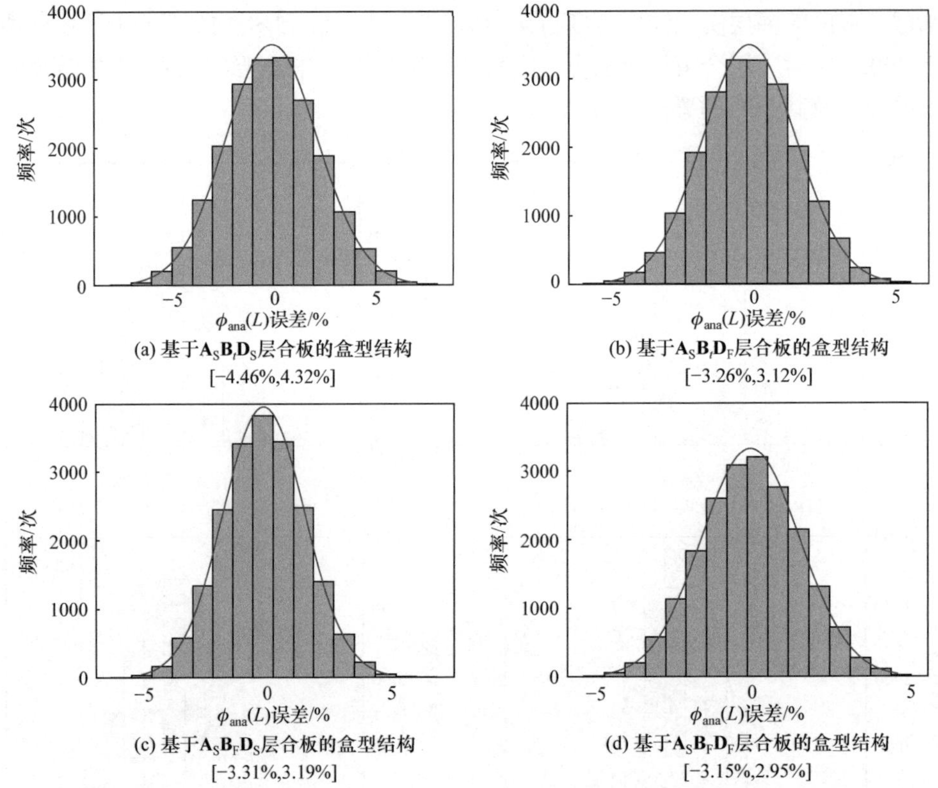


(a) 基于$\mathbf{A}_S\mathbf{B}_t\mathbf{D}_S$层合板的盒型结构 [−4.46%,4.32%]

(b) 基于$\mathbf{A}_S\mathbf{B}_t\mathbf{D}_F$层合板的盒型结构 [−3.26%,3.12%]

(c) 基于$\mathbf{A}_S\mathbf{B}_F\mathbf{D}_S$层合板的盒型结构 [−3.31%,3.19%]

(d) 基于$\mathbf{A}_S\mathbf{B}_F\mathbf{D}_F$层合板的盒型结构 [−3.15%,2.95%]

图 9.18　基于拉扭耦合层合板的等截面弯扭盒型结构自由端扭转角的鲁棒性分析结果

致。结果表明，四类变截面盒型结构收缩变形结果均相同，未发生剪切变形和翘曲变形，说明其是湿热稳定的，符合预期设计。

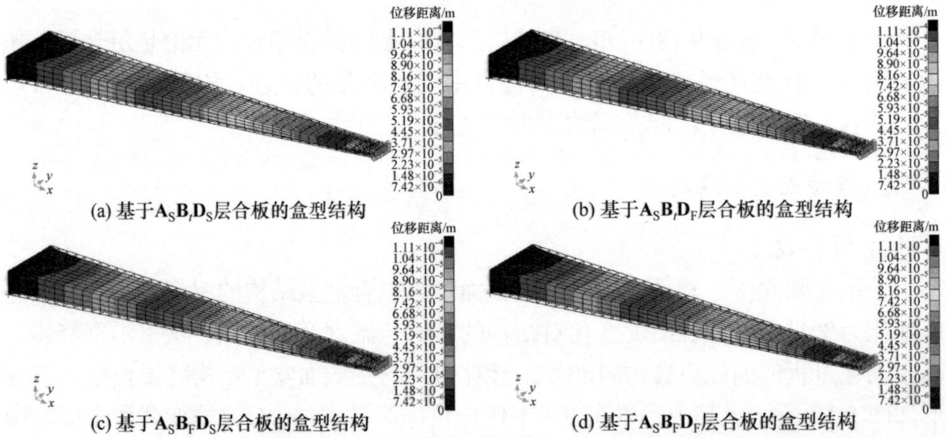


(a) 基于$\mathbf{A}_S\mathbf{B}_t\mathbf{D}_S$层合板的盒型结构

(b) 基于$\mathbf{A}_S\mathbf{B}_t\mathbf{D}_F$层合板的盒型结构

(c) 基于$\mathbf{A}_S\mathbf{B}_F\mathbf{D}_S$层合板的盒型结构

(d) 基于$\mathbf{A}_S\mathbf{B}_F\mathbf{D}_F$层合板的盒型结构

图 9.19　基于拉扭耦合层合板的变截面弯扭盒型结构降温自由收缩变形图

2) 耦合效应

采用相同尺寸的有限元模型验证变截面盒型结构的弯扭耦合效应，盒型结构自由端部仅承受 $M = 1\mathrm{N}\cdot\mathrm{m}$ 的作用。如图 9.20 所示，盒型结构在弯矩作用下不仅发生了弯曲变形还产生了扭转变形。

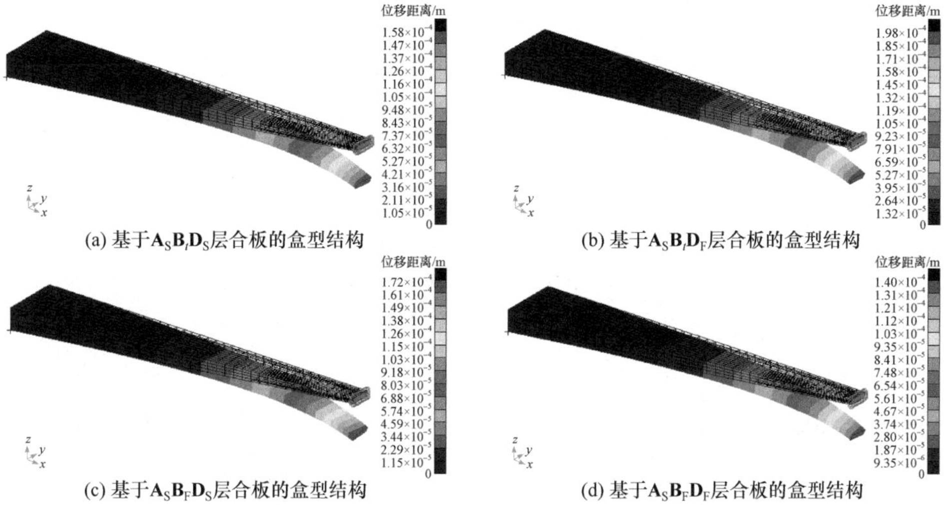


图 9.20　基于拉扭耦合层合板的变截面弯扭盒型结构在弯矩作用下的位移云图

同时，表 9.5 分别给出了变截面盒型结构自由端扭转角和弯曲角的数值解具体结果，可知优化得到的变截面盒型结构自由端面变形的解析解与数值解吻合较好，最大误差的大小为 2.17%。

**表 9.5　基于拉扭耦合层合板的变截面弯扭耦合盒型结构自由端面变形结果**

| 优化目标 | 层合板类型 | $\lvert\phi_{ana}(L)\rvert$ /rad | $\lvert\phi_{num}(L)\rvert$ /rad | 扭转变形误差 | $\theta_{ana}(L)$ /rad | $\theta_{num}(L)$ /rad | 弯曲变形误差 |
|---|---|---|---|---|---|---|---|
| 最大 $\lvert\phi_{ana}(L)\rvert$ | $\mathbf{A}_S\mathbf{B}_t\mathbf{D}_S$ | $3.307\times10^{-4}$ | $3.308\times10^{-4}$ | −0.04% | $2.648\times10^{-3}$ | $2.609\times10^{-3}$ | 1.51% |
| | $\mathbf{A}_S\mathbf{B}_t\mathbf{D}_F$ | $3.967\times10^{-4}$ | $3.909\times10^{-4}$ | 1.51% | $3.282\times10^{-3}$ | $3.238\times10^{-3}$ | 1.37% |
| | $\mathbf{A}_S\mathbf{B}_F\mathbf{D}_S$ | $3.711\times10^{-4}$ | $3.642\times10^{-4}$ | 1.90% | $2.787\times10^{-3}$ | $2.815\times10^{-3}$ | −1.00% |
| | $\mathbf{A}_S\mathbf{B}_F\mathbf{D}_F$ | $4.150\times10^{-4}$ | $4.085\times10^{-4}$ | 1.57% | $3.008\times10^{-3}$ | $2.954\times10^{-3}$ | 1.84% |
| 最大 $\lvert b_{16}\rvert$ | $\mathbf{A}_S\mathbf{B}_t\mathbf{D}_S$ | $3.297\times10^{-4}$ | $3.303\times10^{-4}$ | −0.18% | $2.463\times10^{-3}$ | $2.448\times10^{-3}$ | 0.62% |
| | $\mathbf{A}_S\mathbf{B}_t\mathbf{D}_F$ | $3.593\times10^{-4}$ | $3.639\times10^{-4}$ | −1.26% | $2.981\times10^{-3}$ | $2.936\times10^{-3}$ | 1.51% |
| | $\mathbf{A}_S\mathbf{B}_F\mathbf{D}_S$ | $3.527\times10^{-4}$ | $3.467\times10^{-4}$ | 1.73% | $2.513\times10^{-3}$ | $2.557\times10^{-3}$ | −1.71% |
| | $\mathbf{A}_S\mathbf{B}_F\mathbf{D}_F$ | $3.464\times10^{-4}$ | $3.505\times10^{-4}$ | −1.18% | $2.408\times10^{-3}$ | $2.462\times10^{-3}$ | −2.17% |

3) 参数影响分析

为了揭示弯扭耦合结构变截面结构尺寸参数对力学性能的影响规律，分别以面板倾角变化和腹板倾角变化为例进行研究。研究对象采用算例变截面盒型结构，分别计算各类变截面盒型结构在上述尺寸参数变化时的自由端面变形。图 9.21 给出了算例变截面盒型结构随面板倾角变化的变形解析解和数值解，此时腹板无倾角，即 $\gamma_1=\gamma_2=0°$ 。结果表明，变截面盒型结构的扭转变形和弯曲变形的解析解和数值解结果吻合较好，进一步验证了式(9.20)的精度；当变截面盒型结构的面板 1 和 2 的倾角增加时，自由端面的弯曲角和扭转角呈非线性增加趋势。

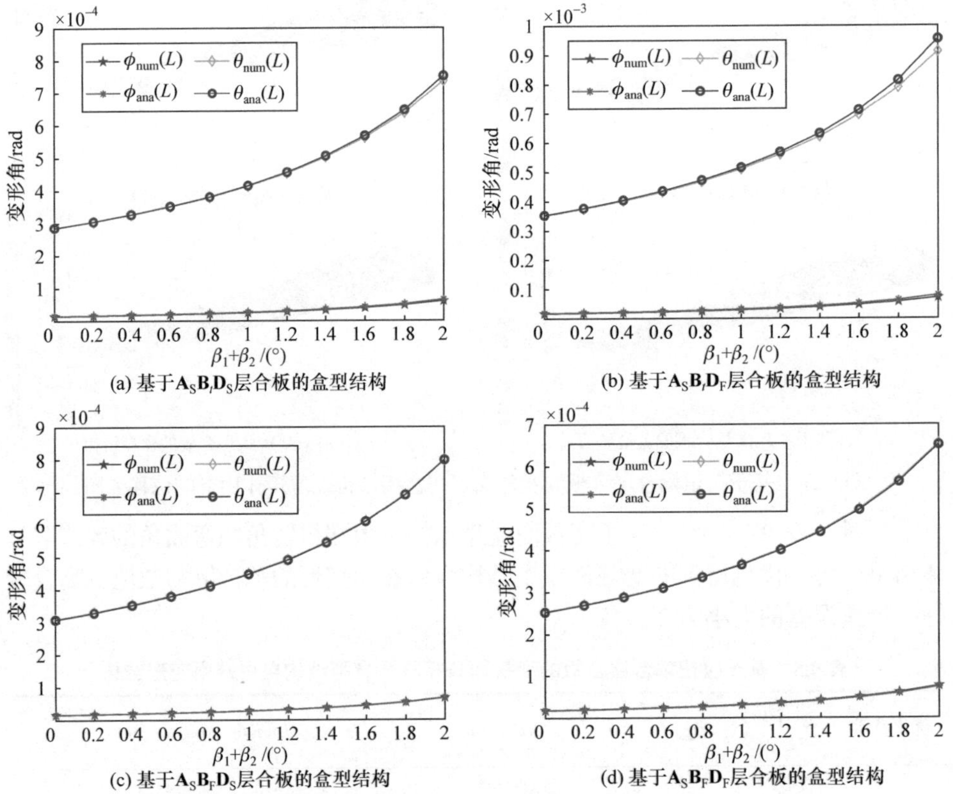


(a) 基于$\mathbf{A}_S\mathbf{B}_l\mathbf{D}_S$层合板的盒型结构

(b) 基于$\mathbf{A}_S\mathbf{B}_l\mathbf{D}_F$层合板的盒型结构

(c) 基于$\mathbf{A}_S\mathbf{B}_F\mathbf{D}_S$层合板的盒型结构

(d) 基于$\mathbf{A}_S\mathbf{B}_F\mathbf{D}_F$层合板的盒型结构

图 9.21　基于拉扭耦合层合板的变截面弯扭盒型结构随面板倾角变化的变形结果图

图 9.22 给出了算例变截面盒型结构随腹板倾角变化的变形结果，此时面板无倾角，即 $\beta_1=\beta_2=0°$ 。结果表明，变截面盒型结构的扭转变形和弯曲变形的解析解和数值解结果吻合较好；当变截面盒型结构的腹板倾角增加时，自由端面的弯曲角和扭转角呈非线性增加趋势。对比图 9.22 和图 9.21 发现，腹板倾角变化对盒型结构变形的影响要弱于面板倾角变化的影响，即面板倾角变化占据主导作用。

4) 鲁棒性分析

采用 Monte Carlo 法，对铺层角度偏差引起的层合板及变截面盒型结构的力学性能误差进行评估。同样，以本节湿热效应验证中的算例变截面盒型结构为例，分别进行鲁棒性分析，取每一单层的角度偏差 $\Delta\theta_k=2°$ 。

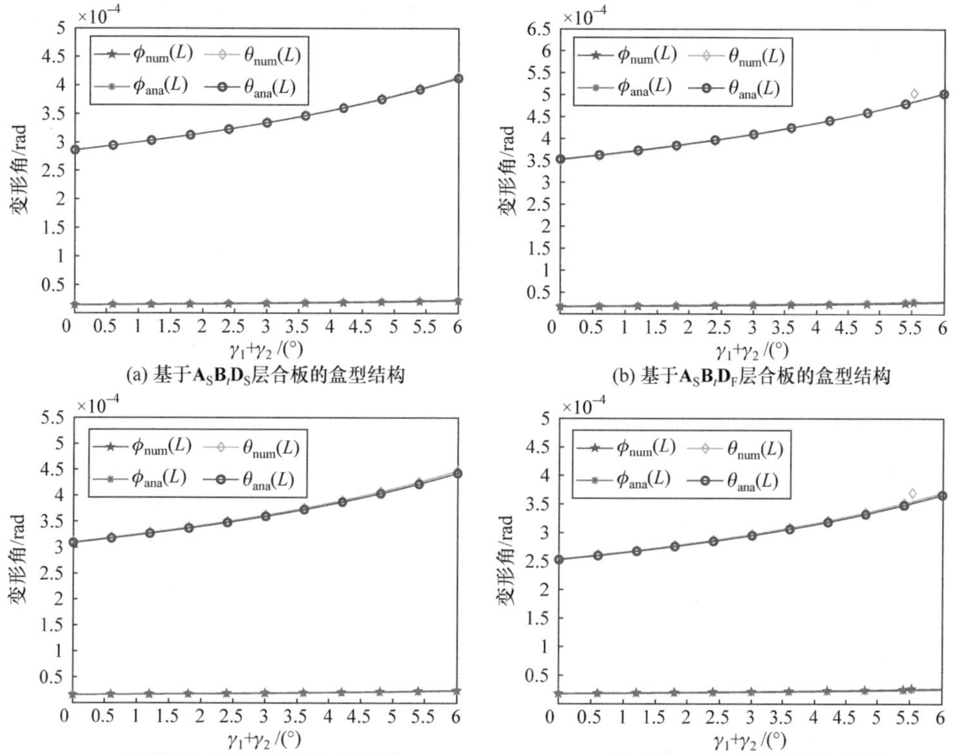


(a) 基于$\mathbf{A}_S\mathbf{B}_l\mathbf{D}_S$层合板的盒型结构　(b) 基于$\mathbf{A}_S\mathbf{B}_l\mathbf{D}_F$层合板的盒型结构

(c) 基于$\mathbf{A}_S\mathbf{B}_F\mathbf{D}_S$层合板的盒型结构　(d) 基于$\mathbf{A}_S\mathbf{B}_F\mathbf{D}_F$层合板的盒型结构

图 9.22　基于拉扭耦合层合板的变截面弯扭盒型结构随腹板倾角变化的变形结果图

图 9.23 和图 9.24 分别给出了随机抽样 20000 次时，层合板拉扭耦合效应和变截面弯扭耦合盒型结构自由端扭转角的误差分布，及其 95%置信水平下的置信区间。由此可知，层合板拉扭耦合效应误差和弯扭耦合盒型结构自由端扭转角误差均符合正态分布规律，并且 95%的置信区间范围均在±5%之内，说明偏差可控。

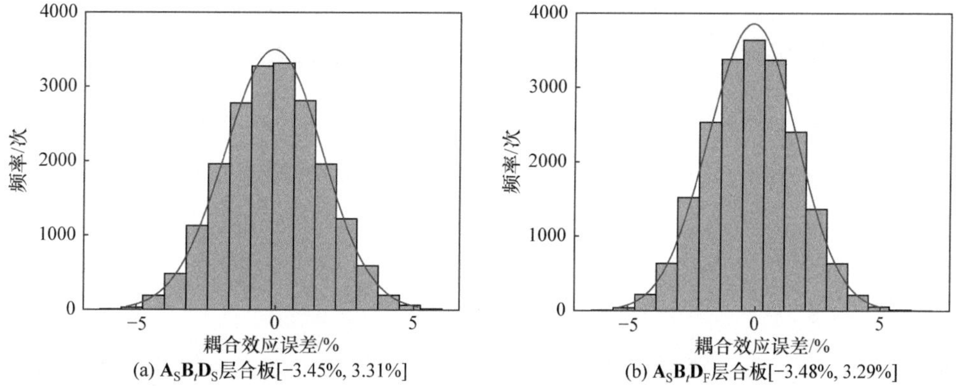


(a) $\mathbf{A}_S\mathbf{B}_l\mathbf{D}_S$层合板[−3.45%, 3.31%]　(b) $\mathbf{A}_S\mathbf{B}_l\mathbf{D}_F$层合板[−3.48%, 3.29%]

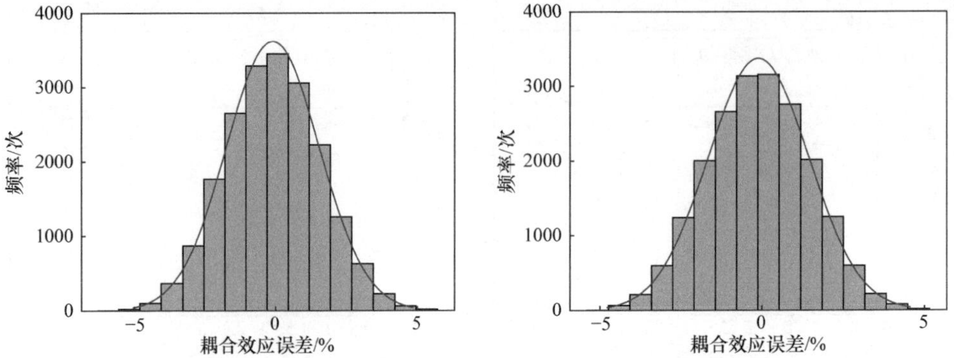


(c) $\mathbf{A}_S\mathbf{B}_F\mathbf{D}_S$层合板[−3.33%, 3.15%]　　(d) $\mathbf{A}_S\mathbf{B}_F\mathbf{D}_F$层合板[−3.10%, 2.98%]

图 9.23　变截面弯扭耦合结构面板的拉扭耦合效应鲁棒性分析结果

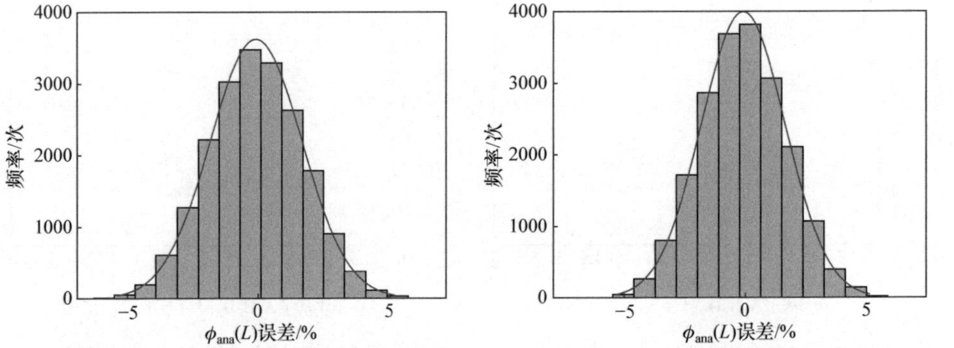


(a) 基于$\mathbf{A}_S\mathbf{B}_F\mathbf{D}_S$层合板的盒型结构[−3.54%, 3.36%]　　(b) 基于$\mathbf{A}_S\mathbf{B}_F\mathbf{D}_F$层合板的盒型结构[−3.50%, 3.31%]

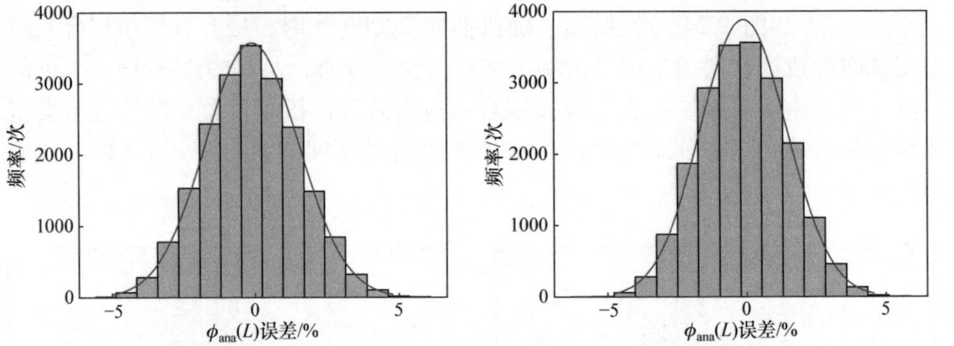


(c) 基于$\mathbf{A}_S\mathbf{B}_F\mathbf{D}_S$层合板的盒型结构[−3.30%, 3.09%]　　(d) 基于$\mathbf{A}_S\mathbf{B}_F\mathbf{D}_F$层合板的盒型结构[−3.17%, 2.95%]

图 9.24　基于拉扭耦合层合板的变截面弯扭盒型结构自由端扭转角的鲁棒性分析结果

# 第 10 章 耦合效应的实验测量

## 10.1 引言

目前，针对非对称复合材料层合结构的耦合效应测量实验，是基于特定的加载试验机完成的，例如利用拉扭试验机测量层合结构的拉扭耦合效应。这种测量方法的加载及测量过程相对简单、载荷加载区间大，但是也存在一定的局限性。例如，试验机加载端存在的阻尼限制了试验件的扭转变形，难以实现试验件加载端完全自由扭转变形的边界条件；当扭转变形较小时，受限于试验机的测量精度，测量误差较大；试验机采用的是接触式测量，不便于测量试验件的全场变形特征，并且传感器会对试验件的变形产生影响，测量点越多，接触点就越多，对试验件变形的影响就越大。

在外载荷作用下，无论是多耦合效应层合板还是弯扭耦合盒型结构，均会产生离面变形。我们设计的层合板和弯扭耦合结构变形均属于线弹性范围的小变形，其离面位移非常小，对试验机的精度要求非常高。因此，有必要采用非接触式的光测法对层合板及弯扭耦合结构的耦合效应进行测量，如三维数字图像相关法(three dimensional digital image correlation，3D-DIC)。这是一种基于数字图像相关(digital image correlation，DIC)的双目测量方法，其在二维数字图像相关(two dimensional digital image correlation，2D-DIC)和双目立体视觉原理的基础上，引入两台相机同时捕捉物体图像，实现三维立体图像建模，还原被测物表面各点变形前后的三维空间坐标，进而得到物体表面形貌及三维变形信息。

本章采用 3D-DIC 方法，针对复合材料层合板及弯扭耦合盒型结构开展耦合效应试验测量研究，通过建立起拉剪耦合效应、拉扭耦合效应和弯扭耦合效应的试验测量方案，分别实现各类层合板和弯扭耦合结构耦合变形的试验测量，验证理论设计的有效性和正确性。

## 10.2 拉剪耦合效应实验测量

### 10.2.1 试验方案设计

1. 试验件设计

采用尺寸为 20mm×200mm 的长条形作为层合板试验件，如图 10.1 所示。其中，长度方向为 0°铺层方向，试验件两端的加载与固定区域(20mm×30mm)采用总厚度为 10mm 的铝块做加厚处理，被铝块夹持的中心贯穿打孔。

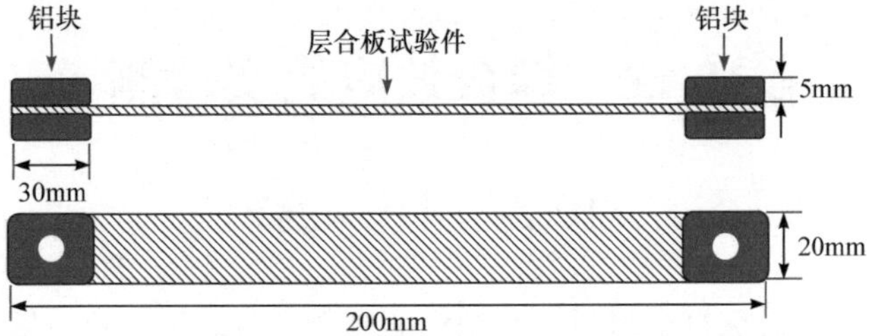


图 10.1　多耦合效应层合板几何模型示意图

2. 加载方案设计

考虑需要测量的是层合板在拉力作用下的自由剪切变形，加载装置不能限制层合板自由端的剪切变形。因此，不能直接使用电子万能试验机等标准化设备进行测量，可以采用图 10.2 所示的试验加载装置对拉剪多耦合效应层合板进行加载。

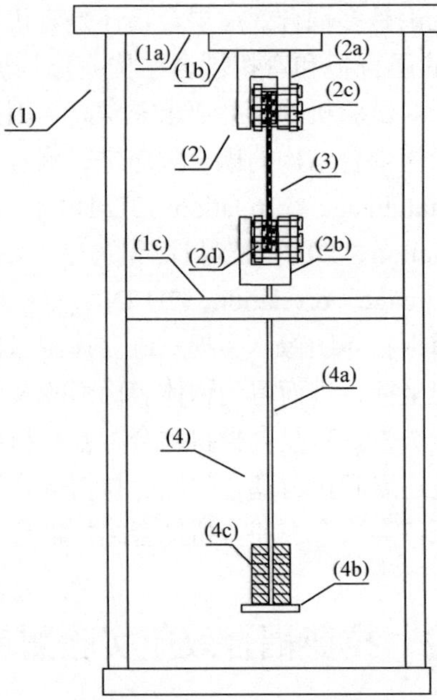


图 10.2　多耦合效应层合板试验加载装置示意图

该试验加载装置由如下四部分组成，即试验架(1)、连接装置(2)、试验件(3)和加载装置(4)。其中，试验架(1)主要起固定和支撑的作用，包括架体(1a)、连接圆盘(1b)和横梁(1c)；连接装置(2)包括上端夹具(2a)、下端夹具(2b)、外夹块(2c)

和(2d)，分别用于固定和连接试验件的作用，可以使试验件上端固支、下端自由悬空；加载装置(4)包括连接杆(4a)、砝码托盘(4b)和砝码(4c)用于提供向下的拉力。试验件的一端通过夹具固支在静力学试验架上，另一端通过夹具与砝码托盘连接，通过在托盘上加挂砝码的方式模拟轴向拉力，同时试验件加载端无约束，能够保证其自由剪切变形的边界条件。

3. 测量方案设计

本节采用 VIC-3D 非接触全场应变测量系统，对层合板及弯扭耦合结构的面内位移和离面位移进行非接触式测量。利用该系统测量的基本步骤如下。

(1) 搭建合适的测试平台，主要包括光源环境、双目相机摆放位置等。

(2) 调节相机的焦距和光圈，确保待测物体的散斑能在双目图像中清晰地显示。

(3) 利用标定板进行双目相机的内外参标定。

(4) 计算标定误差，若满足误差要求则进行下一步，反之则重新标定。

(5) 分别拍摄待测物体变形前和变形后的散斑图像。

(6) 计算物体待测区域的三维变形结果。

通过双目标定获得双目相机的内参数和外参数旨在建立每个相机的像素坐标、相机系坐标、世界系坐标之间的关系。在利用双目相机获得物体变形前和变形后的图像后，通过 VIC-3D 系统运算和处理即可获得待测点或待测区域的像素坐标，因此可以将像素坐标转换成所需要的世界系坐标，即待测物体表面的三维变形。值得注意的是，通常情况下软件默认计算的全场位移结果是以左相机坐标系为世界坐标系的，因此还需要根据需要的世界坐标系进行坐标变换，才能获得相对于待测物体本身的面内位移和离面位移结果。

为了定量反映拉剪耦合层合板试验件的整体剪切变形情况，采用层合板试验件中线横向剪切变形沿长度方向的变化率作为指标进行衡量。其中，试验件剪切变形衡量指标以拉剪多耦合效应层合板剪切变形示意图(图 10.3)为例进行说明。

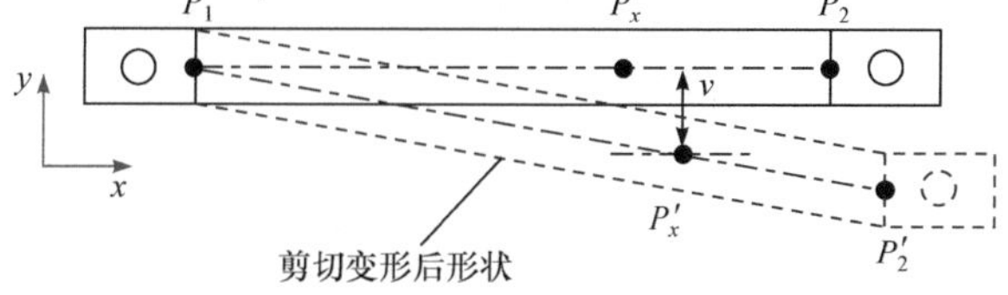


图 10.3　拉剪多耦合效应层合板剪切变形示意图

试验件中线指 $P_1$ 和 $P_2$ 的连线，$x$ 为轴向，$y$ 为横向。对于中线上距离起始点 $P_1$ 处 $x$ 距离的点 $P_x$，发生剪切变形后的位置为 $P_x'$，产生大小为 $v$ 的横向位

移，则层合板试验件的切应变 $\gamma_{xy}$ 为

$$\gamma_{xy} = \frac{\mathrm{d}v}{\mathrm{d}x} \tag{10.1}$$

### 10.2.2　拉剪耦合效应测量

基于 VIC-3D 非接触全场应变测量系统，采用图 10.2 所示的试验加载装置，对拉剪多耦合效应层合板试验件进行面内位移和离面位移的非接触式测量，如图 10.4 所示。整个层合板耦合效应测量系统主要包括以下器件。

(1) CCD 双目相机，用于获得试验件加载前后的图像信息。

(2) 光源，用于提供合适的光源环境。

(3) 试验架、夹具、砝码等，用于固定试验件，为试验件提供拉力。

(4) 标定板，用于标定 CCD 相机的内外参数。

(5) VIC-3D 非接触全场应变测量系统，用于控制和记录 CCD 相机拍摄图像，处理图像获取全场三维位移信息。

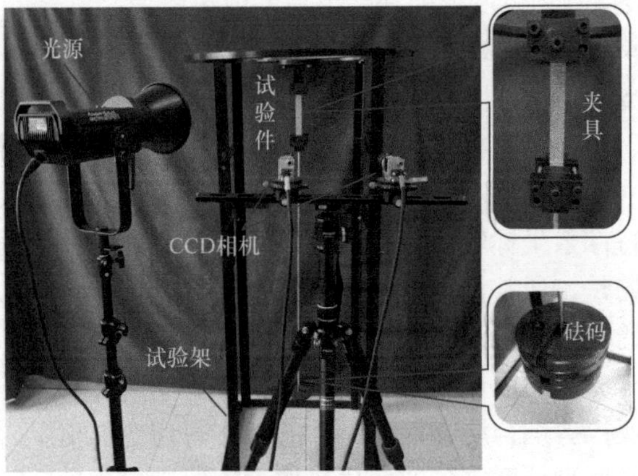


图 10.4　层合板耦合效应测量系统

基于表 6.4～表 6.7 中 14 层湿热稳定拉剪耦合层合板的铺层优化设计结果，分别加工四类拉剪耦合层合板($\mathbf{A_F B_0 D_S}$ 层合板、$\mathbf{A_F B_0 D_F}$ 层合板、$\mathbf{A_F B_S D_S}$ 层合板、$\mathbf{A_F B_S D_F}$ 层合板)试验件，分别记为试件 1-1、试件 1-2、试件 1-3、试件 1-4，并将每个层合板试验件的一侧粘贴散斑，如图 10.5 所示。加工工艺为真空袋压成型工艺，委托工厂加工，后续层合板试验件均采用该成型工艺。从图 10.5 可以看出，四类拉剪耦合层合板在固化成型后没有发生湿热剪切变形和湿热翘曲变形，符合湿热稳定性的预期设计。

鉴于理论设计过程中采用的复合材料价格十分高昂，而推导的层合板湿热稳定充要条件与材料属性无关，对其他各向异性复合材料具有普适性。因此，在层

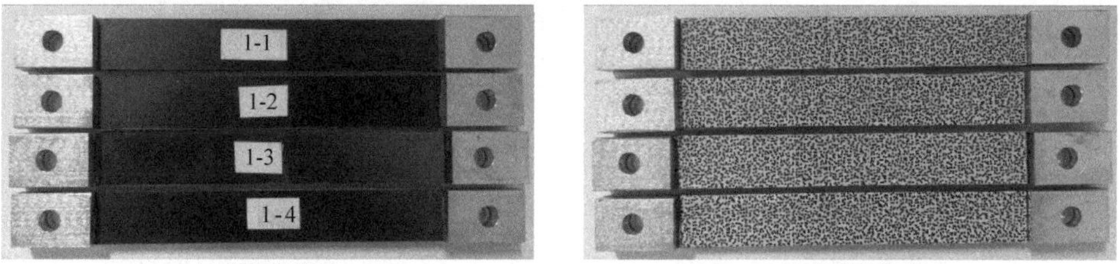


(a) 试验件编号　(b) 试验件散斑

图 10.5　拉剪耦合层合板试验件

合板试验件加工时，采用如表 10.1 所示的碳纤维/环氧树脂复合材料。此时，试验件材料虽然与设计材料不同，但是不影响层合板的湿热稳定性条件和耦合效应类型。

**表 10.1　试验件单层板的材料属性**

| 弹性模量/GPa | | 剪切模量/GPa | 泊松比 | 单层板厚度/mm |
|---|---|---|---|---|
| $E_1$ | $E_2$ | $G_{12}$ | $\nu_{21}$ | $T$ |
| 135.0 | 9.0 | 3.9 | 0.3 | 0.155 |

利用 14×10 点位、间距为 10mm 的标定板对双目相机的内外参进行标定，将标定板用不同位姿放置在层合板试验件前侧位置附近，拍摄不少于 50 组图片，然后利用标定系统计算内外参及标定分数。若分数小于 0.3，则认为标定误差能够满足后期精度计算要求，如图 10.6 所示。

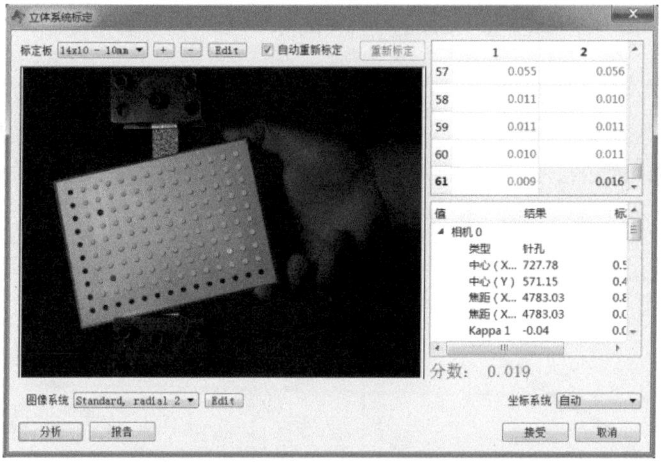


图 10.6　层合板耦合效应试验的标定结果

当完成标定后，保持试验架和 CCD 相机的位置不变，对每个试验件的变形前后的稳定状态进行拍摄。其中，拉剪多耦合效应层合板试验件的砝码加载工况分别为 30kg 和 60kg。然后，对每个试验件分别进行划分网格和变形计算处理，如图 10.7 所示。最后，通过 VIC-3D 软件输出所划区域的所有变形信息。

基于三维数字图像相关法运算和处理后得到的试验件剪切变形试验结果如图 10.8 所示。其中，圆圈表示变形计算区域的各像素点剪切变形试验结果，直线为根据相应圆圈拟合的一次线性函数关系，拟合曲线的斜率即切应变 $\gamma_{xy}$ 的试验结果。由图 10.8 可以看出，各试验件的横向剪切位移与试件长度近似呈线性关系，满足线弹性变形假设。

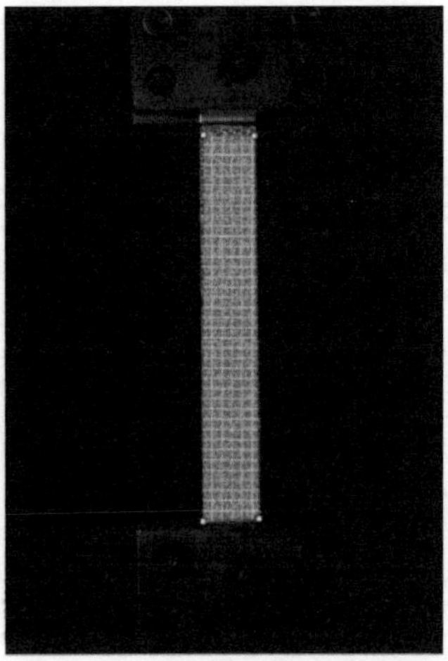

(a) 划分网格

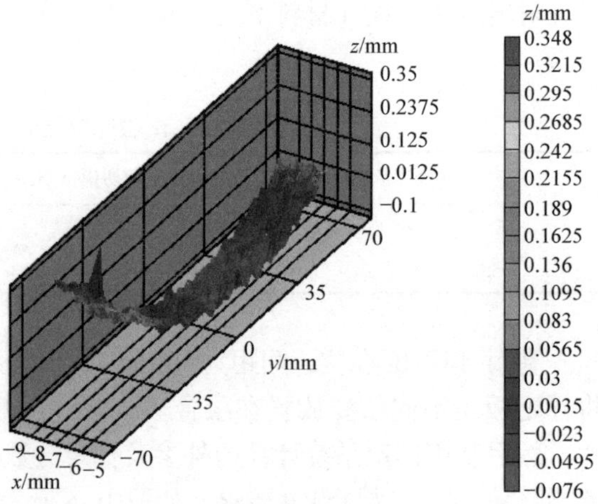


(b) 变形计算3D显示

图 10.7　基于 VIC-3D 的层合板试验件三维位移计算过程展示

为了方便对比分析和验证，还需对拉剪多耦合效应层合板试验件的变形进行数值仿真验证。利用有限元软件 MSC.Patran/Nastran，建立尺寸为 200mm×20mm 的层合板有限元模型，并将其划分为 80 个壳单元，采用 RBE2 单元将两端 30mm×

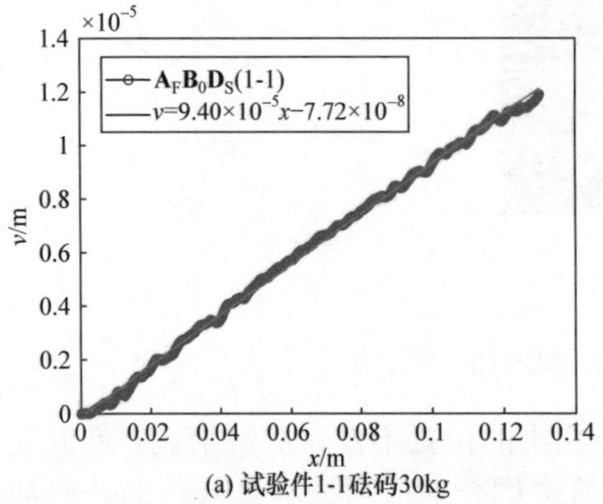


(a) 试验件1-1砝码30kg

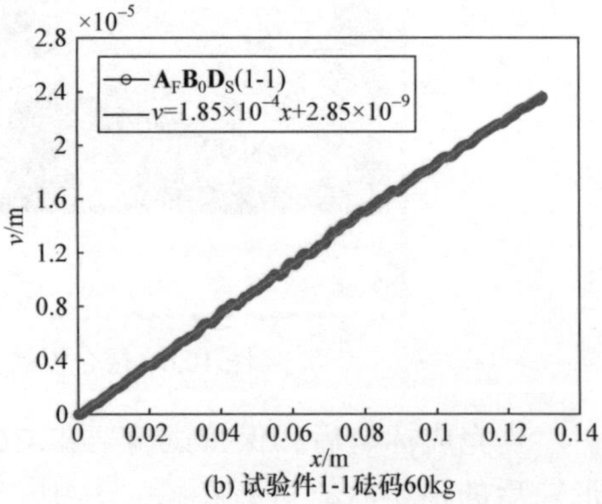


(b) 试验件1-1砝码60kg

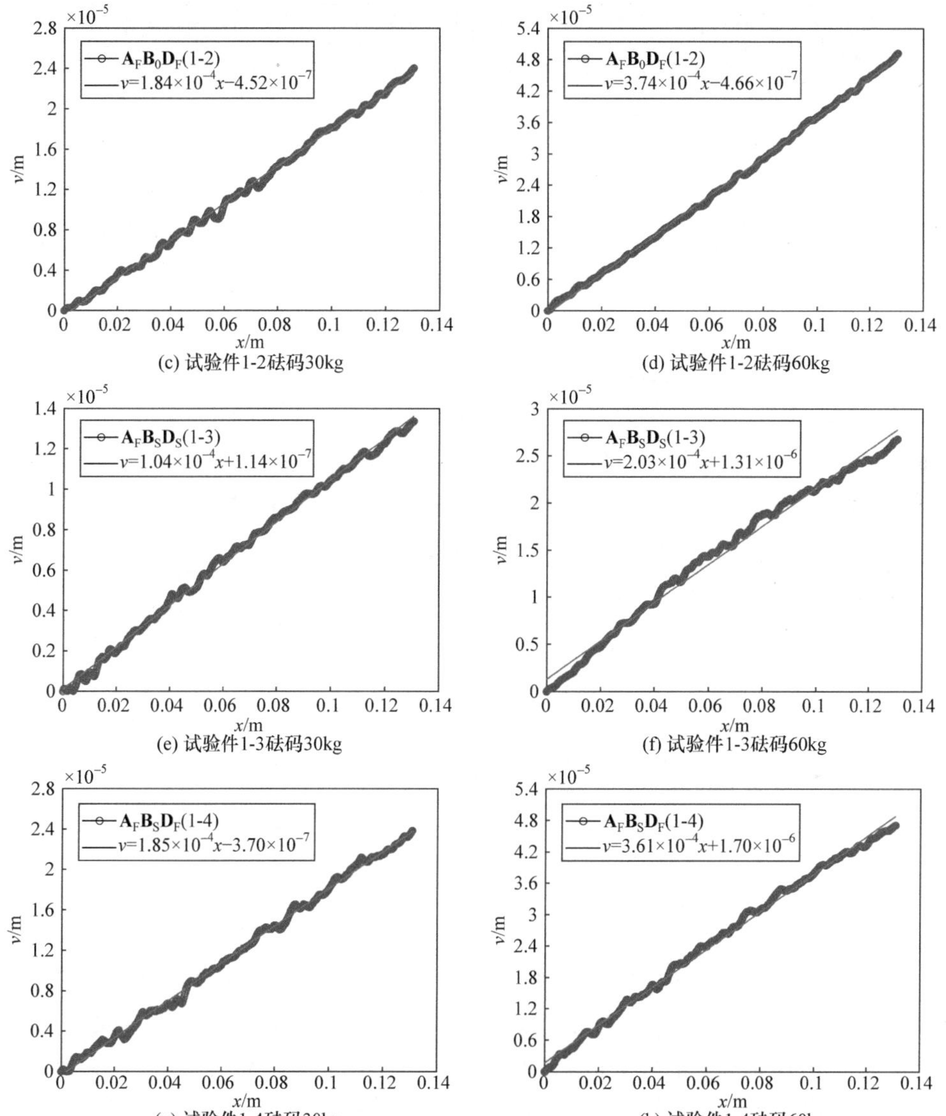


(c) 试验件1-2砝码30kg　(d) 试验件1-2砝码60kg

(e) 试验件1-3砝码30kg　(f) 试验件1-3砝码60kg

(g) 试验件1-4砝码30kg　(h) 试验件1-4砝码60kg

图 10.8　拉剪耦合层合板试验件剪切变形试验结果

20mm 的区域进行六自由度的多点单元约束，如图 10.9 所示。层合板一端固支、另一端自由并施加集中载荷，采用线性静力学计算功能进行计算。

表 10.2 给出了四类拉剪耦合层合板试验件切应变 $\gamma_{xy}$ 的理论、仿真和试验结果。其中，$\gamma_{xy}$ 的仿真结果提取方法与试验结果提取方法一致，即在有限元模型中，提取层合板中线各节点的横向位移随 $x$ 的变化率；$\gamma_{xy}$ 的理论结果可直接通过柔度方程进行求解；误差分别为理论结果相对于试验结果的误差、仿真结果相

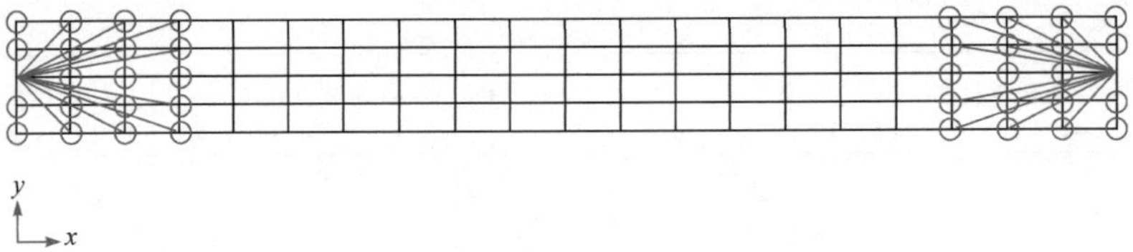


图 10.9　层合板试验件有限元模型

对于试验结果的误差。从表 10.2 可以看出，四类拉剪耦合层合板试验件$\gamma_{xy}$的理论和仿真结果基本一致，并且仿真结果均偏小，其原因为试验件两端受到固定夹持约束，根据圣维南原理可知，会产生局部误差；$\gamma_{xy}$的理论、仿真结果与试验结果吻合较好，其误差均控制在±10%以内；在相同加载情况下，相比 $\mathbf{A}_F\mathbf{B}_0\mathbf{D}_S$层合板试验件(1-1)，拉剪多耦合效应层合板试验件(1-2、1-3 和 1-4)的$\gamma_{xy}$均出现不同程度的提升。这说明，对于表 6.4～表 6.7 所设计的多耦合效应层合板铺层，相比单耦合层合板能获得更大拉剪耦合效应的结论在材料属性变化时仍然成立。

**表 10.2　拉剪耦合层合板试验件的切应变**

| 加载砝码/kg | 试验件编号 | 层合板类型 | 试验结果 | 理论结果 | 理论结果误差 | 仿真结果 | 仿真结果误差 |
|---|---|---|---|---|---|---|---|
| 30 | 1-1 | $\mathbf{A}_F\mathbf{B}_0\mathbf{D}_S$层合板 | $9.40\times10^{-5}$ | $1.01\times10^{-4}$ | 7.45% | $9.89\times10^{-5}$ | 5.21% |
| | 1-2 | $\mathbf{A}_F\mathbf{B}_0\mathbf{D}_F$层合板 | $1.84\times10^{-4}$ | $1.76\times10^{-4}$ | −4.35% | $1.73\times10^{-4}$ | −5.98% |
| | 1-3 | $\mathbf{A}_F\mathbf{B}_S\mathbf{D}_S$层合板 | $1.04\times10^{-4}$ | $1.10\times10^{-4}$ | 5.77% | $1.07\times10^{-4}$ | 2.88% |
| | 1-4 | $\mathbf{A}_F\mathbf{B}_S\mathbf{D}_F$层合板 | $1.85\times10^{-4}$ | $1.97\times10^{-4}$ | 6.49% | $1.92\times10^{-4}$ | 3.78% |
| 60 | 1-1 | $\mathbf{A}_F\mathbf{B}_0\mathbf{D}_S$层合板 | $1.85\times10^{-4}$ | $2.03\times10^{-4}$ | 9.73% | $1.98\times10^{-4}$ | 7.03% |
| | 1-2 | $\mathbf{A}_F\mathbf{B}_0\mathbf{D}_F$层合板 | $3.73\times10^{-4}$ | $3.53\times10^{-4}$ | −5.36% | $3.46\times10^{-4}$ | −7.24% |
| | 1-3 | $\mathbf{A}_F\mathbf{B}_S\mathbf{D}_S$层合板 | $2.03\times10^{-4}$ | $2.20\times10^{-4}$ | 8.37% | $2.14\times10^{-4}$ | 5.42% |
| | 1-4 | $\mathbf{A}_F\mathbf{B}_S\mathbf{D}_F$层合板 | $3.61\times10^{-4}$ | $3.93\times10^{-4}$ | 8.86% | $3.84\times10^{-4}$ | 6.37% |

$\gamma_{xy}$的试验结果与理论、仿真结果存在误差的原因是，层合板试验件加工时存在一定的铺层角度误差，会导致层合板产生拉剪耦合效应的偏差；加载砝码时不能完全保证其重心与试验件中线重合，可能存在的偏心现象会导致试验件承受额外的力矩加载作用；由于加载方式为试验件自由端砝码悬垂加载，因此试验件会产生无法避免的微小晃动，进而产生位移误差。需要说明的是，当载荷较小时(如砝码为 10kg)，层合板的最大横向剪切位移非常小(不足 5μm)，测量精度不够，因此只选择 30kg 和 60kg 进行加载。

## 10.3　拉扭耦合效应实验测量

### 10.3.1　试验方案设计

对于拉扭多耦合效应层合板，其试验件设计方案和加载试验方案均与拉剪多耦合效应层合板试验件一致，如图 10.1 和图 10.2 所示。考虑拉扭多耦合效应层合板的离面位移是弯曲、扭转、剪切等各变形量的综合信息，因此若要从离面位移中提取出扭转角，还要对测得的离面位移进行解耦识别。

拉扭多耦合效应层合板试验件的扭转角提取方法如下，即对于如图 10.10 所示的一端固支、一端自由的试验件，试验件在承受外界拉力载荷作用下，其上表面 $ABCD$ 发生弯曲和扭转等变形，变形后的位置为 $A'B'C'D'$，其中 $x$ 为轴向，$y$ 为横向，$z$ 为离面方向，$x$、$y$、$z$ 向的位移分别为 $u$、$v$、$w$。考虑试验件的实际变形并不能像理想假设的那样线性和规则，若只将待测区域单个点或几个点的坐标信息作为衡量试验件扭转角的原始数据，则不能完整反映试验件整体变形特性，并且容易出现较大误差。因此，这里选取扭转角沿试验件长度方向的变化率 $\mathrm{d}\phi/\mathrm{d}x$ 作为试验件整体的扭转角衡量指标。

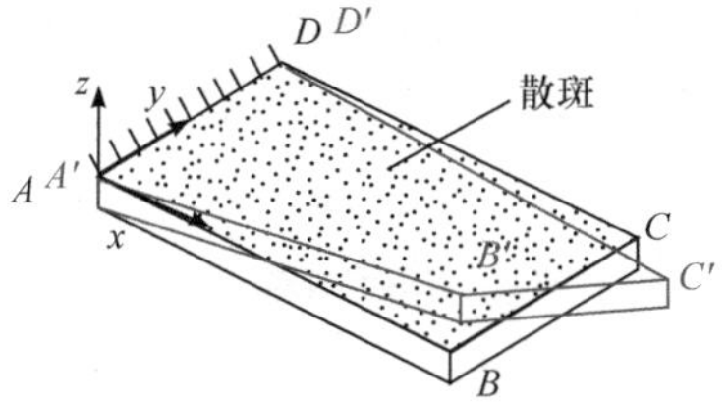


图 10.10　试验件扭转变形示意图

考虑试验件的离面变形均是小变形，而试验件的离面变形主要是弯曲变形和扭转变形的叠加结果，试验件上表面相同 $x$ 处的各点弯曲变形相同，因此试验件 $x$ 截面处的扭转角可以通过该截面两个侧边端点 $P_{x1}$ 和 $P_{x2}$ 的离面位移 $w(P_{x1})$和 $w(P_{x2})$进行求解，其表达式为

$$\phi(x)=\left|\frac{w(P_{x1})-w(P_{x2})}{y(P_{x1})-y(P_{x2})}\right| \tag{10.2}$$

此时，通过式(10.2)可以获得 $\phi(x)$ 与 $x$ 的关系，然后将其进行一次线性拟合，即

$$\phi(x)=k_{\phi}x+b_{\phi} \tag{10.3}$$

其中，$k_{\phi}$ 为扭转角变化率 $\mathrm{d}\phi/\mathrm{d}x$。

通过上述步骤可以获得 $\phi(x)$ 与 $x$ 的函数关系及其 $k_{\phi}$ 的方法，即拉扭多耦合效应层合板的扭转角提取方法。

### 10.3.2　拉扭耦合效应测量

基于表 7.3 中 14 层湿热稳定拉扭耦合层合板的铺层优化设计结果，分别加工四类拉扭耦合层合板($\mathbf{A}_\mathrm{S}\mathbf{B}_t\mathbf{D}_\mathrm{S}$ 层合板、$\mathbf{A}_\mathrm{S}\mathbf{B}_t\mathbf{D}_\mathrm{F}$ 层合板、$\mathbf{A}_\mathrm{S}\mathbf{B}_\mathrm{F}\mathbf{D}_\mathrm{S}$ 层合板、$\mathbf{A}_\mathrm{S}\mathbf{B}_\mathrm{F}\mathbf{D}_\mathrm{F}$ 层合板)试验件，分别记为试件 2-1、试件 2-2、试件 2-3、试件 2-4，并将每个层合板

试验件的一侧粘贴散斑(图 10.11)。试验件同样采用如表 10.1 所示的碳纤维/环氧树脂复合材料。从图 10.11 可以看出，四类拉扭耦合层合板在固化成型后未发生湿热剪切和湿热翘曲变形，符合湿热稳定性的预期设计。

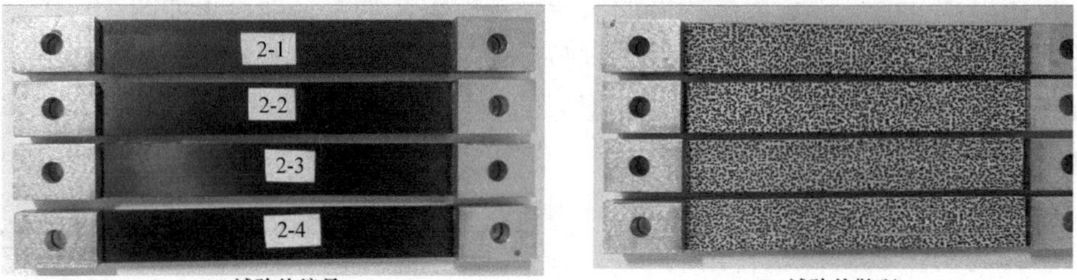


(a) 试验件编号　　(b) 试验件散斑

图 10.11　拉扭耦合层合板试验件

利用 10.3.1 节的测量方案对拉扭耦合层合板试验件的三维变形进行测量，并提取扭转角。其中，砝码加载工况分别为 10kg、20kg、30kg、40kg 和 50kg。图 10.12 给出了试验件扭转角变形试验结果，仅以 30kg 加载为例进行说明，其余加载时的结论与此一致。可以看出，扭转角随长度的变化整体呈线性增加趋势。

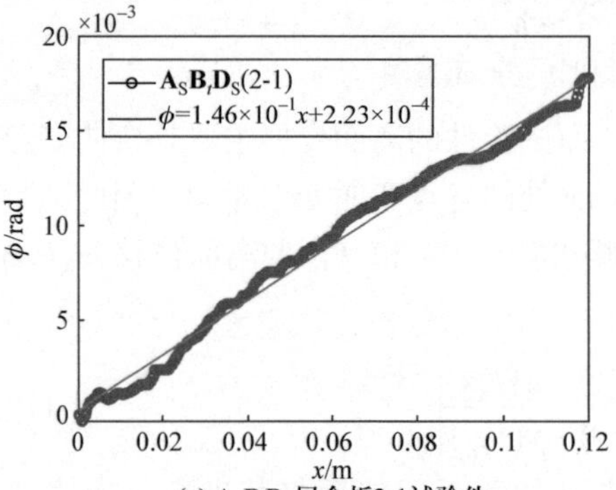


(a) $\mathbf{A}_S\mathbf{B}_t\mathbf{D}_S$层合板2-1试验件

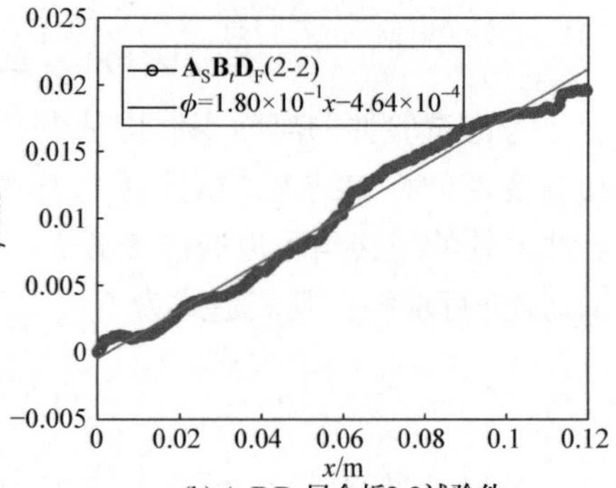


(b) $\mathbf{A}_S\mathbf{B}_t\mathbf{D}_F$层合板2-2试验件

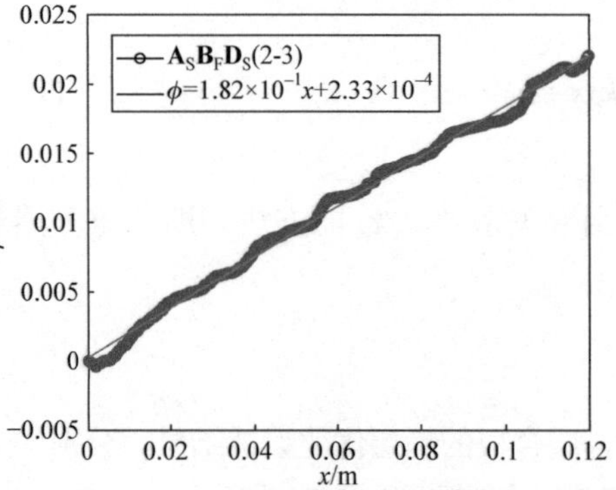


(c) $\mathbf{A}_S\mathbf{B}_F\mathbf{D}_S$层合板2-3试验件

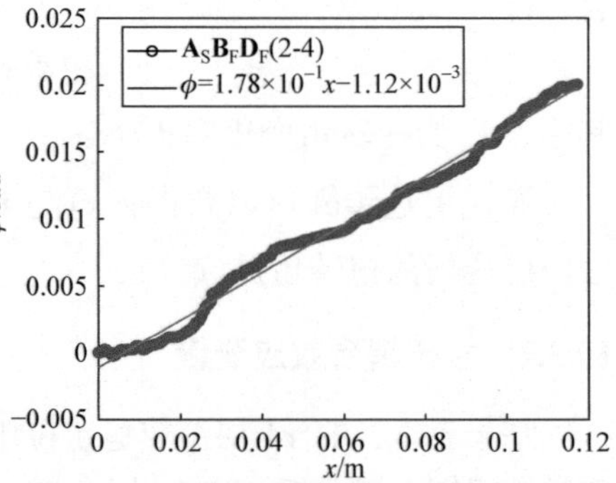


(d) $\mathbf{A}_S\mathbf{B}_F\mathbf{D}_F$层合板2-4试验件

图 10.12　拉扭耦合层合板试验件扭转角变形试验结果

同时，基于有限元软件 MSC.Patran/Nastran，采用与 10.2 节相同的有限元模型对拉扭耦合层合板试验件进行数值仿真验证。图 10.13 给出了四类拉扭耦合层合板试验件 $k_\phi$ 的理论、仿真和试验结果。其中，$k_\phi$ 的理论结果通过层合板的扭曲率 $\kappa_{xy}$ 求解，其关系为

$$\kappa_{xy} = \frac{2\phi(L)}{L} = 2k_\phi \tag{10.4}$$

(1) 在不同拉力作用时，四类拉扭耦合层合板试验件 $k_\phi$ 的理论结果和仿真结果基本一致，相比理论结果，仿真结果均偏小。原因是试验件两端受到固定夹持约束，限制了端部的自由扭转变形，根据圣维南原理可知，会产生局部误差。

(2) $k_\phi$ 的试验结果与理论、仿真结果吻合较好，随着拉力的增加，$k_\phi$ 的试验结果近似呈线性增加，其误差大小普遍在 10%以内，个别加载条件下的误差超过了 10%，最大误差为 12.4%。误差产生原因与 11.3.2 节中拉剪耦合层合板的误差来源因素一致。

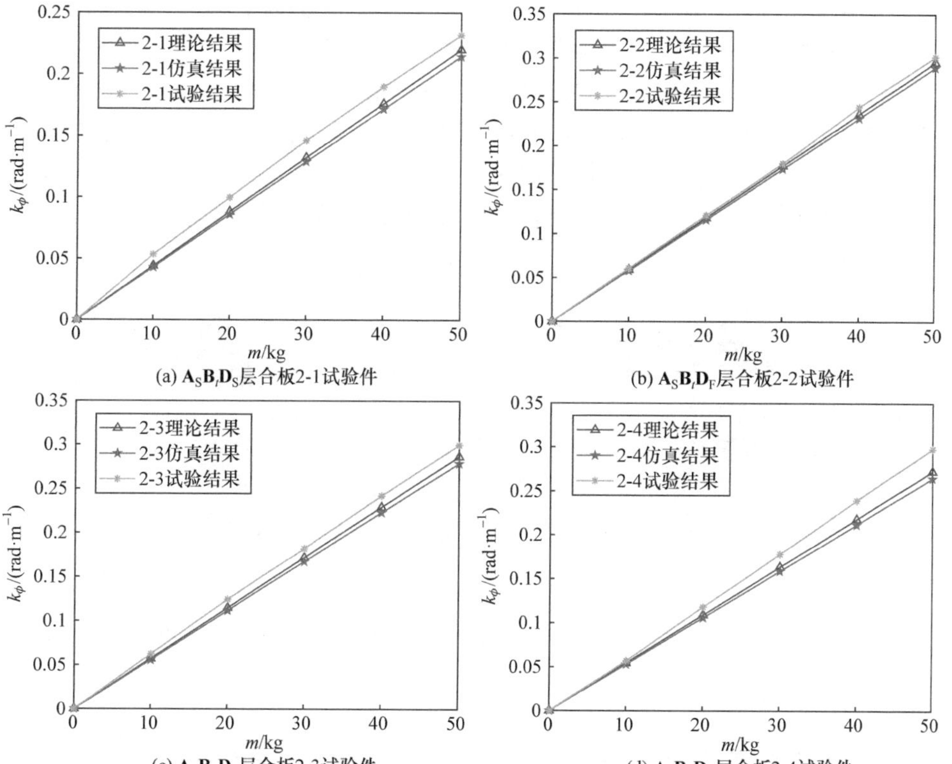


(a) $\mathbf{A}_S\mathbf{B}_t\mathbf{D}_S$层合板2-1试验件　(b) $\mathbf{A}_S\mathbf{B}_t\mathbf{D}_F$层合板2-2试验件

(c) $\mathbf{A}_S\mathbf{B}_F\mathbf{D}_S$层合板2-3试验件　(d) $\mathbf{A}_S\mathbf{B}_F\mathbf{D}_F$层合板2-4试验件

图 10.13　四类拉扭耦合层合板试验件在不同拉力下的扭转角变化率

(3) 在相同加载情况下，相比 $\mathbf{A}_S\mathbf{B}_l\mathbf{D}_S$ 层合板试验件(2-1)，拉扭多耦合效应层合板试验件(2-2、2-3 和 2-4)的 $k_\phi$ 均出现不同程度的提升，说明对于表 7.3 的多耦合效应层合板铺层比单耦合层合板能获得更大拉扭耦合效应的结论在材料属性变化时仍然成立。

## 10.4 弯扭耦合效应实验测量

### 10.4.1 试验方案设计

1. 试验件设计

对于等截面弯扭耦合盒型结构，采用图 10.14 所示的盒型结构作为试验件。其中，两个面板尺寸为 290mm×51mm，两个腹板尺寸为 17mm×51mm，面板和腹板均采用表 10.1 所示的碳纤维/环氧树脂复合材料。试验件两端加载与夹具固定区域(51mm×30mm)采用总厚度为 23mm 的铝块做加厚处理。两端被铝块夹持的中心需贯穿打孔，孔为不攻丝的通孔。加工方式为通过制作模具对各板依次铺层，面板和腹板的连接通过一层碳纤维进行局部加强连接。

对于变截面弯扭耦合盒型结构试验件，固定端面为 51mm×17mm 的矩形、自由端面为 17mm×4mm 的矩形、垂直与固定端面方向的长度为 290mm，如图 10.15 所示。各板材料、加工方式与等截面盒型结构试验件一致。试验件两端的长 30mm 的加载与夹具固定区域采用总厚度为 23mm 的铝块做加厚处理。

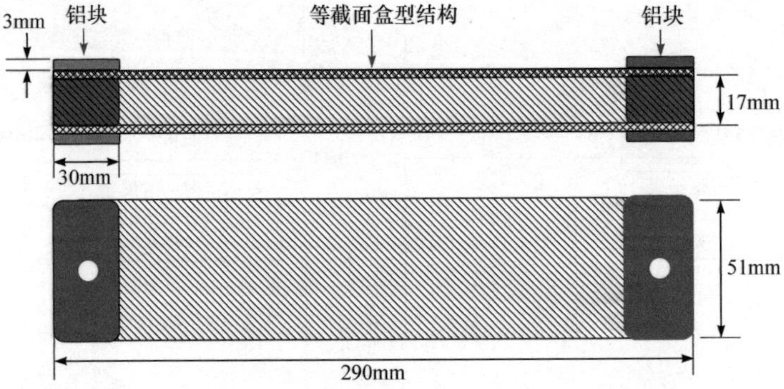


图 10.14 等截面弯扭耦合盒型结构几何模型示意图

2. 加载方案设计

采用盒型悬臂梁自由端悬垂加载的方式对弯扭耦合结构试验件进行加载，如图 10.16 所示。其中，连接装置起固定试验件的作用，可以使试验件一端固支、另一端自由悬空，包括夹具和夹块；加载装置包括吊环螺丝和砝码，用于提供弯

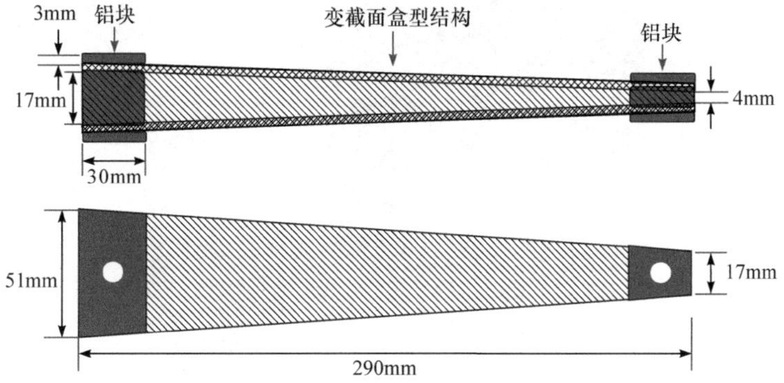


图 10.15　变截面弯扭耦合盒型结构几何模型示意图

矩。通过上述弯扭耦合结构试验加载装置对试验件加载，可使盒型结构试验件在弯矩作用下自由地发生变形。

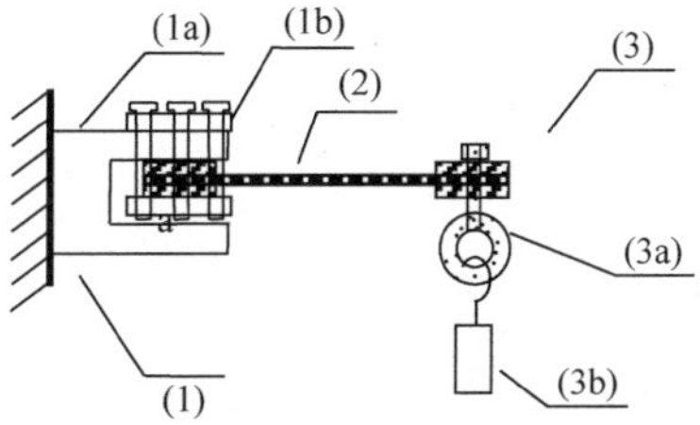


图 10.16　弯扭耦合结构试验加载装置示意图

连接装置(1)起固定试验件(2)的作用，可以使试验件一端固支、另一端自由悬空，包括夹具(1a)和夹块(1b)；加载装置(3)包括吊环螺丝(3a)和砝码(3b)

3. 测量方案设计

基于 VIC-3D 非接触全场应变测量系统，采用图 10.16 所示的试验加载装置，对弯扭耦合结构试验件进行面内位移和离面位移的非接触式测量，如图 10.17 所示。整个弯扭耦合盒型结构耦合效应测量系统主要包括以下器件。

(1) CCD 双目相机，用于获得试验件加载前后的图像信息。

(2) 光源，用于提供合适的光源环境。

(3) 试验架、夹具、砝码等，用于固定试验件、为试验件提供弯矩。

(4) 标定板，用于标定 CCD 相机的内外参数。

(5) VIC-3D 非接触全场应变测量系统，用于控制和记录 CCD 相机拍摄图像，处理图像获取全场三维位移信息。

弯扭耦合盒型结构的扭转角提取方法与 10.3 节中拉扭多耦合效应层合板扭转角的提取方法相同，即通过图 10.10 所示的试验件边线的离面位移差求解，计算方法如式(11.3)所示。若试验件为变截面构型，则 $\phi(x)$ 可以通过斜边线的离面位移差进行求解。

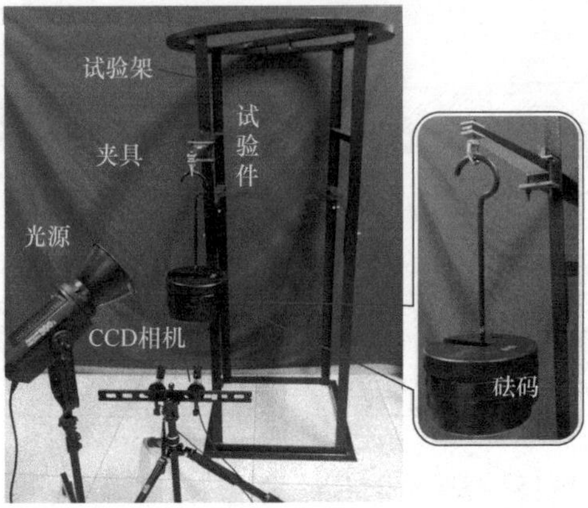


图 10.17　弯扭耦合结构耦合效应测量系统

### 10.4.2　等截面盒型结构的弯扭耦合变形测量

将表 6.4～表 6.7 中四类 14 层拉剪耦合层合板($\mathbf{A}_F\mathbf{B}_0\mathbf{D}_S$ 层合板、$\mathbf{A}_F\mathbf{B}_0\mathbf{D}_F$ 层合板、$\mathbf{A}_F\mathbf{B}_S\mathbf{D}_S$ 层合板、$\mathbf{A}_F\mathbf{B}_S\mathbf{D}_F$ 层合板)和表 7.3 中四类 14 层拉扭耦合层合板($\mathbf{A}_S\mathbf{B}_t\mathbf{D}_S$ 层合板、$\mathbf{A}_S\mathbf{B}_t\mathbf{D}_F$ 层合板、$\mathbf{A}_S\mathbf{B}_F\mathbf{D}_S$ 层合板、$\mathbf{A}_S\mathbf{B}_F\mathbf{D}_F$ 层合板)作为面板铺层，分别加工等截面弯扭耦合盒型结构试验件，依次记为试件 1-A、1-B、1-C、1-D、1-E、1-F、1-G、1-H，并将每个等截面盒型试验件的一侧粘贴散斑，如图 10.18 所示。试验件采用表 10.1 所示的碳纤维/环氧树脂复合材料，盒型结构腹板的铺层角为$[60°/-60°/-60°/0°/0°/0°/60°/60°/0°/-60°/60°/60°/-60°/-60°/-60°/0°/0°/60°]_T$。加工工艺同样为真空袋压成型工艺，委托工厂加工，后续弯扭耦合盒型结构试验件均采用该成型工艺。从图 10.18 可以看出，八类等截面弯扭耦合盒型结构在固化成型后没有发生湿热剪切变形和湿热翘曲变形，符合湿热稳定性的预期设计。

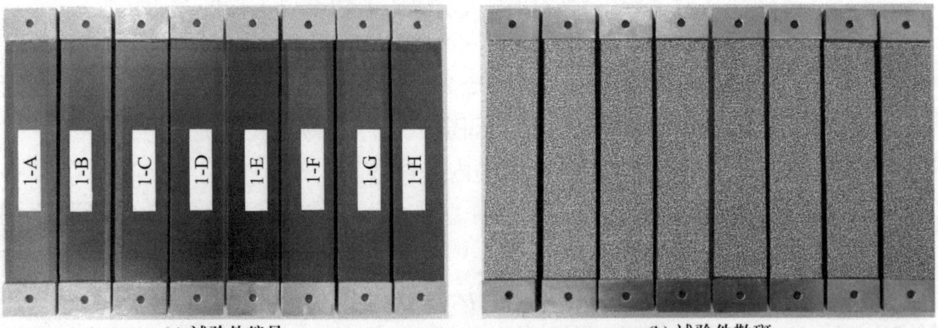


(a) 试验件编号　　(b) 试验件散斑

图 10.18　等截面弯扭耦合盒型结构试验件

利用 10.4.1 节的测量方案对等截面弯扭耦合盒型试验件的三维变形进行双目测量，并提取各试验件的扭转角。其中，砝码加载工况分别为 5kg、10kg、15kg 和 20kg。图 10.19 依次给出了各试验件的扭转角变形试验结果，其中仅以 10kg 加载结果为例进行说明，其余加载工况下的结果与此一致。从图 10.19 可以看出，弯扭耦合盒型结构试验件的扭转角随长度的变化而变化，整体呈线性增加趋势。

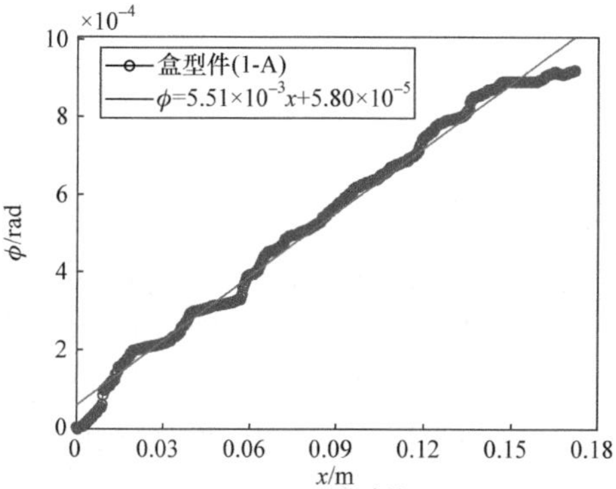

(a) 1-A试验件

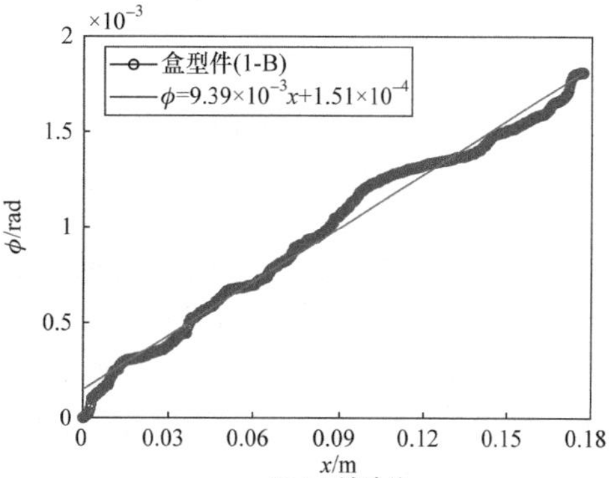

(b) 1-B试验件

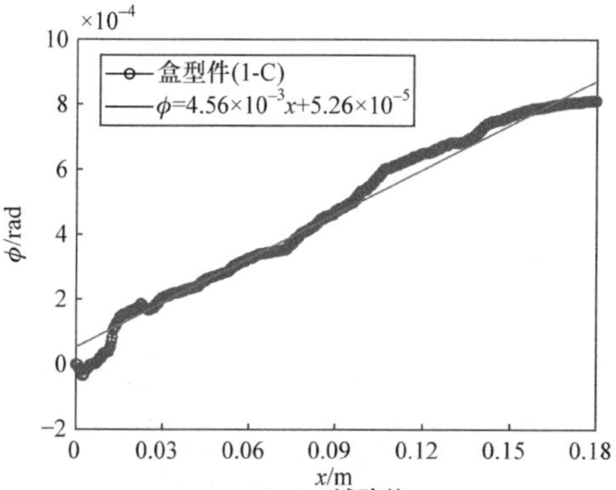

(c) 1-C试验件

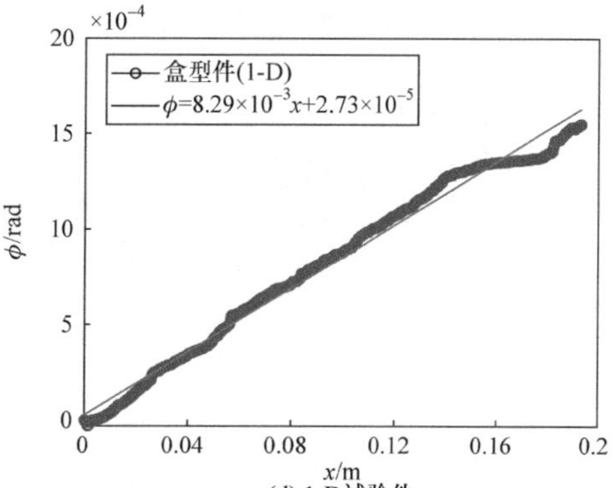

(d) 1-D试验件

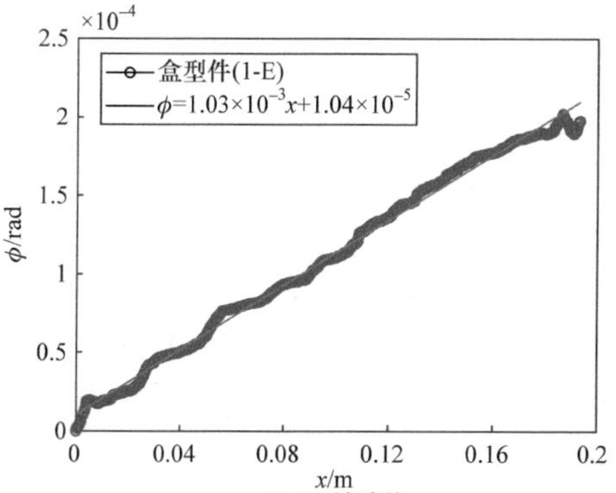

(e) 1-E试验件

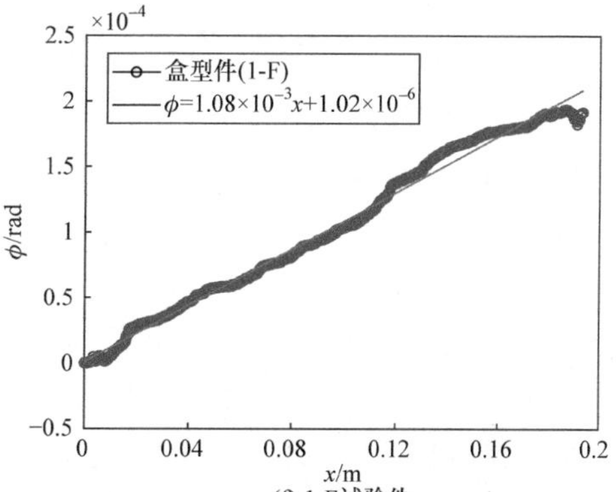

(f) 1-F试验件

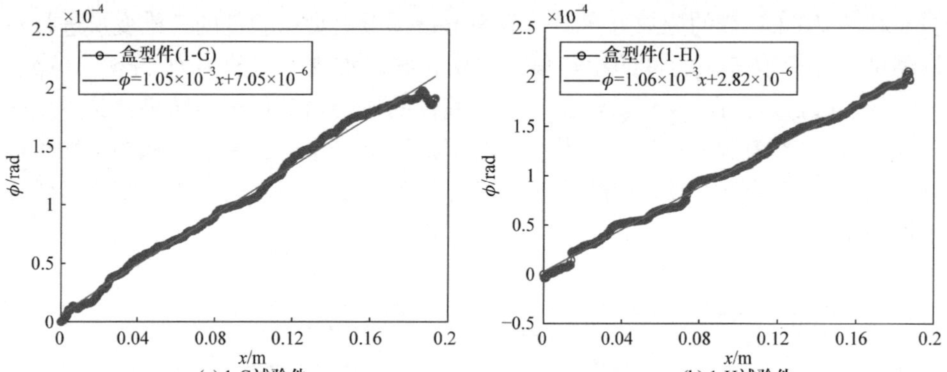


(g) 1-G试验件　　(h) 1-H试验件

图 10.19　等截面弯扭耦合盒型结构试验件扭转角变形试验结果

采用有限元法，对等截面弯扭耦合盒型结构试验件的变形进行数值仿真验证。基于有限元软件 MSC.Patran/Nastran，建立边长为 290mm×51mm×17mm 的等截面盒型结构有限元模型，共划分 1120 个壳单元，如图 10.20 所示。盒型结构一端固支、一端自由，利用 RBE2 单元将盒型结构两端长 30mm 的区域进行六自由度多点单元约束，另一端施加沿 $z$ 轴负向的集中载荷 $F$ 来模拟砝码的重力，采用线性静力学计算功能进行计算。

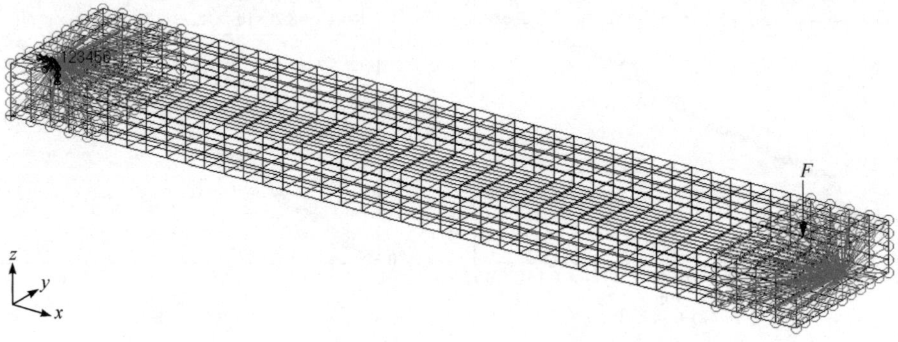


图 10.20　等截面弯扭耦合盒型结构试验件有限元模型

对于等截面弯扭耦合盒型结构试验件的解析解计算，如式(8.68)和式(8.114)所示的扭转角和弯曲角计算公式都不能直接用于求解本章试验件的变形，因为式(8.68)和式(8.114)的推导是建立在盒型结构只发生纯弯曲变形和自由扭转变形的假设上进行的，并且修正时采用的有限元模型加载形式为纯弯矩加载(图 8.27)，与试验件实际的自由端集中力加载形式(图 10.20)存在差异，所以盒型结构各横截面的内力矩大小不再是固定的 $M$。因此，需要将式(8.68)和式(8.114)进一步拓展，以适用于试验件实际的构型、固定方式和加载方式。

由于刚度方程的推导和修正模型的建立是基于线弹性小变形的假设实现的，

因此可以仿照材料力学中不同边界条件约束和载荷作用时的悬臂梁弯曲变形拓展弯扭耦合盒型悬臂梁结构的变形。根据材料力学中悬臂梁的弯曲变形公式，当自由端分别施加集中力偶矩(大小为 $M$)或集中力(大小为 $F$)时，其端截面转角大小 $\theta_M$ 和 $\theta_F$ 分别为

$$\theta_M = \frac{ML}{EI} \tag{10.5}$$

$$\theta_F = \frac{FL^2}{2EI} \tag{10.6}$$

其中，$L$ 为悬臂梁长度；$EI$ 为抗弯刚度。

结合式(10.5)和式(10.6)，可得悬臂梁从只加载 $M$ 时的弯曲变形到只加载 $F$ 时的弯曲变形拓展关系，即

$$\frac{\theta_F}{\theta_M} = \frac{FL}{2M} \tag{10.7}$$

根据式(8.68)和式(8.114)，在一端固支、一端自由的边界条件下，等截面弯扭耦合盒型结构在纯弯矩加载时的变形计算公式为

$$\begin{cases} \phi_{\text{ana}}(x) = \dfrac{-\eta K_T M}{C_T C_M - \eta^2 K_T K_M} x \\ \theta_{\text{ana}}(x) = \dfrac{C_T M}{C_T C_M - \eta^2 K_T K_M} x \end{cases} \tag{10.8}$$

结合式(10.7)和式(10.8)，在一端固支、一端自由的边界条件下，等截面弯扭耦合盒型结构在集中力加载时的变形计算公式为

$$\begin{cases} \phi_{\text{ana}}(x) = \dfrac{-\eta K_T FL}{2(C_T C_M - \eta^2 K_T K_M)} x \\ \theta_{\text{ana}}(x) = \dfrac{C_T FL}{2(C_T C_M - \eta^2 K_T K_M)} x \end{cases} \tag{10.9}$$

值得注意的是，对于图 10.18 所示的等截面弯扭耦合盒型结构试验件构型和图 10.16 所示的加载方案，$L$ 的取值不再是整个试验件的长度，而是除去两端铝块固定夹持部段(视为刚体)后的剩余部段(变形段)长度；砝码的重心位置与试验件变形段自由端还存在一定距离。因此，在计算等截面弯扭耦合盒型结构试验件的变形解析解时，需要对 $F$ 进行力线平移等效并采用叠加法求解。弯扭耦合盒型结构试验件加载等效受力示意图如图 10.21 所示。其中，等效后 $F'$ 产生的变形可通过式(10.9)求解，等效后 $M'$ 产生的变形可通过式(11.8)求解。

图 10.22 给出了八类等截面弯扭耦合盒型结构试验件扭转角变化率 $k_\phi$ 的理论、仿真和试验结果。其中，计算变形理论结果时的尺寸参数为，$L = 290\text{mm}$、

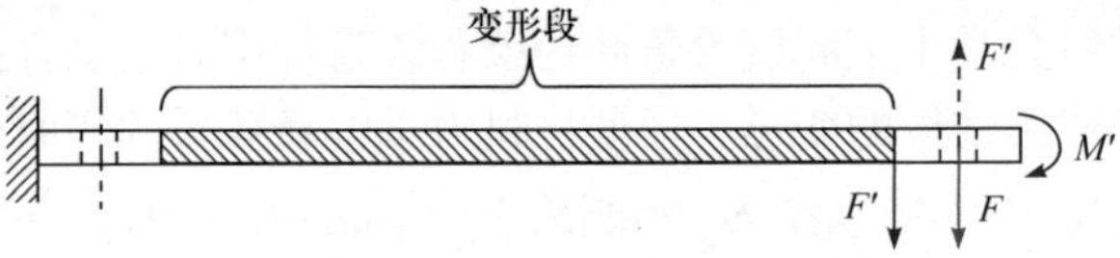


图 10.21　弯扭耦合盒型结构试验件加载等效受力示意图

$b = 51$mm、$h = 17$mm。从图 10.22 可以看出，在不同拉力作用下，等截面弯扭耦合盒型结构试验件 $k_\phi$ 的理论结果与数值结果吻合较好，误差均控制在±5%以内，验证了盒型结构变形解析解求解方法的有效性和正确性，其中误差主要来源于修正模型的精度误差。相比理论结果和仿真结果，$k_\phi$ 的试验结果均偏小，但随着拉力的增加，$k_\phi$ 的试验结果近似呈线性增加趋势，与理论结果和仿真结果的变化趋势一致，误差大小普遍在 20%以内，个别加载条件下的误差超过 20%，最大误差为 21.9%。在相同加载情况下，1-B 和 1-D 试验件的 $k_\phi$ 相比 1-A 试验件出现明显提升，1-F 和 1-H 试验件的 $k_\phi$ 相比 1-E 试验件也出现明显提升，说明层合板的多耦合效应有利于提升等截面盒型结构的弯扭耦合效应。

$k_\phi$ 试验结果与理论、仿真结果存在误差的原因是，在加工盒型件时，为了提升主板与腹板的连接强度，采用碳纤维局部加强的方式，这会导致主板腹板连

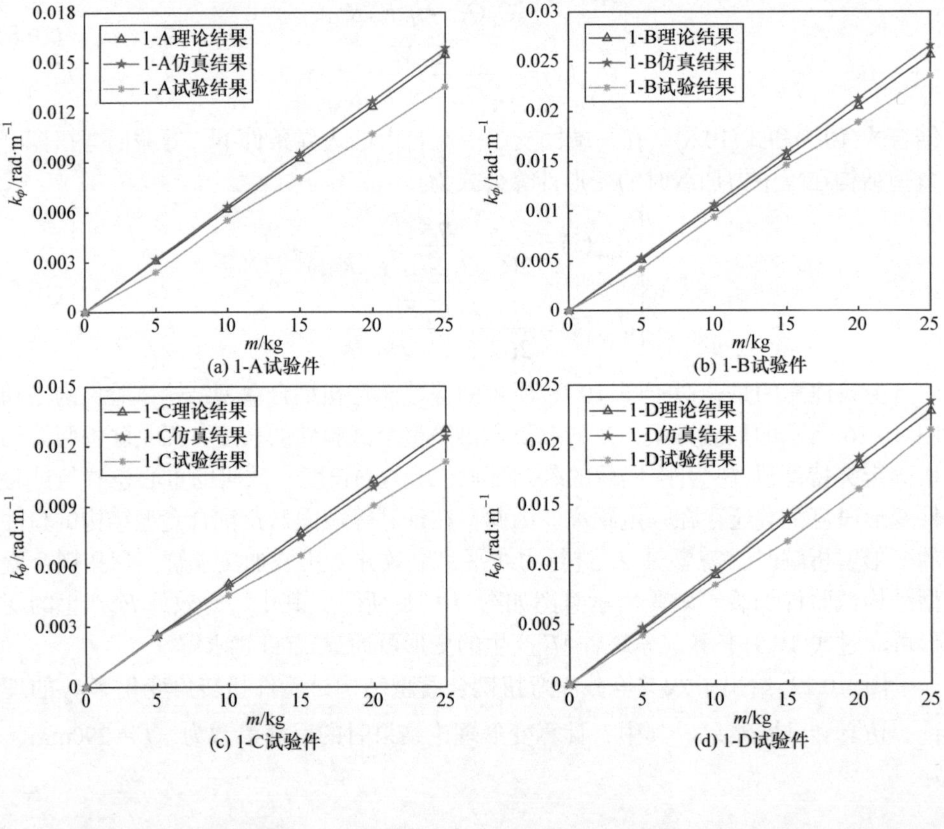


(a) 1-A试验件　(b) 1-B试验件

(c) 1-C试验件　(d) 1-D试验件

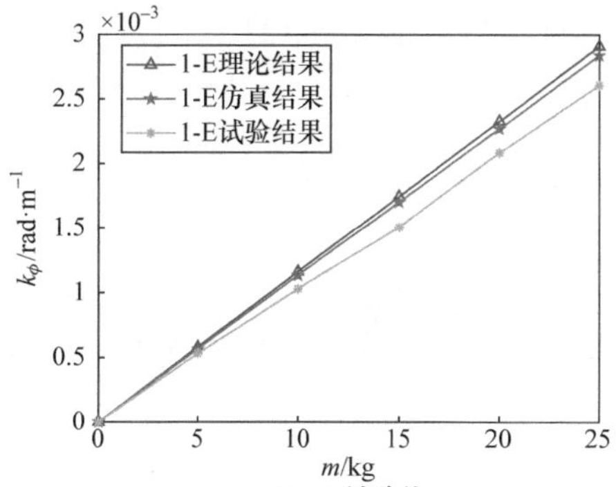


(e) 1-E试验件

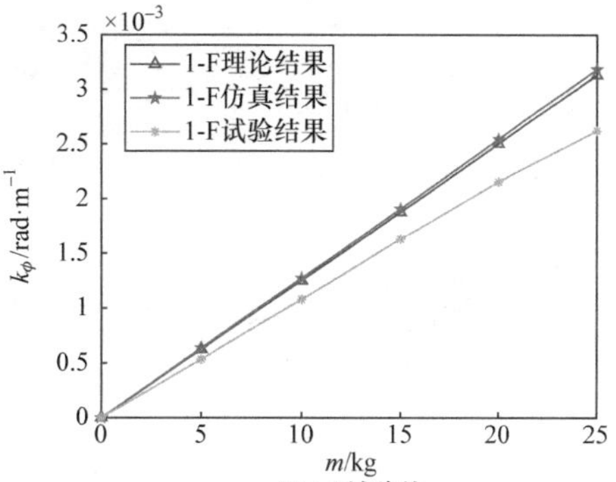


(f) 1-F试验件

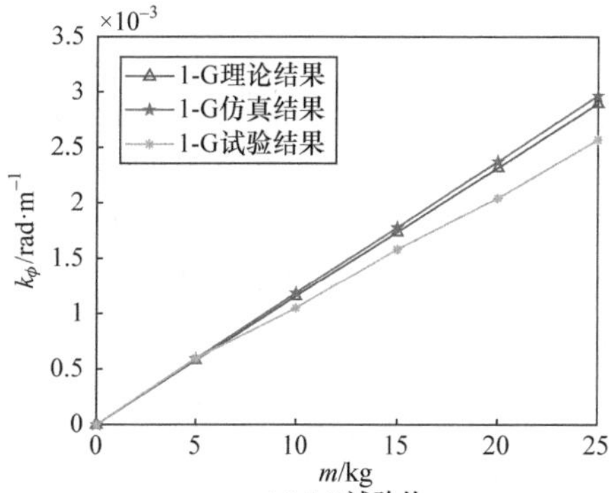


(g) 1-G试验件

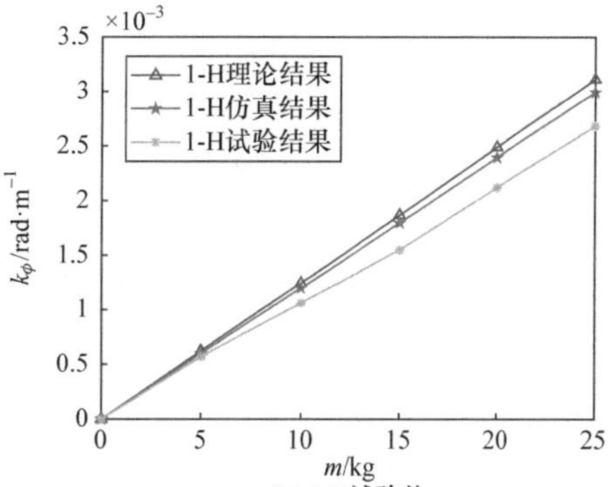


(h) 1-H试验件

图 10.22 等截面弯扭耦合盒型结构试验件在不同拉力下的扭转角变化率

接边线周围的区域变厚，进而造成耦合变形的减小，与理论设计存在偏差，为主要影响因素；盒型件加工时可能存在一定的铺层角度误差，导致产生耦合效应的偏差；加载砝码时不能完全保证其重心与试验件中线重合，可能存在的偏心现象会导致试验件承受额外的力矩作用；加载时试验件会产生无法避免的微小晃动，进而产生位移误差。

### 10.4.3 变截面盒型结构的弯扭耦合变形测量

将表 6.4～表 6.7 中四类 14 层拉剪耦合层合板($\mathbf{A}_F\mathbf{B}_0\mathbf{D}_S$ 层合板、$\mathbf{A}_F\mathbf{B}_0\mathbf{D}_F$ 层合板、$\mathbf{A}_F\mathbf{B}_S\mathbf{D}_S$ 层合板、$\mathbf{A}_F\mathbf{B}_S\mathbf{D}_F$ 层合板)和表 7.3 中四类 14 层拉扭耦合层合板($\mathbf{A}_S\mathbf{B}_t\mathbf{D}_S$ 层合板、$\mathbf{A}_S\mathbf{B}_t\mathbf{D}_F$ 层合板、$\mathbf{A}_S\mathbf{B}_F\mathbf{D}_S$ 层合板、$\mathbf{A}_S\mathbf{B}_F\mathbf{D}_F$ 层合板)作为面板铺层，分别加工变截面弯扭耦合盒型结构试验件，依次记为试件 2-A、2-B、2-C、2-D、2-E、2-F、2-G、2-H，并将每个变截面盒型试验件的一侧粘贴散斑。采用的复合材料与腹板铺层与等截面盒型结构试验件相同。从图 10.23 可以看出，变截面弯扭耦合盒型结构在固化成型后没有发生剪切变形和翘曲变形，说明试验件是湿热稳定的。

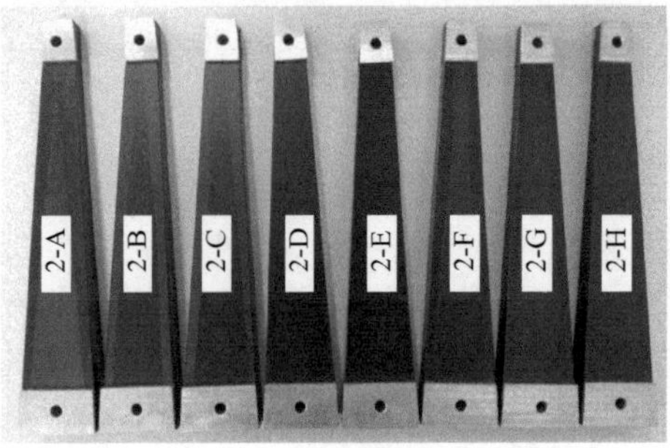


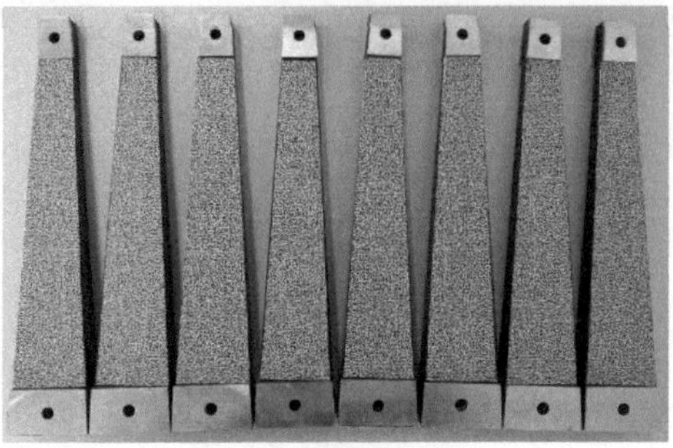

(a) 试验件编号　　(b) 试验件散斑

图 10.23　变截面弯扭耦合盒型结构试验件

利用 10.4.1 节的测量方案对变截面弯扭耦合盒型试验件的三维变形进行双目测量，并提取各试验件的扭转角。其中，砝码加载工况分别为 5kg、10kg、15kg 和 20kg。图 10.24 分别给出了八类变截面弯扭耦合盒型结构试验件的扭转角变形试验结果，其中仅以 10kg 加载结果为例进行说明。从图 10.24 可以看出，变截面弯扭耦合盒型结构试验件的扭转角随长度的变化而变化，整体呈线性增加趋势。

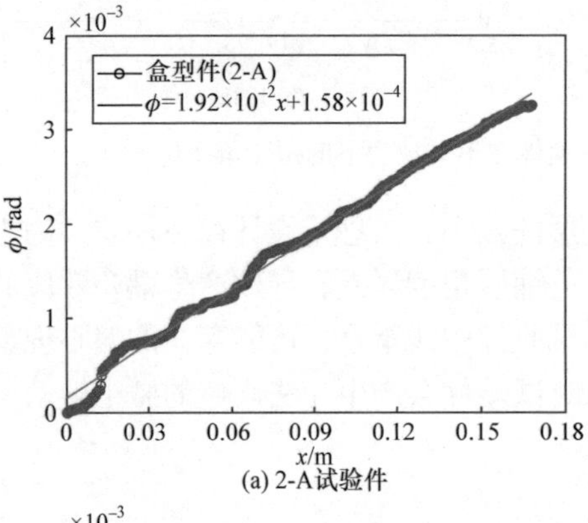


(a) 2-A试验件

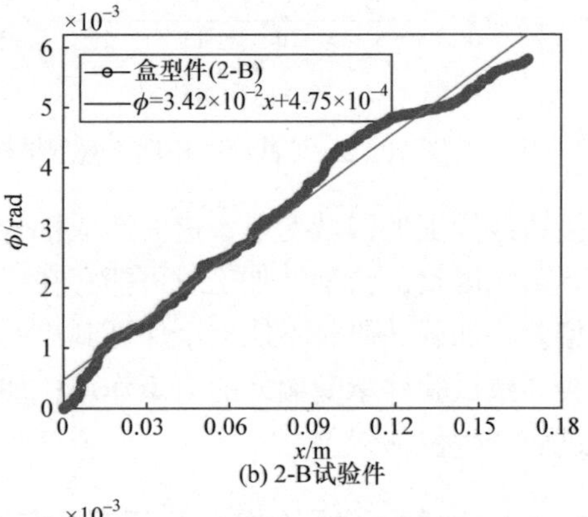


(b) 2-B试验件

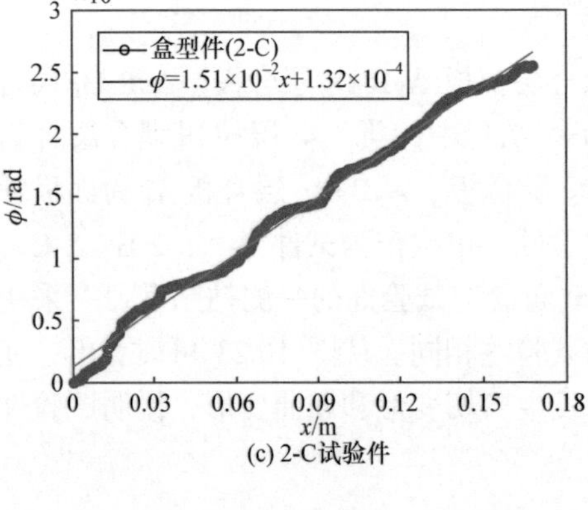


(c) 2-C试验件

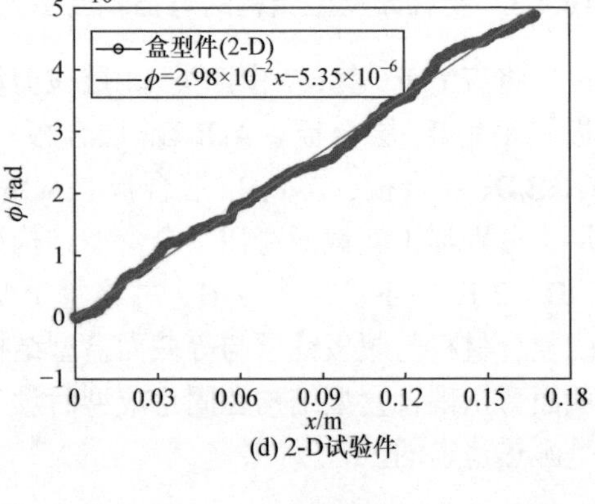


(d) 2-D试验件

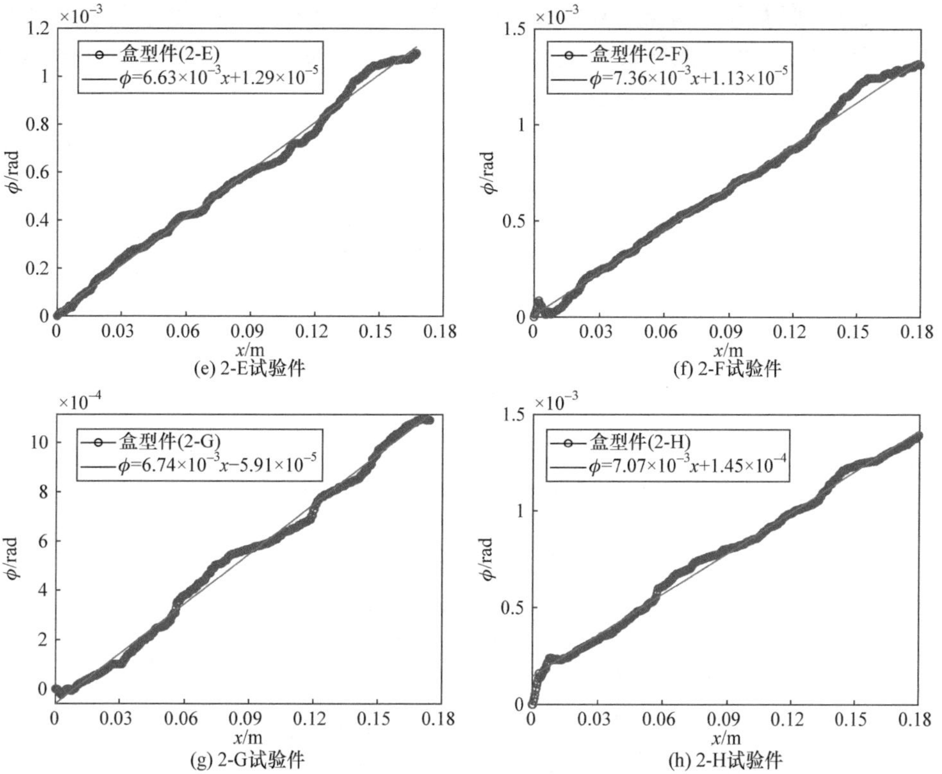


(e) 2-E试验件　(f) 2-F试验件

(g) 2-G试验件　(h) 2-H试验件

图 10.24　变截面弯扭耦合盒型结构试验件扭转角变形试验结果

采用有限元法，对变截面弯扭耦合盒型结构试验件的变形进行数值仿真验证。基于有限元软件 MSC.Patran/Nastran，建立变截面弯扭耦合盒型结构有限元模型，共划分 1120 个壳单元，盒型结构一端固支、一端自由，其固定端面为 51mm×17mm 的矩形、自由端面为 17mm×4mm 的矩形、垂直与固定端面方向的长度为 290mm，如图 10.25 所示。利用 RBE2 单元将变截面盒型结构两端长 30mm 的区域进行六自由度多点单元约束，另一端施加沿 $z$ 轴负向的集中载荷模拟砝码的重力，采用线性静力学计算功能进行计算。

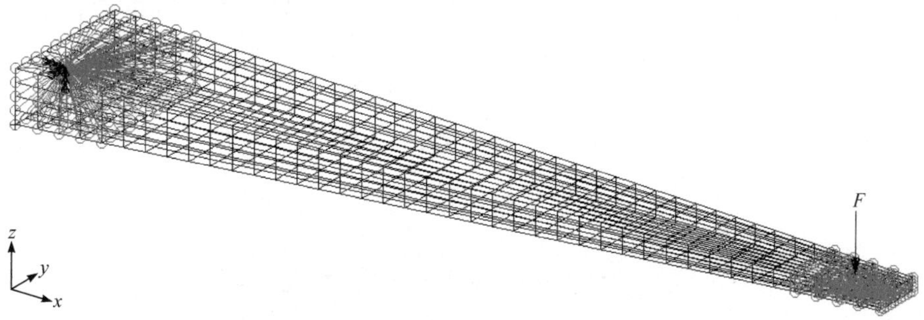


图 10.25　变截面弯扭耦合盒型结构试验件有限元模型

关于变截面弯扭耦合盒型结构试验件的变形解析解计算，可以仿照材料力学中变截面悬臂梁的弯曲变形公式进行拓展。此时，变截面悬臂梁的截面尺寸参数与图 8.34 所示的变截面盒型结构尺寸一致。为方便表述，记

$$p=-(\tan\gamma_1+\tan\gamma_2),\quad q=-(\tan\beta_1+\tan\beta_2) \tag{10.10}$$

则结合式(10.10)、式(8.76)和式(8.77)可得

$$b(x)=b_1+px,\quad h(x)=h_1+qx \tag{10.11}$$

此时，当自由端分别施加纯弯矩 $M$ 和集中力 $F$ 时，变截面悬臂梁的挠曲线方程分别为

$$E\frac{b(x)h^3(x)}{12}w''=M \tag{10.12}$$

$$E\frac{b(x)h^3(x)}{12}w''=F(L-x) \tag{10.13}$$

基于仿真软件的符号运算功能进行计算求解，可得

$$\begin{aligned}\theta_M(x)=\frac{12M}{E}&\left\{\frac{2p^2}{(b_1q-h_1p)^3}\left[\operatorname{artanh}\left(\frac{b_1q+h_1p}{b_1q-h_1p}\right)-\operatorname{artanh}\left(\frac{b_1q+h_1p+2pqx}{b_1q-h_1p}\right)\right]\right.\\&\left.+\frac{1}{2(b_1q-h_1p)^2}\left[\frac{b_1q-3h_1p}{h_1^2}+\frac{3h_1p-b_1q+2pqx}{(h_1+Lq)^2}\right]\right\}\end{aligned} \tag{10.14}$$

$$\begin{aligned}\theta_F(x)=\frac{12F}{E}&\left\{\frac{2p(b_1+Lp)}{(b_1q-h_1p)^3}\left[\operatorname{artanh}\left(\frac{b_1q+h_1p}{b_1q-h_1p}\right)-\operatorname{artanh}\left(\frac{b_1q+h_1p+2pqx}{b_1q-h_1p}\right)\right]\right.\\&\left.+\frac{h_1^2p+b_1h_1q-Lb_1q^2+3Lh_1pq+2q^2(b_1+Lp)x}{2q(b_1q-h_1p)^2(h_1+qx)^2}-\frac{h_1^2p+b_1h_1q-Lb_1q^2+3Lh_1pq}{2q(b_1q-h_1p)^2h_1^2}\right\}\end{aligned} \tag{10.15}$$

因此，变截面悬臂梁从只加载 $M$ 时的弯曲变形到只加载 $F$ 时的弯曲变形拓展关系为 $\theta_F(x)/\theta_M(x)$。根据式(8.103)和式(8.120)，在一端固支、一端自由的边界条件下，变截面弯扭耦合盒型结构在纯弯矩加载时的变形计算公式为

$$\begin{cases}\phi_{\text{ana}}(x)=\displaystyle\int_0^x\frac{-M\eta K_T(x)}{C_T(x)C_M(x)-\eta^2C_T(x)C_M(x)}\mathrm{d}x\\[2ex]\theta_{\text{ana}}(x)=\displaystyle\int_0^x\frac{MC_T(x)}{C_T(x)C_M(x)-\eta^2C_T(x)C_M(x)}\mathrm{d}x\end{cases} \tag{10.16}$$

结合式(10.14)～式(10.16)，在一端固支、一端自由的边界条件下，变截面弯

扭耦合盒型结构在集中力加载时的变形计算公式为

$$\begin{cases}\phi_{\text{ana}}(x)=\int_0^x \dfrac{\theta_F(x)}{\theta_M(x)}\dfrac{-M\eta K_T(x)}{C_T(x)C_M(x)-\eta^2 C_T(x)C_M(x)}\mathrm{d}x \\ \theta_{\text{ana}}(x)=\int_0^x \dfrac{\theta_F(x)}{\theta_M(x)}\dfrac{MC_T(x)}{C_T(x)C_M(x)-\eta^2 C_T(x)C_M(x)}\mathrm{d}x\end{cases} \tag{10.17}$$

此时，与等截面盒型试验件类似，对于图 10.23 所示的变截面弯扭耦合盒型结构试验件构型和图 10.16 所示的加载方案，砝码的重心位置与试验件变形段自由端也存在一定距离。因此，在计算变截面弯扭耦合盒型结构试验件的变形解析解时，同样需要对 $F$ 进行力线平移等效并采用叠加法求解(图 10.21)，其中等效后 $F'$ 产生的变形可通过式(10.17)求解，等效后 $M'$ 产生的变形可通过式(10.16)求解。

图 10.26 给出了八类变截面弯扭耦合盒型结构试验件扭转角变化率 $k_\phi$ 的理论、仿真和试验结果。其中，在计算变形理论结果时的尺寸参数为 $L=290\text{mm}$、$b_1=51\text{mm}$、$h_1=17\text{mm}$、$\beta_1=\beta_2=1.284°$、$\gamma_1=\gamma_2=3.35°$。从图 10.26 可以看出，在不同拉力作用下，变截面弯扭耦合盒型结构试验件 $k_\phi$ 的理论结果与数值结果吻合较好，误差均控制在±5%以内，验证了盒型结构变形解析解计算方法的

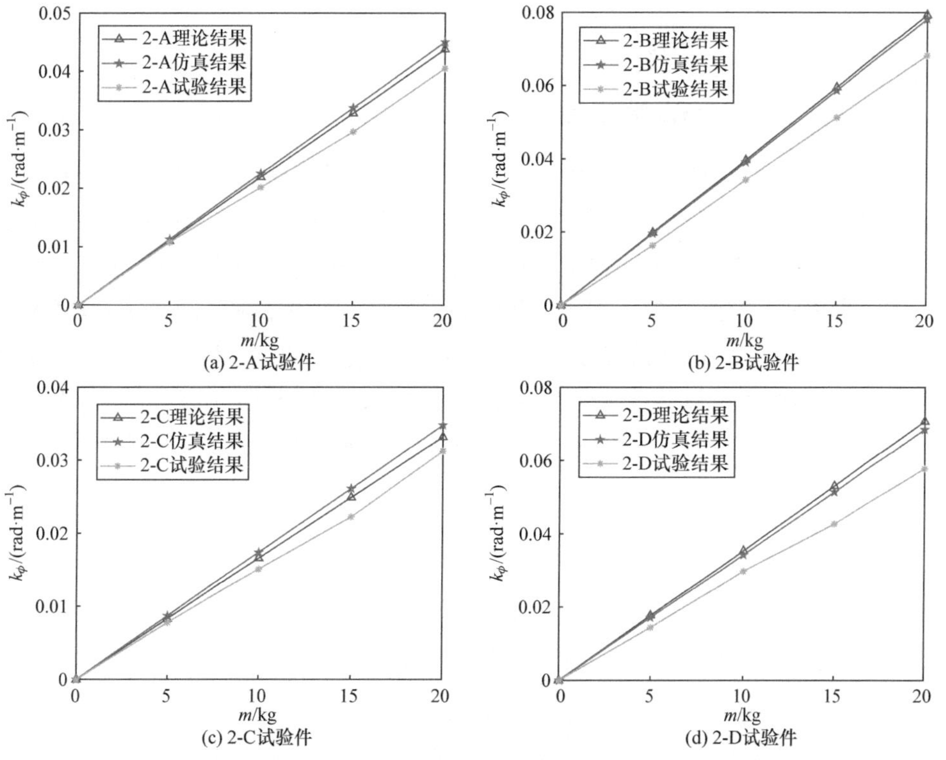

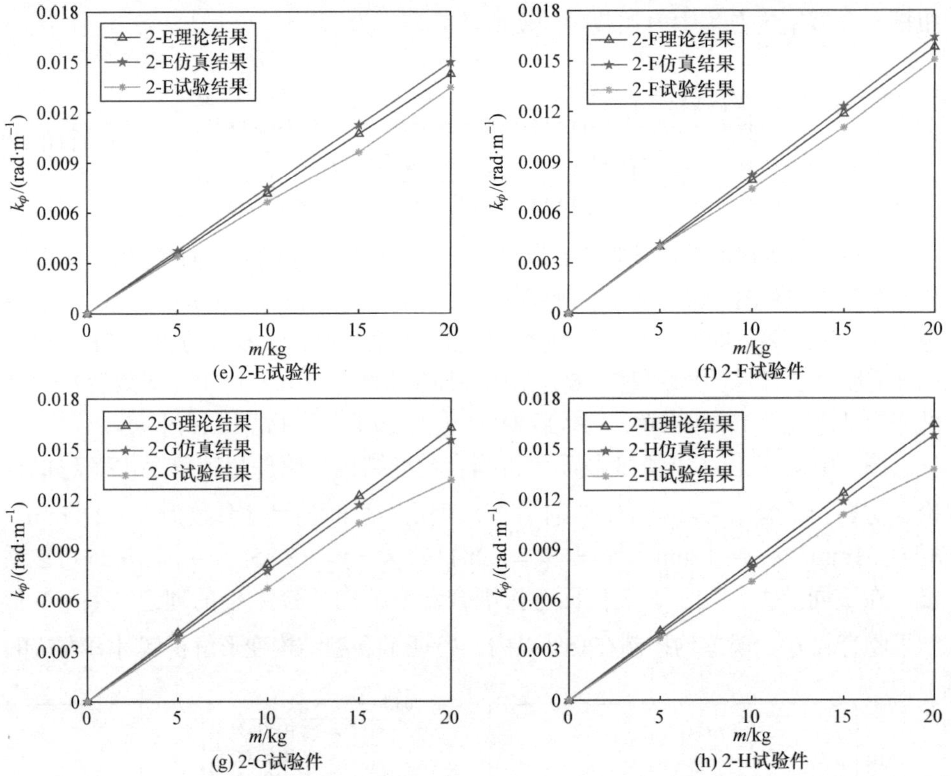


图 10.26　变截面弯扭耦合盒型结构试验件在不同拉力下的扭转角变化率

有效性和正确性。相比理论结果和仿真结果，$k_\phi$ 的试验结果均偏小，但随着拉力的增加，$k_\phi$ 的试验结果近似呈线性增加趋势，与理论结果和仿真结果的变化趋势相一致。其误差大小普遍在 20%以内，个别加载条件下的误差超过了 20%，最大误差为 22.9%。$k_\phi$ 理论结果、仿真结果和试验结果的误差来源与 11.5.2 节等截面盒型结构的误差来源相一致。在相同加载情况下，2-B 和 2-D 试验件的 $k_\phi$ 相比 2-A 试验件出现明显提升，2-F 和 2-H 试验件的 $k_\phi$ 相比 2-E 试验件也出现明显提升，说明层合板的多耦合效应有利于提升变截面盒型结构的弯扭耦合效应。

# 第 11 章　层间混杂层合板设计

## 11.1　引　　言

随着自适应风机叶片、自适应飞机机翼等弯扭耦合结构的不断大型化，目前常用的玻璃纤维复合材料已难以满足结构可靠性的要求。碳纤维复合材料重量轻，又具有良好的综合力学性能，已成为替代玻璃纤维的首选材料，但是碳纤维的价格约为玻璃纤维的 10 倍，高昂的价格制约了其广泛应用。因此，有必要在弯扭耦合结构的设计中引入混杂纤维复合材料。混杂纤维复合材料能够保持组分纤维的优点同时克服其缺点，降低成本并增强材料性能。

按照混杂方式的不同，混杂纤维复合材料主要分为层内混杂和层间混杂两种形式。层内混杂复合材料由两种或两种以上纤维按比例均匀分散在同一基体中构成；层间混杂复合材料由两种或两种以上不同的单纤维复合材料单层以不同的比例及方式交替铺设构成。在弯扭耦合结构中，运用层间混杂纤维复合材料可以在控制成本的条件下最大限度地提升结构的性能。

本章针对复合材料层间混杂层合板的湿热机理和铺层优化设计展开研究。首先，推导层间混杂层合板刚度系数与热内力、热力矩的几何因子表达式，建立层间混杂层合板的刚度计算模型。然后，推导层间混杂拉剪多耦合层合板、层间混杂拉扭多耦合层合板的湿热稳定解析充要条件。在此基础之上，以最大耦合效应为优化目标，在满足耦合效应和湿热稳定的约束条件下，实现层合板的铺层优化设计。最后，对本章理论进行数值仿真验证和鲁棒性分析。

## 11.2　刚度矩阵与湿热内力

在非对称复合材料层合板的铺层设计中引入几何因子，能够有效提高复合材料层合板的设计效率，但 2.4 节中介绍的几何因子仅适用于单种纤维层合板。由此，本节将推导层间混杂层合板刚度系数与热内力、热力矩的几何因子表达式，建立层间混杂层合板的刚度计算模型。

与单种纤维层合板不同，层间混杂纤维层合板的各单层板的材料参数不完全相同。考虑实际工程中常采用碳纤维和玻璃纤维复合材料，我们仅以由两种不同纤维单层板(分别标识为①和②)构成的层间混杂纤维层合板为例开展研究，并且各单层板厚度相同。层间混杂纤维层合板坐标图如图 11.1 所示。其中，①/②表示单层板可以是①，也可以是②。

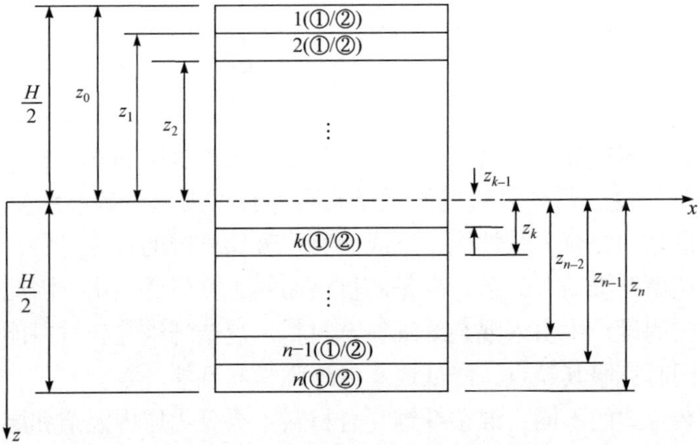


图 11.1　层间混杂纤维层合板坐标图

对于层间混杂纤维层合板，附录 A 推导了由几何因子和材料常量表示的刚度矩阵系数，即

$$\begin{bmatrix} A_{11} \\ A_{12} \\ A_{16} \\ A_{22} \\ A_{26} \\ A_{66} \end{bmatrix} = \sum_{k=1}^{n} \begin{bmatrix} \xi_{13}^{q_k} & \xi_1^{q_k} & \xi_2^{q_k} & 0 & 0 \\ 0 & 0 & -\xi_2^{q_k} & \xi_{13}^{q_k} & 0 \\ 0 & \xi_3^{q_k}/2 & \xi_4^{q_k} & 0 & 0 \\ \xi_{13}^{q_k} & -\xi_1^{q_k} & \xi_2^{q_k} & 0 & 0 \\ 0 & \xi_3^{q_k}/2 & -\xi_4^{q_k} & 0 & 0 \\ 0 & 0 & -\xi_2^{q_k} & 0 & \xi_{13}^{q_k} \end{bmatrix} \begin{bmatrix} U_1^{q_k} \\ U_2^{q_k} \\ U_3^{q_k} \\ U_4^{q_k} \\ U_5^{q_k} \end{bmatrix} \tag{11.1}$$

$$\begin{bmatrix} B_{11} \\ B_{12} \\ B_{16} \\ B_{22} \\ B_{26} \\ B_{66} \end{bmatrix} = \frac{1}{2}\sum_{k=1}^{n} \begin{bmatrix} \xi_{14}^{q_k} & \xi_5^{q_k} & \xi_6^{q_k} & 0 & 0 \\ 0 & 0 & -\xi_6^{q_k} & \xi_{14}^{q_k} & 0 \\ 0 & \xi_7^{q_k}/2 & \xi_8^{q_k} & 0 & 0 \\ \xi_{14}^{q_k} & -\xi_5^{q_k} & \xi_6^{q_k} & 0 & 0 \\ 0 & \xi_7^{q_k}/2 & -\xi_8^{q_k} & 0 & 0 \\ 0 & 0 & -\xi_6^{q_k} & 0 & \xi_{14}^{q_k} \end{bmatrix} \begin{bmatrix} U_1^{q_k} \\ U_2^{q_k} \\ U_3^{q_k} \\ U_4^{q_k} \\ U_5^{q_k} \end{bmatrix} \tag{11.2}$$

$$\begin{bmatrix} D_{11} \\ D_{12} \\ D_{16} \\ D_{22} \\ D_{26} \\ D_{66} \end{bmatrix} = \frac{1}{3}\sum_{k=1}^{n}\begin{bmatrix} \xi_{15}^{q_k} & \xi_{9}^{q_k} & \xi_{10}^{q_k} & 0 & 0 \\ 0 & 0 & -\xi_{10}^{q_k} & \xi_{15}^{q_k} & 0 \\ 0 & \xi_{11}^{q_k}/2 & \xi_{12}^{q_k} & 0 & 0 \\ \xi_{15}^{q_k} & -\xi_{9}^{q_k} & \xi_{10}^{q_k} & 0 & 0 \\ 0 & \xi_{11}^{q_k}/2 & -\xi_{12}^{q_k} & 0 & 0 \\ 0 & 0 & -\xi_{10}^{q_k} & 0 & \xi_{15}^{q_k} \end{bmatrix}\begin{bmatrix} U_1^{q_k} \\ U_2^{q_k} \\ U_3^{q_k} \\ U_4^{q_k} \\ U_5^{q_k} \end{bmatrix} \tag{11.3}$$

其中，上标 $(q_k = ①,②)$ 表示层合板中第 $k$ 层单层板所采用的复合材料类型；$U_i^{q_k}(i=1,2,\cdots,5)$ 和 $\xi_i^{q_k}(i=1,2,\cdots,15)$ 分别为层间混杂纤维层合板的材料常量和几何因子，其表达式为

$$\begin{cases} U_1^{q_k} = \left(3Q_{11}^{q_k} + 3Q_{22}^{q_k} + 2Q_{12}^{q_k} + 4Q_{66}^{q_k}\right)/8 \\ U_2^{q_k} = \left(Q_{11}^{q_k} - Q_{22}^{q_k}\right)/2 \\ U_3^{q_k} = \left(Q_{11}^{q_k} + Q_{22}^{q_k} - 2Q_{12}^{q_k} - 4Q_{66}^{q_k}\right)/8 \\ U_4^{q_k} = \left(Q_{11}^{q_k} + Q_{22}^{q_k} + 6Q_{12}^{q_k} - 4Q_{66}^{q_k}\right)/8 \\ U_5^{q_k} = \left(Q_{11}^{q_k} + Q_{22}^{q_k} - 2Q_{12}^{q_k} + 4Q_{66}^{q_k}\right)/8 \end{cases} \tag{11.4}$$

$$\begin{cases} (\xi_1^{q_k} \quad \xi_2^{q_k} \quad \xi_3^{q_k} \quad \xi_4^{q_k}) = \sum\limits_{k=q_k} (\cos 2\theta_k \quad \cos 4\theta_k \quad \sin 2\theta_k \quad \sin 4\theta_k)(z_k - z_{k-1}) \\ (\xi_5^{q_k} \quad \xi_6^{q_k} \quad \xi_7^{q_k} \quad \xi_8^{q_k}) = \sum\limits_{k=q_k} (\cos 2\theta_k \quad \cos 4\theta_k \quad \sin 2\theta_k \quad \sin 4\theta_k)(z_k^2 - z_{k-1}^2) \\ (\xi_9^{q_k} \quad \xi_{10}^{q_k} \quad \xi_{11}^{q_k} \quad \xi_{12}^{q_k}) = \sum\limits_{k=q_k} (\cos 2\theta_k \quad \cos 4\theta_k \quad \sin 2\theta_k \quad \sin 4\theta_k)(z_k^3 - z_{k-1}^3) \\ (\xi_{13}^{q_k} \quad \xi_{14}^{q_k} \quad \xi_{15}^{q_k}) = \sum\limits_{k=q_k} [(z_k - z_{k-1}) \ (z_k^2 - z_{k-1}^2) \ (z_k^3 - z_{k-1}^3)] \end{cases} \tag{11.5}$$

其中，$\theta_k$ 为第 $k$ 层单层板的纤维铺设角；$q_k$ = ①表示等式右端对所有①型材料单层板求和；$q_k$ = ②表示等式右端对所有②型材料单层板求和；$Q_{ij}^{q_k}$ 表示两种类型单层板的刚度系数。

对于层间混杂纤维层合板，设 $\alpha_1^{q_k}$ 和 $\alpha_2^{q_k}$ 是第 $q_k$ 种铺层材料单层板的热膨胀系数，则第 $k$ 层单层板的偏轴热膨胀系数为

$$\begin{cases}(\alpha_x)_k = \alpha_1^{q_k}\cos^2\theta_k + \alpha_2^{q_k}\sin^2\theta_k \\ (\alpha_y)_k = \alpha_1^{q_k}\sin^2\theta_k + \alpha_2^{q_k}\cos^2\theta_k \\ (\alpha_{xy})_k = (\alpha_1^{q_k} - \alpha_2^{q_k})2\sin\theta_k\cos\theta_k \end{cases} \tag{11.6}$$

层合板的热内力与热内力矩表达式为

$$\begin{cases} N_x^{\mathrm{T}} = \sum_{k=1}^{n}\Delta T[(\bar{Q}_{11})_k(\alpha_x)_k + (\bar{Q}_{12})_k(\alpha_y)_k + (\bar{Q}_{16})_k(\alpha_{xy})_k](z_k - z_{k-1}) \\ N_y^{\mathrm{T}} = \sum_{k=1}^{n}\Delta T[(\bar{Q}_{12})_k(\alpha_x)_k + (\bar{Q}_{22})_k(\alpha_y)_k + (\bar{Q}_{26})_k(\alpha_{xy})_k](z_k - z_{k-1}) \\ N_{xy}^{\mathrm{T}} = \sum_{k=1}^{n}\Delta T[(\bar{Q}_{16})_k(\alpha_x)_k + (\bar{Q}_{26})_k(\alpha_y)_k + (\bar{Q}_{66})_k(\alpha_{xy})_k](z_k - z_{k-1}) \\ M_x^{\mathrm{T}} = \frac{1}{2}\sum_{k=1}^{n}\Delta T[(\bar{Q}_{11})_k(\alpha_x)_k + (\bar{Q}_{12})_k(\alpha_y)_k + (\bar{Q}_{16})_k(\alpha_{xy})_k](z_k^2 - z_{k-1}^2) \\ M_y^{\mathrm{T}} = \frac{1}{2}\sum_{k=1}^{n}\Delta T[(\bar{Q}_{12})_k(\alpha_x)_k + (\bar{Q}_{22})_k(\alpha_y)_k + (\bar{Q}_{26})_k(\alpha_{xy})_k](z_k^2 - z_{k-1}^2) \\ M_{xy}^{\mathrm{T}} = \frac{1}{2}\sum_{k=1}^{n}\Delta T[(\bar{Q}_{16})_k(\alpha_x)_k + (\bar{Q}_{26})_k(\alpha_y)_k + (\bar{Q}_{66})_k(\alpha_{xy})_k](z_k^2 - z_{k-1}^2) \end{cases} \tag{11.7}$$

其中，$(\bar{Q}_{ij})_k\ (i, j = 1, 2, 6)$为层间混杂纤维层合板第 $k$ 层单层板的偏轴刚度系数，其表达式为

$$\begin{cases} (\bar{Q}_{11})_k = U_1^{q_k} + U_2^{q_k}\cos 2\theta_k + U_3^{q_k}\cos 4\theta_k,\ (\bar{Q}_{12})_k = -U_3^{q_k}\cos 4\theta_k + U_4^{q_k} \\ (\bar{Q}_{16})_k = \frac{U_2^{q_k}}{2}\sin 2\theta_k + U_3^{q_k}\sin 4\theta_k, \\ (\bar{Q}_{22})_k = U_1^{q_k} - U_2^{q_k}\cos 2\theta_k + U_3^{q_k}\cos 4\theta_k \\ (\bar{Q}_{26})_k = \frac{U_2^{q_k}}{2}\sin 2\theta_k - U_3^{q_k}\sin 4\theta_k,\ (\bar{Q}_{66})_k = -U_3^{q_k}\cos 4\theta_k + U_5^{q_k} \end{cases} \tag{11.8}$$

其中，$U_1^{\mathrm{T}q_k}$ 和 $U_2^{\mathrm{T}q_k}$ 为第 $q_k$ 种铺层材料单层板的材料热常量，其表达式为

$$\begin{cases} U_1^{\mathrm{T}q_k} = (\alpha_1^{q_k} + \alpha_2^{q_k})(U_1^{q_k} + U_4^{q_k}) + (\alpha_1^{q_k} - \alpha_2^{q_k})U_2^{q_k} \\ U_2^{\mathrm{T}q_k} = (\alpha_1^{q_k} + \alpha_2^{q_k})U_2^{q_k} + (\alpha_1^{q_k} - \alpha_2^{q_k})(U_1^{q_k} + 2U_3^{q_k} - U_4^{q_k}) \end{cases} \tag{11.9}$$

基于式(11.7)，附录 B 推导了由 $U_i^{q_k}$ 和 $\xi_i^{q_k}$ 表示的层间混杂纤维层合板热内力和热内力矩的表达式，即

$$\begin{bmatrix} N_x^{\mathrm{T}} \\ N_y^{\mathrm{T}} \\ N_{xy}^{\mathrm{T}} \end{bmatrix} = \frac{\Delta T}{2}\sum_{k=q_k}\begin{bmatrix} U_1^{\mathrm{T}q_k}\xi_{13}^{q_k} + U_2^{\mathrm{T}q_k}\xi_1^{q_k} \\ U_1^{\mathrm{T}q_k}\xi_{13}^{q_k} - U_2^{\mathrm{T}q_k}\xi_1^{q_k} \\ U_2^{\mathrm{T}q_k}\xi_3^{q_k} \end{bmatrix}, \quad \begin{bmatrix} M_x^{\mathrm{T}} \\ M_y^{\mathrm{T}} \\ M_{xy}^{\mathrm{T}} \end{bmatrix} = \frac{\Delta T}{4}\sum_{k=q_k}\begin{bmatrix} U_1^{\mathrm{T}q_k}\xi_{14}^{q_k} + U_2^{\mathrm{T}q_k}\xi_5^{q_k} \\ U_1^{\mathrm{T}q_k}\xi_{14}^{q_k} - U_2^{\mathrm{T}q_k}\xi_5^{q_k} \\ U_2^{\mathrm{T}q_k}\xi_7^{q_k} \end{bmatrix} \tag{11.10}$$

## 11.3　湿热稳定性

### 11.3.1　层间混杂拉剪多耦合效应层合板

在湿度和温度变化时，层间混杂纤维层合板的应变与曲率和内力与内力矩的关系如式(11.11)所示。其中，上角标 T 表示与热效应相关的量，H 表示与湿效应相关的量。$N_x^{\mathrm{T(H)}}$、$N_y^{\mathrm{T(H)}}$ 和 $N_{xy}^{\mathrm{T(H)}}$ 为热(湿)内力，$M_x^{\mathrm{T(H)}}$、$M_y^{\mathrm{T(H)}}$ 和 $M_{xy}^{\mathrm{T(H)}}$ 为热(湿)内力矩，$\varepsilon_x^{\mathrm{T(H)}}$、$\varepsilon_y^{\mathrm{T(H)}}$ 和 $\gamma_{xy}^{\mathrm{T(H)}}$ 为热(湿)中面应变(线应变或切应变)，$\kappa_x^{\mathrm{T(H)}}$、$\kappa_y^{\mathrm{T(H)}}$ 和 $\kappa_{xy}^{\mathrm{T(H)}}$ 为热(湿)中面曲率(弯曲曲率或扭曲率)，即

$$\begin{Bmatrix} \varepsilon_x^{\mathrm{T(H)}} \\ \varepsilon_y^{\mathrm{T(H)}} \\ \gamma_{xy}^{\mathrm{T(H)}} \\ \kappa_x^{\mathrm{T(H)}} \\ \kappa_y^{\mathrm{T(H)}} \\ \kappa_{xy}^{\mathrm{T(H)}} \end{Bmatrix} = \begin{bmatrix} a_{11} & a_{12} & a_{16} & b_{11} & b_{12} & b_{16} \\ a_{12} & a_{22} & a_{26} & b_{12} & b_{22} & b_{26} \\ a_{16} & a_{26} & a_{66} & b_{16} & b_{26} & b_{66} \\ b_{11} & b_{12} & b_{16} & d_{11} & d_{12} & d_{16} \\ b_{12} & b_{22} & b_{26} & d_{12} & d_{22} & d_{26} \\ b_{16} & b_{26} & b_{66} & d_{16} & d_{26} & d_{66} \end{bmatrix} \begin{Bmatrix} N_x^{\mathrm{T(H)}} \\ N_y^{\mathrm{T(H)}} \\ N_{xy}^{\mathrm{T(H)}} \\ M_x^{\mathrm{T(H)}} \\ M_y^{\mathrm{T(H)}} \\ M_{xy}^{\mathrm{T(H)}} \end{Bmatrix} \tag{11.11}$$

与单种纤维层合板类似，层间混杂纤维层合板若要满足湿热稳定性的条件，则其不能产生湿热剪切变形和湿热翘曲变形。以温度变化为例进行说明，层间混杂纤维层合板无湿热剪切变形的充要条件为 $\gamma_{xy}^{\mathrm{T(H)}} = 0$，结合式(11.11)可得

$$a_{16}N_x^{\mathrm{T(H)}} + a_{26}N_y^{\mathrm{T(H)}} + a_{66}N_{xy}^{\mathrm{T(H)}} + b_{16}M_x^{\mathrm{T(H)}} + b_{26}M_y^{\mathrm{T(H)}} + b_{66}M_{xy}^{\mathrm{T(H)}} = 0 \tag{11.12}$$

联立式(11.10)和式(11.12)可得

$$\begin{bmatrix} \frac{1}{2}(U_1^{\mathrm{T}①}\xi_{13}^{①} + U_1^{\mathrm{T}②}\xi_{13}^{②})(a_{16}+a_{26}) + \frac{1}{2}(U_2^{\mathrm{T}①}\xi_1^{①} + U_2^{\mathrm{T}②}\xi_1^{②})(a_{16}-a_{26}) \\ +\frac{1}{4}(U_1^{\mathrm{T}①}\xi_{14}^{①} + U_1^{\mathrm{T}②}\xi_{14}^{②})(b_{16}+b_{26}) + \frac{1}{4}(U_2^{\mathrm{T}①}\xi_5^{①} + U_2^{\mathrm{T}②}\xi_5^{②})(b_{16}-b_{26}) \\ +\frac{1}{2}a_{66}(U_2^{\mathrm{T}①}\xi_3^{①} + U_2^{\mathrm{T}②}\xi_3^{②}) + \frac{1}{4}b_{66}(U_2^{\mathrm{T}①}\xi_7^{①} + U_2^{\mathrm{T}②}\xi_7^{②}) \end{bmatrix} = 0 \tag{11.13}$$

考虑拉剪多耦合效应层合板不含有拉扭耦合效应，有

$$b_{16} = b_{26} = 0 \tag{11.14}$$

将式(11.14)代入式(11.13)可得

$$\left[\frac{1}{2}(U_1^{\mathrm{T}①}\xi_{13}^{①} + U_1^{\mathrm{T}②}\xi_{13}^{②})(a_{16}+a_{26}) + \frac{1}{2}(U_2^{\mathrm{T}①}\xi_1^{①} + U_2^{\mathrm{T}②}\xi_1^{②})(a_{16}-a_{26}) + \frac{1}{2}a_{66}(U_2^{\mathrm{T}①}\xi_3^{①} + U_2^{\mathrm{T}②}\xi_3^{②}) + \frac{1}{4}b_{66}(U_2^{\mathrm{T}①}\xi_7^{①} + U_2^{\mathrm{T}②}\xi_7^{②})\right] = 0 \tag{11.15}$$

由于 $a_{66}$ 和 $b_{66}$ 均不为零，式(11.15)可以转化为

$$\begin{cases}\dfrac{1}{2}(U_1^{\mathrm{T}①}\xi_{13}^{①} + U_1^{\mathrm{T}②}\xi_{13}^{②})(a_{16}+a_{26}) + \dfrac{1}{2}(U_2^{\mathrm{T}①}\xi_1^{①} + U_2^{\mathrm{T}②}\xi_1^{②})(a_{16}-a_{26}) = 0 \\ \xi_3^{①} = \xi_3^{②} = \xi_7^{①} = \xi_7^{②} = 0\end{cases} \tag{11.16}$$

此时，根据式(11.1)可知，当 $\xi_3^{①} = \xi_3^{②} = 0$ 时，若 $\xi_4^{①} = \xi_4^{②} = 0$，则 $A_{16} = A_{26} = 0$，进而得到 $a_{16} = a_{26} = 0$，式(11.16)成立；若 $\xi_4^{q_k} \neq 0$，则 $a_{16} \neq a_{26}$，此时式(11.16)成立的条件为 $\xi_1^{①} = \xi_1^{②} = 0$ 且 $\frac{1}{2}(U_1^{\mathrm{T}①}\xi_{13}^{①} + U_1^{\mathrm{T}②}\xi_{13}^{②})(a_{16}+a_{26}) = 0$，而一旦有 $\xi_1^{q_k} = 0$，则根据式(11.1)可得

$$A_{16} = -A_{26}, \quad A_{11} = A_{22} \tag{11.17}$$

进而得到 $a_{16} = -a_{26}$，式(11.16)成立。因此，层间混杂纤维层合板抵抗湿热剪切变形的条件为

$$\xi_3^{q_k} = \xi_4^{q_k} = \xi_7^{q_k} = 0 \quad 或 \quad \xi_1^{q_k} = \xi_3^{q_k} = \xi_7^{q_k} = 0, \quad \xi_4^{q_k} \neq 0, \quad q_k = ①,② \tag{11.18}$$

考虑层合板具有拉剪耦合效应，$\xi_3^{q_k}$ 和 $\xi_4^{q_k}$ 不能同时为零。因此，层间混杂纤维拉剪多耦合效应层合板湿热剪切稳定的充要条件为

$$\xi_1^{q_k} = \xi_3^{q_k} = \xi_7^{q_k} = 0, \quad \xi_4^{q_k} \neq 0, \quad q_k = ①,② \tag{11.19}$$

对于层合板的翘曲变形，Cross[107]等发现其抵抗热翘曲变形的方式有两种，即热内力 $N_{xy}^{\mathrm{T}}$ 和热力矩 $M_x^{\mathrm{T}}$、$M_y^{\mathrm{T}}$、$M_{xy}^{\mathrm{T}}$ 均为零，并且热内力 $M_x^{\mathrm{T}}$、$M_y^{\mathrm{T}}$、$M_{xy}^{\mathrm{T}}$ 大小相同，如式(11.20)所示；层合板的耦合刚度矩阵为零，如式(11.21)所示，即

$$N_{xy}^{\mathrm{T}} = M_x^{\mathrm{T}} = M_y^{\mathrm{T}} = M_{xy}^{\mathrm{T}} = 0, \quad N_x^{\mathrm{T}} = N_y^{\mathrm{T}} \tag{11.20}$$

$$B_{11} = B_{12} = B_{16} = B_{22} = B_{26} = B_{66} = 0 \tag{11.21}$$

将式(11.1)～式(11.3)、式(11.10)和式(11.20)联立可得

$$\xi_1^{q_k} = \xi_3^{q_k} = \xi_5^{q_k} = \xi_7^{q_k} = \xi_{14}^{q_k} = 0, \quad q_k = ①,② \tag{11.22}$$

将式(11.1)～式(11.3)、式(11.10)和式(11.21)联立可得

$$\xi_5^{q_k} = \xi_6^{q_k} = \xi_7^{q_k} = \xi_8^{q_k} = \xi_{14}^{q_k} = 0, \quad q_k = ①,② \tag{11.23}$$

因此，层间混杂纤维层合板抵抗湿热翘曲变形的条件有两种，其中式(11.22)针对的是所有耦合类型的层合板，式(11.23)针对的只是耦合刚度矩阵为零的层合板。然而，对于多耦合效应层合板而言，耦合刚度系数不一定全部为零。因此，联立式(11.19)与式(11.22)可得层间混杂纤维拉剪多耦合效应层合板的湿热稳定充要条件，即

$$\xi_1^{q_k} = \xi_3^{q_k} = \xi_5^{q_k} = \xi_7^{q_k} = \xi_{14}^{q_k} = 0, \quad \xi_4^{q_k} \neq 0, \quad q_k = ①,② \tag{11.24}$$

与单种纤维拉剪多耦合效应层合板类似，层间混杂纤维拉剪多耦合效应层合板的类型分别包括 $\mathbf{A}_\mathrm{F}\mathbf{B}_l\mathbf{D}_\mathrm{S}$、$\mathbf{A}_\mathrm{F}\mathbf{B}_0\mathbf{D}_\mathrm{F}$、$\mathbf{A}_\mathrm{F}\mathbf{B}_\mathrm{S}\mathbf{D}_\mathrm{S}$、$\mathbf{A}_\mathrm{F}\mathbf{B}_l\mathbf{D}_\mathrm{F}$ 和 $\mathbf{A}_\mathrm{F}\mathbf{B}_\mathrm{S}\mathbf{D}_\mathrm{F}$ 这 5 种层合板。下面对这 5 种层间混杂纤维拉剪多耦合效应层合板，推导其湿热稳定的充要条件。

1. 具有两种耦合效应层合板的湿热稳定条件

在具有两种耦合效应的层间混杂纤维拉剪多耦合效应层合板中，与单种纤维拉剪多耦合效应层合板相同，分别有 $\mathbf{A}_\mathrm{F}\mathbf{B}_l\mathbf{D}_\mathrm{S}$ 层合板和 $\mathbf{A}_\mathrm{F}\mathbf{B}_0\mathbf{D}_\mathrm{F}$ 层合板。对于 $\mathbf{A}_\mathrm{F}\mathbf{B}_l\mathbf{D}_\mathrm{S}$ 层合板，其刚度矩阵为式(6.1)。结合式(11.1)～式(11.3)和式(6.1)，可得层间混杂纤维层合板同时具有拉剪和拉弯耦合效应充要条件，即

$$\xi_6^{q_k} = \xi_7^{q_k} = \xi_8^{q_k} = \xi_{11}^{q_k} = \xi_{12}^{q_k} = \xi_{14}^{q_k} = 0, \quad q_k = ①,② \tag{11.25}$$

$$\sum_{q_k=①,②} \left( |\xi_3^{q_k}| + |\xi_4^{q_k}| \right) \neq 0, \quad \sum_{q_k=①,②} \left( |\xi_5^{q_k}| + |\xi_6^{q_k}| + |\xi_{14}^{q_k}| \right) \neq 0 \tag{11.26}$$

联立式(11.24)和式(11.25)可得

$$\xi_1^{q_k} = \xi_3^{q_k} = \xi_5^{q_k} = \xi_6^{q_k} = \xi_7^{q_k} = \xi_8^{q_k} = \xi_{11}^{q_k} = \xi_{12}^{q_k} = \xi_{14}^{q_k} = 0, \quad q_k = ①,② \tag{11.27}$$

然而，式(11.27)不满足式(11.26)的条件，说明不存在湿热稳定的 $\mathbf{A}_\mathrm{F}\mathbf{B}_l\mathbf{D}_\mathrm{S}$ 层合板。

对于 $\mathbf{A}_\mathrm{F}\mathbf{B}_0\mathbf{D}_\mathrm{F}$ 层合板，其刚度矩阵为式(6.8)。结合式(11.1)～式(11.3)，可得层间混杂纤维层合板同时具有拉剪和弯扭耦合效应充要条件，即

$$\xi_5^{q_k} = \xi_6^{q_k} = \xi_7^{q_k} = \xi_8^{q_k} = \xi_{14}^{q_k} = 0, \quad q_k = ①,② \tag{11.28}$$

$$\sum_{q_k=①,②} \left( |\xi_3^{q_k}| + |\xi_4^{q_k}| \right) \neq 0, \quad \sum_{q_k=①,②} \left( |\xi_{11}^{q_k}| + |\xi_{12}^{q_k}| \right) \neq 0 \tag{11.29}$$

联立式(11.24)、式(11.28)和式(11.29)，可得层间混杂纤维 $\mathbf{A}_\mathrm{F}\mathbf{B}_0\mathbf{D}_\mathrm{F}$ 层合板湿热稳定的充要条件为

$$\begin{cases}\xi_1^{q_k}=\xi_3^{q_k}=\xi_5^{q_k}=\xi_6^{q_k}=\xi_7^{q_k}=\xi_8^{q_k}=\xi_{14}^{q_k}=0 \quad (q_k=①,②)\\ \xi_4^{q_k}\neq 0,\quad \sum\limits_{q_k=①,②}\left(|\xi_{11}^{q_k}|+|\xi_{12}^{q_k}|\right)\neq 0\end{cases} \tag{11.30}$$

综上所述，在对层间混杂纤维拉剪多耦合效应层合板进行铺层设计时，若层合板只具有两种耦合效应，则只存在湿热稳定的 $\mathbf{A}_\mathrm{F}\mathbf{B}_0\mathbf{D}_\mathrm{F}$ 层合板，其湿热稳定的解析充要条件为式(11.30)。

2. 具有三种耦合效应层合板的湿热稳定条件

在具有三种耦合效应的层间混杂纤维拉剪多耦合效应层合板中，有如下两种情形，具有拉剪、拉弯和剪扭耦合效应的 $\mathbf{A}_\mathrm{F}\mathbf{B}_\mathrm{S}\mathbf{D}_\mathrm{S}$ 层合板，以及具有拉剪、拉弯和弯扭耦合效应的 $\mathbf{A}_\mathrm{F}\mathbf{B}_l\mathbf{D}_\mathrm{F}$ 层合板。对于 $\mathbf{A}_\mathrm{F}\mathbf{B}_\mathrm{S}\mathbf{D}_\mathrm{S}$ 层合板，其刚度矩阵为式(6.11)。结合式(11.1)～式(11.3)，可得层间混杂纤维层合板同时具有拉剪、拉弯和剪扭耦合效应的充要条件为

$$\begin{cases}\xi_7^{q_k}=\xi_8^{q_k}=\xi_{11}^{q_k}=\xi_{12}^{q_k}=0,\quad q_k=①,②\\ \sum\limits_{q_k=①,②}\left(|\xi_3^{q_k}|+|\xi_4^{q_k}|\right)\neq 0,\quad \sum\limits_{q_k=①,②}\left(|\xi_6^{q_k}|+|\xi_{14}^{q_k}|\right)\neq 0\end{cases} \tag{11.31}$$

联立式(11.24)和式(11.31)，可得层间混杂纤维 $\mathbf{A}_\mathrm{F}\mathbf{B}_\mathrm{S}\mathbf{D}_\mathrm{S}$ 层合板湿热稳定的充要条件，即

$$\begin{cases}\xi_1^{q_k}=\xi_3^{q_k}=\xi_5^{q_k}=\xi_7^{q_k}=\xi_8^{q_k}=\xi_{11}^{q_k}=\xi_{12}^{q_k}=\xi_{14}^{q_k}=0\\ \xi_4^{q_k}\neq 0,\ \xi_6^{q_k}\neq 0,\quad q_k=①,②\end{cases} \tag{11.32}$$

对于 $\mathbf{A}_\mathrm{F}\mathbf{B}_l\mathbf{D}_\mathrm{F}$ 层合板，其刚度矩阵为式(6.14)。结合式(11.1)～式(11.3)，可得层间混杂纤维层合板同时具有拉剪、拉弯和弯扭耦合效应的充要条件，即

$$\begin{cases}\xi_6^{q_k}=\xi_7^{q_k}=\xi_8^{q_k}=\xi_{14}^{q_k}=0,\quad q_k=①,②\\ \sum\limits_{q_k=①,②}\left(|\xi_3^{q_k}|+|\xi_4^{q_k}|\right)\neq 0,\quad \sum\limits_{q_k=①,②}\left(|\xi_5^{q_k}|+|\xi_6^{q_k}|+|\xi_{14}^{q_k}|\right)\neq 0,\quad \sum\limits_{q_k=①,②}\left(|\xi_{11}^{q_k}|+|\xi_{12}^{q_k}|\right)\neq 0\end{cases} \tag{11.33}$$

此时，发现式(11.24)和式(11.33)不能同时满足，表明不存在湿热稳定的层间混杂纤维 $\mathbf{A}_\mathrm{F}\mathbf{B}_l\mathbf{D}_\mathrm{F}$ 层合板。

综上所述，在对层间混杂纤维拉剪多耦合效应层合板进行铺层设计时，若层合板只具有三种耦合效应，则只存在湿热稳定的 $\mathbf{A}_\mathrm{F}\mathbf{B}_\mathrm{S}\mathbf{D}_\mathrm{S}$ 层合板，其湿热稳定的解析充要为式(11.32)。

3. 具有四种耦合效应层合板的湿热稳定条件

若层间混杂纤维层合板具有含拉剪耦合的四种耦合效应，则四种耦合效应分别

为拉剪、拉弯、剪扭和弯扭耦合效应，即 $\mathbf{A}_{\mathrm{F}}\mathbf{B}_{\mathrm{S}}\mathbf{D}_{\mathrm{F}}$ 层合板，其刚度矩阵为式(6.16)。结合式(11.1)～式(11.3)，可得层间混杂纤维层合板具有拉剪、拉弯、剪扭和弯扭耦合效应的充要条件，即

$$\begin{cases}\xi_7^{q_k}=\xi_8^{q_k}=0, \quad q_k=①,② \\ \sum\limits_{q_k=①,②}\left(|\xi_3^{q_k}|+|\xi_4^{q_k}|\right)\neq 0, \quad \sum\limits_{q_k=①,②}\left(|\xi_6^{q_k}|+|\xi_{14}^{q_k}|\right)\neq 0, \quad \sum\limits_{q_k=①,②}\left(|\xi_{11}^{q_k}|+|\xi_{12}^{q_k}|\right)\neq 0\end{cases} \tag{11.34}$$

联立式(11.24)和式(11.34)，可得层间混杂纤维 $\mathbf{A}_{\mathrm{F}}\mathbf{B}_{\mathrm{S}}\mathbf{D}_{\mathrm{F}}$ 层合板湿热稳定的充要条件，即

$$\begin{cases}\xi_1^{q_k}=\xi_3^{q_k}=\xi_5^{q_k}=\xi_7^{q_k}=\xi_8^{q_k}=\xi_{14}^{q_k}=0, \quad q_k=①,② \\ \xi_4^{q_k}\neq 0, \quad \xi_6^{q_k}\neq 0, \quad \sum\limits_{q=①,②}\left(|\xi_{11}^{q_k}|+|\xi_{12}^{q_k}|\right)\neq 0\end{cases} \tag{11.35}$$

现将能够满足湿热稳定条件的层间混杂纤维拉剪多耦合效应层合板进行汇总，如表 11.1 所示。

**表 11.1　层间混杂纤维拉剪多耦合效应层合板湿热稳定的充要条件**

| 层合板类型 | 耦合效应数量 | 充要条件 |
|---|---|---|
| $\mathbf{A}_{\mathrm{F}}\mathbf{B}_0\mathbf{D}_{\mathrm{F}}$ 层合板 | 2 | $\begin{cases}\xi_1^{q_k}=\xi_3^{q_k}=\xi_5^{q_k}=\xi_6^{q_k}=\xi_7^{q_k}=\xi_8^{q_k}=\xi_{14}^{q_k}=0, \quad q_k=①,② \\ \xi_4^{q_k}\neq 0, \quad \sum\limits_{q_k=①,②}\left(|\xi_{11}^{q_k}|+|\xi_{12}^{q_k}|\right)\neq 0\end{cases}$ |
| $\mathbf{A}_{\mathrm{F}}\mathbf{B}_{\mathrm{S}}\mathbf{D}_{\mathrm{S}}$ 层合板 | 3 | $\begin{cases}\xi_1^{q_k}=\xi_3^{q_k}=\xi_5^{q_k}=\xi_7^{q_k}=\xi_8^{q_k}=\xi_{11}^{q_k}=\xi_{12}^{q_k}=\xi_{14}^{q_k}=0 \\ \xi_4^{q_k}\neq 0, \quad \xi_6^{q_k}\neq 0, \quad q_k=①,②\end{cases}$ |
| $\mathbf{A}_{\mathrm{F}}\mathbf{B}_{\mathrm{S}}\mathbf{D}_{\mathrm{F}}$ 层合板 | 4 | $\begin{cases}\xi_1^{q_k}=\xi_3^{q_k}=\xi_5^{q_k}=\xi_7^{q_k}=\xi_8^{q_k}=\xi_{14}^{q_k}=0, \quad q_k=①,② \\ \xi_4^{q_k}\neq 0, \quad \xi_6^{q_k}\neq 0, \quad \sum\limits_{q=①,②}\left(|\xi_{11}^{q_k}|+|\xi_{12}^{q_k}|\right)\neq 0\end{cases}$ |

### 11.3.2　层间混杂拉扭多耦合效应层合板

对于层间混杂纤维拉扭耦合层合板，如果按照耦合形式不同进行分类，有 12 种类型(表 7.1)。与单种纤维拉扭耦合层合板的设计类似，本节设计的层间混杂纤维拉扭多耦合效应层合板不应同时具有拉剪耦合效应，即去除表 7.1 中拉伸刚度矩阵为 $\mathbf{A}_{\mathrm{F}}$ 的层合板，只对编号为(2)、(3)、(5)、(6)和(9)的 5 种拉扭多耦合效应层合板展开研究。

根据上述每种层合板具体的耦合形式，可以分别得到其刚度矩阵，然后结合式(11.1)～式(11.3)，可得用几何因子表示层合板耦合效应的充要条件。为了方便

表述，具体推导过程不再赘述，直接列出推导后的 5 种层间混杂纤维拉扭耦合层合板类型及其湿热稳定充要条件，如表 11.2 所示。

**表 11.2　层间混杂纤维拉扭耦合层合板类型及其湿热稳定充要条件**

| 编号 | 层合板类型 | 充要条件 |
|---|---|---|
| (2) | $\mathbf{A}_\mathrm{S}\mathbf{B}_t\mathbf{D}_\mathrm{F}$ 层合板 | $\begin{cases}\xi_3^{q_k}=\xi_4^{q_k}=\xi_5^{q_k}=\xi_6^{q_k}=\xi_{14}^{q_k}=0, \quad q_k=①,② \\ \sum\limits_{q_k=①,②}\left(\lvert\xi_7^{q_k}\rvert+\lvert\xi_8^{q_k}\rvert\right)\neq 0, \quad \sum\limits_{q_k=①,②}\left(\lvert\xi_{11}^{q_k}\rvert+\lvert\xi_{12}^{q_k}\rvert\right)\neq 0\end{cases}$ |
| (3) | $\mathbf{A}_\mathrm{S}\mathbf{B}_{lt}\mathbf{D}_\mathrm{S}$ 层合板 | $\begin{cases}\xi_3^{q_k}=\xi_4^{q_k}=\xi_6^{q_k}=\xi_{11}^{q_k}=\xi_{12}^{q_k}=\xi_{14}^{q_k}=0, \quad q_k=①,② \\ \sum\limits_{q_k=①,②}\lvert\xi_5^{q_k}\rvert\neq 0, \quad \sum\limits_{q_k=①,②}\left(\lvert\xi_7^{q_k}\rvert+\lvert\xi_8^{q_k}\rvert\right)\neq 0\end{cases}$ |
| (5) | $\mathbf{A}_\mathrm{S}\mathbf{B}_{lt}\mathbf{D}_\mathrm{F}$ 层合板 | $\begin{cases}\xi_3^{q_k}=\xi_4^{q_k}=\xi_6^{q_k}=\xi_{14}^{q_k}=0, \quad q_k=①,② \\ \sum\limits_{q_k=①,②}\lvert\xi_5^{q_k}\rvert\neq 0, \quad \sum\limits_{q_k=①,②}\left(\lvert\xi_7^{q_k}\rvert+\lvert\xi_8^{q_k}\rvert\right)\neq 0, \quad \sum\limits_{q_k=①,②}\left(\lvert\xi_{11}^{q_k}\rvert+\lvert\xi_{12}^{q_k}\rvert\right)\neq 0\end{cases}$ |
| (6) | $\mathbf{A}_\mathrm{S}\mathbf{B}_\mathrm{F}\mathbf{D}_\mathrm{S}$ 层合板 | $\begin{cases}\xi_3^{q_k}=\xi_4^{q_k}=\xi_{11}^{q_k}=\xi_{12}^{q_k}=0, \quad q_k=①,② \\ \sum\limits_{q_k=①,②}\left(\lvert\xi_7^{q_k}\rvert+\lvert\xi_8^{q_k}\rvert\right)\neq 0, \quad \sum\limits_{q_k=①,②}\left(\lvert\xi_6^{q_k}\rvert+\lvert\xi_{14}^{q_k}\rvert\right)\neq 0\end{cases}$ |
| (9) | $\mathbf{A}_\mathrm{S}\mathbf{B}_\mathrm{F}\mathbf{D}_\mathrm{F}$ 层合板 | $\begin{cases}\xi_3^{q_k}=\xi_4^{q_k}=0, \quad q_k=①,② \\ \sum\limits_{q_k=①,②}\left(\lvert\xi_7^{q_k}\rvert+\lvert\xi_8^{q_k}\rvert\right)\neq 0, \quad \sum\limits_{q_k=①,②}\left(\lvert\xi_6^{q_k}\rvert+\lvert\xi_{14}^{q_k}\rvert\right)\neq 0, \quad \sum\limits_{q_k=①,②}\left(\lvert\xi_{11}^{q_k}\rvert+\lvert\xi_{12}^{q_k}\rvert\right)\neq 0\end{cases}$ |

由于拉扭多耦合效应层合板不同时具有拉剪耦合效应，因此有 $A_{16}=A_{26}=0$，即

$$a_{16}=a_{26}=0 \tag{11.36}$$

将式(11.36)代入式(11.13)，可得

$$\begin{aligned}&\left[+\frac{1}{4}(U_1^{\mathrm{T}①}\xi_{14}^{①}+U_1^{\mathrm{T}②}\xi_{14}^{②})(b_{16}+b_{26})+\frac{1}{4}(U_2^{\mathrm{T}①}\xi_5^{①}+U_2^{\mathrm{T}②}\xi_5^{②})(b_{16}-b_{26})\right.\\&\left.+\frac{1}{2}a_{66}(U_2^{\mathrm{T}①}\xi_3^{①}+U_2^{\mathrm{T}②}\xi_3^{②})+\frac{1}{4}b_{66}(U_2^{\mathrm{T}①}\xi_7^{①}+U_2^{\mathrm{T}②}\xi_7^{②})\right]=0\end{aligned} \tag{11.37}$$

由式(11.37)可得

$$\xi_3^{q_k}=\xi_5^{q_k}=\xi_7^{q_k}=\xi_{14}^{q_k}=0, \quad q_k=①,② \tag{11.38}$$

拉扭耦合层合板的耦合刚度系数 $B_{16}$ 和 $B_{26}$ 不能同时为零，结合式(11.2)，可得

$$\sum_{q_k=①,②}\left(\lvert\xi_7^{q_k}\rvert+\lvert\xi_8^{q_k}\rvert\right)\neq 0 \tag{11.39}$$

联立式(11.38)和式(11.39)可得层间混杂纤维拉扭耦合层合板能够抵抗湿热剪

切变形的充要条件，即

$$\xi_3^{q_k}=\xi_5^{q_k}=\xi_7^{q_k}=\xi_{14}^{q_k}=0,\quad \xi_8^{q_k}\neq 0,\quad q_k=①,② \tag{11.40}$$

另一方面，层间混杂纤维拉扭耦合层合板能够抵抗湿热翘曲变形的条件为式(11.22)，联立式(11.40)与式(11.22)可得层间混杂纤维拉扭多耦合效应层合板湿热稳定的充要条件，即

$$\xi_1^{q_k}=\xi_3^{q_k}=\xi_5^{q_k}=\xi_7^{q_k}=\xi_{14}^{q_k}=0,\quad \xi_8^{q_k}\neq 0,\quad q_k=①,② \tag{11.41}$$

将式(11.41)依次代入表 11.2 中，可得满足湿热稳定性条件的层间混杂纤维拉扭多耦合效应层合板，如表 11.3 所示。其中，表 7.1 中编号分别为(3)、(5)的 $\mathbf{A}_\mathrm{S}\mathbf{B}_{lt}\mathbf{D}_\mathrm{S}$ 层合板和 $\mathbf{A}_\mathrm{S}\mathbf{B}_{lt}\mathbf{D}_\mathrm{F}$ 层合板不能满足湿热稳定性条件。

**表 11.3　湿热稳定的层间混杂纤维拉扭多耦合效应层合板**

| 层合板类型 | 耦合效应数量 | 充要条件 |
|---|---|---|
| $\mathbf{A}_\mathrm{S}\mathbf{B}_{t}\mathbf{D}_\mathrm{F}$ 层合板 | 2 | $\begin{cases}\xi_1^{q_k}=\xi_3^{q_k}=\xi_4^{q_k}=\xi_5^{q_k}=\xi_6^{q_k}=\xi_7^{q_k}=\xi_{14}^{q_k}=0,\quad q_k=①,②\\ \xi_8^{q_k}\neq 0,\quad \sum\limits_{q_k=①,②}\left(\lvert\xi_{11}^{q_k}\rvert+\lvert\xi_{12}^{q_k}\rvert\right)\neq 0\end{cases}$ |
| $\mathbf{A}_\mathrm{S}\mathbf{B}_\mathrm{F}\mathbf{D}_\mathrm{S}$ 层合板 | 3 | $\begin{cases}\xi_1^{q_k}=\xi_3^{q_k}=\xi_4^{q_k}=\xi_5^{q_k}=\xi_7^{q_k}=\xi_{11}^{q_k}=\xi_{12}^{q_k}=\xi_{14}^{q_k}=0\\ \xi_6^{q_k}\neq 0,\quad \xi_8^{q_k}\neq 0,\quad q_k=①,②\end{cases}$ |
| $\mathbf{A}_\mathrm{S}\mathbf{B}_\mathrm{F}\mathbf{D}_\mathrm{F}$ 层合板 | 4 | $\begin{cases}\xi_1^{q_k}=\xi_3^{q_k}=\xi_4^{q_k}=\xi_5^{q_k}=\xi_7^{q_k}=\xi_{14}^{q_k}=0,\quad q_k=①,②\\ \xi_6^{q_k}\neq 0,\quad \xi_8^{q_k}\neq 0,\quad \sum\limits_{q_k=①,②}\left(\lvert\xi_{11}^{q_k}\rvert+\lvert\xi_{12}^{q_k}\rvert\right)\neq 0\end{cases}$ |

# 11.4　铺层优化设计

## 11.4.1　层间混杂拉剪多耦合效应层合板

### 1. 优化模型

为方便对比分析多耦合效应层合板和单耦合效应层合板的耦合刚度性能差异，本节同时对拉剪多耦合效应层合板和单一拉剪耦合层合板(即 $\mathbf{A}_\mathrm{F}\mathbf{B}_0\mathbf{D}_\mathrm{S}$ 层合板)进行铺层优化设计。文献[238]推导了层间混杂纤维 $\mathbf{A}_\mathrm{F}\mathbf{B}_0\mathbf{D}_\mathrm{S}$ 层合板湿热稳定的条件，即

$$\xi_1^{q_k}=\xi_3^{q_k}=\xi_5^{q_k}=\xi_6^{q_k}=\xi_7^{q_k}=\xi_8^{q_k}=\xi_{11}^{q_k}=\xi_{12}^{q_k}=\xi_{14}^{q_k}=0,\quad \xi_4^{q_k}\neq 0,\quad q_k=①,② \tag{11.42}$$

考虑利用拉剪多耦合效应层合板设计弯扭耦合结构时，其拉剪耦合效应的大小是弯扭耦合结构变形自适应能力的重要影响参数，因此该优化问题的优化目标

是层合板的最大拉剪耦合效应。优化问题的约束条件为表 11.1 和式(11.42)中几何因子的解析充要条件。

对于工程中常见的机翼和风机叶片等结构，其蒙皮厚度一般为 2mm 左右，由于层间混杂纤维层合板的单层板厚度为 0.1mm，因此在铺层优化设计中，将层间混杂纤维层合板的最多层数设定为 22 层。层间混杂纤维层合板分别采用碳纤维/环氧树脂复合材料和玻璃纤维/环氧树脂复合材料。

四类层间混杂纤维层合板($\mathbf{A}_\mathrm{F}\mathbf{B}_0\mathbf{D}_\mathrm{S}$ 层合板、$\mathbf{A}_\mathrm{F}\mathbf{B}_0\mathbf{D}_\mathrm{F}$ 层合板、$\mathbf{A}_\mathrm{F}\mathbf{B}_\mathrm{S}\mathbf{D}_\mathrm{S}$ 层合板、$\mathbf{A}_\mathrm{F}\mathbf{B}_\mathrm{S}\mathbf{D}_\mathrm{F}$ 层合板)的优化问题数学模型分别为

$$\max|a_{16}(q_1,q_2,\cdots,q_n,\theta_1,\theta_2,\cdots,\theta_n)|$$
$$\text{s.t.}\begin{cases}-90°\leqslant\theta_k\leqslant 90°, \quad k=1,2,\cdots,n\\ q_k=①,②, \quad k=1,2,\cdots,n\\ \xi_1^{①}=\xi_3^{①}=\xi_5^{①}=\xi_6^{①}=\xi_7^{①}=\xi_8^{①}=\xi_{11}^{①}=\xi_{12}^{①}=\xi_{14}^{①}=0\\ \xi_1^{②}=\xi_3^{②}=\xi_5^{②}=\xi_6^{②}=\xi_7^{②}=\xi_8^{②}=\xi_{11}^{②}=\xi_{12}^{②}=\xi_{14}^{②}=0\\ \xi_4^{①}\neq 0, \quad \xi_4^{②}\neq 0\end{cases} \tag{11.43}$$

$$\max|a_{16}(q_1,q_2,\cdots,q_n,\theta_1,\theta_2,\cdots,\theta_n)|$$
$$\text{s.t.}\begin{cases}-90°\leqslant\theta_k\leqslant 90°, \quad k=1,2,\cdots,n\\ q_k=①,②, \quad k=1,2,\cdots,n\\ \xi_1^{①}=\xi_3^{①}=\xi_5^{①}=\xi_6^{①}=\xi_7^{①}=\xi_8^{①}=\xi_{14}^{①}=0\\ \xi_1^{②}=\xi_3^{②}=\xi_5^{②}=\xi_6^{②}=\xi_7^{②}=\xi_8^{②}=\xi_{14}^{②}=0\\ \xi_4^{①}\neq 0, \quad \xi_4^{②}\neq 0, \quad |\xi_{11}^{①}|+|\xi_{11}^{②}|+|\xi_{12}^{①}|+|\xi_{12}^{②}|\neq 0\end{cases} \tag{11.44}$$

$$\max|a_{16}(q_1,q_2,\cdots,q_n,\theta_1,\theta_2,\cdots,\theta_n)|$$
$$\text{s.t.}\begin{cases}-90°\leqslant\theta_k\leqslant 90°, \quad k=1,2,\cdots,n\\ q_k=①,②, \quad k=1,2,\cdots,n\\ \xi_1^{①}=\xi_3^{①}=\xi_5^{①}=\xi_7^{①}=\xi_8^{①}=\xi_{11}^{①}=\xi_{12}^{①}=\xi_{14}^{①}=0\\ \xi_1^{②}=\xi_3^{②}=\xi_5^{②}=\xi_7^{②}=\xi_8^{②}=\xi_{11}^{②}=\xi_{12}^{②}=\xi_{14}^{②}=0\\ \xi_4^{①}\neq 0, \quad \xi_4^{②}\neq 0, \quad \xi_6^{①}\neq 0, \quad \xi_6^{②}\neq 0\end{cases} \tag{11.45}$$

$$
\max |a_{16}(q_1,q_2,\cdots,q_n,\theta_1,\theta_2,\cdots,\theta_n)|
$$

$$
\text{s.t.}\begin{cases}
-90^\circ \leqslant \theta_k \leqslant 90^\circ, \quad k=1,2,\cdots,n \\
q_k = ①,②, \quad k=1,2,\cdots,n \\
\xi_1^{①} = \xi_3^{①} = \xi_5^{①} = \xi_7^{①} = \xi_8^{①} = \xi_{14}^{①} = 0 \\
\xi_1^{②} = \xi_3^{②} = \xi_5^{②} = \xi_7^{②} = \xi_8^{②} = \xi_{14}^{②} = 0 \\
\xi_4^{①} \neq 0, \quad \xi_4^{②} \neq 0, \quad \xi_6^{①} \neq 0, \quad \xi_6^{②} \neq 0, \quad |\xi_{11}^{①}|+|\xi_{11}^{②}|+|\xi_{12}^{①}|+|\xi_{12}^{②}| \neq 0
\end{cases} \tag{11.46}
$$

2. 优化结果

对于四类层间混杂纤维拉剪耦合层合板，其优化问题的约束条件均包含 12 个等式约束及更多，比单种纤维拉剪耦合层合板优化问题的非线性约束还要强，因此同样选取 GA-SQP 算法进行优化设计。由于层间混杂纤维层合板的铺层优化设计是混合整数优化问题，优化变量同时包含实数和整数，因此这里需要在编程实现过程中对铺层材料变量 $q_1,q_2,\cdots,q_n$ 进行阶跃式取整处理。其具体方法如下，在优化过程中，$q_1,q_2,\cdots,q_n$ 的随机初始值取值范围同铺层角度 $\theta_1,\theta_2,\cdots,\theta_n$ 一样，将其设定为 $-90^\circ \sim 90^\circ$。当随机取值 $-90^\circ \sim 0^\circ$ 时，将其赋值为 1，代表①型复合材料；当随机取值 $0^\circ \sim 90^\circ$ 时，将其赋值为 2，代表②型复合材料。

表 11.4 给出了四类层间混杂纤维拉剪耦合层合板的铺层优化设计结果。其中，$R_c$ 为碳纤维/环氧树脂复合材料单层板在整个层合板中的占比，可以直观的反映层合板的材料成本。铺层角度的下标“c”代表碳纤维，下标“gl”代表玻璃纤维，方括号外的下标“T”代表该铺层是非对称铺层。由于碳纤维复合材料预浸料的价格远高于玻璃纤维复合材料预浸料的价格，因此 $R_c$ 越小表示层合板成本越低。由于单层板厚度为 0.1mm，而常见的机翼和风机叶片蒙皮厚度一般为 2mm(20 层)左右，因此将设计的层间混杂纤维层合板层数定为 18～22 层。

**表 11.4　湿热稳定的层间混杂纤维拉剪耦合层合板**

| 层合板类型 | 层数 | 铺层优化设计结果 | $R_c$/% | 耦合效应 $\lvert a_{16}\rvert$/(m · N$^{-1}$) |
|---|---|---|---|---|
| $\mathbf{A_F B_0 D_S}$ 层合板 | 18 | $[28.14^\circ_c/-21.98^\circ_c/-88.14^\circ_c/85.11^\circ_c/-43.49^\circ_c/53.50^\circ_c/-12.67^\circ_c/0.00^\circ_{gl}/90.00^\circ_{gl}/90.00^\circ_{gl}/0.00^\circ_{gl}/-9.16^\circ_c/87.95^\circ_c/60.86^\circ_c/-22.74^\circ_c/59.56^\circ_c/8.51^\circ_c/-61.77^\circ_c]_T$ | 77.78 | $2.32\times10^{-9}$ |
| | 19 | $[0.21^\circ_c/-79.96^\circ_c/74.77^\circ_c/-16.34^\circ_c/20.71^\circ_c/-55.57^\circ_c/67.91^\circ_c/90.00^\circ_{gl}/0.00^\circ_{gl}/72.44^\circ_c/0.00^\circ_{gl}/90.00^\circ_{gl}/-4.62^\circ_c/-42.31^\circ_c/-17.16^\circ_c/39.26^\circ_c/87.81^\circ_c/3.42^\circ_c/-87.49^\circ_c]_T$ | 78.95 | $1.23\times10^{-9}$ |
| | 20 | $[89.65^\circ_c/-1.34^\circ_c/78.91^\circ_c/-58.59^\circ_c/26.07^\circ_c/89.72^\circ_c/-14.61^\circ_c/10.04^\circ_c/0.00^\circ_{gl}/90.00^\circ_{gl}/90.00^\circ_{gl}/0.00^\circ_{gl}/-55.09^\circ_c/16.23^\circ_c/6.23^\circ_c/87.48^\circ_c/19.19^\circ_c/-24.33^\circ_c/83.20^\circ_c/-86.72^\circ_c]_T$ | 80 | $1.23\times10^{-9}$ |
| | 21 | $[-85.87^\circ_c/9.70^\circ_c/-18.12^\circ_c/79.36^\circ_c/-39.60^\circ_c/27.83^\circ_c/75.75^\circ_c/6.32^\circ_{gl}/87.16^\circ_{gl}/-29.36^\circ_{gl}/90.00^\circ_{gl}/29.36^\circ_{gl}/-87.16^\circ_{gl}/-6.32^\circ_{gl}/-1.23^\circ_c/68.37^\circ_c/-25.94^\circ_c/-21.41^\circ_c/-87.26^\circ_c/-86.95^\circ_c/24.08^\circ_c]_T$ | 66.67 | $1.54\times10^{-9}$ |

续表

| 层合板类型 | 层数 | 铺层优化设计结果 | $R_c$/% | 耦合效应$\lvert a_{16}\rvert$/$(m \cdot N^{-1})$ |
|---|---|---|---|---|
| $\mathbf{A_F B_0 D_S}$ 层合板 | 22 | $[87.21^{\circ}_{c}/85.90^{\circ}_{c}/10.18^{\circ}_{c}/-5.03^{\circ}_{c}/-20.99^{\circ}_{c}/-74.30^{\circ}_{c}/11.04^{\circ}_{c}/79.00^{\circ}_{c}/2.83^{\circ}_{gl}/85.13^{\circ}_{gl}/-45.27^{\circ}_{gl}/45.27^{\circ}_{gl}/-85.13^{\circ}_{gl}/-2.83^{\circ}_{gl}/-16.24^{\circ}_{c}/61.38^{\circ}_{c}/90.00^{\circ}_{c}/-6.97^{\circ}_{c}/-6.92^{\circ}_{c}/12.65^{\circ}_{c}/90.00^{\circ}_{c}/-83.50^{\circ}_{c}]_{T}$ | 72.73 | $1.02\times10^{-9}$ |
| $\mathbf{A_F B_0 D_F}$ 层合板 | 18 | $[54.54^{\circ}_{c}/-18.49^{\circ}_{c}/-18.19^{\circ}_{c}/61.70^{\circ}_{c}/79.50^{\circ}_{c}/-18.05^{\circ}_{c}/-53.30^{\circ}_{c}/-22.61^{\circ}_{gl}/67.39^{\circ}_{gl}/67.39^{\circ}_{gl}/-22.61^{\circ}_{gl}/-85.48^{\circ}_{c}/68.23^{\circ}_{c}/-5.57^{\circ}_{c}/53.41^{\circ}_{c}/-29.24^{\circ}_{c}/62.19^{\circ}_{c}/-20.82^{\circ}_{c}]_{T}$ | 77.78 | $7.35\times10^{-9}$ |
| | 19 | $[48.81^{\circ}_{gl}/-44.99^{\circ}_{gl}/-89.64^{\circ}_{gl}/17.72^{\circ}_{gl}/21.30^{\circ}_{gl}/-62.32^{\circ}_{gl}/-20.87^{\circ}_{gl}/-56.94^{\circ}_{c}/18.58^{\circ}_{c}/70.82^{\circ}_{c}/18.58^{\circ}_{c}/-56.94^{\circ}_{c}/79.02^{\circ}_{gl}/-62.60^{\circ}_{gl}/26.90^{\circ}_{gl}/-23.90^{\circ}_{gl}/63.33^{\circ}_{gl}/-58.41^{\circ}_{gl}/23.06^{\circ}_{gl}]_{T}$ | 26.32 | $5.31\times10^{-9}$ |
| | 20 | $[-55.35^{\circ}_{gl}/-22.98^{\circ}_{gl}/-75.69^{\circ}_{gl}/22.22^{\circ}_{gl}/27.14^{\circ}_{gl}/76.27^{\circ}_{gl}/35.45^{\circ}_{gl}/8.63^{\circ}_{c}/-81.37^{\circ}_{c}/80.48^{\circ}_{gl}/-10.09^{\circ}_{gl}/-81.37^{\circ}_{c}/8.63^{\circ}_{c}/-75.03^{\circ}_{gl}/-9.19^{\circ}_{gl}/35.55^{\circ}_{gl}/89.65^{\circ}_{gl}/-33.05^{\circ}_{gl}/-61.38^{\circ}_{gl}/28.86^{\circ}_{gl}]_{T}$ | 20 | $6.17\times10^{-9}$ |
| | 21 | $[17.50^{\circ}_{gl}/86.29^{\circ}_{gl}/-87.16^{\circ}_{gl}/-10.36^{\circ}_{gl}/-14.59^{\circ}_{gl}/-83.75^{\circ}_{gl}/36.16^{\circ}_{gl}/-68.81^{\circ}_{c}/21.19^{\circ}_{c}/21.19^{\circ}_{c}/-57.51^{\circ}_{c}/-68.81^{\circ}_{c}/-68.82^{\circ}_{c}/21.19^{\circ}_{c}/6.41^{\circ}_{gl}/15.18^{\circ}_{gl}/-81.63^{\circ}_{gl}/-27.71^{\circ}_{gl}/90.00^{\circ}_{gl}/78.09^{\circ}_{gl}/11.40^{\circ}_{gl}]_{T}$ | 33.33 | $1.07\times10^{-8}$ |
| | 22 | $[-7.60^{\circ}_{gl}/5.42^{\circ}_{gl}/-59.83^{\circ}_{gl}/76.33^{\circ}_{gl}/37.26^{\circ}_{gl}/29.74^{\circ}_{gl}/-66.94^{\circ}_{gl}/-83.40^{\circ}_{gl}/-75.83^{\circ}_{c}/21.86^{\circ}_{c}/-27.73^{\circ}_{c}/61.72^{\circ}_{c}/12.13^{\circ}_{c}/-70.18^{\circ}_{c}/-14.14^{\circ}_{gl}/-72.60^{\circ}_{gl}/53.08^{\circ}_{gl}/-73.27^{\circ}_{gl}/-74.52^{\circ}_{gl}/-8.26^{\circ}_{gl}/2.38^{\circ}_{gl}/36.77^{\circ}_{gl}]_{T}$ | 27.27 | $3.16\times10^{-9}$ |
| $\mathbf{A_F B_S D_S}$ 层合板 | 18 | $[-78.72^{\circ}_{c}/75.35^{\circ}_{c}/-7.29^{\circ}_{c}/14.11^{\circ}_{c}/84.47^{\circ}_{c}/-10.27^{\circ}_{c}/-15.46^{\circ}_{c}/0.00^{\circ}_{gl}/90.00^{\circ}_{gl}/90.00^{\circ}_{gl}/0.00^{\circ}_{gl}/61.74^{\circ}_{c}/72.47^{\circ}_{c}/-12.13^{\circ}_{c}/-38.18^{\circ}_{c}/77.20^{\circ}_{c}/-52.65^{\circ}_{c}/29.26^{\circ}_{c}]_{T}$ | 77.78 | $3.39\times10^{-9}$ |
| | 19 | $[-63.03^{\circ}_{gl}/32.97^{\circ}_{gl}/-25.06^{\circ}_{gl}/70.49^{\circ}_{gl}/73.66^{\circ}_{gl}/-5.67^{\circ}_{gl}/0.00^{\circ}_{c}/90.00^{\circ}_{c}/-12.69^{\circ}_{gl}/73.08^{\circ}_{gl}/-11.53^{\circ}_{gl}/90.00^{\circ}_{c}/0.00^{\circ}_{c}/75.67^{\circ}_{gl}/-12.05^{\circ}_{gl}/-89.52^{\circ}_{gl}/-78.37^{\circ}_{gl}/-20.49^{\circ}_{gl}/35.86^{\circ}_{gl}]_{T}$ | 21.05 | $2.22\times10^{-9}$ |
| | 20 | $[54.49^{\circ}_{gl}/-85.18^{\circ}_{gl}/-3.52^{\circ}_{gl}/-53.26^{\circ}_{gl}/-4.64^{\circ}_{gl}/17.88^{\circ}_{gl}/-60.40^{\circ}_{gl}/0.00^{\circ}_{c}/90.00^{\circ}_{c}/25.12^{\circ}_{gl}/-73.04^{\circ}_{gl}/90.00^{\circ}_{c}/0.00^{\circ}_{c}/29.86^{\circ}_{gl}/-79.98^{\circ}_{gl}/89.90^{\circ}_{gl}/50.67^{\circ}_{gl}/-71.00^{\circ}_{gl}/0.44^{\circ}_{gl}/-11.06^{\circ}_{gl}]_{T}$ | 20 | $1.89\times10^{-9}$ |
| | 21 | $[-24.66^{\circ}_{c}/47.50^{\circ}_{c}/-85.63^{\circ}_{c}/24.45^{\circ}_{c}/14.92^{\circ}_{c}/-35.73^{\circ}_{c}/-72.93^{\circ}_{c}/-45.00^{\circ}_{gl}/45.00^{\circ}_{gl}/45.00^{\circ}_{gl}/-67.13^{\circ}_{c}/-45.00^{\circ}_{gl}/-45.00^{\circ}_{gl}/45.00^{\circ}_{gl}/47.00^{\circ}_{c}/-79.70^{\circ}_{c}/24.54^{\circ}_{c}/63.16^{\circ}_{c}/-65.27^{\circ}_{c}/-22.37^{\circ}_{c}/4.17^{\circ}_{c}]_{T}$ | 71.43 | $1.59\times10^{-9}$ |
| | 22 | $[32.87^{\circ}_{c}/-3.83^{\circ}_{c}/-42.05^{\circ}_{c}/90.00^{\circ}_{c}/-14.23^{\circ}_{c}/52.20^{\circ}_{c}/-49.82^{\circ}_{c}/78.62^{\circ}_{c}/87.17^{\circ}_{gl}/4.87^{\circ}_{gl}/-44.73^{\circ}_{gl}/44.73^{\circ}_{gl}/-4.87^{\circ}_{gl}/-87.17^{\circ}_{gl}/50.72^{\circ}_{c}/81.66^{\circ}_{c}/81.02^{\circ}_{c}/-19.75^{\circ}_{c}/-27.92^{\circ}_{c}/-61.96^{\circ}_{c}/36.55^{\circ}_{c}/2.42^{\circ}_{c}]_{T}$ | 72.73 | $1.43\times10^{-9}$ |
| $\mathbf{A_F B_S D_F}$ 层合板 | 18 | $[46.60^{\circ}_{gl}/-61.59^{\circ}_{gl}/25.98^{\circ}_{gl}/-61.36^{\circ}_{gl}/-80.83^{\circ}_{gl}/-24.47^{\circ}_{gl}/22.59^{\circ}_{c}/28.16^{\circ}_{gl}/-67.41^{\circ}_{c}/-67.41^{\circ}_{c}/25.83^{\circ}_{gl}/22.59^{\circ}_{c}/-61.20^{\circ}_{gl}/-25.20^{\circ}_{gl}/21.56^{\circ}_{gl}/21.84^{\circ}_{gl}/-77.76^{\circ}_{gl}/90.00^{\circ}_{gl}]_{T}$ | 22.22 | $1.49\times10^{-8}$ |
| | 19 | $[-34.96^{\circ}_{gl}/-11.46^{\circ}_{gl}/57.56^{\circ}_{gl}/83.84^{\circ}_{gl}/15.14^{\circ}_{gl}/80.82^{\circ}_{gl}/62.85^{\circ}_{c}/-27.15^{\circ}_{c}/-60.61^{\circ}_{gl}/12.40^{\circ}_{gl}/-26.74^{\circ}_{gl}/-27.15^{\circ}_{c}/62.85^{\circ}_{c}/78.77^{\circ}_{gl}/61.29^{\circ}_{gl}/69.45^{\circ}_{gl}/-40.03^{\circ}_{gl}/18.67^{\circ}_{gl}/-30.45^{\circ}_{gl}]_{T}$ | 21.05 | $1.13\times10^{-8}$ |
| | 20 | $[-71.03^{\circ}_{gl}/38.92^{\circ}_{gl}/-55.32^{\circ}_{gl}/47.69^{\circ}_{gl}/0.61^{\circ}_{gl}/-71.38^{\circ}_{gl}/14.34^{\circ}_{gl}/-10.96^{\circ}_{gl}/-67.84^{\circ}_{c}/22.16^{\circ}_{c}/22.16^{\circ}_{c}/-67.84^{\circ}_{c}/90^{\circ}_{gl}/60.65^{\circ}_{gl}/6.22^{\circ}_{gl}/-69.26^{\circ}_{gl}/-50.22^{\circ}_{gl}/4.06^{\circ}_{gl}/-77.42^{\circ}_{gl}/33.07^{\circ}_{gl}]_{T}$ | 20 | $1.17\times10^{-8}$ |
| | 21 | $[-41.47^{\circ}_{gl}/16.54^{\circ}_{gl}/-67.78^{\circ}_{gl}/-62.25^{\circ}_{gl}/40.26^{\circ}_{gl}/23.59^{\circ}_{c}/74.09^{\circ}_{gl}/28.08^{\circ}_{gl}/23.59^{\circ}_{c}/-66.41^{\circ}_{c}/-66.40^{\circ}_{c}/-66.41^{\circ}_{c}/20.69^{\circ}_{gl}/26.98^{\circ}_{gl}/-56.93^{\circ}_{gl}/-73.34^{\circ}_{gl}/17.79^{\circ}_{gl}/23.59^{\circ}_{c}/-53.46^{\circ}_{gl}/-46.81^{\circ}_{gl}/48.16^{\circ}_{gl}]_{T}$ | 28.57 | $1.36\times10^{-8}$ |
| | 22 | $[-0.85^{\circ}_{c}/-20.19^{\circ}_{c}/64.31^{\circ}_{c}/70.87^{\circ}_{c}/-38.75^{\circ}_{c}/-88.10^{\circ}_{c}/-15.82^{\circ}_{c}/68.40^{\circ}_{c}/-80.24^{\circ}_{gl}/39.96^{\circ}_{gl}/-16.34^{\circ}_{gl}/-26.65^{\circ}_{gl}/36.49^{\circ}_{gl}/-82.32^{\circ}_{gl}/-0.83^{\circ}_{c}/63.44^{\circ}_{c}/85.16^{\circ}_{c}/-32.22^{\circ}_{c}/69.66^{\circ}_{c}/-19.41^{\circ}_{c}/44.72^{\circ}_{c}/-32.22^{\circ}_{c}]_{T}$ | 72.73 | $5.41\times10^{-9}$ |

通过表 6.4～表 6.7 和表 11.4 的优化设计结果不难发现，无论是单种纤维拉剪多耦合效应层合板，还是层间混杂纤维拉剪多耦合效应层合板，相比 $\mathbf{A}_\mathrm{F}\mathbf{B}_0\mathbf{D}_\mathrm{S}$ 层合板，其拉剪耦合效应能实现大幅度提升。从理论层面分析其原因，主要体现在两个方面，一方面是多耦合的引入减少优化问题的非线性等式约束数量，进而拓宽了可行解的范围；另一面是影响柔度系数 $a_{16}$ 的因素项增多，其中四类层间混杂纤维层合板的 $|a_{16}|$ 具体表达式可通过如下方法进行求解。

对比表 11.1 和式(11.42)中四类层间混杂纤维拉剪耦合层合板的湿热稳定充要条件，可以发现其满足的共有解析条件为

$$\xi_1^{q_k}=\xi_3^{q_k}=\xi_5^{q_k}=\xi_7^{q_k}=\xi_8^{q_k}=\xi_{14}^{q_k}=0,\quad \xi_4^{q_k}\neq 0,\quad q_k=①,② \tag{11.47}$$

将式(11.47)代入式(11.1)～式(11.3)可得

$$A_{11}=A_{22},\quad A_{16}=-A_{26},\quad B_{11}=B_{22}=-B_{12}=-B_{66},\quad B_{16}=B_{26}=0 \tag{11.48}$$

进而，将式(11.48)代入式(3.20)，并基于仿真软件的符号运算功能进行计算求解，可得各类层合板的拉剪耦合柔度系数 $a_{16}$，即

$$\begin{cases}
a_{16}^{\mathrm{I}}=\dfrac{A_{16}}{2A_{16}^2+(A_{12}-A_{11})A_{66}}\\
a_{16}^{\mathrm{II}}=\dfrac{A_{16}}{2A_{16}^2+(A_{12}-A_{11})A_{66}}\\
a_{16}^{\mathrm{III}}=\dfrac{A_{16}D_{66}(D_{12}^2-D_{11}D_{22})}{\begin{bmatrix}2A_{16}^2D_{66}(D_{12}^2-D_{11}D_{22})+2B_{11}^2(B_{11}^2-A_{66}D_{66})(D_{11}+2D_{12}+D_{22})\\+(A_{11}-A_{12})(B_{11}^2-A_{66}D_{66})(D_{12}^2-D_{11}D_{22})\end{bmatrix}}\\
a_{16}^{\mathrm{IV}}=\dfrac{\begin{bmatrix}A_{16}(D_{11}D_{26}^2+D_{16}^2D_{22}+D_{12}^2D_{66}-2D_{12}D_{16}D_{26}-D_{11}D_{22}D_{66})\\+B_{11}^2(D_{12}D_{16}+D_{22}D_{16}-D_{11}D_{26}-D_{12}D_{26})\end{bmatrix}}{\begin{bmatrix}2A_{16}^2(D_{11}D_{26}^2+D_{16}^2D_{22}+D_{12}^2D_{66}-2D_{12}D_{16}D_{26}-D_{11}D_{22}D_{66})\\+4A_{16}B_{11}^2(D_{12}D_{16}+D_{22}D_{16}-D_{11}D_{26}-D_{12}D_{26})+2B_{11}^4(D_{11}+2D_{12}+D_{22})\\+(A_{11}-A_{12})B_{11}^2(D_{12}^2-D_{11}D_{22})+2A_{66}B_{11}^2(D_{16}^2+D_{26}^2+2D_{16}D_{26}-D_{11}D_{66}-2D_{12}D_{66}-D_{22}D_{66})\\+(A_{12}-A_{11})A_{66}(D_{11}D_{26}^2+D_{22}D_{16}^2+D_{66}D_{12}^2-2D_{12}D_{16}D_{26}-D_{11}D_{22}D_{66})\end{bmatrix}}
\end{cases} \tag{11.49}$$

其中，角标 I-IV 依次对应 $\mathbf{A}_\mathrm{F}\mathbf{B}_0\mathbf{D}_\mathrm{S}$ 层合板、$\mathbf{A}_\mathrm{F}\mathbf{B}_0\mathbf{D}_\mathrm{F}$ 层合板、$\mathbf{A}_\mathrm{F}\mathbf{B}_\mathrm{S}\mathbf{D}_\mathrm{S}$ 层合板和 $\mathbf{A}_\mathrm{F}\mathbf{B}_\mathrm{S}\mathbf{D}_\mathrm{F}$ 层合板。

通过式(11.49)可知，与 $\mathbf{A}_\mathrm{F}\mathbf{B}_0\mathbf{D}_\mathrm{S}$ 层合板和 $\mathbf{A}_\mathrm{F}\mathbf{B}_0\mathbf{D}_\mathrm{F}$ 层合板相比，影响 $\mathbf{A}_\mathrm{F}\mathbf{B}_\mathrm{S}\mathbf{D}_\mathrm{S}$ 层合板和 $\mathbf{A}_\mathrm{F}\mathbf{B}_\mathrm{S}\mathbf{D}_\mathrm{F}$ 层合板拉剪耦合柔度系数的因素不再局限于拉伸刚度矩阵 $\mathbf{A}$，这验证了刚度提升的合理性。类似的，可以合理推断出如下结论，通过合理的铺

层设计，可以大幅提高层合板的其他所需刚度性能。

### 11.4.2 层间混杂拉扭多耦合效应层合板

1. 优化模型

为方便对比分析多耦合效应层合板和单耦合效应层合板的耦合刚度性能差异，本节同时对拉扭多耦合效应层合板和单一拉扭耦合层合板(即 $\mathbf{A}_S\mathbf{B}_t\mathbf{D}_S$ 层合板)进行铺层优化设计。文献[238]推导了层间混杂纤维 $\mathbf{A}_S\mathbf{B}_t\mathbf{D}_S$ 层合板湿热稳定的条件，即

$$\xi_1^{q_k}=\xi_3^{q_k}=\xi_4^{q_k}=\xi_5^{q_k}=\xi_6^{q_k}=\xi_7^{q_k}=\xi_{11}^{q_k}=\xi_{12}^{q_k}=\xi_{14}^{q_k}=0,\quad \xi_8^{q_k}\neq 0,\quad q_k=①,② \tag{11.50}$$

考虑层合板的拉扭耦合效应是构成结构自适应能力的主导因素，是主要刚度性能，可用拉扭耦合系数 $b_{16}$ 来衡量，因此该优化问题的优化目标是层合板的拉扭耦合效应达到最大。优化问题的约束条件分别为表 11.3 和式(11.50)中相应的几何因子充要条件。

对于四类层间混杂纤维拉扭多耦合效应层合板($\mathbf{A}_S\mathbf{B}_t\mathbf{D}_S$ 层合板、$\mathbf{A}_S\mathbf{B}_t\mathbf{D}_F$ 层合板、$\mathbf{A}_S\mathbf{B}_F\mathbf{D}_S$ 层合板、$\mathbf{A}_S\mathbf{B}_F\mathbf{D}_F$ 层合板)，其优化问题的数学模型分别为

$$\begin{aligned}&\max|b_{16}(q_1,q_2,\cdots,q_n,\theta_1,\theta_2,\cdots,\theta_n)|\\&\text{s.t.}\ \begin{cases}-90°\leqslant\theta_k\leqslant 90°,\quad k=1,2,\cdots,n\\ q_k=①,②,\quad k=1,2,\cdots,n\\ \xi_1^{①}=\xi_3^{①}=\xi_4^{①}=\xi_5^{①}=\xi_6^{①}=\xi_7^{①}=\xi_{11}^{①}=\xi_{12}^{①}=\xi_{14}^{①}=0\\ \xi_1^{②}=\xi_3^{②}=\xi_4^{②}=\xi_5^{②}=\xi_6^{②}=\xi_7^{②}=\xi_{11}^{②}=\xi_{12}^{②}=\xi_{14}^{②}=0\\ \xi_8^{①}\neq 0,\quad \xi_8^{②}\neq 0\end{cases}\end{aligned} \tag{11.51}$$

$$\begin{aligned}&\max|b_{16}(q_1,q_2,\cdots,q_n,\theta_1,\theta_2,\cdots,\theta_n)|\\&\text{s.t.}\ \begin{cases}-90°\leqslant\theta_k\leqslant 90°,\quad k=1,2,\cdots,n\\ q_k=①,②,\quad k=1,2,\cdots,n\\ \xi_1^{①}=\xi_3^{①}=\xi_4^{①}=\xi_5^{①}=\xi_6^{①}=\xi_7^{①}=\xi_{14}^{①}=0\\ \xi_1^{②}=\xi_3^{②}=\xi_4^{②}=\xi_5^{②}=\xi_6^{②}=\xi_7^{②}=\xi_{14}^{②}=0\\ \xi_8^{①}\neq 0,\quad \xi_8^{②}\neq 0,\quad |\xi_{11}^{①}|+|\xi_{11}^{②}|+|\xi_{12}^{①}|+|\xi_{12}^{②}|\neq 0\end{cases}\end{aligned} \tag{11.52}$$

$$
\max|b_{16}(q_1,q_2,\cdots,q_n,\theta_1,\theta_2,\cdots,\theta_n)|
$$
$$
\text{s.t.}\begin{cases}-90^\circ\leqslant\theta_k\leqslant 90^\circ, & k=1,2,\cdots,n\\ q_k=①,②, & k=1,2,\cdots,n\\ \xi_1^{①}=\xi_3^{①}=\xi_4^{①}=\xi_5^{①}=\xi_7^{①}=\xi_{11}^{①}=\xi_{12}^{①}=\xi_{14}^{①}=0\\ \xi_1^{②}=\xi_3^{②}=\xi_4^{②}=\xi_5^{②}=\xi_7^{②}=\xi_{11}^{②}=\xi_{12}^{②}=\xi_{14}^{②}=0\\ \xi_6^{①}\neq 0,\quad \xi_6^{②}\neq 0,\quad \xi_8^{①}\neq 0,\quad \xi_8^{②}\neq 0\end{cases}\tag{11.53}
$$

$$
\max|b_{16}(q_1,q_2,\cdots,q_n,\theta_1,\theta_2,\cdots,\theta_n)|
$$
$$
\text{s.t.}\begin{cases}-90^\circ\leqslant\theta_k\leqslant 90^\circ, & k=1,2,\cdots,n\\ q_k=①,②, & k=1,2,\cdots,n\\ \xi_1^{①}=\xi_3^{①}=\xi_4^{①}=\xi_5^{①}=\xi_7^{①}=\xi_{14}^{①}=0\\ \xi_1^{②}=\xi_3^{②}=\xi_4^{②}=\xi_5^{②}=\xi_7^{②}=\xi_{14}^{②}=0\\ \xi_6^{①}\neq 0,\quad \xi_6^{②}\neq 0,\quad \xi_8^{①}\neq 0,\quad \xi_8^{②}\neq 0,\quad |\xi_{11}^{①}|+|\xi_{11}^{②}|+|\xi_{12}^{①}|+|\xi_{12}^{②}|\neq 0\end{cases}\tag{11.54}
$$

2. 优化结果

与层间混杂纤维拉剪耦合层合板的设计相类似，四类层间混杂纤维拉扭耦合层合板的优化问题，其约束条件同样包含 12 个(及以上)等式约束。因此，选用 GA-SQP 算法进行优化设计。层间混杂纤维层合板同样采用 T300/5208 型碳纤维/环氧树脂复合材料和 S1002 型玻璃纤维/环氧树脂复合材料。考虑蒙皮厚度一般为 2mm 左右，而各单层厚度为 0.1mm，在此分别以 18-22 层层合板为例进行设计。

表 11.5 给出了以 18～22 层四类层间混杂纤维拉扭耦合层合板的铺层规律。可以看出，GA-SQP 算法可以获得湿热稳定层间混杂纤维拉扭耦合层合板铺层的可行解，并且对偶数层及奇数层铺层均适用；相比单一拉扭耦合的 $\mathbf{A}_S\mathbf{B}_t\mathbf{D}_S$ 层合板，多耦合效应的引入会大幅提升层合板的拉扭耦合效应，$\mathbf{A}_S\mathbf{B}_t\mathbf{D}_F$ 层合板、$\mathbf{A}_S\mathbf{B}_F\mathbf{D}_S$ 层合板和 $\mathbf{A}_S\mathbf{B}_F\mathbf{D}_F$ 层合板的拉扭耦合效应均提升至 2 倍及以上；对于 18～22 层层合板，$\mathbf{A}_S\mathbf{B}_F\mathbf{D}_F$ 层合板的拉扭耦合效应提升最为显著，其中 21 层 $\mathbf{A}_S\mathbf{B}_F\mathbf{D}_F$ 层合板的提升效果最为显著(高达 713.38%)。

**表 11.5　湿热稳定的层间混杂纤维拉扭耦合层合板**

| 层合板类型 | 层数 | 铺层优化设计结果 | $\lvert b_{16}\rvert/\mathrm{N}^{-1}$ |
|---|---|---|---|
| $\mathbf{A}_S\mathbf{B}_t\mathbf{D}_S$ 层合板 | 18 | $[89.93^{\circ}_{c}/28.95^{\circ}_{c}/-77.46^{\circ}_{\mathrm{gl}}/-55.60^{\circ}_{c}/-13.43^{\circ}_{c}/32.85^{\circ}_{\mathrm{gl}}/38.46^{\circ}_{c}/-46.32^{\circ}_{c}/-30.19^{\circ}_{\mathrm{gl}}/30.19^{\circ}_{\mathrm{gl}}/78.66^{\circ}_{c}/-0.58^{\circ}_{c}/-32.85^{\circ}_{\mathrm{gl}}/8.29^{\circ}_{c}/-89.90^{\circ}_{c}/77.46^{\circ}_{\mathrm{gl}}/57.93^{\circ}_{c}/-40.44^{\circ}_{c}]_{\mathrm{T}}$ | $4.29\times10^{-6}$ |
| | 19 | $[-0.69^{\circ}_{c}/-44.06^{\circ}_{c}/64.74^{\circ}_{c}/-84.70^{\circ}_{c}/27.83^{\circ}_{c}/-33.53^{\circ}_{c}/51.45^{\circ}_{c}/76.28^{\circ}_{\mathrm{gl}}/-33.60^{\circ}_{\mathrm{gl}}/0.00^{\circ}_{\mathrm{gl}}/33.60^{\circ}_{\mathrm{gl}}/-76.28^{\circ}_{\mathrm{gl}}/42.99^{\circ}_{c}/-56.68^{\circ}_{c}/-40.33^{\circ}_{c}/-71.25^{\circ}_{c}/71.06^{\circ}_{c}/-8.80^{\circ}_{c}/24.75^{\circ}_{c}]_{\mathrm{T}}$ | $2.06\times10^{-6}$ |
| | 20 | $[-43.57^{\circ}_{\mathrm{gl}}/49.19^{\circ}_{\mathrm{gl}}/73.65^{\circ}_{\mathrm{gl}}/-26.83^{\circ}_{\mathrm{gl}}/18.46^{\circ}_{\mathrm{gl}}/-81.25^{\circ}_{\mathrm{gl}}/-7.96^{\circ}_{\mathrm{gl}}/76.54^{\circ}_{\mathrm{gl}}/90.00^{\circ}_{c}/0.00^{\circ}_{c}/0.00^{\circ}_{c}/90.00^{\circ}_{c}/4.05^{\circ}_{\mathrm{gl}}/-68.02^{\circ}_{\mathrm{gl}}/25.50^{\circ}_{\mathrm{gl}}/-14.29^{\circ}_{\mathrm{gl}}/69.44^{\circ}_{\mathrm{gl}}/-46.88^{\circ}_{\mathrm{gl}}/-72.82^{\circ}_{\mathrm{gl}}/36.41^{\circ}_{\mathrm{gl}}]_{\mathrm{T}}$ | $2.34\times10^{-6}$ |
| | 21 | $[36.22^{\circ}_{\mathrm{gl}}/-12.24^{\circ}_{\mathrm{gl}}/-25.92^{\circ}_{\mathrm{gl}}/-5.56^{\circ}_{c}/86.74^{\circ}_{c}/-63.64^{\circ}_{c}/-90.00^{\circ}_{\mathrm{gl}}/63.37^{\circ}_{c}/31.09^{\circ}_{c}/-89.97^{\circ}_{\mathrm{gl}}/-89.90^{\circ}_{\mathrm{gl}}/-13.30^{\circ}_{c}/-80.56^{\circ}_{\mathrm{gl}}/12.30^{\circ}_{\mathrm{gl}}/57.84^{\circ}_{\mathrm{gl}}/-46.29^{\circ}_{c}/-9.67^{\circ}_{\mathrm{gl}}/13.83^{\circ}_{c}/-48.33^{\circ}_{\mathrm{gl}}/17.80^{\circ}_{\mathrm{gl}}/85.05^{\circ}_{c}]_{\mathrm{T}}$ | $1.57\times10^{-6}$ |
| | 22 | $[-1.84^{\circ}_{\mathrm{gl}}/75.48^{\circ}_{c}/-47.60^{\circ}_{c}/16.18^{\circ}_{c}/-89.99^{\circ}_{\mathrm{gl}}/-30.17^{\circ}_{\mathrm{gl}}/77.33^{\circ}_{\mathrm{gl}}/50.91^{\circ}_{\mathrm{gl}}/-38.66^{\circ}_{c}/60.38^{\circ}_{c}/-55.15^{\circ}_{\mathrm{gl}}/43.31^{\circ}_{\mathrm{gl}}/23.17^{\circ}_{c}/24.35^{\circ}_{\mathrm{gl}}/-55.48^{\circ}_{\mathrm{gl}}/-23.56^{\circ}_{\mathrm{gl}}/-25.41^{\circ}_{c}/-54.94^{\circ}_{c}/32.75^{\circ}_{c}/84.99^{\circ}_{c}/11.44^{\circ}_{\mathrm{gl}}/-89.79^{\circ}_{\mathrm{gl}}]_{\mathrm{T}}$ | $1.79\times10^{-6}$ |
| $\mathbf{A}_S\mathbf{B}_t\mathbf{D}_F$ 层合板 | 18 | $[70.83^{\circ}_{c}/-3.39^{\circ}_{\mathrm{gl}}/25.14^{\circ}_{c}/-20.90^{\circ}_{c}/-87.97^{\circ}_{\mathrm{gl}}/-57.03^{\circ}_{\mathrm{gl}}/88.42^{\circ}_{c}/53.48^{\circ}_{\mathrm{gl}}/-33.17^{\circ}_{c}/-28.70^{\circ}_{c}/57.03^{\circ}_{\mathrm{gl}}/-10.54^{\circ}_{\mathrm{gl}}/89.31^{\circ}_{c}/19.85^{\circ}_{c}/5.37^{\circ}_{\mathrm{gl}}/-74.22^{\circ}_{c}/-71.76^{\circ}_{\mathrm{gl}}/28.63^{\circ}_{c}]_{\mathrm{T}}$ | $1.10\times10^{-5}$ |
| | 19 | $[-53.62^{\circ}_{\mathrm{gl}}/18.47^{\circ}_{\mathrm{gl}}/-70.52^{\circ}_{\mathrm{gl}}/78.75^{\circ}_{\mathrm{gl}}/37.53^{\circ}_{\mathrm{gl}}/-12.40^{\circ}_{\mathrm{gl}}/26.33^{\circ}_{\mathrm{gl}}/-45.17^{\circ}_{c}/44.66^{\circ}_{c}/83.78^{\circ}_{\mathrm{gl}}/45.34^{\circ}_{c}/-44.83^{\circ}_{c}/-1.56^{\circ}_{\mathrm{gl}}/-80.29^{\circ}_{\mathrm{gl}}/-26.17^{\circ}_{\mathrm{gl}}/-50.99^{\circ}_{\mathrm{gl}}/-11.44^{\circ}_{\mathrm{gl}}/71.41^{\circ}_{\mathrm{gl}}/50.21^{\circ}_{\mathrm{gl}}]_{\mathrm{T}}$ | $8.19\times10^{-6}$ |
| | 20 | $[-35.92^{\circ}_{\mathrm{gl}}/82.98^{\circ}_{\mathrm{gl}}/72.38^{\circ}_{\mathrm{gl}}/-5.39^{\circ}_{\mathrm{gl}}/69.39^{\circ}_{\mathrm{gl}}/89.86^{\circ}_{c}/8.90^{\circ}_{\mathrm{gl}}/-6.69^{\circ}_{\mathrm{gl}}/-30.14^{\circ}_{c}/29.86^{\circ}_{c}/29.86^{\circ}_{c}/-30.14^{\circ}_{c}/-58.05^{\circ}_{\mathrm{gl}}/81.66^{\circ}_{\mathrm{gl}}/89.86^{\circ}_{c}/-2.62^{\circ}_{\mathrm{gl}}/12.29^{\circ}_{\mathrm{gl}}/-67.65^{\circ}_{\mathrm{gl}}/30.80^{\circ}_{\mathrm{gl}}/-81.11^{\circ}_{\mathrm{gl}}]_{\mathrm{T}}$ | $6.27\times10^{-6}$ |
| | 21 | $[-19.07^{\circ}_{c}/36.78^{\circ}_{\mathrm{gl}}/-23.60^{\circ}_{\mathrm{gl}}/-19.81^{\circ}_{\mathrm{gl}}/-89.83^{\circ}_{\mathrm{gl}}/85.20^{\circ}_{c}/-56.56^{\circ}_{\mathrm{gl}}/71.28^{\circ}_{c}/56.51^{\circ}_{\mathrm{gl}}/-48.86^{\circ}_{c}/20.74^{\circ}_{c}/15.24^{\circ}_{c}/54.05^{\circ}_{\mathrm{gl}}/76.11^{\circ}_{c}/21.93^{\circ}_{\mathrm{gl}}/86.31^{\circ}_{\mathrm{gl}}/-56.69^{\circ}_{\mathrm{gl}}/-0.03^{\circ}_{c}/-63.38^{\circ}_{c}/-39.51^{\circ}_{\mathrm{gl}}/16.52^{\circ}_{\mathrm{gl}}]_{\mathrm{T}}$ | $8.11\times10^{-6}$ |
| | 22 | $[-32.43^{\circ}_{c}/58.61^{\circ}_{c}/59.41^{\circ}_{c}/85.52^{\circ}_{\mathrm{gl}}/29.16^{\circ}_{\mathrm{gl}}/-32.93^{\circ}_{\mathrm{gl}}/-6.36^{\circ}_{\mathrm{gl}}/81.10^{\circ}_{\mathrm{gl}}/-24.67^{\circ}_{c}/0.57^{\circ}_{c}/-52.05^{\circ}_{\mathrm{gl}}/-84.34^{\circ}_{c}/5.31^{\circ}_{\mathrm{gl}}/-90.00^{\circ}_{\mathrm{gl}}/-54.65^{\circ}_{c}/23.79^{\circ}_{\mathrm{gl}}/59.30^{\circ}_{\mathrm{gl}}/-12.54^{\circ}_{\mathrm{gl}}/-72.05^{\circ}_{\mathrm{gl}}/38.09^{\circ}_{c}/27.98^{\circ}_{c}/-64.32^{\circ}_{c}]_{\mathrm{T}}$ | $8.11\times10^{-6}$ |
| $\mathbf{A}_S\mathbf{B}_F\mathbf{D}_S$ 层合板 | 18 | $[14.61^{\circ}_{c}/-76.87^{\circ}_{c}/-28.46^{\circ}_{\mathrm{gl}}/-67.79^{\circ}_{c}/43.80^{\circ}_{\mathrm{gl}}/51.49^{\circ}_{c}/53.69^{\circ}_{\mathrm{gl}}/-53.41^{\circ}_{\mathrm{gl}}/1.27^{\circ}_{c}/-10.33^{\circ}_{c}/53.41^{\circ}_{\mathrm{gl}}/-53.69^{\circ}_{\mathrm{gl}}/-60.86^{\circ}_{c}/-43.80^{\circ}_{\mathrm{gl}}/54.11^{\circ}_{c}/28.46^{\circ}_{\mathrm{gl}}/67.37^{\circ}_{c}/-27.61^{\circ}_{c}]_{\mathrm{T}}$ | $1.07\times10^{-5}$ |
| | 19 | $[-52.42^{\circ}_{c}/11.39^{\circ}_{c}/21.77^{\circ}_{c}/-86.86^{\circ}_{c}/-74.57^{\circ}_{c}/28.18^{\circ}_{c}/76.61^{\circ}_{c}/-89.96^{\circ}_{\mathrm{gl}}/0.08^{\circ}_{\mathrm{gl}}/-8.30^{\circ}_{c}/-0.08^{\circ}_{\mathrm{gl}}/89.96^{\circ}_{\mathrm{gl}}/-56.05^{\circ}_{c}/-6.40^{\circ}_{c}/85.81^{\circ}_{c}/71.62^{\circ}_{c}/-5.62^{\circ}_{c}/-10.61^{\circ}_{c}/75.79^{\circ}_{c}]_{\mathrm{T}}$ | $8.72\times10^{-6}$ |
| | 20 | $[-29.90^{\circ}_{c}/89.23^{\circ}_{c}/61.97^{\circ}_{c}/69.33^{\circ}_{c}/-9.69^{\circ}_{c}/5.50^{\circ}_{c}/-83.17^{\circ}_{c}/-3.84^{\circ}_{c}/0.00^{\circ}_{\mathrm{gl}}/89.97^{\circ}_{\mathrm{gl}}/-89.97^{\circ}_{\mathrm{gl}}/0.00^{\circ}_{\mathrm{gl}}/5.66^{\circ}_{c}/-78.08^{\circ}_{c}/-24.39^{\circ}_{c}/22.77^{\circ}_{c}/70.25^{\circ}_{c}/-76.65^{\circ}_{c}/-62.78^{\circ}_{c}/23.46^{\circ}_{c}]_{\mathrm{T}}$ | $5.17\times10^{-6}$ |
| | 21 | $[13.28^{\circ}_{c}/88.52^{\circ}_{c}/-85.87^{\circ}_{\mathrm{gl}}/-63.76^{\circ}_{c}/23.17^{\circ}_{\mathrm{gl}}/-0.33^{\circ}_{\mathrm{gl}}/-6.69^{\circ}_{\mathrm{gl}}/90.00^{\circ}_{\mathrm{gl}}/21.79^{\circ}_{c}/-41.21^{\circ}_{c}/-34.39^{\circ}_{\mathrm{gl}}/78.96^{\circ}_{\mathrm{gl}}/-62.12^{\circ}_{\mathrm{gl}}/58.89^{\circ}_{c}/33.97^{\circ}_{c}/-28.72^{\circ}_{c}/45.25^{\circ}_{\mathrm{gl}}/41.12^{\circ}_{\mathrm{gl}}/-39.10^{\circ}_{c}/71.34^{\circ}_{c}/-35.44^{\circ}_{\mathrm{gl}}]_{\mathrm{T}}$ | $9.81\times10^{-6}$ |
| | 22 | $[84.16^{\circ}_{c}/-11.72^{\circ}_{c}/10.91^{\circ}_{\mathrm{gl}}/9.40^{\circ}_{\mathrm{gl}}/64.78^{\circ}_{\mathrm{gl}}/-59.53^{\circ}_{\mathrm{gl}}/-83.77^{\circ}_{\mathrm{gl}}/59.40^{\circ}_{c}/-32.23^{\circ}_{\mathrm{gl}}/-58.14^{\circ}_{\mathrm{gl}}/81.06^{\circ}_{\mathrm{gl}}/-24.67^{\circ}_{c}/-6.80^{\circ}_{\mathrm{gl}}/-55.97^{\circ}_{c}/40.50^{\circ}_{\mathrm{gl}}/15.47^{\circ}_{c}/56.32^{\circ}_{\mathrm{gl}}/36.47^{\circ}_{c}/9.93^{\circ}_{\mathrm{gl}}/-89.03^{\circ}_{\mathrm{gl}}/-76.15^{\circ}_{c}/-29.92^{\circ}_{\mathrm{gl}}]_{\mathrm{T}}$ | $9.35\times10^{-6}$ |
| $\mathbf{A}_S\mathbf{B}_F\mathbf{D}_F$ 层合板 | 18 | $[16.16^{\circ}_{c}/18.26^{\circ}_{\mathrm{gl}}/-56.45^{\circ}_{\mathrm{gl}}/-52.06^{\circ}_{c}/-42.55^{\circ}_{\mathrm{gl}}/-88.78^{\circ}_{c}/43.63^{\circ}_{c}/70.58^{\circ}_{\mathrm{gl}}/-67.54^{\circ}_{c}/2.11^{\circ}_{c}/54.68^{\circ}_{\mathrm{gl}}/-40.45^{\circ}_{c}/44.56^{\circ}_{\mathrm{gl}}/57.54^{\circ}_{c}/54.80^{\circ}_{c}/-9.12^{\circ}_{\mathrm{gl}}/-24.26^{\circ}_{c}/-55.39^{\circ}_{\mathrm{gl}}]_{\mathrm{T}}$ | $1.22\times10^{-5}$ |
| | 19 | $[-58.71^{\circ}_{\mathrm{gl}}/16.40^{\circ}_{\mathrm{gl}}/-66.73^{\circ}_{\mathrm{gl}}/83.33^{\circ}_{\mathrm{gl}}/24.17^{\circ}_{\mathrm{gl}}/55.45^{\circ}_{\mathrm{gl}}/-0.35^{\circ}_{\mathrm{gl}}/-76.28^{\circ}_{c}/33.60^{\circ}_{c}/0.00^{\circ}_{c}/-33.60^{\circ}_{c}/76.28^{\circ}_{c}/-42.65^{\circ}_{\mathrm{gl}}/43.27^{\circ}_{\mathrm{gl}}/-42.13^{\circ}_{\mathrm{gl}}/-42.42^{\circ}_{\mathrm{gl}}/-6.68^{\circ}_{\mathrm{gl}}/59.08^{\circ}_{\mathrm{gl}}/74.65^{\circ}_{\mathrm{gl}}]_{\mathrm{T}}$ | $1.08\times10^{-5}$ |
| | 20 | $[-69.05^{\circ}_{\mathrm{gl}}/-66.40^{\circ}_{\mathrm{gl}}/29.50^{\circ}_{\mathrm{gl}}/22.11^{\circ}_{\mathrm{gl}}/-3.73^{\circ}_{\mathrm{gl}}/90.00^{\circ}_{\mathrm{gl}}/-44.00^{\circ}_{c}/27.98^{\circ}_{c}/40.36^{\circ}_{\mathrm{gl}}/59.12^{\circ}_{c}/-61.79^{\circ}_{c}/-19.11^{\circ}_{\mathrm{gl}}/46.45^{\circ}_{c}/-30.58^{\circ}_{c}/-37.71^{\circ}_{\mathrm{gl}}/-89.96^{\circ}_{\mathrm{gl}}/74.75^{\circ}_{\mathrm{gl}}/4.92^{\circ}_{\mathrm{gl}}/-27.45^{\circ}_{\mathrm{gl}}/67.08^{\circ}_{\mathrm{gl}}]_{\mathrm{T}}$ | $1.22\times10^{-5}$ |
| | 21 | $[-71.07^{\circ}_{c}/36.62^{\circ}_{\mathrm{gl}}/31.44^{\circ}_{c}/-66.68^{\circ}_{c}/-0.83^{\circ}_{c}/-22.23^{\circ}_{\mathrm{gl}}/82.22^{\circ}_{\mathrm{gl}}/-41.35^{\circ}_{\mathrm{gl}}/87.99^{\circ}_{\mathrm{gl}}/40.15^{\circ}_{c}/-45.37^{\circ}_{\mathrm{gl}}/14.18^{\circ}_{\mathrm{gl}}/76.35^{\circ}_{\mathrm{gl}}/-19.40^{\circ}_{\mathrm{gl}}/36.86^{\circ}_{\mathrm{gl}}/-20.41^{\circ}_{c}/32.43^{\circ}_{\mathrm{gl}}/-64.56^{\circ}_{\mathrm{gl}}/66.66^{\circ}_{c}/88.71^{\circ}_{c}/-19.34^{\circ}_{c}]_{\mathrm{T}}$ | $1.12\times10^{-5}$ |
| | 22 | $[-13.96^{\circ}_{\mathrm{gl}}/8.80^{\circ}_{\mathrm{gl}}/-52.31^{\circ}_{\mathrm{gl}}/21.76^{\circ}_{c}/89.20^{\circ}_{\mathrm{gl}}/-74.45^{\circ}_{c}/-55.43^{\circ}_{c}/55.57^{\circ}_{\mathrm{gl}}/-50.99^{\circ}_{\mathrm{gl}}/55.33^{\circ}_{c}/75.81^{\circ}_{\mathrm{gl}}/41.84^{\circ}_{\mathrm{gl}}/20.21^{\circ}_{\mathrm{gl}}/33.37^{\circ}_{c}/-25.34^{\circ}_{c}/-20.64^{\circ}_{c}/-89.64^{\circ}_{\mathrm{gl}}/-84.25^{\circ}_{\mathrm{gl}}/22.36^{\circ}_{\mathrm{gl}}/80.02^{\circ}_{c}/-32.28^{\circ}_{\mathrm{gl}}/-16.88^{\circ}_{\mathrm{gl}}]_{\mathrm{T}}$ | $1.02\times10^{-5}$ |

# 11.5　数值仿真验证

## 11.5.1　层间混杂拉剪多耦合效应层合板

1. 湿热效应

对于四类层间混杂纤维拉剪耦合层合板，利用 MSC.Patran/Nastran 软件，建立尺寸为 300mm×100mm 的层合板有限元模型进行数值仿真验证，共划分 300 个壳单元，层合板的几何中心固支，设定温差为 180°C，采用线性静力学功能进行计算。计算得到的层间混杂纤维拉剪耦合层合板降温自由收缩变形如图 11.2 所示。这里只展示 20 层层合板的结果，其余层数层合板结论与此一致。

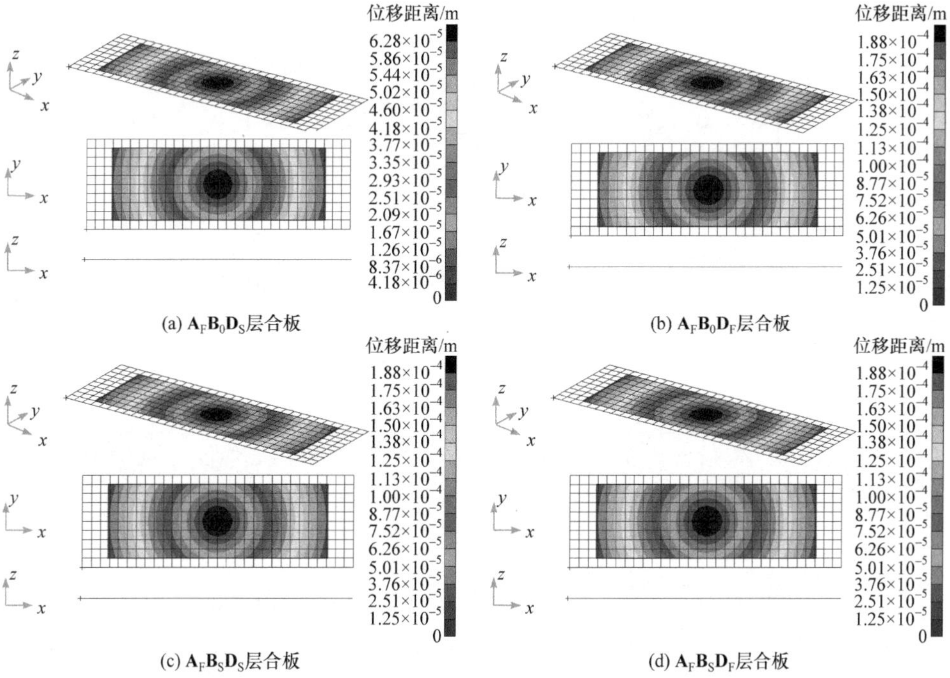


图 11.2　四类层间混杂纤维拉剪耦合 20 层层合板降温自由收缩位移云图

从图 11.2 可以看出，在高温固化过程中，四类层间混杂纤维层合板的切应变、弯曲曲率和扭曲率均为零，说明层合板均是湿热稳定的，符合预期设计。

值得注意的是，三类层间混杂纤维拉剪多耦合效应层合板的降温自由收缩位移均相同。通过表 11.1 和式(11.42)可知，对于湿热稳定的四类层间混杂纤维拉剪耦合层合板，其共有充要条件为式(11.47)，将式(11.47)代入式(11.10)可得

$$\begin{Bmatrix} N_x^{\mathrm{T}} \\ N_y^{\mathrm{T}} \\ N_{xy}^{\mathrm{T}} \end{Bmatrix} = \frac{\Delta T(U_1^{\mathrm{T}①}\xi_{13}^{①} + U_1^{\mathrm{T}②}\xi_{13}^{②})}{2} \begin{Bmatrix} 1 \\ 1 \\ 0 \end{Bmatrix}, \quad \begin{Bmatrix} M_x^{\mathrm{T}} \\ M_y^{\mathrm{T}} \\ M_{xy}^{\mathrm{T}} \end{Bmatrix} = \begin{Bmatrix} 0 \\ 0 \\ 0 \end{Bmatrix} \tag{11.55}$$

将式(11.55)代入式(11.11)可得

$$\begin{Bmatrix} \varepsilon_x^{\mathrm{T}} \\ \varepsilon_y^{\mathrm{T}} \\ \gamma_{xy}^{\mathrm{T}} \end{Bmatrix} = \frac{\Delta T(U_1^{\mathrm{T}①}\xi_{13}^{①} + U_1^{\mathrm{T}②}\xi_{13}^{②})}{2} \begin{Bmatrix} a_{11} + a_{12} \\ a_{12} + a_{22} \\ 0 \end{Bmatrix} \tag{11.56}$$

再将式(11.47)代入式(11.1)～式(11.3)可得

$$\begin{Bmatrix} A_{11} \\ A_{12} \\ A_{16} \\ A_{22} \\ A_{26} \\ A_{66} \end{Bmatrix} = \sum_{k=1}^{n} \begin{bmatrix} \xi_{13}^{q_k} & 0 & \xi_2^{q_k} & 0 & 0 \\ 0 & 0 & -\xi_2^{q_k} & \xi_{13}^{q_k} & 0 \\ 0 & 0 & \xi_4^{q_k} & 0 & 0 \\ \xi_{13}^{q_k} & 0 & \xi_2^{q_k} & 0 & 0 \\ 0 & 0 & -\xi_4^{q_k} & 0 & 0 \\ 0 & 0 & -\xi_2^{q_k} & 0 & \xi_{13}^{q_k} \end{bmatrix} \begin{Bmatrix} U_1^{q_k} \\ U_2^{q_k} \\ U_3^{q_k} \\ U_4^{q_k} \\ U_5^{q_k} \end{Bmatrix}, \quad \begin{Bmatrix} B_{11} \\ B_{12} \\ B_{16} \\ B_{22} \\ B_{26} \\ B_{66} \end{Bmatrix} = \frac{1}{2}\sum_{k=1}^{n} \xi_6^{q_k} U_3^{q_k} \begin{Bmatrix} 1 \\ -1 \\ 0 \\ 1 \\ 0 \\ -1 \end{Bmatrix} \tag{11.57}$$

由式(11.57)可得层间混杂纤维层合板刚度系数间的关系，如式(11.48)所示。将式(11.48)代入层合板的柔度矩阵，然后代入式(11.56)可得

$$\begin{Bmatrix} \varepsilon_x^{\mathrm{T}} \\ \varepsilon_y^{\mathrm{T}} \\ \gamma_{xy}^{\mathrm{T}} \end{Bmatrix} = \frac{\Delta T(U_1^{\mathrm{T}①}\xi_{13}^{①} + U_1^{\mathrm{T}②}\xi_{13}^{②})}{2(A_{11} + A_{12})} \begin{Bmatrix} 1 \\ 1 \\ 0 \end{Bmatrix} = \frac{\Delta T(U_1^{\mathrm{T}①}\xi_{13}^{①} + U_1^{\mathrm{T}②}\xi_{13}^{②})}{2[\xi_{13}^{①}(U_1^{①} + U_4^{①}) + \xi_{13}^{②}(U_1^{②} + U_4^{②})]} \begin{Bmatrix} 1 \\ 1 \\ 0 \end{Bmatrix} \tag{11.58}$$

因此，层间混杂纤维层合板的两个主方向的热应变完全相同，其大小仅与温差、材料热弹性不变量和几何因子 $\xi_{13}^{q_k}$ ($q_k = ①,②$) 相关，而与层合板的具体铺层角度无关。根据式(11.5)可知，$\xi_{13}^{q_k}$ 与两类不同复合材料单层板的数量有关，即 $R_c$ 相同，则 $\varepsilon_x^{\mathrm{T}}$ 与 $\varepsilon_y^{\mathrm{T}}$ 大小不变，在理论层面上验证了图 11.2 结果的合理性。

2. 耦合变形

同样采用有限元法，建立边长为 300mm×100mm 的层合板有限元模型，共划分 300 个壳单元。层合板短边一端固支，另一端加载 200N/m 的均布线性载

荷。图 11.3 分别给出了四类层间混杂纤维拉剪耦合层合板受轴向拉力作用下的位移云图，在此仅以 20 层层合板为例进行展示，其余层数层合板结论与此一致。同时，表 11.6 给出了其拉应变和切应变的解析结果和数值结果。综合对比图 11.3 和表 11.6 的结果可知，层合板的变形符合预期设计，不仅存在拉剪耦合效应，还存在除拉剪耦合效应外的多耦合效应；层间混杂纤维层合板变形的数值解与解析解吻合非常好，误差基本为零。

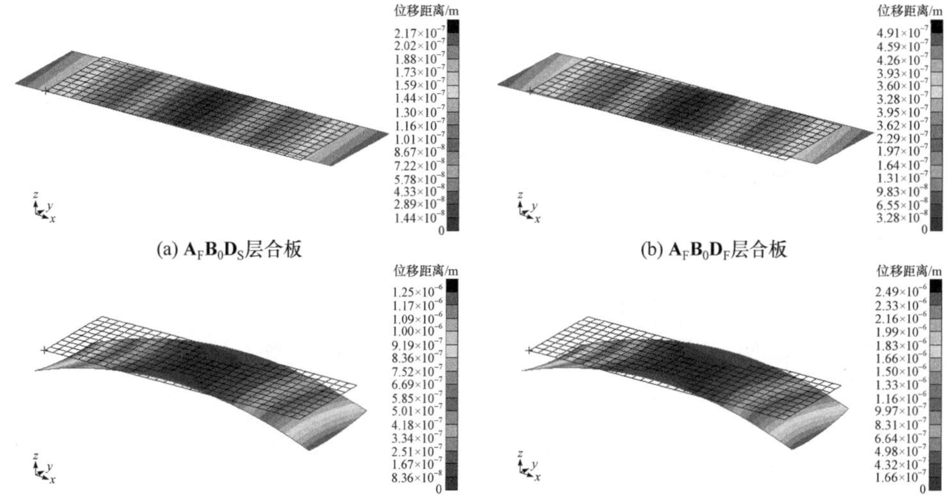


(a) $A_FB_0D_S$层合板　　(b) $A_FB_0D_F$层合板

(c) $A_FB_SD_S$层合板　　(d) $A_FB_SD_F$层合板

图 11.3　层间混杂纤维拉剪耦合层合板受轴向拉力作用下的位移云图

**表 11.6　湿热稳定多耦合混杂层合板受拉力变形的数值仿真验证**

| 层合板类型 | 层数 | $\varepsilon_x^0$ 解析解 | $\varepsilon_x^0$ 数值解 | $\varepsilon_x^0$ 误差/% | $\gamma_{xy}^0$ 解析解 | $\gamma_{xy}^0$ 数值解 | $\gamma_{xy}^0$ 误差/% |
|---|---|---|---|---|---|---|---|
| $A_FB_0D_S$ 层合板 | 18 | $1.8160\times10^{-6}$ | $1.8160\times10^{-6}$ | 0 | $4.6495\times10^{-7}$ | $4.6496\times10^{-7}$ | 0.002 |
| | 19 | $1.5648\times10^{-6}$ | $1.5648\times10^{-6}$ | 0 | $2.4689\times10^{-7}$ | $2.4689\times10^{-7}$ | 0 |
| | 20 | $1.4022\times10^{-6}$ | $1.4022\times10^{-6}$ | 0 | $2.4699\times10^{-7}$ | $2.4699\times10^{-7}$ | 0 |
| | 21 | $1.5871\times10^{-6}$ | $1.5871\times10^{-6}$ | 0 | $3.0753\times10^{-7}$ | $3.0753\times10^{-7}$ | 0 |
| | 22 | $1.2981\times10^{-6}$ | $1.2981\times10^{-6}$ | 0 | $2.0314\times10^{-7}$ | $2.0314\times10^{-7}$ | 0 |
| $A_FB_0D_F$ 层合板 | 18 | $2.2463\times10^{-6}$ | $2.2463\times10^{-6}$ | 0 | $1.4707\times10^{-6}$ | $1.4707\times10^{-6}$ | 0 |
| | 19 | $3.5534\times10^{-6}$ | $3.5534\times10^{-6}$ | 0 | $1.0612\times10^{-6}$ | $1.0612\times10^{-6}$ | 0 |
| | 20 | $3.0434\times10^{-6}$ | $3.0434\times10^{-6}$ | 0 | $1.2337\times10^{-6}$ | $1.2337\times10^{-6}$ | 0 |
| | 21 | $3.0708\times10^{-6}$ | $3.0708\times10^{-6}$ | 0 | $2.1432\times10^{-6}$ | $2.1432\times10^{-6}$ | 0 |
| | 22 | $2.6775\times10^{-6}$ | $2.6775\times10^{-6}$ | 0 | $6.3112\times10^{-7}$ | $6.3113\times10^{-7}$ | 0.002 |
| $A_FB_SD_S$ 层合板 | 18 | $1.8098\times10^{-6}$ | $1.8098\times10^{-6}$ | 0 | $6.7734\times10^{-7}$ | $6.7735\times10^{-7}$ | 0.001 |
| | 19 | $2.8857\times10^{-6}$ | $2.8857\times10^{-6}$ | 0 | $4.4355\times10^{-7}$ | $4.4356\times10^{-7}$ | 0.002 |
| | 20 | $2.8167\times10^{-6}$ | $2.8167\times10^{-6}$ | 0 | $3.7710\times10^{-7}$ | $3.7710\times10^{-7}$ | 0 |

续表

| 层合板类型 | 层数 | $\varepsilon_x^0$ 解析解 | $\varepsilon_x^0$ 数值解 | $\varepsilon_x^0$ 误差/% | $\gamma_{xy}^0$ 解析解 | $\gamma_{xy}^0$ 数值解 | $\gamma_{xy}^0$ 误差/% |
|---|---|---|---|---|---|---|---|
| $\mathbf{A}_F\mathbf{B}_S\mathbf{D}_S$ 层合板 | 21 | $1.8119\times10^{-6}$ | $1.8119\times10^{-6}$ | 0 | $3.1739\times10^{-7}$ | $3.1739\times10^{-7}$ | 0 |
| | 22 | $1.6307\times10^{-6}$ | $1.6307\times10^{-6}$ | 0 | $2.8528\times10^{-7}$ | $2.8528\times10^{-7}$ | 0 |
| $\mathbf{A}_F\mathbf{B}_S\mathbf{D}_F$ 层合板 | 18 | $4.4578\times10^{-6}$ | $4.4578\times10^{-6}$ | 0 | $2.9736\times10^{-6}$ | $2.9736\times10^{-6}$ | 0 |
| | 19 | $4.3367\times10^{-6}$ | $4.3367\times10^{-6}$ | 0 | $2.2556\times10^{-6}$ | $2.2556\times10^{-6}$ | 0 |
| | 20 | $3.8534\times10^{-6}$ | $3.8534\times10^{-6}$ | 0 | $2.3326\times10^{-6}$ | $2.3326\times10^{-6}$ | 0 |
| | 21 | $3.8177\times10^{-6}$ | $3.8177\times10^{-6}$ | 0 | $2.7119\times10^{-6}$ | $2.7119\times10^{-6}$ | 0 |
| | 22 | $1.7982\times10^{-6}$ | $1.7982\times10^{-6}$ | 0 | $1.0818\times10^{-6}$ | $1.0818\times10^{-6}$ | 0 |

### 11.5.2　层间混杂拉扭多耦合效应层合板

1. 湿热效应

利用 MSC.Patran/Nastran 软件，建立边长为 100mm 的方板有限元模型，共划分 400 个壳单元，层合板的几何中心固支，设定温差为 180℃，采用线性静力学功能进行计算。

图 11.4 以 20 层层合板为例，给出了四类层间混杂纤维拉扭耦合层合板的降温自由收缩变形云图，其余层数结论与该层数层合板一致。同时，表 11.7 给出了表 11.5 中所有层合板的热应变和热曲率。

从图 11.4 和表 11.7 可以看出，在高温固化过程中，层合板的热切应变和热曲率均为 0，说明层合板均是湿热稳定的，验证了湿热稳定性；所有层合板的面内两个主方向的热线应变完全相同，验证了设计方案的正确性。此时，20 层 $\mathbf{A}_S\mathbf{B}_t\mathbf{D}_F$ 层合板和 $\mathbf{A}_S\mathbf{B}_F\mathbf{D}_F$ 层合板的热线应变相同，原因是这两个层合板的碳纤维

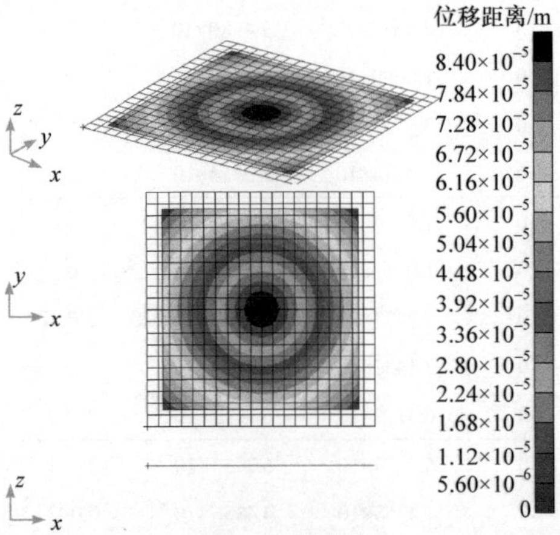


(a) $\mathbf{A}_S\mathbf{B}_t\mathbf{D}_S$层合板

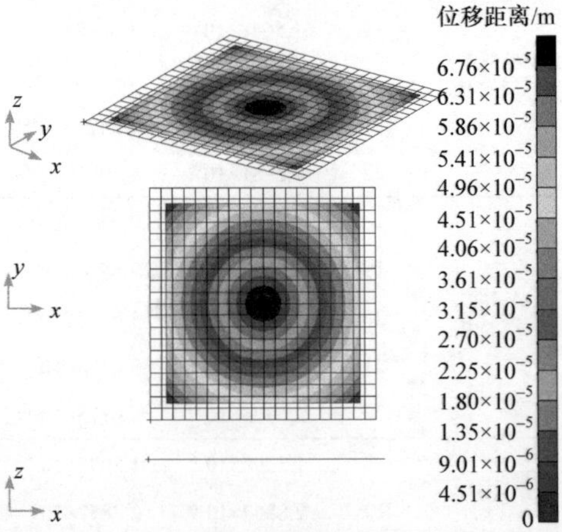


(b) $\mathbf{A}_S\mathbf{B}_t\mathbf{D}_F$层合板

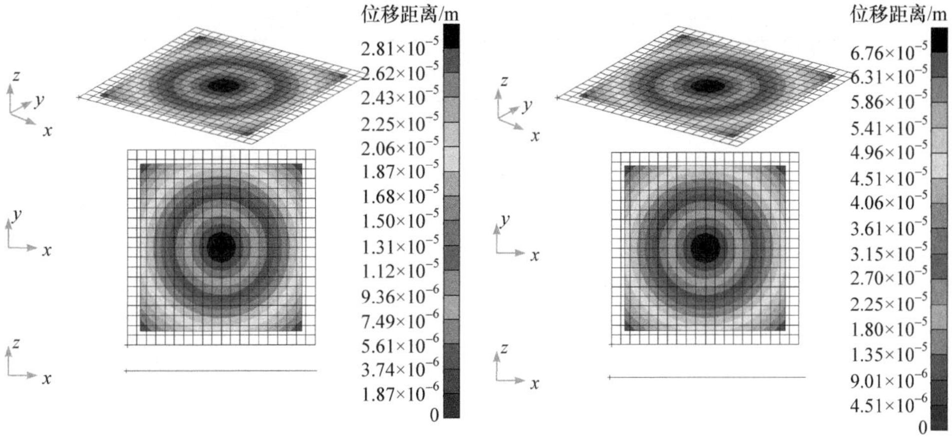


(c) $\mathbf{A}_S\mathbf{B}_F\mathbf{D}_S$层合板　　(d) $\mathbf{A}_S\mathbf{B}_F\mathbf{D}_F$层合板

图 11.4　四类层间混杂纤维拉扭耦合 20 层层合板降温自由收缩位移云图

单层板占比相同，即 $R_c$ 相同。产生该现象的具体原因与层间混杂纤维拉剪耦合层合板类似，因为湿热稳定层间混杂纤维拉扭耦合层合板的共有充要条件为

$$\xi_1^{q_k}=\xi_3^{q_k}=\xi_4^{q_k}=\xi_5^{q_k}=\xi_7^{q_k}=\xi_{14}^{q_k}=0,\quad \xi_8^{q_k}\neq 0,\quad q_k=①,② \tag{11.59}$$

将式(11.59)代入式(11.10)，可得与拉剪耦合层合板相同的热内力和热内力矩，这里不赘述其详细推导过程。

**表 11.7　层间混杂纤维拉扭耦合层合板降温收缩过程的热应变数值仿真结果**

| 层合板类型 | 层数 | $\gamma_{xy}^{\mathrm{T}}$ | $\kappa_x^{\mathrm{T}}$ | $\kappa_y^{\mathrm{T}}$ | $\kappa_{xy}^{\mathrm{T}}$ | $\varepsilon_x^{\mathrm{T}}$ | $\varepsilon_y^{\mathrm{T}}$ |
|---|---|---|---|---|---|---|---|
| | 18 | 0 | 0 | 0 | 0 | $-4.93\times10^{-4}$ | $-4.93\times10^{-4}$ |
| | 19 | 0 | 0 | 0 | 0 | $-4.39\times10^{-4}$ | $-4.39\times10^{-4}$ |
| $\mathbf{A}_S\mathbf{B}_t\mathbf{D}_S$层合板 | 20 | 0 | 0 | 0 | 0 | $-1.19\times10^{-3}$ | $-1.19\times10^{-3}$ |
| | 21 | 0 | 0 | 0 | 0 | $-7.44\times10^{-4}$ | $-7.44\times10^{-4}$ |
| | 22 | 0 | 0 | 0 | 0 | $-7.10\times10^{-4}$ | $-7.10\times10^{-4}$ |
| | 18 | 0 | 0 | 0 | 0 | $-5.94\times10^{-4}$ | $-5.94\times10^{-4}$ |
| | 19 | 0 | 0 | 0 | 0 | $-1.16\times10^{-3}$ | $-1.16\times10^{-3}$ |
| $\mathbf{A}_S\mathbf{B}_t\mathbf{D}_F$层合板 | 20 | 0 | 0 | 0 | 0 | $-9.56\times10^{-4}$ | $-9.56\times10^{-4}$ |
| | 21 | 0 | 0 | 0 | 0 | $-7.44\times10^{-4}$ | $-7.44\times10^{-4}$ |
| | 22 | 0 | 0 | 0 | 0 | $-7.10\times10^{-4}$ | $-7.10\times10^{-4}$ |
| | 18 | 0 | 0 | 0 | 0 | $-5.94\times10^{-4}$ | $-5.94\times10^{-4}$ |
| | 19 | 0 | 0 | 0 | 0 | $-4.03\times10^{-4}$ | $-4.03\times10^{-4}$ |
| $\mathbf{A}_S\mathbf{B}_F\mathbf{D}_S$层合板 | 20 | 0 | 0 | 0 | 0 | $-3.97\times10^{-4}$ | $-3.97\times10^{-4}$ |
| | 21 | 0 | 0 | 0 | 0 | $-6.82\times10^{-4}$ | $-6.82\times10^{-4}$ |
| | 22 | 0 | 0 | 0 | 0 | $-8.42\times10^{-4}$ | $-8.42\times10^{-4}$ |

续表

| 层合板类型 | 层数 | $\gamma_{xy}^{\mathrm{T}}$ | $\kappa_x^{\mathrm{T}}$ | $\kappa_y^{\mathrm{T}}$ | $\kappa_{xy}^{\mathrm{T}}$ | $\varepsilon_x^{\mathrm{T}}$ | $\varepsilon_y^{\mathrm{T}}$ |
|---|---|---|---|---|---|---|---|
| $\mathbf{A}_{\mathrm{S}}\mathbf{B}_{\mathrm{F}}\mathbf{D}_{\mathrm{F}}$层合板 | 18 | 0 | 0 | 0 | 0 | $-5.94\times10^{-4}$ | $-5.94\times10^{-4}$ |
| | 19 | 0 | 0 | 0 | 0 | $-1.03\times10^{-3}$ | $-1.03\times10^{-3}$ |
| | 20 | 0 | 0 | 0 | 0 | $-9.56\times10^{-4}$ | $-9.56\times10^{-4}$ |
| | 21 | 0 | 0 | 0 | 0 | $-7.44\times10^{-4}$ | $-7.44\times10^{-4}$ |
| | 22 | 0 | 0 | 0 | 0 | $-8.42\times10^{-4}$ | $-8.42\times10^{-4}$ |

2. 耦合效应

同样采用有限元法，建立边长为 20mm×100mm 的层合板有限元模型，共划分 150 个壳单元。位移约束条件为层合板中心固支，另一端加载 1N/m 线性载荷，分别验证层间混杂纤维拉扭耦合层合板的耦合效应。图 11.5 以 20 层层合板为例，分别给出四类层间混杂纤维拉扭耦合层合板受轴向拉力作用的位移云图。同时，表 11.8 给出了其轴向应变和切应变的解析结果和数值结果。

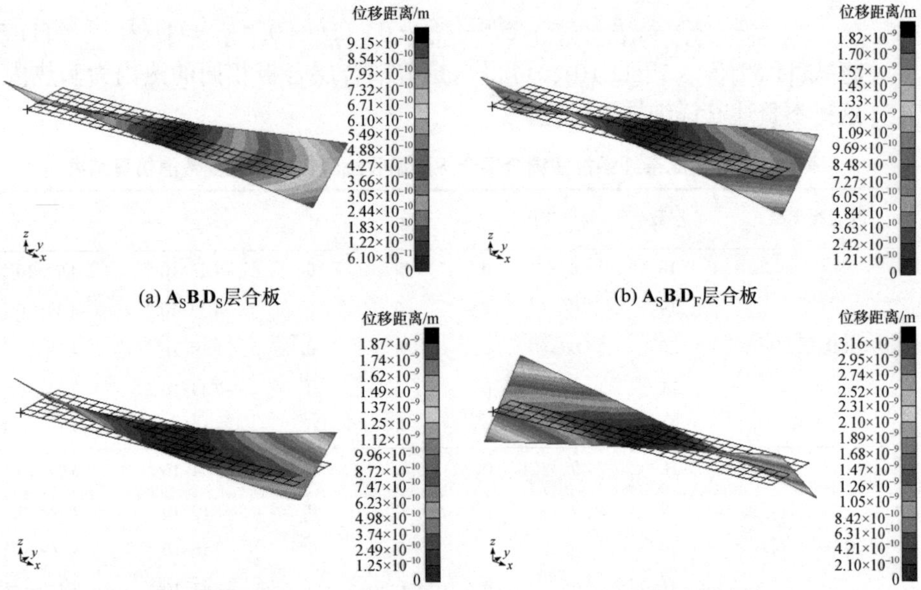


(c) $\mathbf{A}_{\mathrm{S}}\mathbf{B}_{\mathrm{F}}\mathbf{D}_{\mathrm{S}}$层合板　　(d) $\mathbf{A}_{\mathrm{S}}\mathbf{B}_{\mathrm{F}}\mathbf{D}_{\mathrm{F}}$层合板

图 11.5　四类层间混杂纤维拉扭耦合 20 层层合板轴向拉伸时的位移云图

**表 11.8　层间混杂纤维拉扭耦合层合板轴向拉伸时扭曲率变形解析解与数值解**

| 层合板类型 | 层数 | $\varepsilon_x$ 数值解 | $\varepsilon_x$ 解析解 | $\varepsilon_x$ 误差 | $\kappa_{xy}$ 数值解 | $\kappa_{xy}$ 解析解 | $\kappa_{xy}$ 误差 |
|---|---|---|---|---|---|---|---|
| $\mathbf{A}_{\mathrm{S}}\mathbf{B}_{l}\mathbf{D}_{\mathrm{S}}$层合板 | 18 | $1.06\times10^{-8}$ | $1.06\times10^{-8}$ | 0 | $4.29\times10^{-6}$ | $4.29\times10^{-6}$ | 0 |
| | 19 | $1.02\times10^{-8}$ | $1.02\times10^{-8}$ | 0 | $-2.06\times10^{-6}$ | $-2.06\times10^{-6}$ | 0 |

续表

| 层合板类型 | 层数 | $\varepsilon_x$ 数值解 | $\varepsilon_x$ 解析解 | $\varepsilon_x$ 误差 | $\kappa_{xy}$ 数值解 | $\kappa_{xy}$ 解析解 | $\kappa_{xy}$ 误差 |
|---|---|---|---|---|---|---|---|
| | 20 | $1.43\times10^{-8}$ | $1.43\times10^{-8}$ | 0 | $-2.34\times10^{-6}$ | $-2.34\times10^{-6}$ | 0 |
| $\mathbf{A_SB_tD_S}$层合板 | 21 | $1.06\times10^{-8}$ | $1.06\times10^{-8}$ | 0 | $-1.57\times10^{-6}$ | $-1.57\times10^{-6}$ | 0 |
| | 22 | $1.18\times10^{-8}$ | $1.18\times10^{-8}$ | 0 | $-1.79\times10^{-6}$ | $-1.79\times10^{-6}$ | 0 |
| | 18 | $1.19\times10^{-8}$ | $1.19\times10^{-8}$ | 0 | $-1.10\times10^{-5}$ | $-1.10\times10^{-5}$ | 0 |
| | 19 | $2.39\times10^{-8}$ | $2.39\times10^{-8}$ | 0 | $8.19\times10^{-6}$ | $8.19\times10^{-6}$ | 0 |
| $\mathbf{A_SB_tD_F}$层合板 | 20 | $1.42\times10^{-8}$ | $1.42\times10^{-8}$ | 0 | $-6.27\times10^{-6}$ | $-6.27\times10^{-6}$ | 0 |
| | 21 | $1.14\times10^{-8}$ | $1.14\times10^{-8}$ | 0 | $-8.11\times10^{-6}$ | $-8.11\times10^{-6}$ | 0 |
| | 22 | $1.28\times10^{-8}$ | $1.28\times10^{-8}$ | 0 | $-8.11\times10^{-6}$ | $-8.11\times10^{-6}$ | 0 |
| | 18 | $1.34\times10^{-8}$ | $1.34\times10^{-8}$ | 0 | $1.07\times10^{-5}$ | $1.07\times10^{-5}$ | 0 |
| | 19 | $8.34\times10^{-9}$ | $8.34\times10^{-9}$ | 0 | $8.72\times10^{-6}$ | $8.72\times10^{-6}$ | 0 |
| $\mathbf{A_SB_FD_S}$层合板 | 20 | $7.64\times10^{-9}$ | $7.64\times10^{-9}$ | 0 | $-5.17\times10^{-6}$ | $-5.17\times10^{-6}$ | 0 |
| | 21 | $1.36\times10^{-8}$ | $1.36\times10^{-8}$ | 0 | $9.82\times10^{-6}$ | $9.82\times10^{-6}$ | 0 |
| | 22 | $1.27\times10^{-8}$ | $1.27\times10^{-8}$ | 0 | $-9.35\times10^{-6}$ | $-9.35\times10^{-6}$ | 0 |
| | 18 | $1.45\times10^{-8}$ | $1.45\times10^{-8}$ | 0 | $1.22\times10^{-5}$ | $1.22\times10^{-5}$ | 0 |
| | 19 | $1.65\times10^{-8}$ | $1.65\times10^{-8}$ | 0 | $1.08\times10^{-5}$ | $1.08\times10^{-5}$ | 0 |
| $\mathbf{A_SB_FD_F}$层合板 | 20 | $1.87\times10^{-8}$ | $1.87\times10^{-8}$ | 0 | $1.22\times10^{-5}$ | $1.22\times10^{-5}$ | 0 |
| | 21 | $1.28\times10^{-8}$ | $1.28\times10^{-8}$ | 0 | $1.12\times10^{-5}$ | $1.12\times10^{-5}$ | 0 |
| | 22 | $1.34\times10^{-8}$ | $1.34\times10^{-8}$ | 0 | $1.02\times10^{-5}$ | $1.02\times10^{-5}$ | 0 |

综合对比图 11.5 和表 11.8 可以看出，层合板在拉力作用下不仅发生了拉伸变形，还产生了扭转变形，并且拉伸变形和扭转变形的数值解与解析解吻合非常好，验证了层合板拉扭耦合效应的准确性。

## 11.6 鲁棒性分析

### 11.6.1 层间混杂拉剪多耦合效应层合板

考虑在利用不同工艺对层合板进行铺层加工时，往往会存在不可避免的设备和人为等误差，而我们设计的层合板铺层均为自由铺层，对铺层角度要求相对较高，因此需要验证角度偏差造成的层合板耦合效应偏差。

对于层间混杂纤维拉剪耦合层合板，以表 11.4 中 20 层层合板为例，采用 Monte Carlo 法进行拉剪耦合效应的鲁棒性分析，其余层数层合板结论均与此一致。图 11.6 给出了各单层最大角度偏差为 2°且随机抽样 20000 次时，层合板拉剪耦合效应误差的分布及其 95%置信水平下的置信区间。由此可知，层间混杂纤维层合板拉剪耦合效应的误差服从正态分布，并且 95%置信水平的置信区间控制在±6%之内，具有较高的可控性。

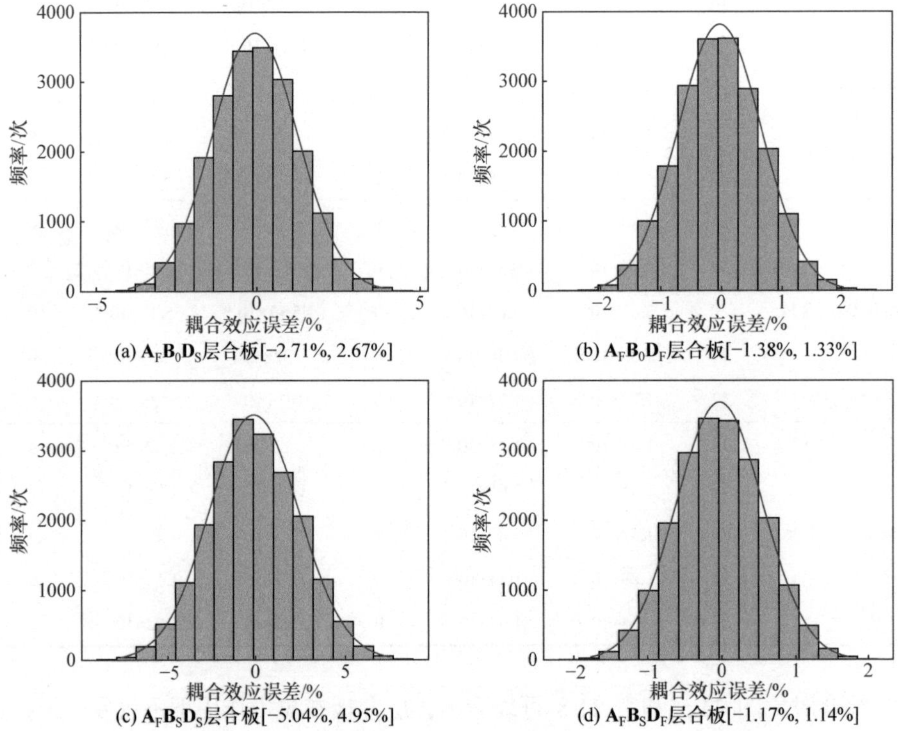


(a) $\mathbf{A}_F\mathbf{B}_0\mathbf{D}_S$层合板[−2.71%, 2.67%]　(b) $\mathbf{A}_F\mathbf{B}_0\mathbf{D}_F$层合板[−1.38%, 1.33%]

(c) $\mathbf{A}_F\mathbf{B}_S\mathbf{D}_S$层合板[−5.04%, 4.95%]　(d) $\mathbf{A}_F\mathbf{B}_S\mathbf{D}_F$层合板[−1.17%, 1.14%]

图 11.6　层间混杂纤维拉剪耦合 20 层层合板拉剪耦合效应的鲁棒性分析结果

### 11.6.2　层间混杂拉扭多耦合效应层合板

对于层间混杂拉扭多耦合层合板，以表 11.5 中 20 层层合板为例，采用相同的方法进行拉扭耦合效应的鲁棒性分析。图 11.7 给出了各单层最大角度偏差为 2°且随机抽样 20000 次时，层间混杂纤维层合板拉扭耦合效应的分布规律，及其 95%置信水平下的置信区间。从图 11.7 可以看出，拉扭耦合效应的误差服从正态分布，并且 95%置信水平的置信区间控制在±5%之内，具有较高的可控性；且三类拉扭多耦合效应层合板的鲁棒性均优于 $\mathbf{A}_S\mathbf{B}_t\mathbf{D}_S$ 层合板。

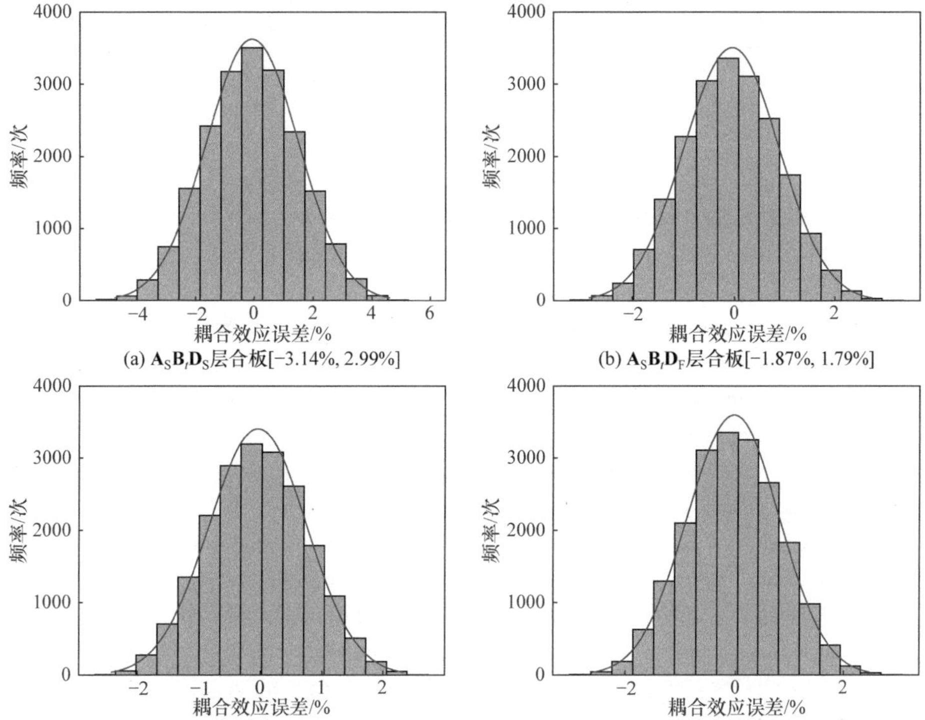


(a) $\mathbf{A}_S\mathbf{B}_l\mathbf{D}_S$层合板[−3.14%, 2.99%]

(b) $\mathbf{A}_S\mathbf{B}_l\mathbf{D}_F$层合板[−1.87%, 1.79%]

(c) $\mathbf{A}_S\mathbf{B}_F\mathbf{D}_S$层合板[−1.61%, 1.51%]

(d) $\mathbf{A}_S\mathbf{B}_F\mathbf{D}_F$层合板[−1.69%, 1.62%]

图 11.7　层间混杂纤维拉扭耦合 20 层层合板拉扭耦合效应的鲁棒性分析结果

# 参 考 文 献


[1] 沈观林, 胡更开. 复合材料力学. 北京: 清华大学出版社, 2006.

[2] Hyer M W. Some observations on the cured shape of thin unsymmetric laminates. Journal of Composite Materials, 1981, 15: 175-194.

[3] Hyer M W. Calculation of the room-temperature shapes of unsymmetric laminates. Journal of Composite Materials, 1981, 15: 296-310.

[4] Hyer M W. The room-temperature shapes of four layer unsymmetric cross-ply laminates. Journal of Composite Materials, 1982, 16: 318.

[5] Harper B D. The effects of moisture induced swelling upon the shapes of anti-symmetric cross-ply laminates. Journal of Composite Materials, 1987, 21: 36-48.

[6] Akira H, Hyer M W. Non-linear temperature-curvature relationships for unsymmetric graphite-epoxy laminates. International Journal of Solids and Structures, 1987, 23(7): 919-935.

[7] Jun W J, Hong C S. Effect of residual shear strain on the cured shape of unsymmetric cross-ply thin laminates. Composites Science and Technology, 1990, 38(1): 55-67.

[8] Jun W J, Hong C S. Cured shape of unsymmetric laminates with arbitrary lay-up angles. Journal of Reinforced Plastics and Composites, 1992, 11(12): 1352-1366.

[9] 任立波, 罗小东, 崔德刚. 复合材料非对称正交层合薄壳固化变形研究. 航空学报, 1996, 17(7): 128-130.

[10] Peeters L J, Powell P C, Warnet L. Thermally-induced shapes of unsymmetric laminates. Journal of Composite Materials, 1996, 30(5): 603-626.

[11] Dano M L, Hyer M W. Thermally-induced deformation behavior of unsymmetric laminates. International Journal of Solids and Structures, 1998, 35(17): 2101-2120.

[12] Cho M, Kim M H, Choi H S, et al. A study on the room-temperature curvature shapes of unsymmetric laminates including slippage effects. Journal of Composite Materials, 1998, 32(5): 460-482.

[13] Cho M, Roh H Y. Non-linear analysis of the curved shapes of unsymmetric laminates accounting for slippage effects. Composites Science and Technology, 2003, 63(15): 2265-2275.

[14] Aimmanee S, Hyer M W. Analysis of the manufactured shape of rectangular thunder-type actuators. Smart Materials and Structures, 2004, 13(6): 1389-1406.

[15] Mattioni F, Weaver P M, Friswell M, et al. Modelling and applications of thermally induced multistable composites with piecewise variation of lay-up in the planform//48th AIAA/ASME/ASCE/AHS/ASC Structures, Structural Dynamics and Materials Conference, Honolulu, 2007.

[16] Pirrera A, Avitabile D, Weaver P M. Bistable plates for morphing structures: A refined analytical approach with high-order polynomials. International Journal of Solids and Structures, 2010, 47(25): 3412-3425.

[17] Pirrera A, Avitabile D, Weaver P M. Numerical continuation of bistable composite cylindrical shells. Proceedings of the ICE-Engineering and Computational Mechanics, 2011, 164(3): 147-153.

[18] Gigliotti M, Minervino M, Grandidier J C, et al. Predicting loss of bifurcation behaviour of 0/90 unsymmetric composite plates subjected to environmental loads. Composite Structures, 2012, 94(9): 2793-2808.

[19] 吴和龙. 反对称双稳态复合材料结构的实验与数值模拟研究. 杭州: 浙江工业大学, 2012.

[20] Cantera M A, Romera J M, Adarraga I, et al. Modelling of [0/90] laminates subject to thermal effects considering mechanical curvature and through-the-thickness strain. Composite Structures, 2014, 110: 77-89.

[21] 李昊. 双稳定复合材料层板的构型分析及其动力学特性研究. 哈尔滨: 哈尔滨工业大学, 2015.

[22] 戴福洪, 张博明, 杜善义. 复合材料非对称正交薄层板的固化变形. 复合材料学报, 2006, 23(4): 164-168.

[23] Schlecht M, Schlute K, Hyer M W. Advanced calculation of the room-temperature shapes of thin unsymmetric composite laminates. Composite Structures, 1995, 32: 627-633.

[24] Schlecht M, Schlute K. Advanced calculation of the room-temperature shapes of unsymmetric laminates. Journal of Composite Materials, 1999, 33(16): 1472-1490.

[25] Gigliotti M. Loss of bifurcation and multiple shapes of thin[0/90] unsymmetric composite plates subject to thermal stress. Composites Science and Technology, 2004, 64: 109-128.

[26] Mattioni F, Weaver P M, Potter K D, et al. Analysis of thermally induced multistable composites. International Journal of Solids and Structures, 2008, 45(2): 657-675.

[27] Mattioni F, Weaver P M, Friswell M I. Multistable composite plates with piecewise variation of lay-up in the planform. International Journal of Solids and Structures, 2009, 46(1): 151-164.

[28] Dano M L, Hyer M W. The response of unsymmetric laminates to simple applied forces. Mechanics of Composite Materials and Structures, 1996, 3(1): 65-80.

[29] Dano M L, Hyer M W. Snap-through of unsymmetric fiber reinforced composite laminates. International Journal of Solids and Structures, 2002, 39(1): 175-198.

[30] Potter K D, Weaver P M, Seman A A,et al. Phenomena in the bifurcation of unsymmetric composite plates. Composites Part A: Applied Science and Manufacturing, 2007, (38): 100-106.

[31] Pirrera A, Avitabile D, Weaver P M. On the thermally induced bistability of composite cylindrical shells for morphing structures. International Journal of Solids and Structures, 2012, 49(5): 685-700.

[32] Diaconu C G , Weaver P M, Arrieta A F. Dynamic analysis of bi-stable composite plates. Journal of Sound and Vibration, 2009, 322(4): 987-1004.

[33] Vogl G A, Hyer M W. Natural vibration of unsymmetric cross-ply laminates. Journal of Sound and Vibration, 2011, 330(20): 4764-4779.

[34] Arrieta A F, Spelsberg-Korspeter G , Hagedorn P, et al. Low order model for the dynamics of bi-stable composite plates. Journal of Intelligent Material Systems and Structures, 2011, 22(17): 2025-2043.

[35] Tawfik S A, Tan X, Ozbay S, et al. Anticlastic stability modeling for cross-ply composites. Journal of Composite Materials, 2007, 41(11): 1325-1338.

[36] Tawfik S A, Dancila D S, Armanios E A. Planform effects upon the bistable response of cross-ply composite shells. Composites Part A: Applied Science and Manufacturing, 2011, 42(7): 825-833.

[37] Moore M, Ziaei-Rad S, Salehi H. Thermal response and stability characteristics of bistable composite laminates by considering temperature dependent material properties and resin layers. Applied Composite Materials, 2012, 20(1): 87-106.
[38] Zhang Z, Wu H L, He X Q, et al. The bistable behaviors of carbon-fibre epoxy anti-symmetric composite shells. Composites Part B, 2013, 47(3): 190-199.
[39] Wu H L, Zhang Z, Bao Y M, et al. A novel experimental method and its numerical simulation for the bi-stable anti-symmetric composite shell. Advanced Materials Research, 2012, 562-564: 439-442.
[40] Zhang Z, Wu H L, Wu H P, et al. Bistable characteristics of irregular anti-·symmetric lay-up composite cylindrical shells. International Journal of Structural Stability and Dynamics, 2013, 13(6): 14-28.
[41] Giddings P F, Bowen C R. Bistable composite laminates effects of laminate composition on cured shape and response to thermal load. Composite Structures, 2010, 92(9): 2220-2225.
[42] 陈孟. 含形状记忆合金双稳态复合材料壳结构的有限元数值模拟. 上海: 同济大学, 2010.
[43] 黎志伟. 含压电层双稳态复合材料层合壳体的力学特性及数值模拟. 上海: 同济大学, 2007.
[44] 张征, 吴和龙, 吴化平, 等. 正交铺设碳纤维复合材料结构的双稳态特性研究. 功能材料, 2013, (44): 236-239.
[45] Arrieta A F, Neild S A, Wagg D J. Nonlinear dynamic response and modeling of a bi-stable composite plate for applications to adaptive structures. Nonlinear Dynamics, 2009, 58(1): 259-272.
[46] Arrieta A F, Neild S A, Wagg D J. On the cross-well dynamics of a bi-stable composite plate. Journal of Sound and Vibration, 2011, 330(14): 3424-3441.
[47] Dano M L, Hyer M W. SMA-induced snap-through of unsymmetric fiber-reinforced composite laminates. International Journal of Solids and Structures, 2003, 40(22): 5949-5972.
[48] Hufenbach W, Gude M, Kroll L. Design of multistable composites for application in adaptive structures. Composite Science and Technology, 2002, 4: 2201-2207.
[49] Schultz M R, Hyer M W. Snap-through of unsymmetric cross-ply laminates using piezoceramic actuators. Journal of Intelligent Material Systems and Structures, 2003, 14(12): 795-814.
[50] Schultz M R, Hyer M W, Williams R B, et al. Snap-through of unsymmetric laminates using piezocomposite actuators. Composites Science and Technology, 2006, 66(14): 2442-2448.
[51] Schultz M R, Hyer M W. A morphing concept based on unsymmetric composite laminates and piezoceramic MFC actuators//45th AIAA/ASME/ASCE/AHS/ASC Structures, Structural Dynamics and Materials Conference, Palm Springs, 2004.
[52] Schultz M R, Wilkie W K, Bryant R G. Investigation of self-resetting active multistable laminates. Journal of Aircraft, 2007, 44(4): 1069-1076.
[53] Ren L, Parvizi-Majidi A. A model for shape control of cross-ply laminated shells using a piezoelectric actuator. Journal of Composite Materials, 2006, 40(14): 1271-1285.
[54] Ren L. Theoretical study on shape control of thin cross-ply laminates using piezoelectric actuators. Composite Structures, 2007, 80(3): 451-460.
[55] Ren L. A theoretical study on shape control of arbitrary lay-up laminates using piezoelectric actuators. Composite Structures, 2008, 83(1): 110-118.

[56] Gude M, Hufenbach W. Design of novel morphing structures based on bistable composites with piezoceramic actuators. Mechanics of Composite Materials and Structures, 2006, 42(4): 339-346.
[57] Gude M, Hufenbach W, Kirvel C. Piezoelectrically driven morphing structures based on bistable unsymmetric laminates. Composite Structures, 2011, 93(2): 377-382.
[58] Bowen C R, Butler R, Jervis R, et al. Morphing and shape control using unsymmetrical composites. Journal of Intelligent Material Systems and Structures, 2007, 18(1): 89-98.
[59] Kim H A, Betts D N, Salo A I T, et al. Shape memory alloy-piezoelectric active structures for reversible actuation of bistable composites. AIAA Journal, 2010, 48(6): 1265-1268.
[60] Giddings P F, Bowen C R, Butler R, et al. Characterisation of actuation properties of piezoelectric bi-stable carbon-fibre laminates. Composites Part A: Applied Science and Manufacturing, 2008, 39(4): 697-703.
[61] Portela P, Camanho P, Weaver P M, et al. Analysis of morphing, multi stable structures actuated by piezoelectric patches. Computers & Structures, 2008, 86(3): 347-356.
[62] Bowen C R, Betts D N, Giddings P F, et al. A study of bistable laminates of generic lay-up for adaptive structures. Strain, 2012, 48(3): 235-240.
[63] Betts D N, Kim H A, Bowen C R. Modeling and optimization of bistable composite laminates for piezoelectric actuation. Journal of Intelligent Material Systems and Structures, 2011, 22(18): 2181-2191.
[64] Betts D N, Kim H A, Bowen C R. Optimization of bistable composite laminates with actuated state-change//52nd AIAA/ASME/ASCE/AHS/ASC Structures, Structural Dynamics and Materials Conference. Denver, 2011.
[65] Tawfik S A, Stefan D D, Armanios E A. Unsymmetric composite laminates morphing via piezoelectric actuators. Composites Part A: Applied Science and Manufacturing, 2011, 42(7): 748-756.
[66] Dano M L, Jeanstlaurent M, Fecteau A. Morphing of bistable composite laminates using distributed piezoelectric actuators. Smart Materials Research, 2012: 695475.
[67] Senba A, Ikeda T, Ueda T. A two-way morphing actuation of bi-stable composites with piezoelectric fibers//51st AIAA/ASME/ASCE/AHS/ASC Structures, Structural Dynamics, and Materials Conference. Orlando, 2010.
[68] Arrieta A F, Bilgen O, Friswell M I, et al. Dynamic control for morphing of bi-stable composites. Journal of Intelligent Material Systems and Structures, 2013, 24(3): 266-273.
[69] Schultz M R. Use of piezoelectric actuators to effect snap-through behavior of unsymmetric composite laminates. Virginia: Virginia Polytechnic Institute and State University, 2003.
[70] Mattioni F, Gatto A, Weaver P M, et al. The application of residual stress tailoring of snap-through composites for variable sweep wings//47th AIAA/ASME/ASCE/AHS/ASC Structures, Structural Dynamics, and Materials Conference. Newport, 2006.
[71] Diaconu C G, Weaver P M, Mattioni F. Concepts for morphing airfoil sections using bi-stable laminated composite structures. Thin-Walled Structures, 2008, 46(6): 689-701.
[72] Daynes S, Nall S, Weaver P M, et al. Bistable composite flap for an airfoil. Journal of Aircraft, 2010, 47(1): 334-338.

[73] Daynes S, Weaver P M, Potter K D. Aeroelastic study of bistable composite airfoils. Journal of Aircraft, 2009, 46(6): 2169-2174.
[74] 陆泽琦. 非线性隔振系统力学特性研究. 哈尔滨: 哈尔滨工程大学, 2014.
[75] Shaw A, Neild S, Wagg D, et al. A nonlinear spring mechanism incorporating a bistable composite plate for vibration isolation. Journal of Sound and Vibration, 2013, 332(24): 6265-6275.
[76] 李敏. 非对称复合材料层压板固化变形模拟与验证. 武汉理工大学学报, 2009, 31(21): 137-140.
[77] White S R, Hahn H T. Cure cycle optimization for the reduction of processing-induced residual stresses in composite materials. Journal of Composite Materials, 1993, 27(14): 1352-1378.
[78] 庞杰, 黄传勇. 复合材料整体壁板固化变形控制方法研究. 计算机仿真, 2013, 30(3): 119-122.
[79] 许德伟, 郦正能, 崔德刚. 非对称非均衡层板弯扭耦合效应研究. 北京航空航天大学学报, 2001, 27(2): 167-170.
[80] 修英姝, 崔德刚. 非对称非均衡复合材料铺层优化设计. 航空学报, 2004, 25(2): 137-139.
[81] 修英姝, 崔德刚. 复合材料蜂窝夹层结构的优化设计. 北京航空航天大学学报, 2004, 30(9): 855-858.
[82] 修英姝. 基于遗传算法的复合材料飞机结构优化设计. 北京: 北京航空航天大学, 2004.
[83] York C B. On bending-twisting coupled laminates. Composite Structures, 2017, 160: 887-900.
[84] Fowser S W, Pipes R B, Wilson D W. On the determination of laminate and lamina shear response by tension tests. Composites Science and Technology, 1986, 26(1): 31-36.
[85] Turvey G J. Effects of shear deformation on the onset of flexural failure in symmetric cross-ply laminated rectangular plates. Composite Structures, 1987, 4: 141-163.
[86] Whitney J M. Curvature effects in the buckling of symmetrically-laminated rectangular plates with transverse shear deformation. Composite Structures, 1987, 8(2): 85-103.
[87] Reddy K J, Vijayakumar K. Bending and vibration of symmetrical cross-ply laminated plates using ply dependent shear deformation model. Journal of Sound and Vibration, 1992, 158(2): 257-265.
[88] Chien W Z, Huang Q, Feng W. Three dimensional stress analysis of symmetric composite laminates under uniaxial extension and in-plane pure shear. Applied Mathematics and Mechanics, 1994, 15(2): 101-108.
[89] He J F, Zhang S W. Antisymmetric bending analysis of symmetric laminated plates including transverse shear and normal effects. Composite Structures, 1997, 37: 393-417.
[90] Barbero E J, Sgambitterra G, Adumitroaie A, et al. A discrete constitutive model for transverse and shear damage of symmetric laminates with arbitrary stacking sequence. Composite Structures, 2011, 93(2): 1021-1030.
[91] York C B. On extension-shearing coupled laminates. Composite Structures, 2015, 120: 472-482.
[92] York C B. On tapered warp-free laminates with single-ply terminations. Composites Part A: Applied Science and Manufacturing, 2015, 16: 127-138.
[93] York C B, Almeida S F M. On extension-shearing bending-twisting coupled laminates.

Composite Structures, 2017, 164: 10-22.

[94] York C B, Almeida S F M. Tapered laminate designs for new non-crimp fabric architectures. Composites Part A: Applied Science and Manufacturing, 2017, 100: 150-160.

[95] York C B, Almeida S F M. Effect of bending-twisting coupling on the compression and shear buckling strength of infinitely long plates. Composite Structures, 2018, 184: 18-29.

[96] Lee H S J, York C B. Compression and shear buckling performance of finite length plates with bending-twisting coupling. Composite Structures, 2020, 241: 112069.

[97] Bahmanzad A, Clouston P L, Arwade S R, et al. Shear properties of symmetric angle-ply cross-laminated timber panels. Journal of Materials in Civil Engineering, 2020, 32(9): 04020254.

[98] 洪岩. 先进复合材料机翼静气动弹性稳定性分析. 西安:西安交通大学, 2011.

[99] 袁坚锋, 尼早, 陈保兴. 弯剪复合载荷作用下复合材料层合板屈曲的强度校核方法. 复合材料学报, 2014, 31(1): 234-240.

[100] Li J, Li D K. Extension-shear coupled laminates with immunity to hygro-thermal shearing distortion. Composite Structures, 2015, 123: 401-407.

[101] 步鹏飞, 任辉启, 阮文俊. 铺层角度对碳纤维/环氧树脂基复合材料板等效刚度的影响. 南京理工大学学报, 2021, 45(5): 537-544.

[102] 宁坤奇, 张卓, 张锴, 等. 碳纤维复合材料冲击模型率相关修正方法与试验研究. 力学季刊, 2022, 43(2): 299-316.

[103] 陈栋栋, 吴明格, 胡凯, 等. 简支复合矩形对称层合板的近似分析法. 轻工机械, 2018, 36(3): 73-78.

[104] 年春波, 王小平, 代文猛, 等. 基于 ABAQUS 二次开发变角度层合板屈曲特性分析. 宇航材料工艺, 2019, 49(4): 17-22.

[105] Bennaceur M A, Xu Y M. Application of the natural element method for the analysis of composite laminated plates. Aerospace Science and Technology, 2019, 87: 244-253.

[106] Chen H P. Study of hygrothermal isotropic layup and hygrothermal curvature-stable coupling composite laminates//44th AIAA/ASME/ASCE/AHS/ASC Structures, Structural Dynamics, and Materials Conference. Norfolk, 2003.

[107] Cross R J, Haynes R A, Armanios E A. Families of hygrothermally stable asymmetric laminated composites. Journal of Composite Materials, 2008, 42(7): 697-716.

[108] Haynes R A, Armanios E A. New families of hygrothermally stable composite laminates with optimal extension-twist coupling. AIAA Journal, 2010, 48(12): 2954-2961.

[109] Haynes R A, Armanios E A. The challenge of achieving hygrothermal stability in composite laminates with optimal couplings. International Journal of Engineering Science, 2012, 59: 74-82.

[110] York C B. Coupled quasi-homogeneous orthotropic laminates. Mechanics of Composite Materials, 2011, 47(4): 405-426.

[111] Baker N, Butler R, York C B. Damage tolerance of fully orthotropic laminates in compression. Composites Science and Technology, 2012, 72: 1083-1089.

[112] York C B. Tapered hygro-thermally curvature-stable laminates with non-standard ply orientations. Composites Part A: Applied Science and Manufacturing, 2013, 44: 140-148.

[113] York C B. Extension-twisting coupled laminates for aero-elastic compliant blade design// 53rd

AIAA/ASME/ASCE/AHS/ASC Structures, Structural Dynamics and Materials Conference, Honolulu, 2012.
[114] York C B. Unbalanced and symmetric laminates: new perspectives on a less common design rule // 19th International Conference on Composite Materials. Montreal, 2013.
[115] York C B. Unconventional laminate design using thin-ply technologies. Cardiff: Institute of Physics Workshop on Lightweight Structures, 2014.
[116] York C B. A two-ply termination strategy for mechanically coupled tapered laminates// 20th International Conference on Composite Materials. Copenhagen, 2015.
[117] York C B, Almeida S F M. Design space interrogation for new c-ply laminate architectures// 17th European Conference on Composite Materials, Munich, 2016.
[118] York C B, Almeida S F M. Effect of design heuristics on the compression and shear buckling performance of infinitely long plates with bending-twisting coupling//21st International Conference on Composite Materials. Xi'an, 2017.
[119] York C B, Lee K K. Test validation of extension-twisting coupled laminates with matched orthotropic stiffness. Composite Structures, 2020, 242: 112142.
[120] York C B. Laminate stiffness tailoring for improved buckling performance. Thin-Walled Structures, 2021, 161: 107482.
[121] 尤风翔, 郝庆东. 随机参数反对称层合板响应的统计特征. 吉林师范大学学报(自然科学版), 2004, 25(3): 32-35.
[122] 王云飞, 孙云普, 王立平. 反对称层合板屈曲性态分析. 山西建筑, 2006, (13): 39-40.
[123] Li J, Li D K. Multi-objective optimization of hygro-thermally curvature- stable antisymmetric laminates with extension-twist coupling. Journal of Mechanical Science and Technology, 2014, 28(4): 1373-1380.
[124] Li D K, York C B. Bounds on the natural frequencies of laminated rectangular plates with extension-twisting (and shearing-bending) coupling. Composite Structures, 2015, 131: 37-46.
[125] Li D K, York C B. Bounds on the natural frequencies of laminated rectangular plates with extension-bending coupling. Composite Structures, 2015, 133: 863-870.
[126] 付为刚, 熊焕杰, 廖喆, 等. 各向异性层合板屈曲分析的有限差分数值求解. 复合材料科学与工程, 2022, (2): 23-30.
[127] 王伟, 张有宏, 常新龙, 等. 非对称铺层复合材料层合板质量优化设计. 力学与实践, 2021, 43(1): 13-19.
[128] 胡筠晔. 非对称铺层复合材料层合板多稳态特性研究. 南京:南京航空航天大学, 2019.
[129] 胡筠晔, 卿海. 非对称铺层复合材料层合板的双稳态特性半解析研究. 力学季刊, 2019, 40(1): 46-54.
[130] 张淑杰, 李国泽, 周阳, 等. 反对称铺层碳纤维复合材料圆柱壳的双稳态应力特性. 国防科技大学学报, 2021, 43(3): 32-37.
[131] Mahdy W M, Zhao L, Liu F, et al. Buckling and stress-competitive failure analyses of composite laminated cylindrical shell under axial compression and torsional loads. Composite Structures, 2021, 255: 112977.
[132] 卫宇璇, 张明, 刘佳, 等. 基于自动铺放技术的高精度变刚度复合材料层合板屈曲性能.

复合材料学报, 2020, 37(11): 2807-2815.
[133] 曹星, 聂国隽. 考虑制作缺陷的变角度纤维复合材料层合板的屈曲. 力学季刊, 2021, 42(1): 37-45.
[134] 程之遥, 张健. 基于内聚力模型的层合板屈曲行为分析. 西安理工大学学报, 2020, 36(4): 581-586.
[135] 石峰, 马洪英, 孙义真, 等. 基于 N 阶剪切变形理论的复合材料层合板屈曲分析. 应用数学和力学, 2020, 41(12): 1346-1357.
[136] Ou Y, Xiao S, Liu Y. Flutter of variable stiffness composite laminates in supersonic flow with temperature effects. Journal of Composite Materials, 2021, 55(23): 3253-3266.
[137] 董明军, 曹忠亮, 韩振华, 等. Abaqus 二次开发在变刚度层合板屈曲分析中的应用. 复合材料科学与工程, 2022, (3): 24-28.
[138] Sugiman S, Crocombe A D, Katnam K B. Investigating the static response of hybrid fibre-metal laminate doublers loaded in tension. Composites Part B: Engineering, 2011, 42(7): 1867-1884.
[139] Sugiman S, Crocombe A D. The static and fatigue response of metal laminate and hybrid fibre-metal laminate doublers joints under tension loading. Composite Structures, 2012, 94(9): 2937-2951.
[140] Mania R J, York C B. Buckling strength improvements for fiber metal laminates using thin-ply tailoring. Composite Structures, 2017, 159: 424-432.
[141] Li M, Li Y Q, Liu X H, et al. A quasi-zero-stiffness vibration isolator using bi-stable hybrid symmetric laminate. Composite Structures, 2022, 299: 116047.
[142] Fazli M, Sadr M H, Ghashochi-Bargh H. Analysis of the bi-stable hybrid laminate under thermal load. International Journal of Structural Stability & Dynamics, 2021, 21(5): 2150069.
[143] Pan D K, Jiang W H, Dai F H. Dynamic analysis of bi-stable hybrid symmetric laminate. Composite Structures, 2019, 225: 111158.
[144] 李玉龙. 铺层次序对于碳/玻璃混杂复合材料破坏过程的影响. 西北工业大学学报, 1992, (2): 236-244.
[145] 何小兵, 曹勇, 严波, 等. GFRP/CFRP 层间混杂纤维复合材料极限拉伸性能. 重庆交通大学学报(自然科学版), 2013, 32(6): 1153-1156.
[146] 徐欢欢. 玻/碳混杂纤维复合材料的拉伸力学性能研究. 南京:南京航空航天大学, 2014.
[147] 马腾, 李炜. 单向碳/玻璃纤维层内-层间混杂复合材料拉伸破坏模式研究. 玻璃钢/复合材料, 2015, (12): 87-93.
[148] 杨瑞, 刘叶垚, 王恭喜, 等. 多向玻碳纤维混杂复合材料的拉伸性能. 合成树脂及塑料, 2018, 35(5): 78-82.
[149] 童少尉. CFRP/BFRP 混杂复合材料层合板力学性能研究. 长沙:湖南大学, 2019.
[150] 王震, 常新龙, 张有宏, 等. 碳纤维、碳/玻混杂纤维层合板力学性能对比研究. 兵器装备工程学报, 2021, 42(10): 267-271.
[151] 李想, 朱永凯, 王哲, 等. 碳玻混杂复合材料层合板拉伸性能仿真与试验. 山西建筑, 2022, 48(19) :91-93.
[152] 陈战辉, 万小朋, 王文智,等. 层间混杂层合板弹道冲击损伤对比研究. 航空工程进展, 2018, 9(4): 599-602, 622.
[153] 朱镕鑫, 白雪飞, 梅志远, 等. 碳/玻混杂夹层板低速撞击损伤特性试验研究. 中国舰船研

究, 2020, 15(4): 66-72.

[154] Wang X Z, Zuo Y Y, Lin Y S. Structural-acoustic modeling and analysis of carbon/glass fiber hybrid composite laminates. International Journal of Structural Stability & Dynamics, 2020, 20(4): 2050048.

[155] 曾令旗, 孙双双, 王永哲, 等. 玻/碳纤维混杂复合材料层合板的振动特性研究. 合成纤维, 2021, 50(1): 48-55.

[156] Amos I. Design and analysis of thin-ply carbon and E-glass hybrid laminates with pseudo-ductile property. 上海:东华大学, 2022.

[157] Housner J M, Stein M. Flutter analysis of swept-wing subsonic aircraft with parameter studies of composite wings, NASA-TN-D-7539 Washington, D.C.: National Aeronautics and Space Administration, 1974.

[158] Weisshaar T A, Foistx B L. Vibration tailoring of advanced composite lifting surfaces. Journal of Aircraft, 1985, 22(2): 141-147.

[159] Giles G L. Equivalent plate analysis of aircraft wing box structures with general planform geometry. Journal of Aircraft, 1986, 23(11): 859-864.

[160] Karpouzian G, Librescu L. Exact flutter solution of advanced anisotropic composite cantilevered wing structures//34th AIAA/ASME/ASCE/AHS/ASC Structures, Structural Dynamics and Materials Conference, La Jolla, 1993.

[161] Karpouzian G, Librescu L. Three-dimensional flutter solution of aircraft wings composed of advanced composite materials//35th AIAA/ASME/ASCE/AHS/ASC Structures, Structural Dynamics, and Materials Conference, Hilton Head, 1994.

[162] Karpouzian G, Librescu L. Nonclassical effects on divergence and flutter of anisotropic swept aircraft wings. AIAA Journal, 1996, 34(4): 786-794.

[163] Kapania R K, Lovejoy A E. Free vibration of thick generally laminated cantilever quadrilateral plates. AIAA Journal, 1996, 34(7): 1474-1486.

[164] Kapania R K, Liu Y. Static and vibration analyses of general wing structures using equivalent-plate models. AIAA Journal, 2000, 38(7): 1269-1277.

[165] Hwu C, Tsai Z S. Aeroelastic divergence of stiffened composite multicell wing structures. Journal of Aircraft, 2002, 39(2): 242-251.

[166] Hwu C, Gai H S. Vibration analysis of composite wing structures by a matrix form comprehensive model. AIAA Journal, 2003, 41(11): 2261-2273.

[167] Jung S N, Nagaraj V T, Chopra I. Refined structural model for thin-and thick-walled composite rotor blades. AIAA Journal, 2002, 40(1): 105-116.

[168] Jung S N, Park I J. Structural behavior of thin-and thick-walled composite blades with multicellsections. AIAA Journal, 2005, 43(3): 572-581.

[169] Jung S N, Park I J, Shin E S. Theory of thin-walled composite beams with single and double-cell sections. Composites Part B: Engineering, 2007, 38(2): 182-192.

[170] Kim H S, Kim J S. A Rankine-Timonshenko-Vlasov beam theory for anisotropic beams via an asymptotic strain energy transformation. European Journal of Mechanics-A/Solids, 2013, 40: 131-138.

[171] Popescu B, Hodges D H. On asymptotically correct Timoshenko like anisotropic beam theory. International Journal of Solids and Structures, 2000, 37(3): 535-558.

[172] Yu W, Hodges D H, Volovoi V. On Timoshenko like modeling of initially curved and twisted composite beams. International Journal of Solids and Structures, 2002, 39(19): 5101-5121.

[173] Yu W, Hodges D H, Ho J C. Variational asymptotic beam sectional analysis an updated version. International Journal of Engineering Science, 2012, 59: 40-64.

[174] Kheladi Z, Sidi M H, Ghernaout M E A. Free vibration analysis of variable stiffness laminated composite beams. Mechanics of Advanced Materials and Structures, 2021, 28(18): 1889-1916.

[175] Dai Y, Sun C Q, Wu Z, et al. Semi-analytical method of wedge-shaped interfacetransition layer model in laminated composites. Engineering Fracture Mechanics, 2007, 74: 1373-1381.

[176] Yoon N K, Chung C H, Na Y H. Control reversal and torsional divergence analysis for a high-aspect-ratio wing. Journal of Mechanical Science and Technology, 2012, 26(12): 3921-3931.

[177] 姜志平, 姚卫星. 复合材料弯扭耦合机翼结构分析模型研究进展. 航空科学技术, 2014, 25(11): 1-8.

[178] 姜志平. 弯扭耦合复合材料机翼的静气动弹性结构优化设计. 南京:南京航空航天大学, 2015.

[179] 姜志平, 吕召燕, 王巍. 一种弯扭耦合复合材料机翼结构控制方程的求解方法: 中国, CN107563093A. 2018-01-09.

[180] 许晶, 夏文忠, 王宏志, 等. 考虑弯扭耦合的解析型薄壁梁单元. 建筑结构学报, 2019, 40(6): 140-146.

[181] 高伟, 刘豫. 一种飞机复合材料盒段试验件结构: 中国, CN211543937U. 2020-09-22.

[182] Krone N J. Divergence elimination with advanced composites//Aircraft Systems and Technology Meeting, Los Angeles, 1975.

[183] Tischer V A, Venkayya V B. Ply orientation as a variable in multidisciplinary optimization// The 4th Symposium on Multidisciplinary Analysis and Optimization, Cleveland, 1992.

[184] Patil M J. Aeroelastic tailoring of composite box beams//35th Aerospace Sciences Meeting and Exhibit, Reno, 1997.

[185] Guo S J. Aeroelastic optimization of an aerobatic aircraft wing structure. Aerospace Science and Technology, 2007, 11: 396-404.

[186] Ong C H, Tsai S W. Design, manufacture and testing of a bend-twist D-spar//37th Aerospace Sciences Meeting and Exhibit, Reno, 1999.

[187] Lobitz D W, Veers P S, Eisler G R, et al. The use of twist-coupled blades to enhance the performance of horizontal axis wind turbines. Albuquerque: Sandia National Laboratories, 2001.

[188] Locke J, Valencia U. Design studies for twist coupled wind turbine blades//41st Aerospace Sciences Meeting and Exhibit, Reno, 2004.

[189] Berry D S, Ashwill T. Design of 9-meter carbon-fiber glass proto type blades: CX-100 and TX-100. Albuquerque: Sandia National Laboratories, 2007.

[190] Rehfield L W, Cheung R H. Some basic strategies for aeroelastic tailoring of wings with bend-twist coupling: Part one//44th AIAA/ASME/ASCE/AHS Structures, Structural Dynamics, and Materials. Norfolk, 2003.

[191] 张桂江, 孙秦. 复合材料翼盒弯扭耦合效应的研究. 沈阳航空工业学院学报, 2005, 22(4): 34-36.
[192] 董永朋, 王佩艳, 王富生, 等. 考虑稳定性的复合材料机翼盒段优化分析. 机械设计与制造, 2011, (6): 195-197.
[193] 梁路, 万志强, 杨超. 大型飞机复合材料机翼壁板气动弹性优化设计. 中国科学: 技术科学, 2012, 42(6): 722-728.
[194] 张晓东, 张纪奎, 郦正能, 等. 非对称复合材料结构特性分析及其应用. 北京航空航天大学学报, 2003, 29(9): 770-773.
[195] 王旭. 前掠翼飞机复合材料气动弹性剪裁设计分析技术研究. 西安:西北工业大学, 2007.
[196] 王韬. 复合材料前掠翼气动弹性剪裁技术分析与研究. 南京:南京航空航天大学, 2009.
[197] 郑欣, 刘宇斌, 陈璞. 基于弯扭耦合理论的颤振频率计算方法. 工程力学, 2018, 35: 1-5.
[198] 王天怡. 高速飞行器复合材料机翼的气弹剪裁研究. 南京:东南大学, 2021.
[199] 李晓拓, 祝颖丹, 颜春, 等. 风力机叶片气动弹性剪裁研究进展. 玻璃钢/复合材料, 2012, 2: 67-73.
[200] 龚佳兴. 基于弯扭耦合的仿生自适应风力机叶片的设计与评估. 广州:华南理工大学, 2010.
[201] 刘旺玉, 张勇. 柔性风力机叶片主梁弯扭耦合设计. 华南理工大学学报(自然科学版), 2010, 38(12): 1-6.
[202] 周邢银, 安利强, 王璋奇. 考虑翘曲效应的风力机叶片弯扭耦合特性计算方法. 可再生能源, 2015, 33(2): 238-243.
[203] 周邢银, 安利强, 王璋奇. 对称非均匀层合板梁的弯扭耦合效应. 复合材料学报, 2017, 34(7): 1462-1468.
[204] 王子文, 杨涛, Riziotis V. 基于 ANSYS 的 10MW 风力机叶片弯扭耦合特性研究. 应用能源技术, 2019, (6): 33-37.
[205] 葛臣忠. 浅谈弯扭叶片的作用机理及实践应用. 中国新技术新产品, 2012, (1): 142.
[206] 孙鹏文, 邓海龙, 张兰挺, 等. 1.5MW 风机叶片根部连接结构强度分析. 机械设计与制造, 2013, (5): 207-209.
[207] 刘叶垚. 风力机叶片复合材料性能的研究. 兰州:兰州理工大学, 2018.
[208] 杨元英, 安志强, 李杜, 等. 斜流扩压器任意中弧线造型 3 维弯扭叶片设计. 航空发动机, 2021, 47(3): 23-28.
[209] 梁宇, 黄争鸣. 考虑几何非线性的复合材料机翼气动弹性分析. 力学季刊, 2019, 40(4): 700-708.
[210] 胡晓强, 黄政, 刘志华. 复合材料螺旋桨弯扭耦合刚度特性分析. 中国舰船研究, 2022, 17(1): 25-35.
[211] Apte A P, Haynes R A. Design of optimal hygrothermally stable laminates with extension-twist coupling by ant colony optimization//2nd International Conference on Engineering Optimization, Lisbon, 2010.
[212] Luo C, Guest J K. Optimizing topology and fiber orientations with minimum length scale control in laminated composites. Journal of Mechanical Design, 2021, 143(2): 21704.
[213] Moradi S, Vosoughi A R, Anjabin N. Maximum buckling load of stiffened laminated composite panel by an improved hybrid PSO-GA optimization technique. Thin-Walled Structures, 2021, 160: 107382.

[214] Keshtegar B, Nguyen T T, Truong T T, et al. Optimization of buckling load for laminated composite plates using adaptive Kriging-improved PSO: A novel hybrid intelligent method. Defence Technology, 2021, 17(1): 85-99.

[215] Coskun O, Turkmen H S. Multi-objective optimization of variable stiffness laminated plates modeled using Bézier curves. Composite Structures, 2022, 279: 114814.

[216] 穆朋刚, 赵美英, 刘关心, 等. 蚁群算法在复合材料层合板优化设计中的应用. 机械强度, 2009, (3): 410-413.

[217] 洪厚全, 李玉亮, 徐超. 复合材料层合板屈曲优化设计的模拟退火算法应用. 强度与环境, 2012, (6): 8-13.

[218] 罗利龙, 赵美英, 穆朋刚. 一种改进的自适应遗传算法及其在层合板优化中的应用研究. 机械科学与技术, 2012, 31(5): 12-15.

[219] Su Z X, Xie C H, Tan Y. Stress distribution analysis and optimization for composite laminate containing hole of different shapes. Aerospace Science and Technology, 2018, 76: 466-470.

[220] 李谨. 基于非对称复合材料的弯曲-扭转耦合结构设计方法研究. 长沙:国防科技大学, 2016.

[221] 孙士平, 曾庆龙, 吴建军. 基于改进模拟退火算法的复合材料层合板屈曲优化. 中国机械工程, 2015, 26(12): 1676-1683.

[222] 李根. 基于模拟退火算法的复合材料层合板屈曲优化. 南昌:南昌航空大学, 2016.

[223] 韩启超, 赵启林. 基于改进差分进化算法的层合板优化设计. 起重运输机械, 2020, (1): 93-96.

[224] Shamsudin M H, Chen J, York C B. Bounds on the compression buckling strength of hygro-thermally curvature-stable laminate with extension-twisting coupling. International Journal of Structural Integrity, 2013, 4(4): 477-486.

[225] Shamsudin M H, Rousseau J, Verchery G, et al. Experimental validation of the mechanical coupling response for hygro-thermally curvature-stable laminated composite materials//6th International Conference "Supply on the wings" in conjunction with AIRTEC 2011 International Aerospace Supply Fair. Frankfurt, 2011.

[226] Shamsudin M H, Rousseau J, York C B. Warping curvature predictions for non-symmetric woven cloth laminates//Designing Against Deformation & Fracture of Composite Materials: Engineering for Integrity Large Composite Structures, Cambridge, 2013.

[227] Shamsudin M H, Chen J, York C B. Buckling response of hygro-thermally curvature-stable laminates with extension-twisting coupling//1st International Conference of the International Journal of Structural Integrity, Porto, 2012.

[228] Reveillon D, Placet V, Foltete E, et al. Experiments on laminated plate with extension/twist coupling//European Conference on Composite Materials, Venice, 2012.

[229] Beter J, Schrittesser B, Meier B, et al. The tension-twist coupling mechanism in flexible composites: a systematic study based on tailored laminate structures using a novel test device. Polymers, 2020, 12(12): E2780.

[230] 周邢银. 大型风力机复合材料叶片弯扭耦合特性研究. 北京:华北电力大学, 2016.

[231] Carvalho N V, Chen B Y, Pinho S T. Modeling delamination migration in cross-ply tape laminates. Composites Part A: Applied Science and Manufacturing, 2015, 71: 192-203.

[232] 梁言, 龙连春. 结合 DIC 技术的开孔复合材料层合板屈曲实验测试// 北京力学学会第二

十五届学术年会, 北京, 2019.

[233] 贺体人, 刘刘, 徐吉峰. 数字图像相关方法辅助的 IM7/8552 碳纤维/环氧树脂复合材料单向带层合板沿厚度方向非线性本构参数识别. 复合材料学报, 2021, 38: 177-185.

[234] 石建军, 刘曹锐, 魏王程. 一种复合材料层合板力学性能测试用夹持组件: 中国, CN215574235U. 2022-01-18.

[235] 张颖, 安利强, 周邢银, 王璋奇. 弯扭耦合层合板模态特性数值模拟与试验研究. 振动与冲击, 2021, 40(8): 194-200.

[236] 张颖, 安利强, 王璋奇. 复合材料板弯扭耦合特性数值模拟. 河北大学学报(自然科学版), 2021, 41(3): 231-237.

[237] York C B. Unified approach to the characterization of coupled composite laminates: Hygro-thermally curvature-stable configurations. International Journal of Structural Integrity, 2011, 2(4): 406-436.

[238] 崔达. 复合材料弯扭耦合结构优化设计. 长沙:国防科技大学, 2018.

[239] Seitz A, Hübner A, Risse K. The DLR TuLam project: Design of a short and medium range transport aircraft with forward swept NLF wing. CEAS Aeronautical Journal, 2020, 11(2): 449-459.

# 附录 A　层间混杂层合板的刚度矩阵

复合材料层间混杂层合板的刚度矩阵系数具体推导过程如下。

## A.1　拉伸刚度矩阵 $\boldsymbol{A}$

根据经典层合板理论可知，层间混杂层合板的拉伸刚度矩阵中的系数可表示为

$$A_{ij}=\sum_{k=1}^{n}(\overline{Q}_{ij})_k(z_k-z_{k-1}),\quad i,j=1,2,6 \tag{A.1}$$

定义层间混杂层合板第 $k$ 层单层板的偏轴刚度系数为

$$\begin{cases}(\overline{Q}_{11})_k=U_1^q+U_2^q\cos2\theta_k+U_3^q\cos4\theta_k\\(\overline{Q}_{12})_k=-U_3^q\cos4\theta_k+U_4^q\\(\overline{Q}_{16})_k=\dfrac{U_2^q}{2}\sin2\theta_k+U_3^q\sin4\theta_k\\(\overline{Q}_{22})_k=U_1^q-U_2^q\cos2\theta_k+U_3^q\cos4\theta_k\\(\overline{Q}_{26})_k=\dfrac{U_2^q}{2}\sin2\theta_k-U_3^q\sin4\theta_k\\(\overline{Q}_{66})_k=-U_3^q\cos4\theta_k+U_5^q\end{cases} \tag{A.2}$$

其中，$\theta_k$ 为层间混杂层合板第 $k$ 层单层板的纤维铺设角；上标“$q$”用于标识此单层对应的是何种类型的单层板，当上标 $q=$①时，表示此单层对应的是①型单层板，当上标 $q=$②时，表示此单层对应的是②型单层板；$U_i^q(i=1,2,\cdots,5)$ 为层间混杂层合板的材料常量，仅与相应类型单层板材料参数相关，并且

$$\begin{cases}U_1^q=(3Q_{11}^q+3Q_{22}^q+2Q_{12}^q+4Q_{66}^q)/8\\U_2^q=(Q_{11}^q-Q_{22}^q)/2\\U_3^q=(Q_{11}^q+Q_{22}^q-2Q_{12}^q-4Q_{66}^q)/8\\U_4^q=(Q_{11}^q+Q_{22}^q+6Q_{12}^q-4Q_{66}^q)/8\\U_5^q=(Q_{11}^q+Q_{22}^q-2Q_{12}^q+4Q_{66}^q)/8=\dfrac{1}{2}(U_1^q-U_4^q)\end{cases} \tag{A.3}$$

其中，$Q_{ij}^{q}$ 为两种类型单层板的刚度系数。

定义层间混杂层合板的几何因子为

$$\begin{cases}(\xi_1^q \quad \xi_2^q \quad \xi_3^q \quad \xi_4^q)=\sum\limits_{k=q}(\cos 2\theta_k \quad \cos 4\theta_k \quad \sin 2\theta_k \quad \sin 4\theta_k)(z_k-z_{k-1})\\(\xi_5^q \quad \xi_6^q \quad \xi_7^q \quad \xi_8^q)=\sum\limits_{k=q}(\cos 2\theta_k \quad \cos 4\theta_k \quad \sin 2\theta_k \quad \sin 4\theta_k)(z_k^2-z_{k-1}^2)\\(\xi_9^q \quad \xi_{10}^q \quad \xi_{11}^q \quad \xi_{12}^q)=\sum\limits_{k=q}(\cos 2\theta_k \quad \cos 4\theta_k \quad \sin 2\theta_k \quad \sin 4\theta_k)(z_k^3-z_{k-1}^3)\\(\xi_{13}^q \quad \xi_{14}^q \quad \xi_{15}^q)=\sum\limits_{k=q}[(z_k-z_{k-1}) \quad (z_k^2-z_{k-1}^2) \quad (z_k^3-z_{k-1}^3)]\end{cases} \tag{A.4}$$

其中，$q=①$时表示等式右端对所有①型单层板求和，$q=②$时表示等式右端对所有②型单层板求和。

将式(A.2)～式(A.4)代入式(A.1)中，可得材料常量和几何因子表示的层间混杂层合板拉伸刚度矩阵系数，即

$$\begin{aligned}A_{11}&=\sum_{k=①}^{n}(U_1^{①}+U_2^{①}\cos 2\theta_k+U_3^{①}\cos 4\theta_k)(z_k-z_{k-1})\\&\quad+\sum_{k=②}^{n}(U_1^{②}+U_2^{②}\cos 2\theta_k+U_3^{②}\cos 4\theta_k)(z_k-z_{k-1})\\&=U_1^{①}\sum_{k=①}^{n}(z_k-z_{k-1})+U_2^{①}\sum_{k=①}^{n}\cos 2\theta_k(z_k-z_{k-1})+U_3^{①}\sum_{k=①}^{n}\cos 4\theta_k(z_k-z_{k-1})\\&\quad+U_1^{②}\sum_{k=②}^{n}(z_k-z_{k-1})+U_2^{②}\sum_{k=②}^{n}\cos 2\theta_k(z_k-z_{k-1})+U_3^{②}\sum_{k=②}^{n}\cos 4\theta_k(z_k-z_{k-1})\\&=U_1^{①}\xi_{13}^{①}+U_2^{①}\xi_1^{①}+U_3^{①}\xi_2^{①}+U_1^{②}\xi_{13}^{②}+U_2^{②}\xi_1^{②}+U_3^{②}\xi_2^{②}\end{aligned} \tag{A.5}$$

$$\begin{aligned}A_{12}=A_{21}&=\sum_{k=①}^{n}[(-\cos 4\theta_k)U_3^{①}+U_4^{①}](z_k-z_{k-1})\\&\quad+\sum_{k=②}^{n}[(-\cos 4\theta_k)U_3^{②}+U_4^{②}](z_k-z_{k-1})\\&=-U_3^{①}\sum_{k=①}^{n}\cos 4\theta_k(z_k-z_{k-1})+U_4^{①}\xi_{13}^{①}-U_3^{②}\sum_{k=②}^{n}\cos 4\theta_k(z_k-z_{k-1})+U_4^{②}\xi_{13}^{②}\\&=-U_3^{①}\xi_2^{①}+U_4^{①}\xi_{13}^{①}-U_3^{②}\xi_2^{②}+U_4^{②}\xi_{13}^{②}\end{aligned} \tag{A.6}$$

$$\begin{aligned}
A_{16} = A_{61} &= \sum_{k=①}^{n}\left[U_2^{①}\left(\frac{\sin 2\theta_k}{2}\right)+U_3^{①}\sin 4\theta_k\right](z_k - z_{k-1}) \\
&\quad + \sum_{k=②}^{n}\left[U_2^{②}\left(\frac{\sin 2\theta_k}{2}\right)+U_3^{②}\sin 4\theta_k\right](z_k - z_{k-1}) \\
&= \frac{1}{2}U_2^{①}\sum_{k=①}^{n}\sin 2\theta_k(z_k - z_{k-1}) + U_3^{①}\sum_{k=①}^{n}\sin 4\theta_k(z_k - z_{k-1}) \\
&\quad + \frac{1}{2}U_2^{②}\sum_{k=②}^{n}\sin 2\theta_k(z_k - z_{k-1}) + U_3^{②}\sum_{k=②}^{n}\sin 4\theta_k(z_k - z_{k-1}) \\
&= \frac{1}{2}U_2^{①}\xi_3^{①} + U_3^{①}\xi_4^{①} + \frac{1}{2}U_2^{②}\xi_3^{②} + U_3^{②}\xi_4^{②}
\end{aligned} \tag{A.7}$$

$$\begin{aligned}
A_{22} &= \sum_{k=①}^{n}(U_1^{①} - U_2^{①}\cos 2\theta_k + U_3^{①}\cos 4\theta_k)(z_k - z_{k-1}) \\
&\quad + \sum_{k=②}^{n}(U_1^{②} - U_2^{②}\cos 2\theta_k + U_3^{②}\cos 4\theta_k)(z_k - z_{k-1}) \\
&= U_1^{①}\xi_{13}^{①} - U_2^{①}\sum_{k=①}^{n}\cos 2\theta_k(z_k - z_{k-1}) + U_3^{①}\sum_{k=①}^{n}\cos 4\theta_k(z_k - z_{k-1}) \\
&\quad + U_1^{②}\xi_{13}^{②} - U_2^{②}\sum_{k=②}^{n}\cos 2\theta_k(z_k - z_{k-1}) + U_3^{②}\sum_{k=②}^{n}\cos 4\theta_k(z_k - z_{k-1}) \\
&= U_1^{①}\xi_{13}^{①} - U_2^{①}\xi_1^{①} + U_3^{①}\xi_2^{①} + U_1^{②}\xi_{13}^{②} - U_2^{②}\xi_1^{②} + U_3^{②}\xi_2^{②}
\end{aligned} \tag{A.8}$$

$$\begin{aligned}
A_{26} = A_{62} &= \sum_{k=①}^{n}\left[U_2^{①}\left(\frac{\sin 2\theta_k}{2}\right)-U_3^{①}\sin 4\theta_k\right](z_k - z_{k-1}) \\
&\quad + \sum_{k=②}^{n}\left[U_2^{②}\left(\frac{\sin 2\theta_k}{2}\right)-U_3^{②}\sin 4\theta_k\right](z_k - z_{k-1}) \\
&= \frac{1}{2}U_2^{①}\sum_{k=①}^{n}\sin 2\theta_k(z_k - z_{k-1}) - U_3^{①}\sum_{k=①}^{n}\sin 4\theta_k(z_k - z_{k-1}) \\
&\quad + \frac{1}{2}U_2^{②}\sum_{k=②}^{n}\sin 2\theta_k(z_k - z_{k-1}) - U_3^{②}\sum_{k=②}^{n}\sin 4\theta_k(z_k - z_{k-1}) \\
&= \frac{1}{2}U_2^{①}\xi_3^{①} - U_3^{①}\xi_4^{①} + \frac{1}{2}U_2^{②}\xi_3^{②} - U_3^{②}\xi_4^{②}
\end{aligned} \tag{A.9}$$

$$\begin{aligned}
A_{66} &= \sum_{k=①}^{n}(-U_3^{①}\cos 4\theta_k + U_5^{①})(z_k - z_{k-1}) + \sum_{k=②}^{n}(-U_3^{②}\cos 4\theta_k + U_5^{②})(z_k - z_{k-1}) \\
&= -U_3^{①}\sum_{k=①}^{n}\cos 4\theta_k(z_k - z_{k-1}) + U_5^{①}\sum_{k=①}^{n}(z_k - z_{k-1})
\end{aligned}$$

$$-U_3^{②}\sum_{k=②}^{n}\cos 4\theta_k(z_k-z_{k-1})+U_5^{②}\sum_{k=②}^{n}(z_k-z_{k-1})$$
$$=-U_3^{①}\xi_2^{①}+U_5^{①}\xi_{13}^{①}-U_3^{②}\xi_2^{②}+U_5^{②}\xi_{13}^{②}$$

(A.10)

## A.2 耦合刚度矩阵 *B*

层间混杂层合板的耦合刚度矩阵中的系数可表示为

$$B_{ij}=\sum_{k=1}^{n}(\bar{Q}_{ij})_k(z_k^2-z_{k-1}^2),\quad i,j=1,2,6 \tag{A.11}$$

将式(A.2)～式(A.4)代入式(A.11)，可得材料常量和几何因子表示的层合板耦合刚度矩阵系数，即

$$\begin{aligned}B_{11}&=\frac{1}{2}\sum_{k=①}^{n}(U_1^{①}+U_2^{①}\cos 2\theta_k+U_3^{①}\cos 4\theta_k)(z_k^2-z_{k-1}^2)\\&\quad+\frac{1}{2}\sum_{k=②}^{n}(U_1^{②}+U_2^{②}\cos 2\theta_k+U_3^{②}\cos 4\theta_k)(z_k^2-z_{k-1}^2)\\&=\frac{1}{2}U_1^{①}\sum_{k=①}^{n}(z_k^2-z_{k-1}^2)+\frac{1}{2}U_2^{①}\sum_{k=①}^{n}\cos 2\theta_k(z_k^2-z_{k-1}^2)+\frac{1}{2}U_3^{①}\sum_{k=①}^{n}\cos 4\theta_k(z_k^2-z_{k-1}^2)\\&\quad+\frac{1}{2}U_1^{②}\sum_{k=②}^{n}(z_k^2-z_{k-1}^2)+\frac{1}{2}U_2^{②}\sum_{k=②}^{n}\cos 2\theta_k(z_k^2-z_{k-1}^2)+\frac{1}{2}U_3^{②}\sum_{k=②}^{n}\cos 4\theta_k(z_k^2-z_{k-1}^2)\\&=\frac{1}{2}U_1^{①}\xi_{14}^{①}+\frac{1}{2}U_2^{①}\xi_5^{①}+\frac{1}{2}U_3^{①}\xi_6^{①}+\frac{1}{2}U_1^{②}\xi_{14}^{②}+\frac{1}{2}U_2^{②}\xi_5^{②}+\frac{1}{2}U_3^{②}\xi_6^{②}\end{aligned}$$

(A.12)

$$\begin{aligned}B_{12}=B_{21}&=\frac{1}{2}\sum_{k=①}^{n}[(-\cos 4\theta_k)U_3^{①}+U_4^{①}](z_k^2-z_{k-1}^2)\\&\quad+\frac{1}{2}\sum_{k=②}^{n}[(-\cos 4\theta_k)U_3^{②}+U_4^{②}](z_k^2-z_{k-1}^2)\\&=-\frac{1}{2}U_3^{①}\sum_{k=①}^{n}\cos 4\theta_k(z_k^2-z_{k-1}^2)+\frac{1}{2}U_4^{①}\sum_{k=①}^{n}(z_k^2-z_{k-1}^2)\\&\quad-\frac{1}{2}U_3^{②}\sum_{k=②}^{n}\cos 4\theta_k(z_k^2-z_{k-1}^2)+\frac{1}{2}U_4^{②}\sum_{k=②}^{n}(z_k^2-z_{k-1}^2)\\&=-\frac{1}{2}U_3^{①}\xi_6^{①}+\frac{1}{2}U_4^{①}\xi_{14}^{①}-\frac{1}{2}U_3^{②}\xi_6^{②}+\frac{1}{2}U_4^{②}\xi_{14}^{②}\end{aligned} \tag{A.13}$$

$$
\begin{aligned}
B_{16}=B_{61}&=\frac{1}{2}\sum_{k=①}^{n}\left[U_2^{①}\left(\frac{\sin 2\theta_k}{2}\right)+U_3^{①}\sin 4\theta_k\right](z_k^2-z_{k-1}^2)\\
&+\frac{1}{2}\sum_{k=②}^{n}\left[U_2^{②}\left(\frac{\sin 2\theta_k}{2}\right)+U_3^{②}\sin 4\theta_k\right](z_k^2-z_{k-1}^2)\\
&=\frac{1}{4}U_2^{①}\sum_{k=①}^{n}\sin 2\theta_k(z_k^2-z_{k-1}^2)+\frac{1}{2}U_3^{①}\sum_{k=①}^{n}\sin 4\theta_k(z_k^2-z_{k-1}^2)\\
&+\frac{1}{4}U_2^{②}\sum_{k=②}^{n}\sin 2\theta_k(z_k^2-z_{k-1}^2)+\frac{1}{2}U_3^{②}\sum_{k=②}^{n}\sin 4\theta_k(z_k^2-z_{k-1}^2)\\
&=\frac{1}{4}U_2^{①}\xi_7^{①}+\frac{1}{2}U_3^{①}\xi_8^{①}+\frac{1}{4}U_2^{②}\xi_7^{②}+\frac{1}{2}U_3^{②}\xi_8^{②}
\end{aligned}
\tag{A.14}
$$

$$
\begin{aligned}
B_{22}&=\frac{1}{2}\sum_{k=①}^{n}(U_1^{①}-U_2^{①}\cos 2\theta_k+U_3^{①}\cos 4\theta_k)(z_k^2-z_{k-1}^2)\\
&+\frac{1}{2}\sum_{k=②}^{n}(U_1^{②}-U_2^{②}\cos 2\theta_k+U_3^{②}\cos 4\theta_k)(z_k^2-z_{k-1}^2)\\
&=\frac{1}{2}U_1^{①}\sum_{k=①}^{n}(z_k^2-z_{k-1}^2)-\frac{1}{2}U_2^{①}\sum_{k=①}^{n}\cos 2\theta_k(z_k^2-z_{k-1}^2)+\frac{1}{2}U_3^{①}\sum_{k=①}^{n}\cos 4\theta_k(z_k^2-z_{k-1}^2)\\
&+\frac{1}{2}U_1^{②}\sum_{k=②}^{n}(z_k^2-z_{k-1}^2)-\frac{1}{2}U_2^{②}\sum_{k=②}^{n}\cos 2\theta_k(z_k^2-z_{k-1}^2)+\frac{1}{2}U_3^{②}\sum_{k=②}^{n}\cos 4\theta_k(z_k^2-z_{k-1}^2)\\
&=\frac{1}{2}U_1^{①}\xi_{14}^{①}-\frac{1}{2}U_2^{①}\xi_5^{①}+\frac{1}{2}U_3^{①}\xi_6^{①}+\frac{1}{2}U_1^{②}\xi_{14}^{②}-\frac{1}{2}U_2^{②}\xi_5^{②}+\frac{1}{2}U_3^{②}\xi_6^{②}
\end{aligned}
\tag{A.15}
$$

$$
\begin{aligned}
B_{26}=B_{62}&=\frac{1}{2}\sum_{k=①}^{n}\left[U_2^{①}\left(\frac{\sin 2\theta_k}{2}\right)-U_3^{①}\sin 4\theta_k\right](z_k^2-z_{k-1}^2)\\
&+\frac{1}{2}\sum_{k=②}^{n}\left[U_2^{②}\left(\frac{\sin 2\theta_k}{2}\right)-U_3^{②}\sin 4\theta_k\right](z_k^2-z_{k-1}^2)\\
&=\frac{1}{4}U_2^{①}\sum_{k=①}^{n}\sin 2\theta_k(z_k^2-z_{k-1}^2)-\frac{1}{2}U_3^{①}\sum_{k=①}^{n}\sin 4\theta_k(z_k^2-z_{k-1}^2)\\
&+\frac{1}{4}U_2^{②}\sum_{k=②}^{n}\sin 2\theta_k(z_k^2-z_{k-1}^2)-\frac{1}{2}U_3^{②}\sum_{k=②}^{n}\sin 4\theta_k(z_k^2-z_{k-1}^2)\\
&=\frac{1}{4}U_2^{①}\xi_7^{①}-\frac{1}{2}U_3^{①}\xi_8^{①}+\frac{1}{4}U_2^{②}\xi_7^{②}-\frac{1}{2}U_3^{②}\xi_8^{②}
\end{aligned}
\tag{A.16}
$$

$$
B_{66}=\frac{1}{2}\sum_{k=①}^{n}(-U_3^{①}\cos 4\theta_k+U_5^{①})(z_k^2-z_{k-1}^2)+\frac{1}{2}\sum_{k=②}^{n-1}(-U_3^{②}\cos 4\theta_k+U_5^{②})(z_k^2-z_{k-1}^2)
$$

$$
\begin{aligned}
&= -\frac{1}{2}U_3^{①}\sum_{k=①}^{n}\cos 4\theta_k(z_k^2 - z_{k-1}^2) + \frac{1}{2}U_5^{①}\sum_{k=①}^{n}(z_k^2 - z_{k-1}^2) \\
&\quad -\frac{1}{2}U_3^{②}\sum_{k=②}^{n}\cos 4\theta_k(z_k^2 - z_{k-1}^2) + \frac{1}{2}U_5^{②}\sum_{k=②}^{n}(z_k^2 - z_{k-1}^2) \\
&= -\frac{1}{2}U_3^{①}\xi_6^{①} + \frac{1}{2}U_5^{①}\xi_{14}^{①} - \frac{1}{2}U_3^{②}\xi_6^{②} + \frac{1}{2}U_5^{②}\xi_{14}^{②}
\end{aligned}
\tag{A.17}
$$

# A.3　弯曲刚度矩阵 *D*

层间混杂层合板的弯曲刚度矩阵中的系数可表示为

$$
D_{ij} = \sum_{k=1}^{n}(\overline{Q}_{ij})_k(z_k^3 - z_{k-1}^3),\quad i,j = 1,2,6 \tag{A.18}
$$

将式(A.2)～式(A.4)代入式(A.18)，可得材料常量和几何因子表示的层合板弯曲刚度矩阵系数，即

$$
\begin{aligned}
D_{11} &= \frac{1}{3}\sum_{k=①}^{n}(U_1^{①} + U_2^{①}\cos 2\theta_k + U_3^{①}\cos 4\theta_k)(z_k^3 - z_{k-1}^3) \\
&\quad + \frac{1}{3}\sum_{k=②}^{n}(U_1^{②} + U_2^{②}\cos 2\theta_k + U_3^{②}\cos 4\theta_k)(z_k^3 - z_{k-1}^3) \\
&= \frac{1}{3}U_1^{①}\sum_{k=①}^{n}(z_k^3 - z_{k-1}^3) + \frac{1}{3}U_2^{①}\sum_{k=①}^{n}\cos 2\theta_k(z_k^3 - z_{k-1}^3) + \frac{1}{3}U_3^{①}\sum_{k=①}^{n}\cos 4\theta_k(z_k^3 - z_{k-1}^3) \\
&\quad + \frac{1}{3}U_1^{②}\sum_{k=②}^{n}(z_k^3 - z_{k-1}^3) + \frac{1}{3}U_2^{②}\sum_{k=②}^{n}\cos 2\theta_k(z_k^3 - z_{k-1}^3) + \frac{1}{3}U_3^{②}\sum_{k=②}^{n}\cos 4\theta_k(z_k^3 - z_{k-1}^3) \\
&= \frac{1}{3}U_1^{①}\xi_{15}^{①} + \frac{1}{3}U_2^{①}\xi_9^{①} + \frac{1}{3}U_3^{①}\xi_{10}^{①} + \frac{1}{3}U_1^{②}\xi_{15}^{②} + \frac{1}{3}U_2^{②}\xi_9^{②} + \frac{1}{3}U_3^{②}\xi_{10}^{②}
\end{aligned}
\tag{A.19}
$$

$$
\begin{aligned}
D_{12} = D_{21} &= \frac{1}{3}\sum_{k=①}^{n}[(-\cos 4\theta_k)U_3^{①} + U_4^{①}](z_k^3 - z_{k-1}^3) \\
&\quad + \frac{1}{3}\sum_{k=②}^{n}[(-\cos 4\theta_k)U_3^{②} + U_4^{②}](z_k^3 - z_{k-1}^3) \\
&= -\frac{1}{3}U_3^{①}\sum_{k=①}^{n}\cos 4\theta_k(z_k^3 - z_{k-1}^3) + \frac{1}{3}U_4^{①}\sum_{k=①}^{n}(z_k^3 - z_{k-1}^3) \\
&\quad -\frac{1}{3}U_3^{②}\sum_{k=②}^{n}\cos 4\theta_k(z_k^3 - z_{k-1}^3) + \frac{1}{3}U_4^{②}\sum_{k=②}^{n}(z_k^3 - z_{k-1}^3)
\end{aligned}
$$

$$= -\frac{1}{3}U_3^{①}\xi_{10}^{①} + \frac{1}{3}U_4^{①}\xi_{15}^{①} - \frac{1}{3}U_3^{②}\xi_{10}^{②} + \frac{1}{3}U_4^{②}\xi_{15}^{②} \tag{A.20}$$

$$\begin{aligned}
D_{16} = D_{61} &= \frac{1}{3}\sum_{k=①}^{n}\left[U_2^{①}\left(\frac{\sin 2\theta_k}{2}\right) + U_3^{①}\sin 4\theta_k\right](z_k^3 - z_{k-1}^3) \\
&\quad + \frac{1}{3}\sum_{k=②}^{n}\left[U_2^{②}\left(\frac{\sin 2\theta_k}{2}\right) + U_3^{②}\sin 4\theta_k\right](z_k^3 - z_{k-1}^3) \\
&= \frac{1}{6}U_2^{①}\sum_{k=①}^{n}\sin 2\theta_k(z_k^3 - z_{k-1}^3) + \frac{1}{3}U_3^{①}\sum_{k=①}^{n}\sin 4\theta_k(z_k^3 - z_{k-1}^3) \\
&\quad + \frac{1}{6}U_2^{②}\sum_{k=②}^{n}\sin 2\theta_k(z_k^3 - z_{k-1}^3) + \frac{1}{3}U_3^{②}\sum_{k=②}^{n}\sin 4\theta_k(z_k^3 - z_{k-1}^3) \\
&= \frac{1}{6}U_2^{①}\xi_{11}^{①} + \frac{1}{3}U_3^{①}\xi_{12}^{①} + \frac{1}{6}U_2^{②}\xi_{11}^{②} + \frac{1}{3}U_3^{②}\xi_{12}^{②}
\end{aligned} \tag{A.21}$$

$$\begin{aligned}
D_{22} &= \frac{1}{3}\sum_{k=①}^{n}(U_1^{①} - U_2^{①}\cos 2\theta_k + U_3^{①}\cos 4\theta_k)(z_k^3 - z_{k-1}^3) \\
&\quad + \frac{1}{3}\sum_{k=②}^{n}(U_1^{②} - U_2^{②}\cos 2\theta_k + U_3^{②}\cos 4\theta_k)(z_k^3 - z_{k-1}^3) \\
&= \frac{1}{3}U_1^{①}\sum_{k=①}^{n}(z_k^3 - z_{k-1}^3) - \frac{1}{3}U_2^{①}\sum_{k=①}^{n}\cos 2\theta_k(z_k^3 - z_{k-1}^3) + \frac{1}{3}U_3^{①}\sum_{k=①}^{n}\cos 4\theta_k(z_k^3 - z_{k-1}^3) \\
&\quad + \frac{1}{3}U_1^{②}\sum_{k=②}^{n}(z_k^3 - z_{k-1}^3) - \frac{1}{3}U_2^{②}\sum_{k=②}^{n}\cos 2\theta_k(z_k^3 - z_{k-1}^3) + \frac{1}{3}U_3^{②}\sum_{k=②}^{n}\cos 4\theta_k(z_k^3 - z_{k-1}^3) \\
&= \frac{1}{3}U_1^{①}\xi_{15}^{①} - \frac{1}{3}U_2^{①}\xi_9^{①} + \frac{1}{3}U_3^{①}\xi_{10}^{①} + \frac{1}{3}U_1^{②}\xi_{15}^{②} - \frac{1}{3}U_2^{②}\xi_9^{②} + \frac{1}{3}U_3^{②}\xi_{10}^{②}
\end{aligned} \tag{A.22}$$

$$\begin{aligned}
D_{26} = D_{62} &= \frac{1}{3}\sum_{k=①}^{n}\left[U_2^{①}\left(\frac{\sin 2\theta_k}{2}\right) - U_3^{①}\sin 4\theta_k\right](z_k^3 - z_{k-1}^3) \\
&\quad + \frac{1}{3}\sum_{k=②}^{n}\left[U_2^{②}\left(\frac{\sin 2\theta_k}{2}\right) - U_3^{②}\sin 4\theta_k\right](z_k^3 - z_{k-1}^3) \\
&= \frac{1}{6}U_2^{①}\sum_{k=①}^{n}\sin 2\theta_k(z_k^3 - z_{k-1}^3) - \frac{1}{3}U_3^{①}\sum_{k=①}^{n}\sin 4\theta_k(z_k^3 - z_{k-1}^3) \\
&\quad + \frac{1}{6}U_2^{②}\sum_{k=②}^{n}\sin 2\theta_k(z_k^3 - z_{k-1}^3) - \frac{1}{3}U_3^{②}\sum_{k=②}^{n}\sin 4\theta_k(z_k^3 - z_{k-1}^3) \\
&= \frac{1}{6}U_2^{①}\xi_{11}^{①} - \frac{1}{3}U_3^{①}\xi_{12}^{①} + \frac{1}{6}U_2^{②}\xi_{11}^{②} - \frac{1}{3}U_3^{②}\xi_{12}^{②}
\end{aligned} \tag{A.23}$$

$$
\begin{aligned}
D_{66} &= \frac{1}{3}\sum_{k=①}^{n}(-U_3^{①}\cos 4\theta_k + U_5^{①})(z_k^3 - z_{k-1}^3) + \frac{1}{3}\sum_{k=②}^{n}(-U_3^{②}\cos 4\theta_k + U_5^{②})(z_k^3 - z_{k-1}^3) \\
&= -\frac{1}{3}U_3^{①}\sum_{k=①}^{n}\cos 4\theta_k (z_k^3 - z_{k-1}^3) + \frac{1}{3}U_5^{①}\sum_{k=①}^{n}(z_k^3 - z_{k-1}^3) \\
&\quad -\frac{1}{3}U_3^{②}\sum_{k=②}^{n}\cos 4\theta_k (z_k^3 - z_{k-1}^3) + \frac{1}{3}U_5^{②}\sum_{k=②}^{n}(z_k^3 - z_{k-1}^3) \\
&= -\frac{1}{3}U_3^{①}\xi_{10}^{①} + \frac{1}{3}U_5^{①}\xi_{15}^{①} - \frac{1}{3}U_3^{②}\xi_{10}^{②} + \frac{1}{3}U_5^{②}\xi_{15}^{②}
\end{aligned}
\tag{A.24}
$$

综上所述，复合材料层间混杂层合板的刚度系数可用层间混杂层合板的几何因子与材料常量表示为

$$
\begin{bmatrix} A_{11} \\ A_{12} \\ A_{16} \\ A_{22} \\ A_{26} \\ A_{66} \end{bmatrix} =
\begin{bmatrix}
\xi_{13}^{①} & \xi_1^{①} & \xi_2^{①} & 0 & 0 \\
0 & 0 & -\xi_2^{①} & \xi_{13}^{①} & 0 \\
0 & \frac{\xi_3^{①}}{2} & \xi_4^{①} & 0 & 0 \\
\xi_{13}^{①} & -\xi_1^{①} & \xi_2^{①} & 0 & 0 \\
0 & \frac{\xi_3^{①}}{2} & -\xi_4^{①} & 0 & 0 \\
0 & 0 & -\xi_2^{①} & 0 & \xi_{13}^{①}
\end{bmatrix}
\begin{bmatrix} U_1^{①} \\ U_2^{①} \\ U_3^{①} \\ U_4^{①} \\ U_5^{①} \end{bmatrix} +
\begin{bmatrix}
\xi_{13}^{②} & \xi_1^{②} & \xi_2^{②} & 0 & 0 \\
0 & 0 & -\xi_2^{②} & \xi_{13}^{②} & 0 \\
0 & \frac{\xi_3^{②}}{2} & \xi_4^{②} & 0 & 0 \\
\xi_{13}^{②} & -\xi_1^{②} & \xi_2^{②} & 0 & 0 \\
0 & \frac{\xi_3^{②}}{2} & -\xi_4^{②} & 0 & 0 \\
0 & 0 & -\xi_2^{②} & 0 & \xi_{13}^{②}
\end{bmatrix}
\begin{bmatrix} U_1^{②} \\ U_2^{②} \\ U_3^{②} \\ U_4^{②} \\ U_5^{②} \end{bmatrix}
\tag{A.25}
$$

$$
\begin{bmatrix} B_{11} \\ B_{12} \\ B_{16} \\ B_{22} \\ B_{26} \\ B_{66} \end{bmatrix} = \frac{1}{2}
\begin{bmatrix}
\xi_{14}^{①} & \xi_5^{①} & \xi_6^{①} & 0 & 0 \\
0 & 0 & -\xi_6^{①} & \xi_{14}^{①} & 0 \\
0 & \frac{\xi_7^{①}}{2} & \xi_8^{①} & 0 & 0 \\
\xi_{14}^{①} & -\xi_5^{①} & \xi_6^{①} & 0 & 0 \\
0 & \frac{\xi_7^{①}}{2} & -\xi_8^{①} & 0 & 0 \\
0 & 0 & -\xi_6^{①} & 0 & \xi_{14}^{①}
\end{bmatrix}
\begin{bmatrix} U_1^{①} \\ U_2^{①} \\ U_3^{①} \\ U_4^{①} \\ U_5^{①} \end{bmatrix} + \frac{1}{2}
\begin{bmatrix}
\xi_{14}^{②} & \xi_5^{②} & \xi_6^{②} & 0 & 0 \\
0 & 0 & -\xi_6^{②} & \xi_{14}^{②} & 0 \\
0 & \frac{\xi_7^{②}}{2} & \xi_8^{②} & 0 & 0 \\
\xi_{14}^{②} & -\xi_5^{②} & \xi_6^{②} & 0 & 0 \\
0 & \frac{\xi_7^{②}}{2} & -\xi_8^{②} & 0 & 0 \\
0 & 0 & -\xi_6^{②} & 0 & \xi_{14}^{②}
\end{bmatrix}
\begin{bmatrix} U_1^{②} \\ U_2^{②} \\ U_3^{②} \\ U_4^{②} \\ U_5^{②} \end{bmatrix}
\tag{A.26}
$$

$$\begin{bmatrix} D_{11} \\ D_{12} \\ D_{16} \\ D_{22} \\ D_{26} \\ D_{66} \end{bmatrix} = \frac{1}{3}\begin{bmatrix} \xi_{15}^{①} & \xi_{9}^{①} & \xi_{10}^{①} & 0 & 0 \\ 0 & 0 & -\xi_{10}^{①} & \xi_{15}^{①} & 0 \\ 0 & \dfrac{\xi_{11}^{①}}{2} & \xi_{12}^{①} & 0 & 0 \\ \xi_{15}^{①} & -\xi_{9}^{①} & \xi_{10}^{①} & 0 & 0 \\ 0 & \dfrac{\xi_{11}^{①}}{2} & -\xi_{12}^{①} & 0 & 0 \\ 0 & 0 & -\xi_{10}^{①} & 0 & \xi_{15}^{①} \end{bmatrix} \begin{bmatrix} U_1^{①} \\ U_2^{①} \\ U_3^{①} \\ U_4^{①} \\ U_5^{①} \end{bmatrix} + \frac{1}{3}\begin{bmatrix} \xi_{15}^{②} & \xi_{9}^{②} & \xi_{10}^{②} & 0 & 0 \\ 0 & 0 & -\xi_{10}^{②} & \xi_{15}^{②} & 0 \\ 0 & \dfrac{\xi_{11}^{②}}{2} & \xi_{12}^{②} & 0 & 0 \\ \xi_{15}^{②} & -\xi_{9}^{②} & \xi_{10}^{②} & 0 & 0 \\ 0 & \dfrac{\xi_{11}^{②}}{2} & -\xi_{12}^{②} & 0 & 0 \\ 0 & 0 & -\xi_{10}^{②} & 0 & \xi_{15}^{②} \end{bmatrix} \begin{bmatrix} U_1^{②} \\ U_2^{②} \\ U_3^{②} \\ U_4^{②} \\ U_5^{②} \end{bmatrix}$$

(A.27)

# 附录 B　层间混杂层合板的湿热内力

现推导层间混杂层合板的热内力和热力矩，对于层间混杂层合板，第 $k$ 层单层板的偏轴热膨胀系数为

$$\begin{aligned}
(\alpha_x)_k &= \alpha_1^q \cos^2\theta_k + \alpha_2^q \sin^2\theta_k \\
(\alpha_y)_k &= \alpha_1^q \sin^2\theta_k + \alpha_2^q \cos^2\theta_k \\
(\alpha_{xy})_k &= (\alpha_1^q - \alpha_2^q) 2\sin\theta_k \cos\theta_k
\end{aligned} \tag{B.1}$$

其中，$\alpha_1^q$ 和 $\alpha_2^q$ 为两种不同类型单层板的热膨胀系数；层间混杂层合板的热内力与热力矩为

$$\begin{cases}
N_x^{\mathrm{T}} = \sum\limits_{k=1}^{n} \Delta T[(\bar{Q}_{11})_k(\alpha_x)_k + (\bar{Q}_{12})_k(\alpha_y)_k + (\bar{Q}_{16})_k(\alpha_{xy})_k](z_k - z_{k-1}) \\
N_y^{\mathrm{T}} = \sum\limits_{k=1}^{n} \Delta T[(\bar{Q}_{12})_k(\alpha_x)_k + (\bar{Q}_{22})_k(\alpha_y)_k + (\bar{Q}_{26})_k(\alpha_{xy})_k](z_k - z_{k-1}) \\
N_{xy}^{\mathrm{T}} = \sum\limits_{k=1}^{n} \Delta T[(\bar{Q}_{16})_k(\alpha_x)_k + (\bar{Q}_{26})_k(\alpha_y)_k + (\bar{Q}_{66})_k(\alpha_{xy})_k](z_k - z_{k-1})
\end{cases} \tag{B.2}$$

$$\begin{cases}
M_x^{\mathrm{T}} = \dfrac{1}{2}\sum\limits_{k=1}^{n} \Delta T[(\bar{Q}_{11})_k(\alpha_x)_k + (\bar{Q}_{12})_k(\alpha_y)_k + (\bar{Q}_{16})_k(\alpha_{xy})_k](z_k^2 - z_{k-1}^2) \\
M_y^{\mathrm{T}} = \dfrac{1}{2}\sum\limits_{k=1}^{n} \Delta T[(\bar{Q}_{12})_k(\alpha_x)_k + (\bar{Q}_{22})_k(\alpha_y)_k + (\bar{Q}_{26})_k(\alpha_{xy})_k](z_k^2 - z_{k-1}^2) \\
M_{xy}^{\mathrm{T}} = \dfrac{1}{2}\sum\limits_{k=1}^{n} \Delta T[(\bar{Q}_{16})_k(\alpha_x)_k + (\bar{Q}_{26})_k(\alpha_y)_k + (\bar{Q}_{66})_k(\alpha_{xy})_k](z_k^2 - z_{k-1}^2)
\end{cases} \tag{B.3}$$

将式(A.2)和式(11.6)代入式(B.2)，可得材料常量和几何因子表示的热内力，即

$$\begin{aligned}
N_x^{\mathrm{T}} &= \sum_{k=①}^{n} \Delta T\left(\frac{1}{2}U_1^{\mathrm{T}①} + \frac{1}{2}U_2^{\mathrm{T}①}\cos 2\theta_k\right)(z_k - z_{k-1}) \\
&\quad + \sum_{k=②}^{n} \Delta T\left(\frac{1}{2}U_1^{\mathrm{T}②} + \frac{1}{2}U_2^{\mathrm{T}②}\cos 2\theta_k\right)(z_k - z_{k-1}) \\
&= \frac{\Delta T}{2}U_1^{\mathrm{T}①}\sum_{k=①}^{n}(z_k - z_{k-1}) + \frac{\Delta T}{2}U_2^{\mathrm{T}①}\sum_{k=①}^{n}\cos 2\theta_k(z_k - z_{k-1}) \\
&\quad + \frac{\Delta T}{2}U_1^{\mathrm{T}②}\sum_{k=②}^{n}(z_k - z_{k-1}) + \frac{\Delta T}{2}U_2^{\mathrm{T}②}\sum_{k=②}^{n}\cos 2\theta_k(z_k - z_{k-1})
\end{aligned}$$

$$=\frac{\Delta T}{2}(U_1^{\mathrm{T}①}\xi_{13}^{①}+U_2^{\mathrm{T}①}\xi_1^{①}+U_1^{\mathrm{T}②}\xi_{13}^{②}+U_2^{\mathrm{T}②}\xi_1^{②}) \tag{B.4}$$

$$\begin{aligned}N_y^{\mathrm{T}} &= \sum_{k=①}^{n}\Delta T\left(\frac{1}{2}U_1^{\mathrm{T}①}-\frac{1}{2}U_2^{\mathrm{T}①}\cos 2\theta_k\right)(z_k-z_{k-1})\\ &\quad+\sum_{k=②}^{n}\Delta T\left(\frac{1}{2}U_1^{\mathrm{T}②}-\frac{1}{2}U_2^{\mathrm{T}②}\cos 2\theta_k\right)(z_k-z_{k-1})\\ &=\frac{\Delta T}{2}U_1^{\mathrm{T}①}\sum_{k=①}^{n}(z_k-z_{k-1})-\frac{\Delta T}{2}U_2^{\mathrm{T}①}\sum_{k=①}^{n}\cos 2\theta_k(z_k-z_{k-1})\\ &\quad+\frac{\Delta T}{2}U_1^{\mathrm{T}②}\sum_{k=②}^{n}(z_k-z_{k-1})-\frac{\Delta T}{2}U_2^{\mathrm{T}②}\sum_{k=②}^{n}\cos 2\theta_k(z_k-z_{k-1})\\ &=\frac{\Delta T}{2}\left(U_1^{\mathrm{T}①}\xi_{13}^{①}-U_2^{\mathrm{T}①}\xi_1^{①}+U_1^{\mathrm{T}②}\xi_{13}^{②}-U_2^{\mathrm{T}②}\xi_1^{②}\right)\end{aligned} \tag{B.5}$$

$$\begin{aligned}N_{xy}^{\mathrm{T}} &=\frac{\Delta T}{2}U_2^{\mathrm{T}①}\sum_{k=①}^{n}\sin 2\theta_k(z_k-z_{k-1})+\frac{\Delta T}{2}U_2^{\mathrm{T}②}\sum_{k=②}^{n}\sin 2\theta_k(z_k-z_{k-1})\\ &=\frac{\Delta T}{2}(\xi_3^{①}U_2^{\mathrm{T}①}+\xi_3^{②}U_2^{\mathrm{T}②})\end{aligned} \tag{B.6}$$

其中，$U_1^{\mathrm{T}q}$和$U_2^{\mathrm{T}q}$定义为层间混杂层合板的热不变量，可以由热膨胀系数与层合板不变量计算得到，即

$$\begin{aligned}U_1^{\mathrm{T}q}&=(\alpha_1^q+\alpha_2^q)(U_1^q+U_4^q)+(\alpha_1^q-\alpha_2^q)U_2^q\\ U_2^{\mathrm{T}q}&=(\alpha_1^q+\alpha_2^q)U_2^q+(\alpha_1^q-\alpha_2^q)(U_1^q+2U_3^q-U_4^q)\end{aligned} \tag{B.7}$$

将式(A.2)和式(11.6)代入式(B.3)，可得材料常量和几何因子表示的热力矩，即

$$\begin{aligned}M_x^{\mathrm{T}} &=\frac{1}{2}\sum_{k=①}^{n}\Delta T\left(\frac{1}{2}U_1^{\mathrm{T}①}+\frac{1}{2}U_2^{\mathrm{T}①}\cos 2\theta_k\right)(z_k^2-z_{k-1}^2)\\ &\quad+\frac{1}{2}\sum_{k=②}^{n}\Delta T\left(\frac{1}{2}U_1^{\mathrm{T}②}+\frac{1}{2}U_2^{\mathrm{T}②}\cos 2\theta_k\right)(z_k^2-z_{k-1}^2)\\ &=\frac{\Delta T}{4}U_1^{\mathrm{T}①}\sum_{k=①}^{n}(z_k^2-z_{k-1}^2)+\frac{\Delta T}{4}U_2^{\mathrm{T}①}\sum_{k=①}^{n}\cos 2\theta_k(z_k^2-z_{k-1}^2)\\ &\quad+\frac{\Delta T}{4}U_1^{\mathrm{T}②}\sum_{k=②}^{n}(z_k^2-z_{k-1}^2)+\frac{\Delta T}{4}U_2^{\mathrm{T}②}\sum_{k=②}^{n}\cos 2\theta_k(z_k^2-z_{k-1}^2)\\ &=\frac{\Delta T}{4}(U_1^{\mathrm{T}①}\xi_{14}^{①}+U_2^{\mathrm{T}①}\xi_5^{①}+U_1^{\mathrm{T}②}\xi_{14}^{②}+U_2^{\mathrm{T}②}\xi_5^{②})\end{aligned} \tag{B.8}$$

$$M_y^{\mathrm{T}}=\frac{1}{2}\sum_{k=①}^{n}\Delta T\left(\frac{1}{2}U_1^{\mathrm{T}①}-\frac{1}{2}U_2^{\mathrm{T}①}\cos 2\theta_k\right)(z_k^2-z_{k-1}^2)$$

$$\begin{aligned}&+\frac{1}{2}\sum_{k=②}^{n}\Delta T\left(\frac{1}{2}U_1^{T②}-\frac{1}{2}U_2^{T②}\cos 2\theta_k\right)(z_k^2-z_{k-1}^2)\\&=\frac{\Delta T}{4}U_1^{T①}\sum_{k=①}^{n}(z_k^2-z_{k-1}^2)-\frac{\Delta T}{4}U_2^{T①}\sum_{k=①}^{n}\cos 2\theta_k(z_k^2-z_{k-1}^2)\\&+\frac{\Delta T}{4}U_1^{T②}\sum_{k=②}^{n}(z_k^2-z_{k-1}^2)-\frac{\Delta T}{4}U_2^{T②}\sum_{k=②}^{n}\cos 2\theta_k(z_k^2-z_{k-1}^2)\\&=\frac{\Delta T}{4}(U_1^{T①}\xi_{14}^{①}-U_2^{T①}\xi_5^{①}+U_1^{T②}\xi_{14}^{②}-U_2^{T②}\xi_5^{②})\end{aligned}\tag{B.9}$$

$$\begin{aligned}M_{xy}^{T}&=\frac{\Delta T}{4}U_2^{T①}\sum_{k=①}^{n}\sin 2\theta_k(z_k-z_{k-1})+\frac{\Delta T}{4}U_2^{T②}\sum_{k=②}^{n}\sin 2\theta_k(z_k-z_{k-1})\\&=\frac{\Delta T}{4}(\xi_7^{①}U_2^{T①}+\xi_7^{②}U_2^{T②})\end{aligned}\tag{B.10}$$

综上所述，层间混杂层合板的热内力与热力矩可用其几何因子与材料常量表示为

$$\begin{bmatrix}N_x^T\\N_y^T\\N_{xy}^T\end{bmatrix}=\frac{\Delta T}{2}\begin{bmatrix}U_1^{T①}\xi_{13}^{①}+U_2^{T①}\xi_1^{①}\\U_1^{T①}\xi_{13}^{①}-U_2^{T①}\xi_1^{①}\\U_2^{T①}\xi_3^{①}\end{bmatrix}+\frac{\Delta T}{2}\begin{bmatrix}U_1^{T②}\xi_{13}^{②}+U_2^{T②}\xi_1^{②}\\U_1^{T②}\xi_{13}^{②}-U_2^{T②}\xi_1^{②}\\U_2^{T②}\xi_3^{②}\end{bmatrix}\tag{B.11}$$

$$\begin{bmatrix}M_x^T\\M_y^T\\M_{xy}^T\end{bmatrix}=\frac{\Delta T}{4}\begin{bmatrix}U_1^{T①}\xi_{14}^{①}+U_2^{T①}\xi_5^{①}\\U_1^{T①}\xi_{14}^{①}-U_2^{T①}\xi_5^{①}\\U_2^{T①}\xi_7^{①}\end{bmatrix}+\frac{\Delta T}{4}\begin{bmatrix}U_1^{T②}\xi_{14}^{②}+U_2^{T②}\xi_5^{②}\\U_1^{T②}\xi_{14}^{②}-U_2^{T②}\xi_5^{②}\\U_2^{T②}\xi_7^{②}\end{bmatrix}\tag{B.12}$$